高职高专规划教材

园林工程施工与管理

李本鑫　周金梅　主　编
郑铁军　张清丽　石秋生　副主编

化学工业出版社

·北京·

本教材根据工学结合教学的目标和要求,以园林工程施工技术和管理能力的培养为主线,从园林工程施工员的岗位分析入手,针对园林工程市场的需求,结合职业教育的发展趋势,系统地阐述了园林工程施工准备、园林工程施工组织设计、园林工程施工技术、园林工程施工管理、园林工程竣工验收等方面的内容。在理论方面重点突出实践技能所需要的理论基础,在实践方面突出了技能训练与生产实际的"零距离"结合。本书图文并茂,内容翔实,南北兼顾。

本书可供高等职业院校、高等专科院校、成人高校、民办高校及本科院校举办的二级职业技术学院园林园艺类、园林工程技术等专业使用,也可作为相关专业相关课程的教学参考书。

图书在版编目(CIP)数据

园林工程施工与管理/李本鑫,周金梅主编 . —北京:
化学工业出版社,2012.6(2023.8重印)
高职高专规划教材
ISBN 978-7-122-14270-2

Ⅰ. 园⋯ Ⅱ.①李⋯ ②周⋯ Ⅲ. 园林-工程施工-
施工管理-高等职业教育-教材 Ⅳ. TU986.3

中国版本图书馆 CIP 数据核字(2012)第 094858 号

责任编辑:王文峡　　　　　　　　　　　装帧设计:尹琳琳
责任校对:吴　静

出版发行:化学工业出版社(北京市东城区青年湖南街 13 号　邮政编码 100011)
印　　装:北京七彩京通数码快印有限公司
787mm×1092mm　1/16　印张 20¾　字数 526 千字　2023 年 8 月北京第 1 版第 6 次印刷

购书咨询:010-64518888　　　　　　　　售后服务:010-64518899
网　　址:http://www.cip.com.cn
凡购买本书,如有缺损质量问题,本社销售中心负责调换。

定　　价:49.00 元　　　　　　　　　　　　　　　版权所有　违者必究

编审人员

主　　编　李本鑫　周金梅

副主编　郑铁军　张清丽　石秋生

编　　者　李本鑫（黑龙江生物科技职业学院）

周金梅（吉林农业科技学院植物科学学院）

郑铁军（双鸭山市园林处）

张清丽（黑龙江生物科技职业学院）

石秋生（黑龙江生物科技职业学院）

范文忠（吉林农业科技学院植物科学学院）

鞠方成（辽东学院农学院）

主　　审　米志鹃（黑龙江生物科技职业学院）

前　言

随着社会的不断进步和经济的不断发展，人们对生活环境质量的要求越来越高，特别是对园林绿化环境的要求更高。而创造清新、自然、优美、富于感染力的生活环境是当代园林工程人员所肩负的责任，所以培养既懂得园林工程施工技术，又懂得园林工程施工管理的实用型、技术型、应用型的人才是当今园林工程事业的迫切要求。

园林工程施工与管理是一门专业性、实践性很强的课程，也是园林专业的重要专业课。本课程以培养园林工程施工与管理的职业能力为重点，课程内容与行业岗位需求和实际工作需要相结合，课程设计以学生为主体，能力培养为目标，完成任务为载体，体现基于工作过程为导向的课程开发与设计理念。本教材根据高等职业教育教学的基本要求，以培养技术应用能力为主线，以"必需、够用"为原则，确定编写大纲和内容。在写法上突出项目引领和任务实践，图文并茂，注重直观。

本教材由李本鑫、周金梅担任主编，李本鑫负责全书的大纲制定和统稿工作。具体编写分工如下：黑龙江生物科技职业学院李本鑫编写绪论、第一章～第三章；黑龙江生物科技职业学院张清丽编写第四章～第七章；吉林农业科技学院植物科学学院周金梅编写第八章；双鸭山市园林处郑铁军编写第九章；黑龙江生物科技职业学院石秋生编写第十章；吉林农业科技学院植物科学学院范文忠编写第十一章；辽东学院农学院鞠方成编写第十二章。全书由黑龙江生物科技职业学院米志鹃担任主审。

在编写过程中，得到了许多高校同行的大力支持，并提出了许多宝贵意见。在此一并致谢！

由于时间仓促及作者水平有限，而且园林工程施工与管理这门课程的教学改革仍在探索过程中，所以书中定有许多不完善之处，敬请各位同行和读者在使用过程中，对书中的不足之处批评指正，以便改进。

编者

2012 年 6 月

目 录

第三章　水景工程施工技术

第四章　园林小品施工技术

第五章　假山工程施工技术

第六章　绿化工程施工技术

第七章　园路与照明工程施工技术

第八章　园林工程施工项目管理

第九章　园林工程施工现场管理

第十章　园林工程招投标与预算

第十一章　园林工程监理

第十二章　园林工程项目竣工验收及评定

参考文献

绪　　论

【本章导读】

　　本章作为园林工程施工与管理的入门章节，主要介绍园林工程施工与管理的相关概念、要求、作用；园林工程施工与管理的主要内容；园林工程施工管理的学习方法。为学习园林工程施工与管理奠定基础。

【教学目标】

　　掌握园林工程施工与管理的主要内容及相关概念。

【技能目标】

　　能掌握园林工程施工与管理的学习方法。

　　随着社会经济的快速发展和人民对生活环境质量要求的不断提高，我国的城市化发展进入高速发展时期，作为城市基础设施重要组成部分的园林绿化事业正处于蓬勃发展的旺盛时期。园林建设与园林工程技术分不开，从小的花坛、喷泉、亭、花架的营造，到大的公园、环境绿地、风景区的建设都涉及多种园林工程的施工与管理技术。

　　园林工程建设中，施工工艺是核心环节，而科学合理的施工计划方案和严谨高效的施工管理措施是保证工程施工任务按质、按量、按工期完成的关键。特别是规模较大的园林施工项目对施工工艺和管理水平提出更高的要求。现代园林工程的施工已成为一项多工种、多专业、多设备、现代化的综合而复杂的系统工程。要做到提高工程质量、缩短施工工期、降低工程成本、实现安全文明施工，就必须进行科学的施工与管理。

一、园林工程施工与管理的概念

（一）什么是园林工程

　　园林工程是指在一定的地域运用工程技术和艺术手段，通过改造地形、筑山、叠石、理水、种植树木花草、营造建筑和布置园路等途径创作而成的优美自然环境和游憩境域。园林工程研究的是如何最大限度地发挥园林综合功能的前提下，解决园林中的工程设施、构筑物与园林景观之间的问题。其根本任务就是应用工程技术表现园林艺术，使地面上的工程建筑物和园林景观融为一体。

（二）什么是园林施工

　　园林施工是指通过有效的组织方法和技术措施，按照设计要求，根据合同规定的工期、质量标准、全面完成设计内容的全过程。园林施工是园林设计方案物化的唯一手段，是园林绿化建设水平得以不断提高和优化设计方案的实践基础，同时也是培养提高园林施工工人和园林施工队伍的主要途径。

　　园林施工的项目包括设计图纸中规定的各个分项工程，如地形整理、给水排水、水景、铺装、假山塑石、建筑物、园林小品、景观照明、种植等。施工过程一般是施工准备、施工、竣工验收和养护管理。

（三）什么是园林工程施工管理

园林工程施工管理是对整个施工过程的合理优化组织，其过程是根据工程项目的特点，结合具体的施工对象编制施工方案，科学地组织生产诸要素，合理地使用时间和空间，并在施工过程中指挥和协调劳动力资源等。

园林工程施工管理是园林施工企业对承担的园林施工项目进行综合性管理活动。主要内容包括编制施工组织设计、施工现场管理、施工进度管理、质量管理、生产要素管理、技术管理、成本管理、安全管理等。这些管理工作是相互渗透和相互影响的，只有全面促进相互配合才能做好施工管理工作，才能达到园林施工管理的目标。

二、园林工程施工与管理的要求

园林工程的特点是以工程技术为手段，塑造园林艺术的形象。在园林工程中运用新材料、新设备、新技术是当前的重大课题。

（一）综合性的要求

复杂的综合性园林工程项目往往涉及地貌的融合、地形的处理以及建筑、水景、给水、排水、供电、园路、假山、园林植物栽种、环境保护等诸多方面的内容。在园林工程建设中，协同作业、多方配合已成为当今园林工程建设的总要求。

（二）艺术性的要求

园林工程不单是一种工程，更是一种艺术，它是一门艺术工程，具有明显的艺术性特征。园林艺术涉及造型艺术、建筑艺术和绘画艺术、雕刻艺术、文学艺术等诸多艺术领域。园林工程产品不仅要按设计搞好工程设施和建筑物的建设，还要讲究园林植物配置手法、园林设施和建筑物的美观舒适以及整体空间的协调。这些都要求采用特殊的艺术处理才能实现，而这些要求得以实现都体现在园林工程的艺术性之中。

（三）时代性的要求

园林工程是随着社会生产力的发展而发展的，在不同的社会时代条件下，总会形成与其时代相适应的园林工程产品。因而园林工程产品必然带有时代性特征。当今时代，随着人民生活水平的提高和人们对环境质量要求的不断提高，对城市的园林建设要求亦多样化，工程的规模和内容也越来越大，新技术、新材料、新科技、新时尚已深入到园林工程的各个领域，如以光、电、机、声为一体的大型音乐喷泉、新型的铺装材料、无土栽培、组织培养、液力喷植技术等新型施工方法的应用，形成了现代园林工程的又一显著特征。

（四）生物、工程、艺术的高度统一性的要求

园林工程要求将园林生物、园林艺术与市政工程融为一体，以植物为主线，以艺驭术，以工程为陪衬，一举三得。并要求工程结构的功能和园林环境相协调，在艺术性的要求下实现三者的高度统一。同时园林工程建设的过程又具有实践性强的特点，要想变理想为现实、化平面为立体，建设者就既要掌握工程的基本原理和技能，又要使工程园林化、艺术化。

（五）养护管理的长期性要求

"三分种七分管"，种是短暂的，管是长期的。只有长期的精心养护管理，才能确保各种苗木的成活和良好长势。否则，难以达到生态园林环境景观的特殊要求和效果。园林绿化工程建成后必须提供长期的管护计划和必要的资金投入。

（六）工程建设广泛性与附属性的要求

除了大型公园、绿化广场、高速公路、大的社区、小区建设项目外，一般来说，园林绿化工程多为建筑配套附属工程，其规模较小，工程量分散，不便于管理。

三、园林工程施工与管理的作用

现代园林工程施工与管理是对已经形成的计划、设计两个阶段的工程项目的具体实施，即园林施工企业在获取某园林工程施工建设权利后，按照工程计划、设计和建设单位的要求，根据工程实施过程的要求，结合施工企业自身条件和以往建设经验，采取规范的工程实施程序、先进科学的工程实施技术和现代科学管理手段，进行组织设计、实施准备工作、实施现场管理、竣工验收、交付使用和园林植物的修剪、造型及养护管理等一系列工作的总称。

随着社会的发展、科技的进步、经济的强大，人们对园林景观的要求也日益增强，而园林景观艺术的产生是靠园林工程建设来完成的。园林工程施工与管理是完成园林景观的重要活动，其作用可概括如下。

（一）园林工程施工与管理是园林工程建设计划、设计得以实施的根本保证

任何理想的园林工程项目计划，再先进科学的园林工程设计，其目的都必须通过现代园林工程施工企业的科学实施，才会得以实现，否则就会成为一纸空文。

（二）园林工程施工与管理是施工建设水平得以不断提高的实践基础

一切理论来自实践，来自最广泛的生产活动实践，园林工程建设的理论只能来自于工程建设实施的实践过程之中，而园林工程施工和管理的过程中，就是发现施工中存在的问题，解决存在的问题，总结、提高园林工程建设施工水平的过程。它是不断提高园林工程建设施工理论、技术的基础。

（三）园林工程施工与管理是提高园林艺术的水平和创造园林艺术精品的主要途径

园林艺术的产生、发展和提高的过程，实际上就是园林工程施工与管理的不断发展、提高的过程。只有把学习，研究、发掘历代园林艺匠精湛的施工技术和巧妙的手工工艺与现代科学技术和管理手段相结合，并运用于现代园林工程建设施工过程中，才能创造出符合时代要求的现代园林艺术精品。

（四）园林工程施工与管理是锻炼、培养现代园林工程建设施工队伍的基础

无论是我国园林工程施工队伍自身的发展要求，还是为适应经济全球化，使我国的园林建设施工企业走出国门、走向世界，都要求努力培养一支新型的现代园林建设施工队伍。这与我国现阶段园林工程建设施工队伍的现状相差甚远。要改变这一现象，无论是对这方面理论人才的培养，还是施工队伍的培养，都离不开园林工程建设施工的实践过程锻炼这一基础活动。只有通过园林工程实施的基础性锻炼，才能培养出想得到、做得出的园林工程建设施工人才和施工队伍，创造出更多的艺术精品。也只有力争走出国门，通过国外园林工程建设施工实践，才能锻炼出符合各国园林要求的园林工程建设施工和管理的队伍。

四、园林工程施工与管理的主要内容

主要包括两方面的内容，即园林工程施工工艺和与之相关的施工管理方面的内容，具体如下。

（一）园林工程施工工艺

主要介绍园林工程施工中的土方工程、给水排水工程、假山工程、水景工程、种植工程、园路及铺装工程、园林用电及照明工程等方面的内容。

（二）园林工程施工管理

主要介绍园林工程组织设计、园林工程招投标、园林工程概预算、施工管理与监理、园林工程的竣工验收等方面的内容。

总之，在园林工程的学习过程中要注意掌握四部分基本知识，掌握四个核心技能，注意

加强三方面的联系。

1. 四部分基本知识

① 园林工程基本原理。

② 园林工程组织管理基本方法。

③ 园林工程施工基本技术知识。

④ 园林工程施工后期养护技术知识。

2. 四个核心技能

① 园林工程施工图纸的识读与绘制。

② 园林工程施工的定点放线。

③ 园林工程施工的工艺流程。

④ 主要园林工程的施工操作技术要点。

3. 三个"联系"

① 加强本课程与建筑工程技术、市政工程技术和造林工程技术的横向联系，注意吸收其最新研究成果，并用于课程学习。

② 本课程与园林其他主要专业课程（园林制图，园林规划设计）的纵向联系，力求使园林工程与施工技术学习达到理想的效果。

③ 本课程与产业发展现状与实际应用的联系。

五、园林工程施工与管理的学习方法

园林工程是园林专业的一门主要的专业课，是造园活动的理论基础和实践技能课，实践性和综合性很强的课程。园林工程的教学环节包括课堂教学、课程设计及园林模型的制作、实践教学等方面的内容。实践教学最好能结合园林工程现场施工和重点园林景观景点的评价。

（一）学习园林工程施工与管理要注意的问题

1. 注意理论和实践的结合

园林工程是一门技术性很强的课程，主要包括园林工程中的相关施工技术、园林工程的预决算、工程的施工管理与监理。在学习的过程中，必须要掌握所学内容，并结合实践加深对理论知识的认识和掌握施工技术。在实习过程中并非仅仅观看园林美景，而应重视施工技术，同时还要运用园林美学和园林艺术的观点对所见园林景观和景观要素如假山、园路、水景、园林建筑等进行评价，包括对某一园林景观与周围环境的协调程度，景观内部的设计，园林中各景点与整个园林景观的和谐、个体的造型艺术、制作手法及选材是否恰当及施工技术的好坏等方面进行评价，寻找景观的优异之处，探询不足之点，在提高自己的审美观及艺术造诣的同时，又加深了施工技术的掌握程度。预决算、施工管理和监理也只有在实际操作过程中才能更加熟练。

2. 注意多学科的综合运用

园林工程是一门涉及广泛的学科。不仅要学园林美学、园林艺术、园林制图、园林规划设计、园林建筑设计、城市生态学、气象学、园林植物等有关方面的课程，还要掌握园林的经营管理、园林工程的概预算与招投标、园林工程的组织管理与监理，这些知识在园林工程的施工及管理中要能够加以综合运用。随着社会的发展，园林工程施工单位必须要紧跟时代的步伐，适应市场运作方式，园林工程施工技术和管理人员也必须要有经济学、社会科学等方面的知识，同时也要了解国家相关的法律法规。

3. 注意新知识、新材料、新技术的学习和运用

园林风景的建设水平是随社会的发展进步而不断提高。因此在园林工程的学习过程中要

紧跟时代发展的潮流，熟知园林的发展方向，掌握园林中新材料和新技术的应用，灵活运用于园林建设之中。

（二）学习园林工程施工与管理的方法

① 消除前序课程的知识盲点，做好课程的有效衔接。

② 认真阅读教材及相关的参考资料，自学专业理论知识。

③ 独立思考问题，提出问题并组织讨论。

④ 认真完成课程设计作业。

⑤ 掌握有效的专业文献检索技能，并对文献进行有效的分类整理编辑，并将检索到的"四新"知识应用在自己的工程设计中。

⑥ 掌握外出考察参观的材料收集、记录、整理能力和技巧。进而完成参观实习报告，为学习课程掌握技能打下坚实的基础。

复　习　题

1. 园林工程施工与管理的概念是什么？

2. 说说园林工程施工与管理的主要内容有哪些。

3. 园林工程的特征是什么？

4. 说说园林工程施工与管理的要求是什么。

5. 简述园林工程施工与管理的作用。

思　考　题

1. 试论述园林制图、园林规划设计、园林工程施工与管理等课程在学习内容上的关联性。

2. 试论述建筑工程、市政工程、造林工程和园林工程施工的关系。

实　训　题

实训一　园林工程项目的划分

实训目的　进一步明确园林工程施工与管理的具体内容，并根据图纸完成工程项目的划分。

实训方法　采用分组形式，根据掌握情况程度进行分组。

实训步骤

1. 识读园林设计总平面图。

2. 分组讨论园林工程项目的划分情况。

3. 将项目划分情况用适当的形式表现出来。

4. 每组抽出一名学生进行阐述自己组的划分结果和依据。

5. 组织交流。

实训二　识读园林工程施工图

实训目的　通过对园林工程施工图的识读临摹，掌握园林施工图的组成和符号的意义。

实训方法　采用分组形式，根据掌握情况程度进行分组。

实训步骤

1. 分析图纸目录，了解园林施工图的组成。

2. 通过目录和图纸中的索引符号，了解图纸的对应关系，并读懂园林工程施工图。

第一章　园林工程施工组织设计

【本章导读】

园林工程施工组织设计是施工前的必需环节，是施工准备的核心内容，是有序进行施工管理的开始和基础。所以本章主要介绍了园林工程施工程序和施工方法；园林工程施工组织设计的基础知识；园林工程项目施工组织的总体设计；单项工程的施工组织设计；园林工程施工前的各项准备工作。

【教学目标】

通过本章的学习，能了解园林工程施工的标准程序、施工的主要方法；园林工程施工组织设计的编制依据、原则。掌握园林工程施工组织设计的编制方法。

【技能目标】

通过本章的学习，能够编制园林工程项目施工组织的总体设计方案、能够编制园林单项工程的施工组织设计、能够进行园林工程施工前的各项准备工作。

第一节　园林工程建设程序和施工方法

一、园林工程建设程序

园林建设工程作为建设项目中的一个类别，它必定要遵循建设程序，即建设项目从设想、选择、评估、决策、设计、施工到竣工验收、投入使用，发挥社会效益、经济效益的整个过程，而其中各项工作必须遵循有其先后次序的法则，即：

① 根据地区发展需要，提出项目建议书。

② 在踏勘、现场调研的基础上，提出可行性研究报告。

③ 有关部门进行项目立项。

④ 根据可行性研究报告编制设计文件，进行初步设计。

⑤ 初步设计批准后，做好施工前的准备工作。

⑥ 组织施工，竣工后经验收可交付使用。

⑦ 经过一段时间的运行，一般是1～2年，应进行项目后评价。

（一）项目建议书阶段

项目建议书是根据当地的国民经济发展和社会发展的总体规划或行业规划等要求，经过调查、预测分析后所提出的。它是投资建设决策前对拟建设项目的轮廓设想，主要是说明该项目立项的必要性、条件的可行性、可获取效益的可能性，以供上一级机构进行决策之用。

按现行规定，凡属大中型或限额以上的项目建议书，首先要报送行业归口主管部门，同时抄送国家发改委。行业归口部门初审后再由国家发改委审批。而小型和限额以下项目的项目建议书应按项目隶属关系由部门或地方发改委审批。

（二）可行性研究报告阶段

当项目建议书一经批准，即可着手进行可行性研究，其基本内容为：

① 项目建设的目的、性质、提出的背景和依据。

② 建设项目的规模、市场预测的依据等。

③ 项目建设的地点位置、当地的自然资源与人文资源的状况，即现状分析。

④ 项目内容包括面积、总投资、工程质量标准、单项造价等。

⑤ 项目建设的进度和工期估算。

⑥ 投资估算和资金筹措方式，如国家投资、外资合营、自筹资金等。

⑦ 经济效益和社会效益。

（三）设计工作阶段

设计是对拟建工程实施在技术上和经济上所进行的全面而详尽的安排，是园林建设的具体化。设计过程一般分为三个阶段，即初步设计、技术设计和施工图设计。但对园林工程一般仅需要进行初步设计和施工图设计即可（图 1-1）。

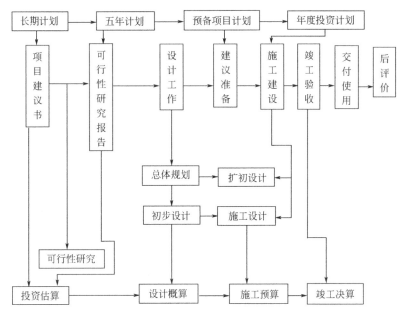

图 1-1　园林建设程序示意图

（四）建设准备阶段

项目在开工建设前要切实做好各项准备工作，其主要内容如下。

① 征地、拆迁、平整场地，其中拆迁是一件政策性很强的工作，应在当地政府及有关部门的协助下，共同完成此项工作。

② 完成施工所用的供电、给水排水、道路设施工程。

③ 组织设备及材料的订货等准备工作。

④ 组织施工招、投标工作，精心选定施工单位。

（五）建设实施阶段

1. 工程施工

工程施工方式有两种，一种是由实施单位自行施工，另一种是委托承包单位负责完成。目前常用的是通过公开招标以决定承包单位。其中最主要的是订立承包合同（在特殊的情况下，可采取订立意向合同等方式）。承包合同主要内容有：

① 所承担的施工任务的内容及工程完成的时间。

② 双方在保证完成任务前提下所承担的义务和权利。

③ 甲方支付工程款项的数量、方式以及期限等。

④ 双方未尽事宜应本着友好协商的原则处理，力求完成相关工程项目。

2. 施工管理

开工之后，工程管理人员应与技术人员密切合作，共同搞好施工中的管理工作，即工程管理、质量管理、安全管理、成本管理及劳务管理。

（六）竣工验收阶段

竣工验收阶段是建设工程的最后一环，是全面考核园林建设成果、检验设计和工程质量的重要步骤，也是园林建设转入对外开放及使用的标志。

（七）后评价阶段

建设项目的后评价是工程项目竣工并使用一段时间后，再对立项决策、设计施工、竣工使用等全工程进行系统评价的一种技术经济活动，是固定资产投资管理的一项重要内容，也是固定资产管理的最后一个环节，通过建设项目的后评价可以达到肯定成绩、总结经验、研究问题、吸取教训、提出建议、改进工作，不断提高项目决策水平。

二、园林工程施工的方式

在园林工程施工过程中，考虑园林工程的施工特点、工艺流程、资源利用、平面或空间布置等要求、施工方式可采用依次施工、平行施工、流水施工等方式。

（一）依次施工方式

依次施工组织方式是将拟建工程项目的整个建造过程分解成若干个施工过程，按照一定的施工顺序，前一个施工过程完成后，后一个施工过程才开始施工。它是一种最基本的、最原始的施工组织方式。依次施工方式的特点有：

① 由于没有充分地利用工作面去争取时间，所以工期长；

② 工作队不能实现专业化施工，不利于改进工人的操作方法和施工机具，不利于提高工程质量和劳动生产率；

③ 工作队及工人不能连续作业；

④ 单位时间内投入的资源量比较少，有利于资源供应的组织工作；

⑤ 施工现场的组织、管理比较简单。

（二）平行施工方式

在拟建工程任务十分紧迫、工作面允许以及资源保证供应的条件下，可以组织几个相同的工作队，在同一时间、不同的空间上进行施工，这样的施工组织方式称为平行施工组织方式。

（三）流水施工组织方式

流水施工组织方式是将拟建工程项目的整个建造过程分解成若干个施工过程，也就是划分成若干个工作性质相同的分部、分项工程或工序；同时将拟建工程项目在平面上划分成若干个劳动量大致相等的施工段；在竖向上划分成若干个施工层，按照施工过程分别建立相应的专业工作队；专业工作队按照一定的施工顺序投入施工，完成第一个施工段上的施工任务后，在专业工作队的人数、使用的机具和材料不变的情况下，依次地、连续地投入到第二、第三……直到最后一个施工段的施工，在规定的时间内，完成同样的施工任务；不同的专业工作队在工作时间上最大限度地、合理地搭接起来；当第一施工层各个施工段上的相应施工任务全部完成后，专业工作队依次地、连续地投入到第二、第三……施工层，保证拟建工程项目的施工全过程在时间上、空间上，有节奏、连续、均衡地进行下去，直到完成全部施工任务。

1. 流水施工组织方式的特点

① 科学地利用了工作面，争取了时间，工期比较合理；

② 工作队及工人实现了专业化施工，可使工人操作技术熟练，更好地保证工程质量，提高劳动生产率；

③ 专业工作队及其工人能够连续作业，使相邻的专业工作队之间实现了最大限度的、合理的搭接；

④ 单位时间投入施工的资源量较为均衡，有利于资源供应的组织工作；

⑤ 为文明施工和进行现场的科学管理创造了有利条件。

2. 流水施工的技术经济效果

流水施工在工艺划分、时间排列和空间布置上的统筹安排，必然会给相应的项目经理部带来显著的经济效果，具体可归纳为以下几点。

① 由于流水施工的连续性，减少了专业工作的间隔时间，达到了缩短工期的目的，可使拟建工程项目尽早竣工，交付使用，发挥投资效益；

② 便于改善劳动组织，改进操作方法和施工机具，有利于提高劳动生产率；

③ 专业化的生产可提高工人的技术水平，使工程质量相应提高；

④ 工人技术水平和劳动生产率的提高，可以减少用工量和施工建造量，降低工程成本，提高利润水平；

⑤ 可以保证施工机械和劳动力得到充分、合理的利用；

⑥ 由于工期短、效率高、用人少、资源消耗均衡，可以减少现场管理费和物资消耗，实现合理储存与供应，有利于提高项目经理部的综合经济效益。

3. 流水施工的分级

根据流水施工组织的范围划分，流水施工通常可分为以下几种。

（1）分项工程流水施工　也称为细部流水施工。它是在一个专业工种内部组织起来的流水施工。在项目施工进度计划表上，它是一条标有施工段或工作队编号的水平进度指示线段或斜向进度指示线段。

（2）分部工程流水施工　也称为专业流水施工。它是在一个分部工程内部、各分项工程之间组织起来的流水施工。在项目施工进度计划表上，它由一组标有施工段或工作队编号的水平进度指示线段或斜向进度指示线段来表示。

（3）单位工程流水施工　也称为综合流水施工。它是在一个单位工程内部、各分部工程之间组织起来的流水施工，在项目施工进度计划表上，它是若干组分部工程的进度指示线段，并由此构成一张单位工程施工进度计划。

（4）群体工程流水施工　亦称为大流水施工。它是在若干单位工程之间组织起来的流水施工。反映在项目施工进度计划上，是一张项目施工总进度计划。

第二节　园林工程施工组织设计认知

园林工程一般包括土建和绿化两大部分，是一项多工种之间协同工作的综合性工程。无论是综合性园林工程还是单纯的绿化工程，施工组织设计在项目实施和施工管理中都具有重要的作用。尤其是一些政府指令性工程，工期紧、任务重，有时还是反季节施工，所以科学合理地编制施工组织设计就显得尤为重要。

一、园林工程施工组织设计的作用

园林工程施工组织设计是以园林工程项目为对象进行编制的，用来指导施工项目建设全过程中各项施工活动的技术、经济、组织、协调和控制的综合性文件。是根据国家或建设单位对施工项目的要求、设计图样和编制施工组织设计的基本原则,从施工项目全过程中的人力、物力和空间三个因素着手,在人力与物力、主体与辅助、供应与消耗、生产与储存、专业与协作、使用与维修和空间布置与时间排列等方面进行科学、合理的部署,为施工项目产品生产的节奏性、均衡性和连续性提供最优方案,从而以最少的资源消耗取得最大的经济效果,使最终项目产品的生产在时间上达到速度快和工期短,在质量上达到精度高和功能好,在经济上达到消耗少、成本低和利润高的目标。

园林施工组织设计是施工前的必须环节,是施工准备的核心内容,是有序进行施工管理的开始和基础。有以下几方面的作用。

① 是实行科学管理的重要手段,组织现场施工的技术性和法宝性文件。通过施工组织设计的编制,可以预计施工过程中可能发生的各种情况,事先做好准备、预防。为园林工程企业实施施工准备工作计划提供依据;可以把施工项目的设计与施工、技术与经济、前方与后方和建筑业的全部施工安排与具体的施工组织工作紧密地结合起来;可以把直接参加的施工单位与协作单位、部门与部门、阶段与阶段、过程与过程之间的关系更好地协调起来。

② 实现项目施工管理人员、基层劳动力、材料、机械设备、资金等要素的优化配置。依据施工组织设计,园林施工企业可以提前掌握人力、材料和用具使用上的先后顺序,全面安排资源的供应与消耗;可以合理地确定临时设施的数量,规模和用途,以及临时设施、材料和机具在施工场地上的布置。

③ 是指导施工全过程符合设计要求,完成工期、进度、质量等目标,体现园林景观效果的有力保证。

④ 通过制定科学合理的施工方法和施工技术,确保施工顺序,保证项目顺利开展,体现施工的连续性。

⑤ 协调各方关系,统筹安排各个施工环节,预计和调控施工过程中可能会发生的各种情况,做到事先准备,有效预防,措施得力。

二、园林工程施工组织设计的分类

(一) 按建设阶段分类

园林施工组织设计按建设阶段可分为投标前施工组织设计和中标后施工组织设计。投标前的施工组织设计是按照招标文件的要求进行编制的,中标后施工组织设计是根据施工实际情况需要进行编制的。虽然形势不同,但内容上是统一的。主要包括以下内容:

① 确定施工方案,选择施工方法,对关键部位在施工工序上采用新技术和新工艺;

② 施工进度总计划安排,各工种交叉流水施工网络计划,以及开竣工日期和特殊情况说明;

③ 施工总平面图布置,包括施工用的水、电、路、材料堆放、生活设施的临时搭建等;

④ 质量保证措施,包括施工过程中可能出现的质量通病及防范措施;

⑤ 安全及文明施工保证措施;

⑥ 竣工验收后为期一年的养护管理方案和技术保证措施。

(二) 按施工项目编制对象的规模和范围分类

1. 施工组织总设计

其编制对象的着眼点是整个园林工程施工项目,是总揽全局的综合性文件。指导施工全过程中各项施工活动的技术、经济、组织、协调和控制。施工组织总设计由施工单位组织编制,重点解决的是施工期限、施工顺序、施工方法、临时设施、材料设备以及施工现场总体布局等宏观问题和关键问题。在拟建项目概念设计或初设计获得批准，并明确了施工范围后，由总包单位的总工程师主持，会同建设单位、设计单位或分包单位负责此项目的工程师共同编制，同时它也是编制单项工程施工组织设计的重要依据。

2. 单项（位）施工组织设计

其着眼点是园林工程施工项目中的某一分项工程，在工程项目经理组织下，由项目工程师编制的技术文件。它是施工组织总设计的具体化，内容详细，可操作性强。它是在项目施工图设计完成后，作为编制分部（项）施工设计或季（月）度施工设计的依据。

3. 分部分项工程施工组织设计

其编制对象的着眼点是一个分部分项工程，用以指导作业活动的实施性文件。它是单项工程施工组织设计和承包单位季（月）度施工设计的进一步深化，编制内容更具体，是在编制单项工程施工组织设计的同时，由该项目主管技术人员负责编制，作为指导该项作业活动的依据。一般单项工程中的特别重要部位或施工难度大、技术要求高，需要采取特殊措施的工序，才要求编制分部分项工程组织设计。

三、园林工程施工组织设计的原则

施工组织设计是施工管理全过程中的重要经济技术文件，内容上要注重科学性和实用性。一方面，要遵循施工规律、理论和方法，另一方面，应吸收多年来类似工程施工中积累的成功经验，集思广益，逐步完善。因此，在编制施工组织计划时应遵循以下原则。

（一）遵循国家相关法律法规和方针政策的原则

国家政策和法规对施工组织设计的编制影响大、导向性强，在编制时要能够做到熟悉并严格遵守。如《中华人民共和国合同法》、《中华人民共和国环境保护法》、《中华人民共和国森林法》、《中华人民共和国自然保护法》、《园林绿化管理条例》、《城市绿地施工及验收技术规范》、《环境卫生实施细则》等。

（二）符合园林工程特点，体现园林综合艺术的原则

园林工程大多是综合性工程，植物材料是其中必不可少的重要组成部分，因其生长发育和季节变化的特点，施工组织设计的制订要密切配合设计图纸，不得随意变更和更改设计内容，只有符合原设计要求，才能达到和体现景观意图和景观效果。同时还应对施工中可能出现的其他情况拟订防范措施。只有吃透图纸，熟识造园手法，采取有针对性的措施，编制出的施工组织设计才能符合施工要求。

（三）遵循园林工程施工工艺，合理选择施工方案的原则

园林绿化工程与市政建筑类工程在施工工序上有着共同的特性：先进行全场性的工程施工，再进行单项工程的施工。先土建，后绿化；绿化施工中，先乔木，后灌木，再地被和草坪的施工。各单位工程间的施工注意相互衔接，减少各工程在时间上的交叉冲突。关键部位采用国内外先进的施工技术，选择科学的组织方法和合理的施工方案，有利于改善园林绿化施工企业和工程项目部的生产经营管理素质，提高劳动生产率，提高工程文明施工程度，保证工程质量，缩短工期，降低施工成本。总之，在编制施工组织设计时，要以获得最优指标为目的，努力达到"五优"标准，即所选择的施工方法和施工机械最优、施工进度和施工成本最优、劳动资源组织最优、施工现场调度组织最优和施工现场平面布置最优。

（四）采用流水施工方法和网络计划技术，保持施工的节奏性、均衡性和连续性原则

流水施工方法具有专业性强，劳动效率高，操作熟练，工程质量好，生产节奏性强，资源利用均衡，作业不间断，能够缩短工期，降低成本等特点。国内外经验证明，采用流水施工方法组织施工，不仅能保持施工的节奏性、均衡性和连续性，还能带来很大的技术经济效益。

（五）坚持安排周密而合理的施工计划，加强成本核算，科学布置施工平面图的原则

施工计划产生于施工方案确定后，根据工程特点和要求安排的，是施工组织设计中极重要的组成部分。周密而合理的施工计划，能避免工序重复或交叉，有利于各项施工环节的把关，消除窝工、停工等现象。

（六）确保施工质量和施工安全，重视园林工程收尾工作的原则

施工质量直接影响工程质量，必须引起高度重视，要求施工必须一丝不苟。施工组织设计中应针对工程实际情况，制定出切实可行的保证措施。"安全为了生产，生产必须安全"，施工中必须切实注意安全，要制定施工安全操作规程及注意事项，搞好安全教育，加强安全生产意识，采取有效措施作为保证。同时应根据需要配备消防设备，做好防范工作。

园林工程的收尾工作是施工管理的重要环节，但有时往往难以引起人们的注意，使收尾工作不能及时完成，导致资金积压，增加成本，造成浪费。因此，应十分重视后期收尾工程，尽快竣工验收，交付使用。

第三节　园林工程项目施工组织总设计

一、园林工程项目施工组织总设计编制依据

园林工程项目施工组织总设计编制依据如表 1-1 所示。

表 1-1　园林建设项目施工组织设计编制依据

1. 园林建设项目基础文件	(1)建设项目可行性研究报告及其批准文件
	(2)建设项目规划红线范围和用地批准文件
	(3)建设项目勘察设计任务书、图纸和说明书
	(4)建设项目初步设计或技术设计批准文件,以及设计图纸和说明书
	(5)建设项目总概算、修正总概算或设计总概算
	(6)建设项目施工招标文件和工程承包合同文件
2. 工程建设政策、法规和规范资料	(1)关于工程建设报建程序有关规定
	(2)关于动迁工作有关规定
	(3)关于园林工程项目实行施工监理有关规定
	(4)关于园林建设管理机构资质管理的有关规定
	(5)关于工程造价管理有关规定
	(6)关于工程设计、施工和验收有关规定
3. 建设地区原始调查资料	(1)地区气象资料
	(2)工程地形、工程地质和水文地质资料
	(3)土地利用情况
	(4)地区交通运输能力和价格资料
	(5)地区绿化材料、建筑材料、构配件和半成品供应状况资料
	(6)地区供水、供电、供热和电讯能力和价格资料
	(7)地区园林施工企业状况资料
	(8)施工现场地上、地下的现状,如水、电、通信、煤气管线等状况
4. 类似施工项目经验资料	(1)类似施工项目成本控制资料
	(2)类似施工项目工期控制资料
	(3)类似施工项目质量控制资料
	(4)类似施工项目技术新成果资料
	(5)类似施工项目管理新经验资料

二、园林建设项目施工组织总设计编制程序

编制程序如图 1-2 所示。

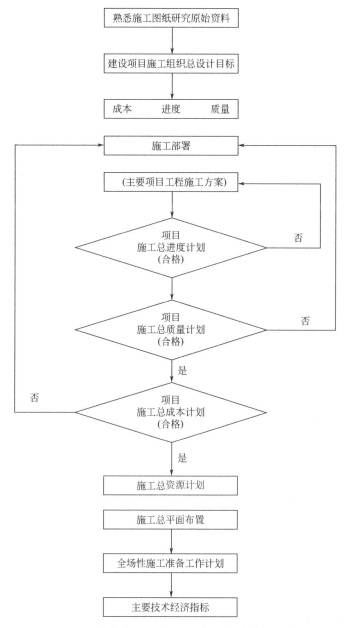

图 1-2　园林建设项目施工组织总设计编制程序

三、园林建设项目施工组织总设计编制内容

（一）工程概况

1. 工程项目简介

主要内容：建设项目名称、性质和建设地点；占地总面积和建设总规模；每个单项工程占地面积。

2. 建设项目的建设、设计和施工承包单位

主要内容：建设项目的建设、勘察、设计、总承包和分包单位名称，以及建设单位委托的施工监理单位名称及其组织状况。

3. 施工组织总设计目标

主要内容：建设项目施工总成本、总工期和总质量等级，以及每个单项工程施工成本、工期和工程质量等级要求。

4. 建设地区自然条件状况

主要内容：气象、工程地形和工程地质、工程水文地质以及历史上曾发生的地震级别及其危害程度。

5. 建设地区技术经济状况

主要内容：地方园林绿化施工企业及其施工工程的状况；主要材料和设备供应状况；地方绿化、建筑材料品种及其供应状况；地方交通运输方式及其服务能力状况；地方供水、供电、供热和通信服务能力状况；社会劳动力和生活服务设施状况；以及承包单位信誉、能力、素质和经济效益状况；地区园林绿化新技术、新工艺的运用状况。

6. 施工项目施工条件

主要内容：主要材料、特殊材料和设备供应条件；项目施工图纸供应的阶段划分和时间安排；以及提供施工现场的标准和时间安排。

（二）施工部署

1. 建立项目管理组织

明确项目管理组织目标、组织内容和组织结构模式，建立统一的工程指挥系统。组建综合或专业工作队组，合理划分每个承包单位的施工区域，明确主导施工项目和穿插施工项目及其建设期限。

2. 认真做好施工部署

（1）安排好为全场性服务的施工设施　应优先安排好为全场性服务或直接影响项目施工的经济效果的施工设施，如现场供水、供电、供热、通信、道路和场地平整，以及各项生产性和生活性施工设施。

（2）合理确定单项工程开竣工时间　根据每个独立交工系统以及与其相关的辅助工程、附属工程完成期限，合理地确定每个单项工程的开竣工时间，保证先后投产或交付使用的交工系统都能够正常运行。

3. 主要项目施工方案

根据项目施工图纸、项目承包合同和施工部署要求，分别选择主要景区、景点化、建筑物和构筑物的施工方案，施工方案内容包括确定施工起点流向、确定施工程序、确定施工顺序和确定施工方法。

（三）全场性施工准备工作计划

根据施工项目的施工部署、施工总进度计划、施工资料计划和施工总平面布置的要求，编制施工准备工作计划。其表格形式，如表1-2所示。具体内容包括：

表 1-2　主要施工准备工作计划表

序号	准备工作名称	准备工作内容	主办单位	协办单位	完成日期	负责人

① 按照总平面图要求，做好现场控制网测量；

② 认真做好土地征用、居民迁移和现场障碍物拆除工作；

③ 组织项目采用的新结构、新材料、新技术试验工作；

④ 按照施工项目施工设施计划要求，优先落实大型施工设施工程，同时做好现场"四通一清"工作；

⑤ 根据施工项目资源计划要求，落实绿化材料、建筑材料、构配件、加工品（包括植物材料）、施工机具和设备；

⑥ 认真做好工人上岗前的技术培训工作。

（四）施工总进度计划

根据施工部署要求，合理确定每个独立交工系统及单项工程控制工期，并使它们相互之间最大限度地进行衔接，编制出施工总进度计划。在条件允许的情况下，可多搞几个方案进行比较、论证，以采用最佳计划。

1. 确定施工总进度表达形式

施工总进度计划属于控制性计划，用图表形式表达。园林建设项目施工进度常用横道图表达（如图1-3）。

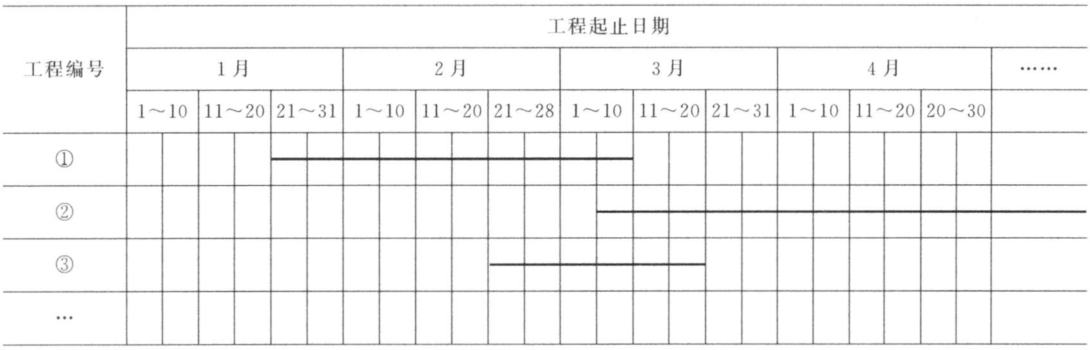

工程编号	工程起止日期												
	1月			2月			3月			4月			……
	1～10	11～20	21～31	1～10	11～20	21～28	1～10	11～20	21～31	1～10	11～20	20～30	
①			▬▬▬	▬▬▬	▬▬▬								
②							▬▬▬	▬▬▬	▬▬▬				
③					▬▬▬	▬▬▬							
…													

工程编号：①整理地形工程；②绿化工程；③假山工程；……

图1-3　施工进度横道图

2. 编制施工总进度计划

① 根据独立交工系统的先后次序，明确划分施工项目的施工阶段；按照施工部署要求，合理确定各阶段及其单项工程开竣工时间；

② 按照施工顺序，列出每个施工阶段内部的所有单项工程，并将它们分别分解至单位工程和分部工程；

③ 计算每个单项工程、单位工程和分部工程的工程量；

④ 根据施工部署和施工方案，合理确定每个单项工程、单位工程和分部工程的施工持续时间；

⑤ 科学地安排各分部工程之间衔接关系，并绘制成控制性的施工网络计划（见图1-4）或横道计划；施工网络计划明确了各作业间的相互关系、作业顺序、施工时间和重点作业等，以弥补工程进度表的不足；

⑥ 在安排施工进度计划时，要认真遵循编制施工组织设计的基本原则；

⑦ 可对施工总进度计划初始方案进行优化设计，以有效地缩短建设总工期。

网络计划图表方法如图1-5所示：

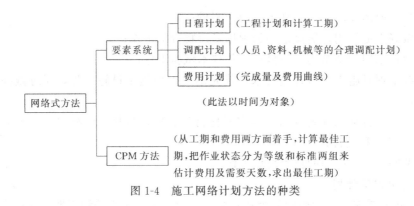

图 1-4   施工网络计划方法的种类

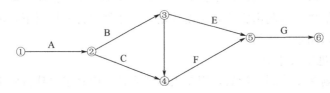

图 1-5   施工网络计划图表示方法

说明：箭头线——表示施工作业；

施工作业开始○$\frac{A（作业名称）}{5（作业天数）}$○施工作业结束；

○中填号数后，则表示施工作业的流程。

在网状图的基础上，编制施工作业一览表（以表 1-3 为例）：

表 1-3   施工作业一览表

施工作业	先行作业	后续作业	需要天数
A		B、C、D	3
B	—	E、F	4
C	A	F	9
D	A	G	4
E	A	G	3
F	B、C	G	4
G	D、E、F	—	5

3. 制订施工总进度保证措施

（1）组织保证措施   从组织上落实进度控制责任制，建立进度控制协调制度。

（2）技术保证措施   编制施工进度计划实施细则；建立多级网络计划和施工作业周计划体系；强化施工工程进度控制。

（3）经济保证措施   确保按时供应资金；奖励工期提前有功者；经批准紧急工程可采用较高的计件单价；保证施工资源正常供应。

（4）合同保证措施   全面履行工程承包合同；及时协调各分包单位施工进度；按时提取工程款；尽量减少建设单位提出工程进度索赔的机会。

（五）施工总质量计划

施工总质量计划是以一个建设项目为对象进行编制，用以控制其施工全过程各项施工活动质量标准的综合性技术文件。应充分掌握设计图纸、施工说明书、特殊施工说明书等文件上的质量指标，制定各工种施工的质量标准，制定各工种的作业标准、操作规程、作业顺序等，并分别对各工种的工人进行培训及教育。

1. 施工总质量计划内容

① 工程施工质量总目标及其分解；

② 确定施工质量控制点；

③ 制订施工质量保证措施；

④ 建立施工质量体系，并应与国际质量认证系统接轨。

2. 施工总质量计划的制订步骤

（1）明确工程设计质量要求和特点　通过熟悉施工图纸和工程承包合同，明确设计单位和建设单位对建设项目及其单项工程的施工质量要求；再经过项目质量影响因素分析，明确建设项目质量特点及其质量计划重点。

（2）确定施工质量总目标　根据建设项目施工图纸和工程承包合同要求，以及国家颁布的相关的工程质量评定和验收标准，确定建设项目施工质量总目标：优良或合格。

（3）确定并分解单项工程施工质量目标　根据建设项目施工质量总目标要求，确定每个单项工程施工质量目标，然后将该质量目标分解至单位工程质量目标和分部工程质量目标，即确定出每个分部工程施工质量等级：优良或合格。

（4）确定施工质量控制点　根据单位工程和分部工程施工质量等级要求，以及国家颁布的相关的工程质量评定与验收标准、施工规范和规程有关要求，选定各工种的质量特性（以土方工程为例，见表1-4），确定各个分部（项）工程质量标准和作业标准；对于影响分部（项）工程质量的关键部位或环节，要设置施工质量控制点，以便加强对其进行质量控制。

表 1-4　土方工程的质量特性

物理特性(施工前)		力学特性(施工中)		地基土壤的承载力(施工后)	
质量特性试验	质量特性	试验	质量特性	试验	
颗粒度	颗粒度	最大干燥密度	捣固	贯入指数	各种贯入试验
液限	液限	最优含水量	捣固	浸水 CBR	CBR
塑限	塑限	捣固密实度	捣固	承载力指数	平板荷载试验
现场含水量	含水量				

（5）制订施工质量保证措施

① 组织保证措施。建立施工项目的施工质量体系，明确分工职责和质量监督制度，落实施工质量控制责任。

② 技术保证措施。编制施工项目施工质量计划实施细则，完善施工质量控制点和控制标准，强化施工质量事前、事中和事后的全过程控制。

③ 经济保证措施。保证资金正常供应；奖励施工质量优秀的有功者，惩罚施工质量低劣的操作者，确保施工安全和施工资源正常供应。

④ 合同保证措施。全面履行工程承包合同，严格控制施工质量，及时了解及处理分包单位施工质量，热情接受施工监理，尽量减少建设单位提出工程质量索赔的机会。

（6）建立施工质量认证体系

（六）施工总成本计划

施工总成本是以一个园林建设项目为对象进行编制，用以控制其施工全过程各项施工活动成本额度的综合性技术文件，由于园林建设工程施工内容多，牵涉到的工种亦多，计算标准成本很困难，但随着园林事业的发展以及不断进行的体制改革和规章制度的日益完善园林事业日趋现代化，因而园林业也会和其他部门一样，朝制订标准成本的方向努力。

1. 施工成本分类

（1）施工预算成本 施工预算成本是工程的成本计划，是根据项目施工图纸、工程预算定额和相应取费标准所确定的工程费用总和，也称建设预算成本。制订工程预算书是进行成本管理的基础，它是根据设计书、图表、施工说明书、图纸等实行预算及成本计算。施工预算成本管理表见表1-5。

表1-5　施工预算成本管理表

预算成本计算		施工计划成本计算		施工实际成本计算
基本计算	估算成本	不同工种计算	不同因素计算	预算成本与完成工程成本实行预算报告比较研究
		直接工程费 ×××作业	材料费 劳务费	
确定预算		×××作业 间接工程费 一般管理费	转包费 经　费	
编制实行预算书	执行预算		中途分析实行预算差异	
计　　划	实　　施		调　整	评　价

（2）施工计划成本 施工计划成本是在预算成本基础上，经过充分掘潜力、采取有效技术组织措施和加强经济核算努力下，按企业内部定额，预先确定的工程项目计划费用总和，也称项目成本。施工预算成本与施工计划成本差额，称为项目施工计划成本降低额。

（3）施工实际成本 施工实际成本是在项目施工过程中实际发生，并按一定成本核算对象和成本项目归集的施工费用支出总和。施工预算成本与施工实际成本的差额，称为工程成本降低额；成本降低额与预算成本比率，称为成本降低率。施工管理人员应找出成本差异发生的原因，在控制成本的同时，及时采取正确的施工措施，一般说来，在比较成本时应保证工程数量与成本都必须准确。该指标可以考核建设项目施工总成本降低水平或单项工程施工成本降低水平。成本差异分析表见表1-6。

表1-6　成本差异分析表

工种区分	施工预算成本			施工实际成本			成本差异		
	数量	单价	金额	数量	单价	金额	增	减	
×× ×× ×× 合计									成本差异大的作业

2. 施工成本构成

施工成本由直接费和间接费构成。

3. 编制施工总成本计划步骤

（1）确定单项工程施工成本计划。

（2）编制建设项目施工总成本计划 根据园林建设项目施工部署要求，其总成本计划编制也要划分施工阶段，首先要确定每个施工阶段的各个单项工程施工成本计划，并编制每个施工阶段组成的项目施工成本计划，再将各个施工阶段的施工成本计划汇在一起，就成为该园林建设项目施工总成本计划，同时也求得该建设项目工程计划成本总指标。

（3）制订建设项目施工总成本保证措施。

（七）施工总资源计划

1. 劳动力需要量计划

施工劳动力需要量计划是编制施工设施和组织工人进场的主要依据。劳务费平均占承包总额的 30％～40％，它是施工管理人员实施管理的重要一环，在管理过程中要执行《中华人民共和国劳动法》等国家相关法令、法规。劳动力需要量计划是根据施工总进度计划、概（预）算定额和有关经验资料，分别确定出每个单项工程专业工种、工人数和进场时间，然后逐项汇总直至确定出整个建设项目劳动力需要量计划，是一项政策性很强的工作。

工程的劳动力可实行招聘制，并要订立相关合同，合同双方都要遵守劳动合同，认真地履行各自的权利与义务。

2. 主要材料需要量计划

主要材料需要量计划，它是组织施工材料和部分原材料加工、订货、运输、确定堆场和仓库的依据。它是根据施工图纸、施工部署和施工总进度计划而编制的。然而，园林施工中的特殊材料如掇山、置石的材料需要根据设计所要求的体态、体量、色泽、质地等经过相石、采石、运输、等环节，故需事先做好需要量计划。

3. 施工机具和设备需要量计划

施工机具和设备需要量计划是确定施工机具和设备进场、施工用电量和选择施工后临时变压器的依据。它可根据施工部署、施工方案、工程量而确定，一般而言，园林施工中的大型施工机械不多见，但在地形塑造、土方工程、水景施工中所用的一些中、小机械设备也不容忽视。

（八）施工总平面的布置

1. 施工总平面布置的原则

① 在满足施工需要前提下，尽量减少施工用地，不占或少占农田，施工现场布置要紧凑合理，保护好施工现场的古树名木、原有树木、文物等。

② 合理布置各项施工设施，科学规划施工道路，尽量降低运输费用。

③ 科学确定施工区域和场地面积，尽量减少专业工种之间交叉作业。

④ 尽量利用永久性建筑物、构筑物或现有设施为施工服务，降低施工设施建造费用，尽量采用装配式施工设施，提高其安装速度。

⑤ 各项施工设施布置都要满足以下要求：有利于施工、方便生活、安全防火和环境保护要求。

2. 施工总平面布置的依据

① 园林建设项目总平面图、竖向布置图和地下设施布置图。

② 园林建设项目施工部署和主要项目施工方案。

③ 园林建设项目施工总进度计划、施工总质量计划和施工总成本计划。

④ 园林建设项目施工总资源计划和施工设施计划。

⑤ 园林建设项目施工用地范围和水、电源位置，以及项目安全施工和防火标准。

3. 施工总平面布置内容

① 园林建设项目施工用地范围内地形和等高线；全部地上、地下已有和拟建的道路、广场、河湖水面、山丘、绿地及其他设施位置的标高和尺寸。

② 标明园林植物种植的位置、各种构筑物和其他基础设施的坐标网。

③ 为整个建设项目施工服务的施工设施布置，包括生产性施工设施和生活性施工设施两类。

④ 建设项目必备的安全、防火和环境保护设施布置。

4. 编制建设项目施工设施需要量计划

（1）确定工程施工的生产性设施　生产性施工设施包括工地加工设施、工地运输设施、工地储存设施、工地供水设施、工地供电设施和工地通信设施 6 种。通常要根据整个园林建设项目及其每个单项工程施工需要，统筹兼顾、优化组合、科学合理地确定每种生产性施工设施的建造量和标准，编制出项目施工的生产性施工需要量计划。

（2）确定工程施工的生活性设施　生活性施工设施包括：行政管理用房屋、居住用房屋和文化福利用房屋 3 种。通常要根据整个建设项目及其每个单项工程施工需要，统筹兼顾、科学合理地确定每种生活性施工设施的建造量和标准，编制出项目施工的生活性施工设施需要量计划。

（3）确定项目施工设施需要量计划核心部分　必然是以上两项"需要量计划"之和，然后在其前面写明"编制依据"，在其后面写明"实施要求"。这样便形成了"建设项目施工设施需要量计划"。

5. 施工总平面图设计步骤

① 确定仓库和堆场位置，特别注意植物材料的假植地点应选在背风、背阴处。

② 确定材料加工场地位置。

③ 确定场内运输道路位置。

④ 确定生活用施工设施位置。

⑤ 确定水、电管网和动力设施位置。

⑥ 评价施工总平面图指标。

为了优化施工工程，应从多个施工总平面图方案中根据下列评价指标：施工占地总面积、土地利用率、施工设施建造费用、施工道路总长度和施工管网总长度。并在分析计算基础上，对每个可行方案进行综合评价。

（九）主要技术经济指标

为了评价每个建设项目施工组织总设计各个可行方案的优劣，以便从中确定一个最优方案，通常采用以下技术经济指标进行方案评价。

① 建设项目施工工期。

② 建设项目施工总成本和利润。

③ 建设项目施工总质量。

④ 建设项目施工安全。

⑤ 建设项目施工效率。

⑥ 建设项目施工其他评价指标。

第四节　单项（位）工程施工组织设计

单项（位）工程施工组织设计是根据施工图和施工组织总设计来编制的，也是对总设计的具体化，由于要直接用于指导现场施工，所以内容比较详细和具体。

一、单项（位）工程施工组织设计编制依据

① 单项（位）工程全部施工图纸及相关标准图；

② 单项（位）工程工程地质勘察报告、地形图和工程测量控制网；

③ 单项（位）工程预算文件和资料；

④ 建设项目施工组织总设计对本工程的工期、质量和成本控制的目标要求；

⑤ 承包单位年度施工计划对本工程开竣工的时间要求；

⑥ 有关国家方针、政策、规范、规程和工程预算定额；

⑦ 类似工程施工经验和技术新成果。

二、单项（位）工程施工组织设计编制程序

如图 1-6 所示。

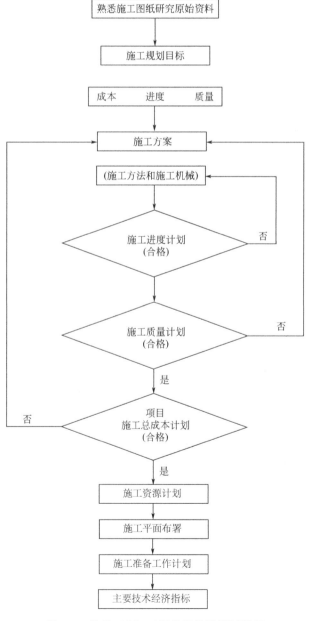

图 1-6　单项（位）工程组织设计编制程序

三、单项（位）工程施工组织设计编制内容

（一）工程特点

简要说明工程结构和特点，对施工的要求，并附以主要工种工程量一览表。

（二）工程施工特征

结合园林建设工程具体施工条件，找出其施工全过程的关键工程，并从施工方面和措施方面给予合理地解决。如在水池工程施工中，要重点解决防水工程和饰面工程。

（三）施工方案（单项工程施工进度计划）

① 用图表的形式确定各施工过程开始的先后次序、相互衔接的关系和开竣工日期（如表 1-7 所示）。如确定施工起点流向，它是指园林建设单项工程在平面上和竖向上施工开始部位和进展方向，它主要解决施工项目在空间上施工顺序合理的问题，要注意该单项（位）工程的工程特点和施工工艺要求。如是绿化工程，则要注意不同植物对栽植季节及对气候条件的要求、工程交付使用的工期要求、施工顺序、复杂程度等因素。

表 1-7 单项工程进度计划

工种	单位	数量	开工日	完成日	4 月					
					5	10	15	20	25	30
准备作业	组	1.0	4 月 1 日	4 月 5 日						
定线	组	1.0	4 月 6 日	4 月 9 日						
堆土作业	m³	1500	4 月 10 日	4 月 15 日						
栽植作业	棵	150	4 月 15 日	4 月 24 日						
草坪作业	m²	600	4 月 24 日	4 月 28 日						
收尾	组	10	4 月 28 日	4 月 30 日						

② 确定施工程序。

园林建设工程施工程序是指单项工程不同施工阶段之间所固有的、密切不可分割的先后施工次序。它既不可颠倒，也不能超越。

单项（位）工程施工总程序包括签订工程施工合同、施工准备、全面施工和竣工验收。此外，其施工程序还有：先场外后场内、先地下后地上、先主体后装修，先土石方工程再管线再土建再设备设施安装最后绿化工程。绿化工程因为受到栽植季节的限制，常常要与其他单位（项）工程交叉进行。在编制施工方案时，必须认真研究单项（位）工程施工程序。

③ 确定施工顺序和施工方法。

施工顺序是指单项（位）工程内部各个分部（项）工程之间的先后施工次序。施工顺序合理与否，将直接影响工种间配合、工程质量、施工安全、工程成本和施工速度，必须科学合理地确定单项工程施工顺序。

确定施工方法时工程量大且施工技术复杂并有新技术、新工艺或特种结构工程则需编制具体的施工过程设计，其余只需概括说明即可。

④ 施工机械和设备的选择。

⑤ 主要材料和构件的运输方法。

⑥ 各施工过程的劳动组织。

⑦ 主要分部分项工程施工段的划分和流水顺序。

⑧ 冬季和雨季施工措施。

⑨ 确定安全施工措施。

（四）施工方案的评价体系

主要从定性和定量两方面来进行评价。

（1）定性评价指标 主要是施工操作难易程度和安全可靠性、为后续工程创造有利条件的可能性、利用现有或取得施工机械的可能性、冬雨季施工的可能性以及为现场文明施工创造有利条件的可能性。

（2）定量评价指标 主要是单项（位）工程施工工期、施工成本、施工质量、工程劳动力使用情况以及主要材料消耗量。

（五）施工准备工作

1. 施工准备工作内容

组建管理机构、确定各部门职能、确定岗位职责分工和选聘岗位人员等建立工程管理组织的工作。

① 施工技术准备，包括编制施工进度控制目标；编制施工作业计划；编制施工质量控制实施细则并落实质量控制措施；编制施工成本控制实施细则，确定分项工程成本控制目标以采取有效成本控制措施；做好工程技术交底工作，可以采用书面交底、口头交底和现场示范操作交底等方式，常采用自上而下逐级进行交底。

② 劳动组织准备，主要有建立工程队伍，并建立工程队伍的管理体系，在队组内部技术工人等级比例要合理，并满足劳动力优化组合的要求；做好劳动力培训工作，并安排好工人进场后生活，然后按工程对各工种的编制，组织上岗前培训，培训内容包括规章制度、安全施工、操作技术和精神文明教育 4 个方面。

③ 施工物资准备，包括建筑材料准备和植物材料准备及施工机具准备，有时还要有一些预制加工品的准备。

④ 施工现场准备，主要有：清除现场障碍物，实现"四通一清"；现场控制网测量；建造各项施工设施；组织施工物资和施工机具进场等。

2. 编制施工准备工作计划

为落实各项施工准备工作，加强对施工准备工作监督和检查，通常施工准备工作计划采用表格形式，如表 1-8 所示。

表 1-8 单项工程施工准备工作计划

序号	准备工作名称	准备工作内容	主办单位	协办单位	完成时间	负责人

（六）施工进度计划

1. 编制施工进度计划依据

主要有：单项（位）工程承包合同和全部施工图纸；建设地区相关原始资料；施工总进度计划对本工程有关要求；单项（位）工程设计概算和预算资料以及施工物资供应条件等。

2. 施工进度计划编制步骤

① 熟悉审查施工图纸，研究原始资料；

② 确定施工起点流向，划分施工段和施工层；

③ 分解施工过程，确定工程项目名称和施工顺序；

④ 选择施工方法和施工机械，确定施工方案；

⑤ 计算工程量，确定劳动力分配或机械台班数量；

⑥ 计算工程项目持续时间，确定各项流水参数；

⑦ 绘制施工横道图；

⑧ 按项目进度控制目标要求，调整和优化施工横道计划。

3. 制订施工进度控制实施细则

主要是编制月、旬和周施工作业计划，从而落实劳动力、原材料和施工机具供应计划；协调同设计单位和分包单位关系，协调同建设单位的关系，以保证其供应材料、设备和图纸及时到位。

（七）施工质量计划

1. 编制施工质量计划的依据

主要是依照：施工图纸和有关设计文件；设计概算和施工图预算文件；该工程承包合同对其造价、工期和质量有关规定；国家现行施工验收规范和有关规定；施工作业环境状况，如劳动力、材料、机械等情况。

2. 施工质量计划内容

基本可参照施工总质量计划的内容。

3. 编制施工质量计划步骤

① 施工质量要求和特点。根据园林建设工程各分项工程特点、工程承包合同和工程设计要求，认真分析影响施工质量的各项因素，明确施工质量特点及其质量控制重点。

② 施工质量控制目标及其分解。根据施工质量要求和特点分析，确定单项（位）工程施工质量控制目标"优良"或"合格"，然后将该目标逐级分解为：分部工程、分项工程和工序质量控制子目标"优良"或"合格"，作为确定施工质量控制点的依据。

③ 确定施工质量控制点。根据单项（位）工程、分部（项）工程施工质量目标要求，对影响施工质量的关键环节、部位和工序设置质量控制点。

④ 制订施工质量控制实施细则。它包括：建筑材料、绿化材料、预制加工品和工艺设备、设施质量检查验收措施；分部工程、分项工程质量控制措施；以及施工质量控制点的跟踪监控办法。

⑤ 建立工程施工质量体系。

（八）施工成本计划

1. 施工成本分类和构成

单项（位）工程施工成本分为施工预算成本、施工计划成本和施工实际成本 3 种，其中施工预算成本由直接费和间接费两部分费用构成。

2. 编制施工成本计划步骤

收集和审查有关编制依据；做好工程施工成本预测；编制单项（位）工程施工成本计划；制订施工成本控制实施细则。

它包括优选材料、设备质量和价格；优化工期和成本；减少赶工费；跟踪监控计划成本与实际成本差额，分析产生原因，采取纠正措施；全面履行合同，减少建设单位索赔机会；健全工程成本控制组织，落实控制者责任；保证工程施工成本控制目标实现。

（九）施工资源计划

单项（位）工程施工资源计划内容包括：编制劳动力需要量计划、建筑材料和绿化材料需要量计划、预制加工成品需要量计划、施工机具需要量计划和各种设备设施需要量计划。

（1）劳动力需要量计划　劳动力需要量计划是根据施工方案、施工进度和施工预算，依次确定的专业工种、进场时间、劳动量和工人数，然后汇集成表格形式。它可作为现场劳动力调配的依据。

（2）施工材料需要量计划　建筑材料和绿化材料需要量计划是根据施工预算工料分析和施工进度，依次确定的材料名称、规格、数量和进场时间，并汇集成表格形式。它可作为备料、确定堆场和仓库面积，以及组织运输的依据。

（3）预制加工品需要量计划　较大的园林建设工程中的很多材料、设施需要预制加工，如石材、喷泉、路椅、电话亭、指示牌等。预制加工品需要量计划是根据施工预算和施工进度计划而编制的，它可作为加工订货、确定堆场面积和组织运输的依据。

（4）施工机具需要量计划　施工机具需要量计划是根据施工方案和施工进度计划而编制的，它可作为落实施工机具来源和组织施工机具进场的依据。

（十）施工平面布置

大中型的园林建设工程施工要做好施工平面布置。

1. 施工平面布置依据

主要有：建设地区原始资料；一切原有和拟建工程位置及尺寸；全部施工设施建造方案；施工方案、施工进度和资源需要量计划；建设单位可提供的房屋和其他生活设施。

2. 施工平面布置原则

主要有：施工平面布置要紧凑合理，尽量减少施工用地；尽量利用原有建筑物或构筑物，降低施工设施建造费用；尽量采用装配式施工设施，减少搬迁损失，提高施工设计安装速度；合理地组织运输，保证现场运输道路畅通，尽量减少场内运输费；各项施工设施布置都要满足方便生产、有利于生活、环境保护、安全防火等要求。

3. 施工平面布置内容

（1）设计施工平面图　它包括：总平面图上的全部地上、地下构筑物和管线；地形等高线，测量放线标桩位置；各类起重机构停放场地和开行路线位置；以及生产性、生活性施工设施和安全防火设施位置。平面图的比例一般为 1/500～1/200。

（2）编制施工设施计划　它包括：生产性和生活性施工设施的种类、规模和数量，以及占地面积和建造费用。

（十一）主要技术经济指标

单项（位）工程施工组织设计的评价指标包括施工工期、施工成本、施工质量、施工安全和施工效率，以及其他技术经济指标。

第五节　园林工程施工与管理的准备工作

良好的开端是成功的一半。园林工程的施工准备是园林工程建设顺利进行的必要前提和根本保证。

一、施工准备工作的重要性

园林工程建设是人们创造物质财富的同时创造精神财富的重要途径，园林建设发展到今天其涵义和范围有了全新的拓展。建设工程项目总的程序是按照决策（计划）、设计和施工三个阶段进行。施工阶段又分为施工准备、项目施工、竣工验收、养护管理等阶段。由此可见，施工准备工作的基本任务是为拟建工程的施工提供必要的技术和物质条件，统筹安排施工力量和施工现场。同时施工准备工作还是工程建设顺利进行的根本保证。因此，认真做好施工准备工作，对于发挥企业优势、资源的合理利用、加快施工进度、提高工程质量、降低工程成本、增加企业利润、赢得社会信誉、实现企业管理现代化具有十分重要意义。

实践证明，凡是重视施工准备工作，积极为拟建工程创造一切施工条件的，项目的施工就会顺利进行；反之，就会给项目施工带来麻烦或不便，甚至造成无可挽回的损失。

二、施工准备工作的分类

（一）按范围不同分类

按工程项目施工准备工作的范围不同可分为：全场性施工准备、单位工程施工准备和分部分项工程施工准备。

（1）全场性施工准备　是以整个施工工地为对象而进行的各项施工准备。其特点是施工准备工作的目的、内容都是为全场性施工服务的。它不仅要为全场性的施工活动创造条件，而且要兼顾单位工程施工条件的准备。

（2）单位工程施工准备　是以一个建筑物、构筑物或种植施工为对象进行施工条件的准备工作。其特点是它的准备工作的目的、内容都是单位工程施工服务的。它不仅为单位工程施工做好一切准备，而且要为分部分项工程施工做好施工准备工作。

（3）分部分项工程施工准备　是以一个分部分项工程或冬、雨季施工项目为对象而进行的作业条件准备。

（二）按施工阶段的不同分类

按拟建工程所处的施工阶段不同可分为：开工前的施工准备和各施工阶段前的施工准备。

（1）开工前的施工准备　是在拟建工程正式开工之前所进行的一切施工准备工作。其目的是为拟建工程正式开工创造必要的施工条件。它既可能是全场性的施工准备，又可能是单位工程施工条件的准备。

（2）各施工阶段前的施工准备　是在拟建工程开工之后，每个施工阶段正式开工之前所进行的一切施工准备工作。其目的是为施工阶段正式开工创造必要的施工条件。

综上所述，施工准备工作既要有阶段性，又要有连续性，必须要有计划、有步骤、分期分阶段进行，要贯穿整个施工项目建造过程的始终。

三、施工准备工作内容

（一）技术准备

技术准备是核心，因为任何技术的差错或隐患都可能引发人身安全和工程质量事故。

1. 熟悉并审查施工图纸和有关资料

园林建设工程在施工前应熟悉设计图纸的详细内容，以便掌握设计意图，确认现场状况，以便编制施工组织设计、为工程施工提供各项依据。在研究图纸时，需要特别注意的是特殊施工说明书的内容、施工方法、工期以及所确认的施工界限等。

2. 原始资料的调查分析

为了做好施工准备工作，除了要掌握有关拟建工程的书面资料外，还应该对拟建工程进行实地勘测的调查，获得第一手资料，这对拟定一个合理、切合实际的施工组织设计是非常必要的，因此应该做好以下两方面的分析。

（1）自然条件的分析　自然条件主要包括工程区气候、土壤、水文、地质等，尤其是对于园林绿化工程，充分了解和掌握工程区的自然条件是必要的。

（2）技术经济条件的调查分析　内容包括：地上建筑与园林施工企业的状况；施工现场的动迁状况；当地可利用的地方资料状况；建材、苗木供应状况；地方能源、运输状况；劳动力和技术水平状况；当地生活供应、教育和医疗状况；消防、治安状况和参加施工单位的力量状况。

3. 编制施工图预算和施工预算

施工图预算应由施工单位按照施工图纸所确定的工程量、施工组织设计拟定的施工方法、建筑工程预算定额和有关费用定额编制。施工图预算是建设单位和施工单位签订工程合同的主要依据，是拨付工程款和竣工决算的主要依据，是实行招投标和建设包干的主要依据，也是施工单位制定施工计划、考核工程成本的依据。

施工预算是施工单位内部编制的一种预算。它是在施工图预算的控制下，结合施工组织设计中的平面布置、施工方法、技术组织措施以及现场施工条件等因素编制而成的。

4. 编制施工组织设计

拟建工程应根据其规模、特点和建设单位要求，编制指导该工程施工全过程的施工组织设计。

（二）物质准备

园林建设工程的物质准备工作内容包括土建材料准备、绿化材料准备、构（配）件和制品加工准备、园林施工机具准备等。

（三）劳动组织准备

① 施工项目管理人员应是具有实际工作的专业管理人员。

② 有能进行现场施工指导的专业技术员。

③ 各工种应有熟练的技术工人，并应在进场前进行了有关的入场教育。

（四）施工现场准备

大中型的综合园林建设项目应做好完善的施工现场准备工作。

（1）施工现场的控制网测量　根据给定的永久性坐标和高程，按照总平面图要求，进行施工场地的控制网测量，设置场区永久性控制测量标桩。

（2）做好"四通一清"　确保施工现场水通、电通、道路畅通、通信畅通和场地清理。应按消防要求设置足够数量的消火栓。园林建设中的场地平整要因地制宜，合理利用竖向条件，既要便于施工，又要保留良好的地形景观。

（3）做好施工现场的补充勘探　对施工现场做补充勘探是为了进一步寻找隐蔽物。对于城市园林建设工程，尤其要清楚地下管线的布局，以便及时拟定处理隐蔽物的方案和措施，为基础工程施工创造条件。

（4）建造临时设施　按照施工总平面图的布置，建造临时设施，为正式开工准备好用于生产、办公、生活、居住和储存等的临时用房。

（5）安装调试施工机具　根据施工机具需求计划，按施工平面图的要求，组织施工机械、设备和工具进场，按规定地点和方式存放，并应进行相应的保养和试运转等工作。

（6）组织施工材料进场　根据各项材料需求计划，组织其进场，按规定地点和方式存放。植物材料一般做到随到随栽，不需要提前进场。若进场后不能立即栽植的，要选择好假植地点和养护方式。

（7）其他　如做好冬季、雨季施工安排，保护、保存树木等。

（五）施工现场协调

① 材料选购、加工和订货。根据各项材料需要量计划，同建材生产加工、设备设施制

造、苗木生产单位取得联系，必要时签订供货合同，保证按时供应。植物材料属非工业产品，一般要到苗木场（圃）选择符合设计要求的苗木。园林中特殊的景观材料，如山石等需要事先根据设计需要选择备用。

② 施工机具租赁或订购。对本单位缺少且需用的施工机具，应根据需要量计划，同有关单位签订租赁合同或订购合同。

③ 选定转、分包单位，并签订合同，理顺转、分、承包的关系，但应防止将整个工程全部转包的情况出现。

四、施工准备工作计划

为了落实各项施工准备工作，加强对其检查和监督，必须根据各项施工准备工作的内容、时间和人员，编制施工准备工作计划。

综上所述，各项施工准备工作不是分离的、孤立的，而是互为补充，相互配合的。为了提高施工准备工作的质量，加快施工准备工作的进度，就必须加强建设单位、设计单位和施工单位之间的协调工作，建立健全施工准备工作的责任制度和检查制度，使施工准备工作有领导、有组织、有计划，分期分批的进行，并贯穿施工全过程的始终。

五、临时设施准备

为了满足工程项目施工需要，在工程开工之前，要按照工程项目施工准备工作计划的要求，建造相应的临时设施，为工程项目创造良好的施工条件。临时设施工程也叫暂设工程，在施工结束之后就要拆除，其投资有效时间是短暂的，因此在组织工程项目施工时，对暂设工程和大型临时设施的用途、数量和建造方式等方面，要进行技术经济方面的可行性研究，要做到在满足施工需要的前提下，使其数量和造价最低。这对于降低工程成本和减少施工用地都是十分重要的。

（一）施工平面图

暂设工程的类型和规格因园林建设工程规模不同而异，但其布局的合理性主要是通过施工总平面图的设计来实现的。

施工总平面图是拟建项目施工场地的总布置图。它按照施工方案和施工进度的要求，对施工现场的道路交通、施工房屋设施、工地供水供电设施及临时通信设施等做出合理的规划和布置，从而正确处理了全工地施工期间所需各项临时设施和拟建园林工程之间的空间关系。通常施工总平面图标注了各拟建工程的位置和尺寸。

（二）临时设施

（1）施工房屋设施　房屋设施一般包括工地加工厂、工地仓库、办公用房（含施工指挥部、办公室、项目部、财务室、传达室、车库等）以及居住生活用房等。

（2）工地运输　工地运输方式有：铁路运输、水路运输、汽车运输和非机动车运输等。在园林施工中主要以汽车运输为主，要修建能够承载重车辆的临时道路。

（3）工地供水　施工工地临时供水主要包括生产用水、生活用水和消防用水三种。需要根据用水的不同要求选择水源和确定用水量，敷设临时用水管道。

（4）工地供电　工地临时供电组织包括：计算用电总量、选择电源、确定变压器和导线截面积并布置配电线路。

（5）临时通信设施　现代施工企业为了高效快捷获取信息，提高办事效率，在一些稍大的施工现场都配备了固定电话、对讲机、电脑等设施。

复　习　题

1. 简述园林工程施工组织设计的概念和作用。
2. 园林工程施工组织设计的依据是什么？
3. 园林工程施工组织设计的编制原则是什么？
4. 简述园林工程施工组织设计的编制方法。
5. 简述园林工程施工组织总设计的编制程序。
6. 简述单项工程施工组织设计的编制程序。

思　考　题

1. 简述园林工程施工组织总设计与单项工程施工组织设计的关系。
2. 园林工程施工前的准备工作都有哪些？

实　训　题

绿化工程施工组织设计的编制实训

【要求】

1. 针对本地某一园林绿化工程施工项目，按照招标文件的要求，编制出绿化工程的施工组织设计方案。

2. 在调查研究的基础上，结合工程实际施工情况，评价出最合理的施工组织设计方案。

第二章 土方和给水排水工程施工技术

【本章导读】

绝大多数园林工程的施工都是在土方工程的基础上进行的，所以本章作为园林工程施工的重要章节，主要介绍园林土方工程和给排水工程的相关知识。通过本章的学习，能够了解土方工程和给排水工程的施工准备工作、施工内容、施工工艺和施工技术要点，在此基础上掌握常规土方施工技术、放坡与填方施工技术、给水工程施工技术、排水工程施工技术、园林喷灌工程施工技术。

【教学目标】

了解土方工程量和给排水量的计算方法，掌握与土方和给排水施工相关的土的各种工程和力学性质，熟悉土方和给排水工程施工的程序和各阶段施工的内容、工艺流程、技术要点。

【技能目标】

培养对园林土方和给排水工程施工图纸的识图及理解能力，使其具备进行中小型园林工程土方和给排水工程的施工能力。

第一节 土方工程施工相关知识

园林用地地形设计的实现必然要依靠土方施工来完成。任何建筑物、构筑物、道路及广场等工程的修建，都要在地面作一定的基础如挖掘基坑、路槽等，这些工程都是从土方施工开始的。在园林中地形的利用、改造或创造，如挖湖堆山，平整场地都要依靠动土方来完成。土方工程，一般来说在园林建设中是一项大工程，而且在建园中它又是先行的项目。它完成的速度和质量，直接影响着后续工程，所以它和整个建设工程的进度关系密切。土方工程的投资和工程量一般都很大，有的大工程施工期很长。如上海植物园，由于地势过低，需要普遍垫高，挖湖堆山，动土量近百万方，施工期从 1974～1980 年断断续续前后达六七年之久。由此可见土方工程在城市建设和园林建设工程中占有重要地位。为了使工程能多快好省地完成，必须做好土方工程的设计和施工的安排。

一、土方工程的种类

土方工程根据其使用期限和施工要求，可分为永久性和临时性两种，但是不论是永久性还是临时性的土方工程，都要求具有足够的稳定性和密实度，使工程质量和艺术造型都符合原设计的要求。同时在施工中还要遵守有关的技术规范和设计的各项要求，以保证工程的稳定和持久。

二、土壤的工程性质

土壤的工程性质对土方工程的稳定性、施工方法、工程量及工程投资有很大关系，也涉及工程设计、施工技术和施工组织的安排。因此，对土壤的这些性质要进行研究并掌握它，以下是土壤的几种主要的工程性质。

（一）土壤的容重

天然状况下单位体积内的土壤质量，单位为 kg/m³。土壤容重的大小直接影响着施工的难易程度，容重越大挖掘越难。在土方施工中把土壤分为松土、半坚土、坚土等类，所以施工中施工技术和定额应根据具体的土壤类别来制定。

（二）土壤的自然倾斜角（安息角）

土壤自然堆积，经沉落稳定后的表面与地平面所形成的夹角，就是土壤的自然倾斜角，以 α 表示。在工程设计时，为了使工程稳定，其边坡坡度数值应参考相应土壤的自然倾斜角的数值，土壤自然倾斜角还受到其含水量的影响，见表 2-1。

表 2-1　土壤的自然倾斜角

土壤名称	土壤的含水量			土壤颗粒尺寸/mm
	干的	潮的	湿的	
砾石	40°	40°	35°	2～20
卵石	35°	45°	25°	20～200
粗砂	30°	32°	27°	1～2
中砂	28°	35°	25°	0.5～1
细砂	25°	30°	20°	0.05～0.5
黏土	45°	35°	15°	<0.001～0.005
壤土	50°	40°	30°	
腐殖土	40°	35°	25°	

土方工程不论是挖方还是填方都要求有稳定的边坡。进行土方工程的设计或施工时，应该结合工程本身的要求（如：填方或挖方、永久性或临时性）以及当地的具体条件（如：土壤的种类及分层情况、压力情况）使挖方或填方的坡度合乎技术规范的要求，如情况在规范之外，必须进行实地测试来决定。

在高填或深挖时，应考虑土壤各层分布的土壤性质以及同一土层中土壤所受压力的变化，根据其压力变化采取相应的边坡坡度，由此可见挖方或填方的坡度是否合理，直接影响着土方工程的质量与数量。从而也影响到工程投资。关于边坡坡度的规定见下列各表（表 2-2～表 2-5）。

表 2-2　永久性土工结构物挖方的边坡坡度

项次	挖方性质	边坡坡度
1	在天然湿度,层理均匀,不易膨胀的黏土,砂质黏土,黏质砂土和砂类土内挖方深度≤3m	1∶1.25
2	土质同上,挖深 3～12m	1∶1.5
3	在碎石土和泥炭土内挖方,深度为 12m 及 12m 以下,根据土的性质,层理特性和边坡高度确定	1∶1.5～1∶0.5
4	在风化岩石内挖方,根据岩石性质、风化程度、层理特性和挖方深度确定	1∶1.5～1∶0.2
5	在轻微风化岩石内的挖方,岩石无裂缝且无倾向挖方坡角的岩层	1∶0.1
6	在未风化的完整岩石内挖方	直立的

表 2-3 深度在 5m 之内的基坑基槽和管沟边坡的最大坡度（不加支撑）

项次	土类名称	边坡坡度		
		人工挖土并将土于坑、槽或沟的上边	机械施工	
			在坑、槽或沟底挖土	在坑、槽或沟的上边挖土
1	砂土	1：0.75	1：0.67	1：1
2	黏质砂土	1：0.67	1：0.5	1：0.75
3	砂质黏土	1：0.5	1：0.33	1：0.75
4	黏土	1：0.33	1：0.25	1：0.67
5	含砾石卵石土	1：0.67	1：0.5	1：0.75
6	泥灰岩白垩土	1：0.33	1：0.25	1：0.67
7	干黄土	1：0.25	1：0.1	1：0.33

表 2-4 永久性填方的边坡坡度

项次	土的种类	填方高度/m	边坡坡度
1	黏土、粉土	6	1：1.5
2	砂质黏土、泥灰岩土	6～7	1：1.5
3	黏质砂土、细砂	6～8	1：1.5
4	中砂和粗砂	10	1：1.5
5	砾石和碎石块	10～12	1：1.5
6	易风化的岩石	12	1：1.5

表 2-5 临时性填方的边坡坡度

项次	土的种类	填方高度/m	边坡坡度
1	砂石土和粗砂土	12	1：1.25
2	天然湿度的黏土、砂质黏土和砂土	8	1：1.25
3	大石块	6	1：0.75
4	大石块（平整的）	5	1：0.5
5	黄土	3	1：1.5

（三）土壤含水量

土壤的含水量是土壤孔隙中的水重和土壤颗粒重的比值。土壤含水量在 5％以内称干土，在 30％以内称潮土，大于 30％称湿土。土壤含水量的多少，对土方施工的难易也有直接的影响，土壤含水量过小，土质过于坚实，不易挖掘；含水量过大，土壤易泥泞，也不利于施工，无论用人力或机械施工，工效均降低。以黏土为例，含水量在 30％以内最易挖掘，若含水量过大时，则其本身性质发生很大变化，并丧失其稳定性，此时无论是填方或挖方其坡度都显著下降，因此含水量过大的土壤不宜做回填之用（表 2-6）。

在填方工程中土壤的相对密实度是检查土壤施工中密实程度的标准，为了使土壤达到设计要求的密实度可以采用人力夯实或机械夯实。一般采用机械夯实，其密实度可达 95％，人力夯实在 87％左右。大面积填方如堆山等，通常不加夯压，而是借土壤的自重慢慢沉落，久而久之也可达到一定的密实度。

（四）土壤的可松性

土壤经挖掘后，其原有紧密结构遭到破坏，土体松散而使体积增加的性质。这一性质以土方工程的挖土和填土量的计算及运输等都有很大关系。各种土壤体积增加的百分比及其可松性系数见表 2-7。

表 2-6　土壤的工程分类

级别	编号	名　称	天然含水量状态下土壤的平均容量/(kg/m³)	开挖方法、工具
I	1	砂	1500	用铁锹挖掘
	2	植物性土壤	1200	
	3	壤土	1600	
II	1	黄土类黏土	1600	用锹和丁字镐翻松
	2	15mm 以内的中小砾石	1700	
	3	砂质黏土	1650	
	4	混有碎石与卵石的腐殖土	1750	
III	1	稀软黏土	1800	用锹和镐局部采用撬棍开挖
	2	15～40mm 的碎石及卵石	1750	
	3	干黄土	1800	
IV	1	重质黏土	1950	用锹、镐、撬棍局部采用凿子和铁锤开挖
	2	含有 50kg 以下块石的黏土,块石所占体积<10%	2000	
	3	含有 10kg 以下块石的粗卵石	1950	
V	1	密实黄土	1800	由人工用撬棍、镐或用爆破方法开挖
	2	软泥灰岩	1900	
	3	各种不坚实的页岩	2000	
	4	石膏	2200	

表 2-7　各级土壤的可松性

土壤的级别	体积增加百分比/%		可松性系数	
	最初	最后	K_p	K'_p
I(植物性土壤除外)	8～17	1～2.5	1.08～1.17	1.01～1.025
I(植物性土壤、泥炭、黑土)	20～30	3～4	1.20～1.30	1.03～1.04
II	14～28	1.5～5	1.14～1.30	1.015～1.05
III	24～30	4～7	1.24～1.30	1.04～1.07
IV(泥灰岩蛋白石除外)	26～32	6～9	1.26～1.32	1.06～1.09
IV(泥灰岩蛋白石)	33～37	11～15	1.33～1.37	1.11～1.15
V～VII	30～45	10～20	1.30～1.45	1.10～1.20
VIII～X	45～50	20～30	1.45～1.50	1.20～1.30

三、土方工程施工有关术语

（1）竣工坡度　所有景观开发工程结束后的最终坡度。它是草坪、移植床、铺面等的上表面，通常在修坡平面图上用等高线和点高程标出。

（2）地基　表面材料如表土层和铺面（包括基础材料）被放在地基上面。地基回填情况下的顶面和开挖情况下的底面代表地基。夯实地基是指必须达到一个特定的密度，而不干扰地基是指地基土没有被开挖或没有任何形式上的变化。

（3）基层/底基层　填充的材料（通常是粗的或细的骨料），通常放在铺面下面。

（4）竣工楼面标高　通常是结构第一层的标高，但是也可用来表示结构任何一层的标高。竣工楼面标高和外部竣工坡度的关系取决于结构的类型。

（5）开挖　移走土的过程。拟建的等高线向上坡方向延伸，越过现有的等高线。

（6）回填　添加土的过程。拟建的等高线向下坡方向延伸，越过现有等高线。当回填材料必须输入场地时，也经常称为借土。

（7）压实　在控制条件下土的压实，特别是指特定的含水量。

（8）表层土　通常是土壤断面的最上面一层，厚度范围可以从低于 25mm 到超过 300mm。因为其有机质含量很高，很易于分解，所以，对结构来说不是合适的地基材料。

第二节　土石方施工准备

一、施工计划与安排

在土石方施工开始前，首先要对照园林总平面图、竖向设计图和地形图，在施工现场一面踏勘，一面核实自然地形现状。了解具体的土石方工程量、施工中可能遇到的困难和障碍、施工的有利因素和现状、地形能否继续利用等多方面的情况，尽可能掌握全面的现场资料，以便为施工计划或施工组织设计奠定基础。

掌握了翔实准确的现场情况以后，可按照园林总平面工程的施工组织设计，做好土石方工程的施工计划。要根据甲方要求的施工进度及施工质量进行可行性分析和研究，制定出符合本工程要求及特点的各项施工方案和措施。对土方施工的分期工程量、施工条件、施工人员、施工机具、施工时间安排、施工进度、施工总平面布置、临时施工设施搭建等，都要进行周密的安排，力求使开工后施工工作能够有条不紊地进行。

二、清理场地

在施工场地范围内，凡有碍工程的开展或影响工程稳定的地面物或地下物都应该清理，例如不需要保留的树木、废旧建筑物或地下构筑物等。

（一）场地树木及其他设施清理

凡土方开挖深度不大于 50cm，或填方高度较小的土方施工，现场及排水沟中的树木，必须连根拔除，清理树墩时除用人工挖掘外，直径在 50cm 以上的大树墩可用推土机铲除或用爆破法清除。

（二）建筑物和地下构筑物的拆除

应根据其结构特点进行工作，并遵照建筑工程安全技术规范中的规定进行操作。

（三）管线及其他异常物体

如果施工场地内的地面地下或水下发现有管线通过或其他异常物体时，应事先请有关部门协同查清，未查清前，不可动工，以免发生危险或造成其他损失。

三、定点放样

在清场之后，为了确定施工范围及挖土或填土的标高，应按设计图纸的要求，用测量仪器在施工现场进行定点放线工作，这一步工作很重要，为使施工充分表达设计意图，测设时应尽量精确。

（一）平整场地的放线

用经纬仪将图纸上的方格测设到地面上，并在每个交点处立桩木，边界上的桩木依图纸要求设置。桩木侧面须平滑，下端削尖，以便打入土中，桩上应表示出桩号（施工图上方格网的编号）和施工标高（挖土用"＋"号，填土用"－"号）。

（二）自然地形的放线

挖湖堆山，首先确定堆山或挖湖的边界线，但这样的自然地形放到地面上去是较难的，特别是在缺乏永久性地面物的空旷地上，在这种情况下应先在施工图上设置方格网，再把方格网放到地面上，而后把设计地形等高线和方格网的交点，一一标到地面上并打桩，桩木上也要标明桩号及施工标高。堆山时由于土层不断升高，桩木可能被土埋没，所以桩的长度应大于每层填土的高度，土山不高于5m的，可用长竹竿做标高桩，在桩上把每层的标高一切定好，不同层可用不同颜色标志，以便识别。放线工作的另一种方法分层放线设置标高桩，这种方法适用于较高的山体。

（三）山体放线

山体放线有两种方法。一种是一次性立桩，适用于较低山体，一般最高处不高于5m。堆山时由于土层不断升高，桩木可能被土埋没，所以桩的长度应大于每层填土的高度。一般可用长竹竿做标高桩，在桩上把每层的标高定好。不同层可用不同颜色标志，以便识别。另一种方法就是分层放线，分层设置标高桩，这种方法适用于较高的山体。

（四）水体放线

水体放线工作和山体放线基本相同，但由于水体挖深一般较一致，而且池底常年隐没在水下，放线可以粗放些，但水体底部应尽可能整平，不留土墩，就对养鱼和捕鱼有利。如果水体打算栽植水生植物，还要考虑所栽植物的适宜深度。岸线和岸坡地定点放线应该准确，这不仅因为它是水上部分，有造景之功，而且和水体岸坡的稳定有很大的关系。为了精确施工，可以用边坡样板来控制边坡坡度。

（五）沟渠放线

在开挖沟渠时，木桩常容易被移动甚至被破坏，从而影响校核工作，所以实际工作中一般使用龙门板，龙门板构造简单，使用也方便。每隔30～100m设龙门板一块，其间距视沟渠纵坡的变化情况而定。板上应标明沟渠中心线位置及沟上口、沟底的宽度等。板上还要设坡度板来控制沟渠纵坡。

四、土石方调配

在做土石方施工组织设计或施工计划安排时，还要确定土石方量的相互调配关系。竖向设计所定的填方区，其需要填入的土方从什么地点取土？取多少土？挖湖挖出的土方，运到哪些地点堆填？运多少到各个填方点？这些问题都要在施工开始前切实解决，也就是说，在施工前必须做好土石方调配计划。

土石方调配的一个原则是：就近挖方，就近填方，使土石方的转运距离最短。因此，在实际进行土石方调配时，一个地点挖起的土，优先调动到与其距离最近的填方区；近处填满后，余下的土方才向稍远的填方区转运。

为了清楚明白地表示土石方的调配情况，可以根据竖向设计图绘制一张土石方调配图，在施工中指导土石方的堆填工作。图 2-1 就是这种土石方调配图。从图 2-1 中可以看出在

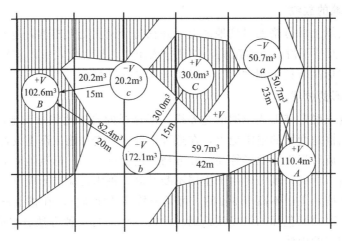

图 2-1　土石方调配图

挖、填方区之间，土石方的调配方向、调配数量和转运距离。

五、施工场地的排水

在挖方工程中，随着地面不断被挖低，遇雨时就会在挖出的土坑里积满雨水，使施工无法再进行下去。施工场地积水不仅不便于施工，而且也影响施工质量。被水浸泡的土壤挖起成为稀泥，用来填方时不便夯实，会造成填土区沉降不均匀，以后在使用填方地面时，将会产生不好的影响。因此，在挖方施工前及施工过程中必须安排好施工场地的排水措施。排水措施有：利用地面自然坡度排水、用明沟排水、用井点排水等。

（一）地面自然坡度排水

利用地面坡度排水的做法是：在挖土过程中，使被挖出的地面始终呈一倾斜面，如有雨水，即时便可从倾斜地面排放到最低的边缘地带，然后再利用临时水沟将雨水汇集排走［图2-2(a)］。

（二）明沟排水

对于施工场地一般地面积水的排除，主要采用在场地周围设置临时排水沟的做法，使场地内排水通畅，而且场外的水也不致流入。即使采用地面排水或井点排水方式，其积水的汇集和集中排放，还是要使用排水沟渠［图2-2(b)］。

挖土到地面以下较深之处，已经到了地下水位线以下，地下水就会从四周向挖土区汇集过来。在这种情况下就特别要注意排水。地下水排除采用明沟法比较经济简单。

（三）井点排水

井点排水法采用在特殊场地，而且投资较大。具体的排水方法可参照图2-2(c)中所示，即在挖土区中每向下挖一层土，都要先挖一个排水沟收集地下水，并通过这条沟将地下水排除掉。有时，还可在沟的最低端设置一个抽水泵，定时抽水出坑，加快排水。这样，就可一面抽水，一面进行挖方施工，保证施工正常进行。或者，在开始挖方时，先在挖

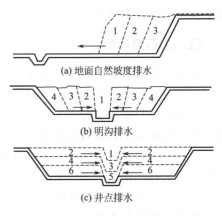

(a)地面自然坡度排水

(b)明沟排水

(c)井点排水

图 2-2　施工场地排水方法

注：数字 1～6 为挖土顺序

方区中线处挖一条深沟，沟深达到设计地面以下。这种一次挖到底的深沟，可以保证在整个挖方工程中顺利排水［图 2-2(c)］。

第三节 常规土方施工技术

土石方工程施工包括挖、运、填、压四方面内容。其施工方法有人力施工、机械化和半机械化施工等。施工方式需要根据施工现场的现状、工程量和当地的施工条件决定。在规模大、土方较集中的工程中，应采用机械化施工；但对工程量小施工点分散的工程，或因受场地限制等不便用机械化施工的地段，采用人工施工或半机械化施工。

一、土石方的挖掘

挖方施工时，首先根据竖向设计图确定挖方区的边界线。把挖土区边界线附近的桩点放样到场地的相应点上，这些桩点都是坐标方格网的交点。然后，依据已定坐标桩将其旁边的挖土区边界线放样到地面。

沟渠的挖方工程施工，也要先确定带状挖方区的两条边线。确定边线用打桩放线方法，但在挖土施工中桩木容易受到破坏，给后面的地形校核工作带来困难。因此，放线桩最好用龙门桩。挖方边界线确定之后，先挖排水沟，再进行以下的挖方操作。

挖方工程的施工有人力挖方及机械挖方两种方式。

（一）人力挖方

采用人力挖方施工，具体机动、灵活、细致、适应多种复杂条件下施工的优点，但也有工效低、施工时间拖长、施工安全性稍低的缺点。所以，这种方式一般多在中小规模的土石方工程中采用。

人力施工所用的工具主要是锹、镐、钢钎、铁锤等；在岩石地面施工时可能还要准备爆破用火药、雷管。组织好足够的劳动力，同时要保障施工安全，这是人力施工最重要的工作之一。

在挖土施工工程中，要特别注意安全，随时检查和排除安全隐患。为此，保证每一个工人有足够的施工工作面积是很重要的。一般的要求是，平均每一个人的施工活动范围应保证在 $4\sim6m^2$ 以上。同时还要注意，挖方工人不能在土壁下向里凹进着挖土，要避免土壁坍塌。在土坡顶上施工的人，要随时注意坡下的情况。坡下有人时一定不能将土块、石块或其他重物滚落坡下。在 1.5m 以上深度的土槽中挖土作业时，必须用木板、铁管架等对土壁进行支撑，以避免坍塌，确保施工人员的安全。

挖土施工中一般不垂直向下挖得很深而是要有合理的边坡，并要根据土质的疏松或密实情况确定边坡坡度的大小。必须垂直向下挖土的，则在松软土情况下挖深不超过 0.7m，中密度土质的挖深不超过 1.25m，硬土情况下不超过 2m 深。

对岩石地面进行挖方施工，一般要先行爆破，将地表一定厚度的岩石层炸裂为碎块，再进行挖方施工。爆破施工时，要先打好炮眼，装上炸药雷管，待清理施工现场及其周围地带，确认爆破区无人滞留之后，才点火爆破。爆破施工的最紧要处就是要确保人员安全。

（二）机械挖方

这种挖方施工方式的主要优点是工效高，施工进度快，施工费用相对较低。但对于一些边缘地带、转角处和面积狭小处，就不能适应施工需要了。因此，机械挖方方式一般最适用于大面积的挖湖工程或广场整平工程。并且,在边缘、转角处和狭小地方,还应结合人力挖方进行补挖和地形整修。挖方工程的主要施工机械有推土机、挖土机等。在机械作业之前,技术人员应向机械操作员进行技术交底,使其了解施工场地的情况和施工技术要求。并对施工场地中的定点放线情况进行深入了解,熟悉桩位和施工标高等,对土方施工做到心中有数。

施工现场布置的桩点和施工放线要明显。应适当加高桩木的高度,在桩木上做出醒目的标志或将桩木漆成显眼的颜色。在施工期间,施工技术人员应和推土机手密切配合,随时随地用测量仪器检查桩点和放线情况,以免挖错位置。

在挖湖工程中,施工坐标桩和标高桩一定要保护好。挖湖的土方工程因湖水深度变化比较一致,而且放水后水面以下部分不会暴露,所以在湖底部分的挖土作业可以比较粗放,只要挖到设计标高处,并将湖底地面推平即可。但对湖岸线和岸坡坡度要求很准确的地方,为保证施工精度,可以用边坡样板来控制边坡坡度的施工。

挖土工程中对原地面表土要注意保护。因表土的土质疏松肥沃,适于种植园林植物。所以对地面50cm厚的表土层(耕作层)挖方时,要先用推土机将施工地段的这一层表面熟土推到施工场地外围,待地形整理停当,再把表土推回铺好。

二、土方运输

一般竖向设计都力求土方就地平衡,以减少土方的搬运量。土方运输是较艰巨的劳动,人工运土一般都是短途的小搬运。车运人挑,在有些局部或小型施工中还经常采用。

运输距离较长的,最好使用机械或半机械化运输。不论是车运人挑,运输路线的组织很重要,卸土地点要明确,施工人员随时指点,避免混乱和窝工。如果使用外来土垫地堆山,必然会给下一步施工增加许多不必要的小搬运,从而浪费了人力物力。

三、土方的填筑

填土应该满足工程的质量要求,土壤的质量要依据填方的用途和要求加以选择,在绿化地段土壤应满足种植植物的要求,而作为建筑用地则以要求将来地基的稳定为原则。利用外来土垫地堆山,对土质应该验定放行,劣土及受污染土壤,不应放入园内以免将来影响植物的生长和妨害游人健康。

① 大面积填方应该分层填筑,一般每层20～50cm,有条件的应层层压实。

② 在斜坡上填土,为防止新填土方滑落,应先把土坡挖成台阶状,然后再填方,这样可保证新填土方的稳定。

③ 辇土或挑土堆山,土方的运输路线和下卸,应以设计的山头为中心结合来土方向进行安排。一般以环形线为宜,车辆或人挑满载上山,土卸在路两侧,空载的车(人)沿路线继续前行下山,车(人)不走回头路不交叉穿行,所以不会顶流拥挤。随着卸土,山势逐渐升高,运土路线也随之升高,这样既组织了人流,又使土山分层上升,部分土方边卸边压实,这不仅有利于山体的稳定,山体表面也较自然。如果土源有几个来向,运土路线可根据设计地形特点安排几个小环路,小环路以人流车辆不相互干扰为原则。

四、土方的压实

人力夯压可用夯、硪、碾等工具;机械碾压可用碾压机或用拖拉机带动的铁碾。小型的夯压机械有内燃夯、蛙式夯等。

为了保证土壤的压实质量，土壤应该具有最佳含水率（表2-8）。

表 2-8 各种土壤最佳含水率

土壤名称	最佳含水率	土壤名称	最佳含水率
粗砂	8%～10%	黏土质砂质黏土和黏土	20%～30%
细砂和黏质砂土	10%～15%	重黏土	30%～35%
砂质黏土	6%～22%		

如土壤过分干燥，需先洒水湿润后再压实。在压实过程中应注意以下几点。

① 压实工作必须分层进行。

② 压实工作要注意均匀。

③ 压实松土时夯压工具应先轻后重。

④ 压实工作应自边缘开始逐渐向中间收拢。否则边缘土方外挤易引起坍落。

土方工程施工面较宽，工程量大，施工组织工作很重要，大规模的工程应根据施工力量和条件决定，工程可全面铺开也可以分区分期进行。施工现场要有人指挥调度，各项工作要有专人负责，以确保工程按期按计划高质量地完成。

第四节　放坡与填方施工技术

一、放坡施工技术

在挖方工程和填方工程中，常常需要对边坡进行处理，使之达到安全、合理的施工目的。土方施工所造成的土坡，都应当是稳定的，是不会发生坍塌现象的，而要达到这个要求，对边坡的坡度处理就非常重要。不同土质、不同疏松程度的土方在做坡时能够达到的稳定性是不同的。

在分层施工中深挖或者高填，都应考虑各层土壤的性质及其所受压力的变化，并根据其压力的变化而采取不同的边坡坡度。如图2-3，堆一座18m高的土山，为了照顾到山体各层所受压力随高度降低而增大的情况，可将各层的边坡处理成不同的坡度。即越是在下面的层次，其边坡坡度越平缓；越是位于山上部的，则边坡坡度就可比较陡。这种边坡处理，能够很好地体现其坡面的稳定性。

在竖向设计中某一范围的用地采用台阶式整平方式时，相邻两层台地之间的连接可以采用挡土墙和自然放坡两种处理。

由于受土壤性质、土壤密实度和坡面高度等因素的制约，用地的自然放坡有一定限制，其挖方和填方的边坡做法各不相同，即使是岩石边坡的挖、填做坡，也有所不同。在实际放坡施工处理中，可以参考下列各表，来考虑自然放坡的坡度允许值（即高宽比）。

挖方工程的放坡做法见表2-9和表2-10；岩石边坡的坡度允许值（高宽比）受石质类别、石质风化程度以及坡面高度三方面因素的影响，见表2-11。

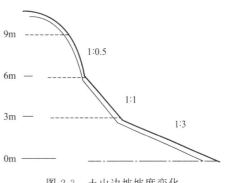

图 2-3　土山边坡坡度变化

表 2-9　不同的土质自然放坡坡度允许值

土质类别	密实度或黏性土状态	坡度允许值(高宽比)	
		坡高在 5m 以下	坡高 5～10m
碎石类土	密实	1 : 0.35～1 : 0.50	1 : 0.50～1 : 0.75
	中密实	1 : 0.50～1 : 0.75	1 : 0.75～1 : 1.00
	稍密实	1 : 0.75～1 : 1.00	1 : 1.00～1 : 1.25
老黏性土	坚硬	1 : 0.35～1 : 0.50	1 : 0.50～1 : 0.75
	硬塑	1 : 0.50～1 : 0.75	1 : 0.75～1 : 1.00
一般黏性土	坚硬	1 : 0.75～1 : 1.00	1 : 1.00～1 : 1.25
	硬塑	1 : 1.00～1 : 1.25	1 : 1.25～1 : 1.50

表 2-10　一般土壤自然放坡坡度允许值

序号	土壤类别	坡度允许值(高宽比)
1	黏土、亚黏土、亚砂土、砂土(不包括细砂粉砂),深度不超过 3m	1 : 1.00～1 : 1.25
2	土质同点,深度 3～12m	1 : 1.25～1 : 1.50
3	干燥黄土、类黄土,深度不超过 5m	1 : 1.00～1 : 1.25

表 2-11　岩石边坡坡度允许值

石质类别	风化程度	坡度允许值(高宽比)	
		坡高在 8m 以内	坡高 8～15m
硬质岩石	微风化	1 : 0.10～1 : 0.20	1 : 0.20～1 : 0.35
	中等风化	1 : 0.20～1 : 0.35	1 : 0.35～1 : 0.50
	强风化	1 : 0.35～1 : 0.50	1 : 0.50～1 : 0.75
软质岩石	微风化	1 : 0.35～1 : 0.50	1 : 0.50～1 : 0.75
	中等风化	1 : 0.50～1 : 0.75	1 : 0.75～1 : 1.00
	强风化	1 : 0.75～1 : 1.00	1 : 1.00～1 : 1.25

二、填方施工技术

填方工程自然放坡坡度要求,见表 2-12。

表 2-12　填方中自然放坡坡度允许值 (高宽比)

序号	土质类别	填方允许高度/m	坡度允许值(高 : 宽)
1	黏土	6	1 : 1.50
2	亚黏、轻亚黏土	6～7	1 : 1.50
3	亚砂土、细亚砂土	6～8	1 : 1.50
4	黄土、类黄土	6	1 : 1.50
5	中砂砂土、粗砂砂土	10	1 : 1.50
6	砾石土、碎石土	10～12	1 : 1.50
7	易风化的软质岩石	12	1 : 1.50
8	轻微风化,小于 25cm 的石料	6	1 : 1.33
		6～12	1 : 1.50
9	轻微风化,大于 25cm 的石料,边坡为最大石块,分排整齐铺砌	12	1 : 1.50～1 : 0.75
10	轻微风化,大于 40cm 的石料,其边坡分排整齐、紧密铺砌	5	1 : 0.50
		5～10	1 : 0.65
		＞ 10	1 : 1.00

填方施工的质量好坏，直接影响到今后对地面的使用。填方紧密，土壤沉降均匀且沉降幅度较小，就有利于填方地面稳定地发挥其功能作用。因此，满足填方强度和填方区地面稳定的要求，应当是土方填埋工序的一条施工原则。

（一）一般土方的填埋

为了达到强度和稳定的要求，填方时必须要根据填方地面的功能和用途，选择土质适用的土壤和简便高效的施工方法。例如作为建筑用地的填方区，一定要以填土坚实稳定为标准；而预计用作绿化地的填方区，则底层填土筑实而上层填土却不需要筑实，任其自然沉降到稳定为止；宽阔场地的整平填方，主要应注意填方区内填土的均匀性，各处的填方密度一致，使今后不致发生不均匀沉降。

根据以上要求，填土步骤及方法如下。

1. 填埋顺序

土石方的填埋顺序对施工质量有影响。为了提高质量，施工中应按下述三方面的顺序要求进行填埋土石。

① 先填石方，后填土方。土、石混合填方时，或施工现场有需要处理的建筑渣土而填方区又比较深时，应先将石块、渣土或粗粒废土填在底层，并紧紧地筑实；然后再将壤土或细土在上层填实。

② 先填底土，后填表土。在挖方中挖出的原地面表土，应暂时堆在一旁；而要将挖出的底土先填入到填方区底层；待底土填好后，才将肥沃表土回填到填方区作面层。

③ 先填近处，后填远处。近处的填方区应先填，待近处填好后再逐渐填向远处。但每填一处，还是要分层填实。

2. 填埋方式

填土所采用的方式也会影响施工质量，在这方面要注意以下两点。

① 一般的土石方填埋，都应采取分层填筑方式，一层一层地填，不要图方便而采沿着斜坡向外逐渐倾倒的方式（图 2-4）。分层填筑时，在要求质量较高的填方中，每层的厚度应为 30cm 以下，而在一般的填方中，每层的厚度可为 30～60cm。填土过程中，最好能够填一层就筑实一层，层层压实。

② 在自然斜坡上填土时，要注意防止新填土方沿着坡面滑落。为了增加新填土方与斜坡的咬合性，可先把斜坡挖成阶梯状，然后再填入土方。这样，只要在填方过程中做到了层层筑实，便可保证新填土方的稳定（图 2-5）。

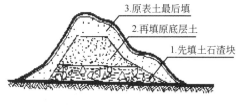

图 2-4　土方分层填实

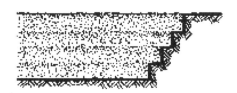

图 2-5　斜坡填土法

（二）土山的堆造

园林土山堆造也属于填方工种。但土山的堆填不像一般填方工程那样简单，而是需要施工技术人员严格把关的一项工作。施工中应当按照土山设计图，随时检查堆土的准确性和土山地形与设计图的吻合性。

1. 定点放线

图 2-6　土山的堆卸土路线

在堆土筑山之前，应按照土山设计图在堆山处定点放线，将堆填区的范围线或外圈等高线在地面绘出，并在山头中心点、凹谷中心线或等高线的转折点等处立起标高杆，在山脚边界线附近按设计方格网图钉下坐标桩，用来控制堆土高度和堆土的范围。

标高杆上的刻度，最好按土山设计图上的等高距确定。等高距为 0.5m 时，标高杆的每一刻度的高度也采用 0.5m。等高距是 0.25m，则刻度也用 0.25m。堆山工程因堆山时土层不断增高，标高桩可能被土埋没。所以，桩的高度应大于每层填土的高度。土山不高于 5m 时，可用长竹竿作标高桩，同时用不同颜色来区别不同的刻度标高。土山高于 5m 时，可再用竹竿将标高竿接长加高。

2. 堆造山体

在土山的堆土过程中也要分层堆筑。先在地面的土山边线范围内填上第一层土，筑实后的土层厚度相当于标高杆一个刻度高。然后把土面略为整平，再依据标高杆和坐标桩在土面放线，将第二层的等高线在地面上绘出。接着堆填第二层土并压实到标高杆的第二刻度高。以后各层等高线的放线和堆上，全按这样的程序从下而上顺序堆成，　直堆出山顶为止（图 2-6）。

土方的挑运路线和下卸位置的移动，应以设计的山头标高桩为中心，可以安排为来回式运土路线，即并行的两条路线，一条是运土前往，一条是人、车空载返回。在填土场地狭窄之处，则可安排为环形的单行路线，土沿着路线两侧卸下，逐步加宽填土面，而人、车不交叉穿行，不走回头路。

堆土过程中，要注意控制堆土的范围。山脚回弯凹进处，要留空不填；山脚凸出位置上，则要按设计填得凸出去。山体边缘部分的放坡，要按前面所讲过的方式方法放出。堆土到山顶部分时，因作业面积越来越窄，要同时对几处山头堆土，以分散人流。

3. 陡坡悬崖的堆造

园林土山的边坡如果全是符合土壤安息角限制的坡度，则土山形状常会显得十分平庸，山景效果较差。因此，在土山设计中一般都会安排一些陡坡甚至悬崖部分，以增加巍峨的山势。但是，要用松散的土堆出很陡的边坡是不容易的，一般要采用比较特殊的方式才能做到。

在堆土做陡坡的方式上，可以采用袋装土垒砌的办法，直接垒出陡坡，其坡度可以做到 20% 以上。装土的袋子可用麻袋、塑料纺织袋或玻璃纤维布袋，而以后者最结实，最不易腐烂，价格又最低。土袋不必装得太满，装土约 70%～80% 即可，这样垒成的陡坡更稳定。土袋陡坡的后面，要及时填土筑实，使山土和土袋陡坡结成整体，增强稳定性。陡坡垒成后，还要用湿土对坡面培土，掩盖土袋，使整个土山浑然一体（图 2-7）。坡面上还可栽种须根密集的灌木或培植山草，利用树根草根将坡土坚固起来。

土山的悬崖部分用泥土堆不起来，一般

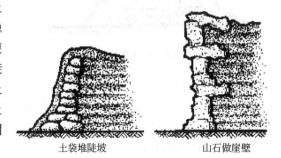

土袋堆陡坡　　　　山石做崖壁

图 2-7　陡坡悬崖的堆土结构

要用假山石或块石浆砌作为挡土石壁，然后在石壁背面填土筑实，才能做出悬崖的崖面。在石壁背后，还要有一些长形的石条从石壁伸入到山体中，以加强石壁和山体的连接，使山壁结构稳定可靠（图 2-7）。浆砌崖壁时，不能像砌墙一样做得整整齐齐，而要使壁面凹凸不平，如同自然山壁。崖壁每砌筑 1.2～1.5m 高度，就要停工几天，待水泥凝固硬化，并在石壁背面填土筑实之后，才继续向上砌筑崖壁。

4. 山路的铺筑

土山基本堆造完成后，就要按照设计在山上铺筑山路。山路一般用自然石片铺成路面，在坡度较大处则做成山石磴道。山路不宜通直，宜蜿蜒曲折、自然起伏。山路铺筑方法已不属于堆山方法的范围，所以此处不详述。

（三）土方的压筑

填方工程进行之中，要伴随着进行土方的压实筑紧工序。即要分层填土，分层压实筑紧，填与压两道工序结合着展开。

土方压筑分为人工夯压和机械碾压两种方式。人工夯压是很古老的一种夯土方式，其所用工具有木夯、石硪、铁硪、滚筒、石碾等，是采用 2 人或 4 人为一小组，用人力打夯或拉动石碾、滚筒碾压土层。这种压筑方式比较适于在面积小的填方区采用。机械碾压方式则是采用机械动力来碾压、夯实土地。其所用机械有：碾压机、电动振夯机、拖拉机带动的铁碾等。对面积较大的填方式，应采用机械碾压方式。

干燥土壤的土粒坚硬，抗压力强，因此不易被压实筑紧。土壤潮湿，则土中水分多，土壤体积膨胀；用于填方后，因土壤逐渐干燥失水，体积收缩，填土的密实度也不高。因此，为了使土壤真正地被压实，保证土壤的密实度，填方土壤的含水量就应该保持在最佳数值上。

为了进一步提高夯压质量，在土方压实过程中还应注意以下几点。

① 土方的压实工作应先从边缘开始，逐渐向中间推进。这样碾压，可以避免边缘土被向外挤压而引起坍落现象。

② 填方时必须分层堆填、分层碾压夯实。不要一次性地填到设计土面高度后，才进行碾压打夯。如果是这样，就会造成填方地面上紧下松、沉降和塌陷严重的情况。

③ 碾压、打夯要注意均匀，要使填方区各处土壤密度一致，避免以后出现不均匀沉降。

④ 在夯实松土时，打夯动作应先轻后重。先轻打一遍，使土中细粉受震落下，填满下层土粒间的空隙；然后再加重打压，夯实土壤。

（四）土方工程的固土方法

由于园林工程堆土或挖土的需要，对于有坡度要求的新的工程场地，必须采取固土措施，以保证施工安全或今后场地的使用安全。

当按照竖向设计所做边坡的坡度大于土壤的自然安息角时，一般就要考虑对边坡进行防护处理，使之保持稳定。对于自然黏土、粉砂、细砂等松软土质的边坡和易于风化的岩石边坡，以及黄土、类黄土的平缓边坡，为防止风和水对边坡的侵蚀和冲刷，需要及时进行防护处理。一般的固土防护处理方法如下。

① 在坡顶设置截水沟截水，避免地表径流直接冲刷坡面。

② 砖石材料铺砌防护：即用砖石平铺坡面，浆砌为一层保护外壳，起到保护坡面不受破坏的作用。

③ 干砌块石护坡：在坡度不是太陡的陡坡，用块石干砌铺在土坡表面，保护坡面。

④ 设置挡土墙：在场地边坡的下端，先用人工砌筑砖石或混凝土挡土墙，然后再堆土。

⑤ 打排桩（混凝土桩或木桩）：对有可能引起滑坡的土坡，在坡的下端部位按照一定间距打入混凝土桩，以保护加固土坡，满足实际工程的要求。

⑥ 化学灌注处理：对山坡或场地很窄小的或特殊的工程，由于上述几种方法不能适用，则可以通过化学灌浆措施，使山坡或土体得到加固和稳定。此方法可以根据不同地形，采取不同方法，比较灵活。

除了以上所述固土护坡方法之外，根据施工场地的具体条件，还可以采用草皮护坡、水泥砂浆抹面固土、临时支撑固土等措施，来保护坡面，保证施工安全。

第五节　给水工程施工技术

一、给水工程施工相关知识

（一）园林给水的特点

① 园林中用水点较分散。

② 由于用水点分布于起伏的地形上，高程变化大。

③ 水质可据用途不同分别处理。

④ 用水高峰时间可以错开。

（二）给水系统的组成

给水工程可分为三个部分，取水工程、净水工程和输配水工程，并用水泵联系，组成一个供水系统。

（1）取水工程　包括选择水源和取水地点，建造适宜的取水构筑物，其主要任务是保证城市用水量。

（2）净水工程　建造给水处理构筑物，对天然水质进行处理，以满足生活饮用水水质标准或工业生产用水水质标准要求。

（3）输配水工程　将足够的水量输送和分配到各用水地点，并保证水压和水质，为此需敷设输水管道、配水管道和建造泵站以及水塔、水池等调节构筑物。水塔、高位水池常设于地势较高地点，借以调节用水量并保证管网中的水压。

（三）给水系统的布置形式

（1）统一给水系统　各类用水均按生活饮用水水质标准，用统一的给水管网供给用户的给水系统，称为统一给水系统。

（2）分质给水系统　取水构筑物从水源地取水，经过不同的净化过程，用不同的管道分别将不同水质的水供给各用户，这种系统称分质给水系统。

（3）分区给水系统　将整个给水系统分为几个系统，分别建立自己的泵站、管网、水塔，有时系统之间保持适当联系，可保证供水安全和调度的灵活性。

另外还有分压给水系统，循环给水系统等。

二、给水管网的布置

园林给水管网的布置除了要了解园内用水的特点外，园林四周的给水情况也很重要，它往往影响管网的布置方式。一般市区小公园的给水可由一点引入。但对较大型的公园，特别是地形复杂的公园，为了节约管材，减少水头损失，有条件的最好多点引入。

（一）给水管网的基本布置形式

（1）树枝式管网　如图 2-8(a)，这种布置方式较简单，省管材。布线形式就像树干分杈分枝，它适合于用水点较分散的情况，对分期发展的公园有利。但树枝式管网供水的保证率较差，一旦管网出现问题或需维修时，影响用水面较大。

（2）环状管网　如图 2-8（b），环状管网是把供水管网闭合成环，使管网供水能互相调剂。当管网中的某一管段出现故障，也不至于影响供水，从而提高了供水的可靠性。但这种布置形式较费，管材投资较大。

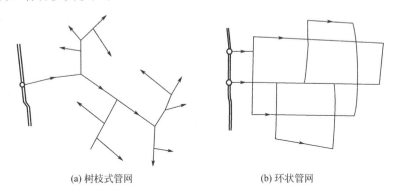

(a) 树枝式管网　　　　　　　　　　　(b) 环状管网

图 2-8　给水管网基本布置形式

（二）管网的布置要点

① 干管应靠近主要供水点；

② 干管应靠近调节设施（如高位水池或水塔）；

③ 在保证不受冻的情况下，干管宜随地形起伏敷设，避开复杂地形和难于施工的地段，以减少土石方工程量；

④ 干管应尽量埋设于绿地下，避免穿越或设于园路下；

⑤ 和其他管道按规定保持一定距离。

（三）管网布置的一般规定

（1）管道埋深　冰冻地区，应埋设于冰冻线以下 40cm 处。不冻或轻冻地区，覆土深度也不小于 70cm。当然管道也不宜埋得过深，埋得过深工程造价高。但也不宜过浅，否则管道易遭破坏。

（2）阀门及消火栓　给水管网的交点叫做节点，在节点上设有阀门等附件，为了检修管理方便，节点处应设阀门井。阀门除安装在支管和干管的联接处外，为便于检修养护，要求每 500m 直线距离设一个阀门井。配水管上安装着消火栓，按规定其间距通常为 120m，且其位置距建筑不得少于 5m，为了便于消防车补给水，离车行道不大于 2m。

（四）给水管材

管材对水质有影响，管材的抗压强度影响管网的使用寿命。管网属于地下永久性隐蔽工程设施，要求很高的安全可靠性，目前常用的给水管材有下列几种。

（1）铸铁管　铸铁管分为灰铸铁管和球墨铸铁管，灰铸铁管具有经久耐用、耐腐蚀性强，使用寿命长的优点，但质地较脆，不耐振动和弯折，重量大，灰铸铁管是以往使用最广的管材，主要用在 $DN80\sim1000mm$ 的地方，但运用中易发生爆管，不适应城市的发展，在国外已被球墨铸铁管代替。球墨铸铁管在抗压、抗震上有所提高。

（2）钢管　钢管有焊接钢管和无缝钢管两种，焊接钢管又分为镀锌钢管（白铁管）和非镀锌钢管（黑铁管）。钢管有较好的机械强度、耐高压、振动，重量较轻，单管长度长，接口方便，有强的适应性，但耐腐蚀性差，防腐造价高。镀锌钢管就是防腐处理后的钢管，它防腐、防锈、水质不易变坏，并延长了使用寿命，是生活用水的室内主要给水管材。

（3）钢筋混凝土管　钢筋混凝土管防腐能力强，不需任何防腐处理，有较好的抗渗性和耐久性，但水管重量大，质地脆，装卸和搬运不便。其中自应力钢筋混凝土管会后期膨胀，可使管疏松，不用于主要管道；预应力钢筋混凝土管能承受一定压力，在国内大口径输水管中应用较广，但由于接口问题，易爆管、漏水。为克服这个缺陷现采用预应力钢筒混凝土管（PCCP 管），是利用钢筒和预应力钢筋混凝土管复合而成，具有抗震性好，使用寿命长，不宜腐蚀，渗漏的特点，是较理想的大水量输水管材。

（4）塑料管　塑料管表面光滑，不易结垢，水头损失小，耐腐蚀，重量轻，加工连接方便，但管材强度低，性质脆，抗外压和冲击性差。多用于小口径，一般小于 DN200，同时不宜安装在车行道下。国外在新安装的管道中占 70％ 左右，国内许多城市已大量应用，特别是绿地、农田的喷灌系统中。

（5）其他管材　玻璃钢管价格高，正刚刚起步，石棉水泥管宜破碎，已逐渐被淘汰。

（6）管件　给水管的管件种类很多，不同的管材有些差异，但分类差不多，有接头、弯头、三通、四通以及管堵、活性接头等。每类又有很多种，如接头分内接头、外接头、内外接头、同径或异径接头等。

（7）阀门　阀门的种类很多，园林给水工程中常用的阀门按阀体结构形式和功能可分为截止阀、闸阀、蝶阀、球阀、电磁阀等。按照驱动动力分为手动、电动、液动和气动 4 种方式，按照公称压力分为高压、中压、低压 3 类，园林中大多为中低压阀门，以手动为主。

（五）管网附属设施

（1）地下龙头　一般用于绿地浇灌之用，它由阀门、弯头及直管等组成，通常用 DN20 或 DN25。把部件放在井中，埋深 300～500mm，周边用砖砌成井，大小根据管件多少而定。地下笼头的服务半径 50m 左右。

（2）阀门井　阀门是用来调节管线中的流量和水压，主管和支管交接处的阀门常设在支管上。一般把阀门放在阀门井内，平面尺寸由水管直径及附件种类和数量定，一般阀门井内径 1000～2800mm（管径 DN75～1000 时），井口一般 DN600～800mm，井深由水管埋深决定。

（3）排气阀井和排水阀井　排气阀装在管线的高起部位，用以排出管内空气。排水阀设在管线最低处，用以排除管道中沉淀物和检修时放空存水。

（4）消火栓　分地上式和地下式，地上式易于寻找，使用方便，但易碰坏，地下式适于气温较低地区，一般安装在阀门井内。在城市室外消火栓间距在 120m 以内，公园或风景区根据建筑情况而定。消火栓距建筑物在 5m 以上，距离车行道不大于 2m，便于消防车的连接。

（5）其他　给水管网附属设施较多，还有水泵站、泵房、水塔、水池等。

三、给水工程施工准备

（一）材料的选用

① 给水铸铁管及管件规格品种应符合设计要求，管壁薄厚均匀，内外光滑整洁，不得有砂眼、裂纹、飞刺和疙瘩。承插口的内外径及管件应造型规矩，并有出厂合格证。

② 镀锌碳素钢管及管件管壁内外镀锌均匀，无锈蚀。内壁无飞刺，管件无偏扣、乱扣、方扣、丝扣不全、角度不准等现象。

③ 阀门无裂纹，开关灵活严密，铸造规矩，手轮无损坏，并有出厂合格证。

④ 地下消火栓、地下闸阀、水表品种、规格应符合设计要求，并有出厂合格证。

⑤ 捻口水泥一般采用不小于 42.5 号的硅酸盐水泥和膨胀水泥（采用石膏矾土膨胀水泥或硅酸盐膨胀水泥）。水泥必须有出厂合格证。

⑥ 其他材料：石棉绒、油麻绳、青铅、铅油、麻线、机油、螺栓、螺母、防锈漆等。

（二）施工主要器具

① 机具：套丝机、砂轮锯、砂轮锯、试压泵等。

② 工具：手锤、捻凿、钢锯、套丝扳、剁斧、大锤、电气焊工具、倒链、压力案、管钳、大绳、铁锹、铁镐等。

③ 其他：水平尺、钢卷尺等。

（三）作业条件

① 管沟平直，管沟深度、宽度符合要求，阀门井、表井垫层，消火栓底座施工完毕。

② 管沟沟底夯实，沟内无障碍物。且应有防塌方措施。

③ 管沟两侧不得堆放施工材料和其他物品。

四、现场施工

园林给水工程施工工艺流程：安装准备→清扫管膛→管材、管件、阀门、消火栓等就位→管道连接→灰口养护→水压试验→管道冲洗

（一）安装准备

根据施工图检查管沟坐标、深度、平直程度、沟底管基密实度是否符合要求。

（二）清扫管膛

将管道内的杂物清理干净，并检查管道有无裂缝和砂眼。管道承口内部及插口外部飞刺、铸砂等应预先铲掉，沥青漆用喷灯或气焊烤掉，再用钢丝刷除去污物。

（三）管材、管件、阀门、消火栓等就位

① 把阀门、管件稳放在规定位置，作为基准点。把铸铁管运到管沟沿线沟边，承口朝向来水方向。

② 根据铸铁管长度，确定管段工作坑位置，铺管前把工作坑挖好。工作坑尺寸见表 2-13。

表 2-13　工作坑尺寸表

管径/mm	工作坑尺寸/mm			
	宽度/m	长度/m		深度
		承口前	承口后	
75~250	管径+0.6	0.6	0.2	0.3
250 以上	管径+1.2	1.0	0.3	0.4

③ 用大绳把清扫后的铸铁管顺到沟底，清理承插口，然后对插安装管路，将承插接口顺直定位。

④ 安装管件、阀门等应位置准确，阀杆要垂直向上。

⑤ 铸铁管稳好后，在靠近管道两端处填土覆盖，两侧夯实，并应随即用稍粗于接口间隙的干净麻绳将接口塞严，以防泥土及杂物进入。

（四）管道连接

1. 石棉水泥接口

① 接口前应先在承插口内打上油麻，打油麻的工序如下：打麻时将油麻拧成麻花状，其粗度比管口间隙大 1.5 倍，麻股由接口下方逐渐向上方，边塞边用捻凿依次打入间隙，捻凿被弹回表明麻已被打结实，打实的麻深度应是承口深度的 1/3。然后承插铸铁管。

② 石棉水泥捻口可用不小于 32.5[#] 硅酸盐水泥，3～4 级石棉，质量比为水：石棉：水泥＝1：3：7。加水量和气温有关，夏季炎热时要适当增加。

③ 捻口操作：将拌好的灰由下方至上方塞入已打好油麻的承口内，塞满后用捻凿和手锤将填料捣实，按此方法逐层进行，打实为止。当灰口凹入承口 2～3mm，深浅一致，同时感到有弹性，灰表面呈光亮时可认为已打好。

④ 接口捻完后，对接口要进行不少于 48h 的养护。

2. 胶圈接口

① 外观检查胶圈粗细均匀，无气泡，无重皮。

② 根据承口深度，在插口管端划出符合承插口的对口间隙不小于 3mm。将胶圈塞入承口胶圈槽内，胶圈内侧及插口抹上肥皂水，将管子找平找正，用倒链等工具将铸铁管徐徐插入承口内至印记处即可。

③ 管材与管件连接处采用石棉水泥接口。

（五）灰口养护

接口完毕，应用湿泥或草袋将接口处周围覆盖好，并用松土埋好后进行养护。天气炎热时还应盖上湿草袋并勤浇水，防止热胀冷缩损坏接口，气温在 5℃以下时要注意防冻。接口一般养护 3～5 天。

（六）水压试验

对已安装好的管道应进行水压试验，试验压力值按设计要求及施工规范规定确定。

（七）管道冲洗

管道安装完毕，验收前应进行冲洗，使水质达到规定洁净要求。并请有关单位验收，做好管道冲洗验收记录。

五、给水工程竣工验收质量标准与检验方法

（一）给水管道安装主控项目验收

① 给水管道在埋地敷设时，应在当地的冰冻线以下，如必须在冰冻线以上敷设时，应做可靠的保温防潮措施。在无冰冻地区，埋地敷设时，管顶的覆土埋深不得小于 500mm，穿越道路部位的埋深不得小于 700mm。

检验方法：现场观察检查。

② 给水管道不得直接穿越污水井、化粪池、公共厕所等污染源。

检验方法：观察检查。

③ 管道接口法兰、卡扣、卡箍等应安装在检查井或地沟内，不应埋在土壤中。

检验方法：观察检查。

④ 给水系统各种井室内的管道安装，如设计无要求，井壁距法兰或承口的距离：管径小于或等于 450mm 时，不得小于 250mm；管径大于 450mm 时，不得小于 350mm。

检验方法：尺量检查。

⑤ 管网必须进行水压试验，试验压力为工作压力的 1.5 倍，但不得小于 0.6MPa。

检验方法：管材为钢管、铸铁管时，试验压力下 10min 内压力降不应大于 0.05MPa，然后降至工作压力进行检查，压力应保持不变，不渗不漏；管材为塑料管时，试验压力下，

稳压 1h 压力降不大于 0.05MPa，然后降至工作压力进行检查，压力应保持不变，不渗不漏。

⑥ 镀锌钢管、钢管的埋地防腐必须符合设计要求，卷材与管材间应粘贴牢固，无空鼓、滑移、接口不严等。

检验方法：观察和切开防腐层检查。

⑦ 给水管道在竣工后，必须对管道进行冲洗，饮用水管道还要在冲洗后进行消毒，满足饮用水卫生要求。

检验方法：观察冲洗水的浊度，查看有关部门提供的检验报告。

(二) 给水管道安装一般项目验收

① 管道的坐标、标高、坡度应符合设计要求，管道安装的允许偏差应符合规定。

② 管道和金属支架的涂漆应附着良好，无脱皮、起泡、流淌和漏涂等缺陷。

检验方法：现场观察检查。

③ 管道连接应符合工艺要求，阀门、水表等安装位置应正确。塑料给水管道上的水表、阀门等设施其重量或启闭装置的扭矩不得作用于管道上，当管径≥50mm 时必须设独立的支撑装置。

检验方法：现场观察检查。

④ 给水管道与污水管道在不同标高平行敷设，其垂直间距在 500mm 以内时，给水管管径小于或等于 200mm 的，管壁水平间距不得小于 1.5m；管径大于 200mm 的，不得小于 3m。

检验方法：观察和尺量检查。

⑤ 铸铁管承插捻口连接的对口间隙应不小于 3mm，最大间隙不得大于表 2-14 的规定。

表 2-14　铸铁管承插捻口的对口最大间隙

管径/mm	沿直线敷设/mm	沿曲线敷设/mm
75	4	5
100~250	5	7~13
300~500	6	14~22

检验方法：尺量检查。

⑥ 铸铁管沿直线敷设，沿曲线敷设，每个接口允许有 2°转角。

检验方法：尺量检查。

⑦ 捻口用的油麻填料必须清洁，填塞后应捻实，其深度应占整个环型间隙深度的 1/3。

检验方法：观察和尺量检查。

⑧ 捻口用水泥强度应不低于 32.5MPa，接口水泥应密实饱满，其接口水泥面凹入承口边缘的深度不得大于 2mm。

检验方法：观察和尺量检查。

⑨ 采用水泥捻口的给水铸铁管，在安装地点有侵蚀性的地下水时，应在接口处涂抹沥青防腐层。

检验方法：观察检查。

⑩ 采用橡胶圈接口的埋地给水管道，在土壤或地下水对橡胶圈有腐蚀的地段，在回填土前应用沥青胶泥、沥青麻丝或沥青锯末等材料封闭橡胶圈接口。橡胶圈接口的管道，每个接口的最大偏转角不得超过表 2-15 的规定。

表 2-15　橡胶圈接口最大允许偏转角

公称直径/mm	100	125	150	200	250	300	350	400
允许偏转角度	50	50	0	50	40	40	40	30

检验方法：观察和尺量检查。

六、成品保护

① 给水铸铁管道、管件、阀门及消火栓运、放要避免碰撞损伤。

② 消火栓井及表井要及时砌好，以保证管件安装后不受损坏。

③ 埋地管要避免受外荷载破坏而产生变形，试水完毕后要及时泄水，防止受冻。

④ 管道穿铁路、公路基础要加套管。

⑤ 地下管道回填土时，为防止管道中心线位移或损坏管道，应用人工先在管子周围填土夯实，并应在管道两边同时进行，直至管顶 0.5m 以上时，在不损坏管道的情况下，方可采用蛙式打夯机夯实。

⑥ 在管道安装过程中，管道未捻口前应对接口处做临时封堵，以免污物进入管道。

七、应注意的质量问题

① 埋地管道断裂。原因是管基处理不好，或填土夯实方法不当。

② 阀门井深度不够，地下消火栓的顶部出水口距井盖底部距离小于 400mm。原因是埋地管道坐标及标高不准。

③ 管道冲洗数遍，水质仍达不到设计要求和施工规范规定。原因是管腔清扫不净。

④ 水泥接口渗漏。原因是水泥标号不够或过期，接口未养护好，捻口操作不认真，未捻实。

八、质量记录

① 应有材料及设备的出厂合格证。

② 材料及设备进场检验记录。

③ 管路系统的预检记录。

④ 管路系统的隐蔽检查记录。

⑤ 管路系统的试压记录。

⑥ 系统的冲洗记录。

⑦ 系统的通水记录。

第六节　排水工程施工技术

一、排水工程施工的相关知识

（一）污水的分类

污水按照来源可分为三类：生活污水、工业废水和天然降水。

（1）生活污水　在园林中主要指从办公楼、小卖部、餐厅、茶室、公厕等排出的水。生活污水中多含酸、碱、病菌等有害物质，需经过处理后方能排放到水体、灌溉等。

（2）工业废水　指工业生产过程中产生的废水，园林中一般没有。

（3）天然降水　主要指雨水和雪水，降水特点比较集中，流量比较大，可直接排入园林水体和排水系统中。

（二）园林排水的特点

① 主要是排除雨水和少量生活污水。

② 园林中为满足造景需要，形成山水相依的地形特点，有利于地面水的排除，雨水可排入水体当中，充实水体。

③ 园林可采用多种方式排水，不同地段可根据其具体情况采用适当的排水方式。

④ 排水设施应尽量结合造景。

⑤ 排水的同时还要考虑土壤能吸收到足够的水分，以利植物生长，干旱地区尤应注意保水。

（三）常见园林排水形式

1. 地面排水

地面排水主要用来排除天然降水，在园林竖向设计时，不但要考虑造景的需要，同时也要考虑园林排水的要求，尽量利用地形将降水排入水体，降低工程造价。地面排水最突出的问题是产生地表径流，冲刷植被和土壤，在设计时要减缓坡度，控制坡长或采取多坡的形势；在工程措施上采取景石、植被等，增加水的流动力，减少冲刷。

地面排水出水口的处理，对于一些集中汇集的天然降水，主要是将一定的面积内的天然降水汇集到一起，由明渠等直接注入水体，出水口的水量和冲力都比较大，为保护水体的驳岸不受损坏，常采取一些工程措施，一般用工程措施，一般用砖砌或混凝土浇筑而成，对于地面与水面高差较大的，可将出水口做成台阶，不但减缓水流速度，还能创造水的音响效果，增加游园情趣。

2. 管渠排水

公园绿地应尽可能利用地形排除雨水，但在某些局部如广场、主要建筑周围或难于利用地面排水的局部，可以设置暗管，或开渠排水。生活污水排入城市排水系统，这些管渠可根据分散和直接的原则，分别排入附近水体或城市雨水管，不必搞完整的系统。

3. 暗渠排水

暗渠又叫盲沟，是一种地下排水渠道，用以排除地下水，降低地下水位。在一些要求排水良好的活动场地和地下水位较高的地区，以及作为某些不耐水的植物生长区的工程措施，效果较好，如体育场，儿童游戏场等，或地下水位过高影响植物种植和开展游园活动的地段，都可以采用暗渠排水。

二、管沟测量放线

（一）按下面要求定位放线

① 图纸会审时，应请设计和建设、监理单位明确管线坐标和标高的基准点。

② 在施工现场，用经纬仪测定管道中心线控制桩，在管道设计标高的变坡点增设标高控制桩。

③ 在控制桩处钉龙门线板，龙门线板间距不大于 30m。

④ 龙门线板的宽度应大于沟顶 300mm，龙门线板顶宜水平，应标志出管线中心，沟顶开挖宽度和标高，并标了挖沟深度。

（二）工作面尺寸的要求

管道沟槽底部每侧的工作面宽度，管径小于或等于 500mm 时，非金属管道为 400mm，金属管道为 300mm。

（三）管沟边坡度可按照表 2-16 规定施工

表 2-16　管沟边坡比值

土质种类	沟深小于 3m	沟深为 3～5m	土质种类	沟深小于 3m	沟深为 3～5m
黏土	1：0.25	1：0.33	亚砂土	1：0.50	1：0.75
亚黏土	1：0.33	1：0.50	砂卵石	1：0.75	1：1.00

（四）管道接口工作坑应根据每根管子长度定位

管道接口工作坑可在管道铺设前测定位置开挖。铸铁管道接口工作坑尺寸应符合表 2-17 的规定。

表 2-17　铸铁管管沟接管口工作坑尺寸　　　　　　　　　单位：mm

管径 DN	A	B	C
75～150	600	200	250
200～250	600	200	300
300～350	800	250	300

注：$A+B$ 为管沟宽度，A 为承管在沟中的长度，B 为插管在沟中的长度，C 为管沟深度。

三、排水工程施工

（一）管道施工

1. 管道沟槽开挖

① 开挖前进行放样并进行现场清理，确认地下管线、电缆及其他地下障碍物。根据管径大小，埋设深度和地质报告的土质情况，确定边坡坡度和开挖宽度。沟槽应使用挖掘机开挖，只有当挖深较小或避免对周围振动及探查时才用人工开挖。开挖时沿下游向上施工。

② 在开挖地下水水位以下的土方前，应先修建排水井和排水槽，采取明沟排水井排水槽施工时，其沟、井应布置在管道沟槽范围以外，随着沟槽开挖，排水沟井应及时降低深度，至少低 0.5m，使用机械开挖时底部应预留 20cm，用人工清槽，不得超挖和扰动地基，如若超挖用砂石将超挖部分回填密实。

③ 沟槽开挖土方，沟槽槽口两侧 1m 范围内不得弃置土方，且堆土高度不能超过 1.5m。

④ 当沟槽挖深较大时，应分层开挖，每层深度不宜超过 3m，多层间应留平台，并根据需要设置沟槽支撑，防止边坡坍塌，造成安全事故。

⑤ 沟槽开挖过程中应跟踪测量，控制槽底标高和宽度，槽底标高应符合设计要求，并且坡度正确，为确保管道平面位置准确，应控制沟槽中心线每侧的净宽不小于管道沟槽底部开挖宽度的一半。曲线管道更应设在开挖沟槽施工中跟踪检查。

⑥ 当开挖沟槽发现已建地下设施或文物时，应采取保护措施，并及时通知有关部门处理。

⑦ 基槽开挖应根据施工流水作业安排，分段开挖分段安管。

⑧ 基槽开挖过程中，同时对检查井基坑开挖成型。

⑨ 当槽底土质局部遇有松软地基、流砂、溶洞、墓穴等，应与设计单位商定处理措施。

沟槽开挖报请监理检查验收合格后，方可进入下道工序施工。

2. 平基、管座

① 管道基础类型常为砂石基础或混凝土基础，当设计选用砂石基础，基础材料应采用中粗砂、天然级配砂石或级配碎石等，材料最大粒径不宜大于 25mm，砂或砂石基础应摊铺均匀、振捣密实，并且要求基础与管身和承插口外壁均匀接触。

② 当设计选用混凝土基础，应根据覆土厚度设计支撑角和基础厚度，决定是一次浇注平基还是平基管座分两次浇筑。在施工准备阶段，应对水泥、砂、碎石原材料检验并进行配合比设计，在批准后方可使用。

③ 平基管座模板可分一次或两次支设，每次支设宜略高于混凝土的浇筑高度，支立模板应支撑牢固，保证几何尺寸和不变形。在清除模板中的沉渣异物、核实尺寸标高和管节中心位置后，方可进行混凝土浇注。

④ 采用垫块法一次浇筑平基管座时，必须先一侧灌注混凝土，当对侧的混凝土与灌注一侧混凝土高度相同时，两侧再同时浇筑，并保持两侧混凝土高度一致，用插入式振动器振捣密实。

⑤ 平基、管座分层浇筑时，先浇平基应比设计管外低 3cm，并保持表面毛糙，在浇第二次混凝土时，先用同强度等级的混凝土砂浆将平基与管子接触的管下腋角部分填满，且两侧相贯通并捣实时，再浇混凝土。用插入式振动器振捣密实。

⑥ 管座基础留变形缝时，缝的位置与柔性接口相一致。在下列部位管段应设置柔性接口，留置变形缝：管道上覆土高度突变对管道作用的荷载变化较大的部位；管道天然地基与处理地基的连接部位；地基土质变化，地基支承强度改变较大的部位；管道与构筑物连接的管段，与相邻管段的接口处；管道与管道，管道与构筑物交叉处，穿越的管段。

3. 管节安装与铺设

① 管节进场应将管子按设计的安装位置摆放，摆放的位置应选择使用方便、平整、坚实的场地，且便于起吊及运送。堆放时必须垫稳，堆放层高度符合放置规定。

② 管道安装前应对管道中心线、纵向排水坡度、管高程进行测量，并采取简单有效的龙门架形式控制，并确定检查井位置后开始铺设管道。采用机械下管方案时，机械停放不能影响沟槽边坡的稳定。当附近有输电路线时，应保证安全作业距离。

③ 管道应在沟槽的地基、管基质量检验合格后方可进行，安装顺序控制下游开始，承口朝向施工前进方向，即插口插入的方向与流水方向一致。

④ 管节下入沟槽时，不得与槽壁支撑或槽下的管道相互碰撞，沟内运管不得扰动天然地基。

⑤ 管道安装时，应逐节调整管节的中心、管道流水面高程和纵坡，安装后的管节应进行复测校准。安装过程中应随时清扫管道的杂物。

⑥ 当沟槽中多于一排管道，管道合槽施工时，应先安装埋设较深的管道，当回填土方与邻近管道基础高度相同时，再安装相邻的管道。

⑦ 安装管道过程中，管节接头时承口和插口部位应清扫干净，在接口前必须逐个检查橡胶圈，橡胶圈不得有割裂、破损、气泡等倾向。安装时套在插口上的圆形橡胶圈应平直、无扭曲，且均匀到位，放松外力后回弹不大于 1cm，就位后应在承插口工作面上，管口间的纵向间隙均匀，宽度应符合规范要求。

⑧ 管口接头应用水泥砂浆环向填缝，填缝水泥砂浆要求填满捣实，不得有裂缝现象。管径大于或等于 70cm 时，采用水泥砂浆将管道内接口纵向间隙部位抹平、压光，当管径小

于 70cm 时，填缝随后应立即拖平。

⑨ 根据设计要求用钢丝网水泥砂浆或水泥砂浆进行接口抹带施工。在抹带宽度内应先将管口外壁凿毛、洗净，分两层抹水泥砂浆带。当采用钢丝网水泥砂浆抹带时，钢丝网端头插入管座混凝土内 13～15cm，分层抹压水泥砂浆抹带。抹带完成后，用平软材料覆盖，水泥凝固后即洒水养护，抹带不得有裂缝、空隙现象。

4. 沟槽回填

1）管道沟槽回填前应进行下列工作：

① 混凝土基础强度，接口抹带及接口水泥砂浆强度不小于 5N/mm^2。

② 对压力管道而言要进行水压试验，水压试验前，除接口外，管道两侧及管顶上回填高度不应小于 50cm，水压试验合格后，方可回填其余部分。

③ 对无压力管道而言，要进行闭水试验，合格后方可回填。

④ 对管道进行隐蔽检查验收合格后，方可回填。

2）管道填料应符合设计要求，还应符合下列要求：

① 槽底至管顶上 50cm 范围内，不得含有有机物、冻土及大于 5cm 的砖、石等硬块；在拌带接口处，回填料应为细粒土。

② 回填土的含水量，应按土类别和采用的压实工具控制在最佳含水量附近。

3）管道回填应分层对称回填，每层虚铺厚度不大于 25cm，采用压路机碾压时虚铺厚度可为 40cm，回填料应均匀对称入槽，不得损伤管节和接口。

4）沟槽回填土压实应在分层回填时逐层压实。压实时管道两侧对称进行，两侧高差不应超过 30cm。

5）分段回填压实时，相邻段的接茬应是梯形，且不得漏压漏夯。

6）管道两侧回填土压实度应符合设计和规范要求，当管道沟槽位于路基范围内，且路基压实度大时，按路基压实度执行。当不在路基范围内，且没有修路计划的沟槽回填土，在管顶部以上高为 50cm、宽为管道结构外缘范围内应松填，其压实度不大于 85%。

7）当管道覆土较浅，回填土压实度达不到要求时，应与有关方面进行协商采取处理措施。

8）检查井、雨水口周围回填与管道回填同时进行，当不便同时进行，应留台阶形接茬。井室周围回填压实时应沿井中心对称进行，且不得漏振漏夯，回填材料压实后应与井壁紧贴。

（二）检查井、雨水口施工

1. 井坑土方开挖

井坑土方与管道沟槽一同开挖。管道沟槽开挖结束后，根据设计放样井位并结合管节长度对井位微调后最终确定井位，再人工开挖至设计井基高程。

2. 井基混凝土

井基基础与管道平基同时浇筑。为防止渗水，井基混凝土用平板振动器振捣密实。

3. 井身砌筑

① 井身砌筑分为井室砌筑、收口段砌筑和井筒砌筑。砌筑砂浆采用 M7.5 水泥砂浆。

② 砌筑墙体之前用水将砖浇透，砌筑墙体砂浆应满铺满挤，上下搭砌，水平灰缝和竖向灰缝宜为 1cm，并不得有竖向通缝，圆形检查井竖向灰缝，内侧不小于 5mm，外侧灰缝不大于 13mm。墙体宜采用三顺一丁组砌，但底皮与顶皮均应丁坡砌筑。

③ 井室段砌筑时，应特别注意墙体与管节衔接处的砂浆饱满，其空隙也可用细石混凝

土嵌实，以防渗水。检查井接入管节的管口应与井室内壁平齐。检查井内的流槽，宜与井壁墙体同时砌筑，也可后用混凝土浇筑。

④ 在井室砌筑时应同时安装踏步，踏步位置应准确，埋置深度要符合设计要求，踏步处宜用细石混凝土灌砌，在砌筑砂浆或混凝土未达到规定抗压强度前不得踩踏。

⑤ 在砌筑检查井应同时安装预留支管，预留支管的管位、方向、高程应符合要求，不得翘曲，管与井壁衔接处应严密，预留支管不能同期施工的应用低标号砂筑砌筑封口抹平。

⑥ 在砌筑检查井时，应随时检测直径、尺寸和垂直度。砌筑收口段时，根据收口段高度和收口直径计算每皮砖应收进的尺寸，当四面收口时，每皮收取进不宜大于3cm，当偏心收口时，每皮收进不应大于5cm。

⑦ 井筒段砌筑严格控制尺寸，内空净尺寸应与井座内空相符。并根据设计路面标高控制砌筑高度。

4. 井座井盖安装及井圈混凝土浇筑

① 检查井砌筑至规定高程后，坐浆安装井座，井座应坐浆安砌，并根据设计路面高度严格控制顶标高。

② 井座外壁井圈，用混凝土浇筑密实固定，顶面抹光。

5. 抹灰

检查井内外壁均用1:2防水水泥砂浆分层粉抹压实压光。在进行井壁抹灰同时做好流槽，流槽与管道内径平齐，高度至管道中心。

6. 土方回填

① 回填前应对检查井，雨水口检查验收，符合要求后方可回填。

② 回填时，先将盖板盖好，在井墙和井筒周围同时回填，回填土密实度根据路基路面要求而定，但不低于95%。

③ 检查井回填宜与管道沟槽回填同时进行。

7. 外观要求

① 井位置符合设计要求，不得歪扭。

② 井圈与井墙吻合。

③ 井圈与道路中边线的距离相离。

④ 雨水支管的管口与井墙平齐。

⑤ 雨水口与检查井的连接管直顺、无错口，坡度符合要求。

（三）进出水口构筑物施工

① 进出水口构筑物宜在枯水期施工。

② 进出水口构筑物的基础应建在原状土上，当地基松软或被扰动时，要按设计要求处理。

③ 端墙、翼墙基础和墙身按设计进行施工，并符合规范要求。

④ 护坦及铺底平整，排水通畅，不得倒坡。

（四）无压力管道严密性试验（闭水试验）

1）污水、雨污水合流管道及湿陷土、膨胀土地质的雨水管道，回填前应采用闭水法进行严密性功能试验。

2）管道闭水试验时，试验管段应：

① 管道及检查井外观质量已验收合格；

② 管道未回填土且沟槽内无积水；

③ 全部预留孔已封堵，不渗水；

④ 管道两端堵板承载能力应大于水压力的合力。

3）试验管段按井距离，长度不宜大于 1km，带井试验。进行闭水试验时灌满水后浸泡时间不少于 24 小时，当试验水头达规定水头时，观察管道的渗水量，直至观测结束时应不断地向试验管段内补水，保持试验水头恒定。按规范规定计算的实测渗水量小于规范规定的允许水量时，管道严密性试验为合格。否则应返修处理。

四、排水管道质量验收

（一）管道位置偏移或积水

1. 产生原因

测量误差、施工走样或避让原有构筑物，在平面上产生位置偏移，立面上产生积水甚至倒坡现象。

2. 预防措施

1）防止测量和施工造成的病害措施：

① 施工前要认真按照施工测量规范和规程进行交接桩复测与保护。

② 施工放样要结合水文地质条件，按照埋置深度和设计要求以及有关规定放样，且必须进行复测检验其误差符合要求后才能交付施工。

③ 施工时要严格按照样桩进行，沟槽和平基要做好轴线和纵坡测量验收。

2）施工过程中如意外遇到构筑物须避让时，应在适当位置增设接井，其间以直线连通，连接井转角应大于 135°。

（二）管道渗水，闭水试验不合格

1. 产生原因

基础不均匀下沉，管材及其接口施工质量差、闭水段端头封堵不严密、井体施工质量差等原因均可产生漏水现象。

2. 防治措施

1）管道基础条件不良导致管道和基础出现不均匀沉陷，一般造成局部积水，严重时会出现管道断裂或接口开裂。

① 认真按设计要求施工，确保管道基础的强度和稳定性。当地基地质水文条件不良时，应进行换土改良处治，以提高基槽底部的承载力。

② 如果槽底土壤被扰动或受水浸泡，应先挖除松软土层后和超挖部分用砂石或碎石等稳定性好的材料回填密实。

③ 地下水位以下开挖土方时，应采取有效措施做好坑槽底部排水降水工作，确保干槽开挖干槽施工，必要时可在槽坑底预留 20cm 后土层，待后续工序施工时随时随清除。

2）管材质量差，存在裂缝或局部混凝土松散，抗渗能力差，容易产生漏水。

① 所有管材要有质量部门提供合格证和力学试验报告等资料；

② 管材外质量要求表面平整无松散露骨和蜂窝麻面现象；

③ 安装前再次逐节检查，对已发现或有质量问题的应责令退场或经有效处理后方可使用。

3）管接口填料及施工质量差，管道在外力作用下产生破损或接口开裂。

① 选用质量良好的接口填料并按试验配合比和合理的施工工艺组织施工；

② 抹灰施工时，接口缝内要洁净，必要时应凿毛处理，按照施工操作规程认真施工。

4）检查井施工质量差，井壁和与其连接管的结合处渗漏。

① 检查井砌筑砂浆要饱满，勾缝全面不遗漏；抹面前清洁和湿润表面，抹面时及时压光收浆并养护；遇有地下水时，抹面和勾缝应随时砌筑及时完成，不可在回填后在进行内抹面或内勾缝；

② 与检查井连接的管外表面应先湿润且均匀刷一层水泥原浆，并坐浆就位后在做好内外抹面，以防渗漏。

5）规划预留支管封口不密实，因其在井内而常被忽视，如果采用砌砖墙封堵时，应注意以下几点。

① 砌堵前应把管口 0.5m 左右范围内的管内壁清洗干净，涂刷水泥原浆，同时把所有用的砖块湿润备用；

② 砌堵砂浆标号应不低于 M7.5，且良好的稠度；

③ 勾缝和抹面用的水泥砂浆标号不低于 M15 且用防水水泥砂浆，抹面应按防水的 5 层施工法施工。

④ 一般情况下，在检查井砌筑之前进行封砌，以利于保证质量。

6）闭水试验是对管道施工和材料质量进行全面的检验，其间难免出现二三次不合格的现象。这时应先在渗漏处一一作好记号，在排干管内水后进行认真处理。对细小的缝隙或麻面渗漏可采用水泥浆涂刷或防水涂料涂刷，较严重的应返工处理。严重的渗漏除了更换管材、重新填塞接口处，还应进行专业技术处理。处理后再做试验，如此重复进行直至闭水合格为止。

（三）检查井变形、下沉，构配件质量差

1. 产生原因

检查井变形和下沉，井盖质量和安装质量差，井内爬梯安装随意性太大，影响外观及其使用质量。

2. 防治措施

① 认真做好检查井的基层和垫层，破管做流槽可防止井体下沉。

② 检查井砌筑质量应控制好井室和井口中心位置及其高度，防止井体变形。

③ 检查井井盖与座要配套；安装时坐浆要饱满；轻重型号和面底不错用，铁爬安装要控制好上、下第一步的位置，偏差不要太大，平面位置要准确。

（四）填土沉陷

1. 产生原因

检查井周边回填不密实，不按要求分层夯实，回填材料欠佳、含水量控制不好等原因影响压实效果，给工后造成过大的沉降。

2. 预防与处治措施

（1）预防措施　管槽回填时必须根据回填的部位和施工条件选择合适的填料和夯实机械；沟槽较窄时可采用人工或蛙式打夯机夯填。不同的填料、不同的填筑厚度应选用不同的夯压器具，以取得最经济的压实效果；填料中的淤泥、树根、草皮及其腐殖质既影响压实效果，又会在土干缩、腐烂形成孔洞，这些材料均不可作为填料，以免引起沉陷；控制填料含水量与最佳含水量偏差 2% 左右；遇地下水或雨水施工必须先排干水再分层随填随压密实。

（2）处治措施　根据沉降破坏程度采取相应的措施：不影响其他构筑物的少量沉降可不作处理和只做表面处理，如沥青路面上可采取局部填补以免积水；如造成其他构筑物基础脱空破坏的，可采用泵压水泥浆填充；如造成结构破坏的应挖除不良填料，换填稳定性能号的材料，经压实后在恢复损坏的构筑物。

管道工程属隐蔽工程，竣工时只有检查井可供人们检验，因此，必须注重主体结构施工质量，在施工过程中努力注意克服各种质量通病，确保整体工程施工质量。

第七节　园林喷灌工程施工技术

园林绿地中的灌溉方式长期来一直处在人工拉胶管或提水浇灌的状况，这不仅耗费劳力、容易损坏花木，而且用水也不经济。近年来，随着我国城镇建设的迅速发展，绿地面积不断扩展，绿地质量要求越来越高，一种新型的灌溉方式——喷灌逐渐发展起来。

喷灌是喷洒灌溉的简称，它是利用专门的设备（动力机、水泵、管道等）把水加压，或利用水的自然落差将有压水送到灌溉地段，通过喷洒器（喷头）喷射到空中散成细小的水滴，均匀地散布在田间进行灌溉。

一、喷灌工程基础知识

（一）喷灌系统的组成

（1）供水部分　水源、泵房、水泵、动力机械。

（2）输水部分　干管、支管、立管、阀门弯头、三通活节等。

（3）喷洒部分　喷头。

（二）喷灌形式

依喷灌方式，喷灌系统可分为移动式、半固定式和固定式三类。

1. 移动式喷灌系统

要求灌溉区有天然水源（池塘、河流等），其动力（电动机或汽油发动机）、水泵、管道和喷头等是可以移动的，由于管道等设备不必埋入地下，所以投资少、机动性强，但移动不方便、易损坏苗木、管理劳动强度大。适用于水网地区的园林绿地、苗圃和花圃的灌溉。

2. 固定式喷灌系统

这种系统有固定的泵站，供水的干管、支管均埋于地下，喷头固定于竖管上，也可临时安装。还有一种较先进的固定喷头，喷头不工作时，缩入套管中或检查井中，使用时打开阀门，水压力把喷头顶升到一定高度进行喷洒。喷灌完毕，关上阀门，喷头便自动缩入管中或检查井中。这种喷头便于管理，不妨碍地面活动，不影响景观，高尔夫球场多用，园林中有条件的地方也可使用。

固定式喷灌系统的设备费较高，但操作方便，节约劳力，便于实现自动化和遥控操作。适用于需要经常灌溉和灌溉期较长的草坪、大型花坛、花圃、庭院绿地等。

3. 半固定式喷灌系统

其泵站和干管固定，支管及喷头可移动，优缺点介于上述二者之间。使用于大型花圃或苗圃。

以上三种形式可根据灌溉地的情况酌情采用。

（三）喷灌的特点

喷灌和地面灌溉相比，具有节约用水、节省劳力、少占耕地、对地形和土质适应性强、能保持水土等优点。因此被广泛应用于灌溉大田作物、经济作物、蔬菜和园林草地等。喷灌可以根据作物需水的状况，适时适量地灌水，一般不产生深层渗漏和地面径流，喷灌后地面湿润比较均匀，均匀度可达 0.8～0.9。由于用管道输水，输水损失很小，灌溉水利用系数可达 0.9 以上，比明渠输水的地面灌溉省水 30％～50％。在透水性强、保水能力差的土地，如砂质土，省水可达 70％以上。

由于喷灌可以采用较小的灌水定额进行浅浇勤灌，因此能严格控制土壤水分保持肥力，保护土壤表层的团粒结构，促进作物根系在浅层发育，以充分利用土壤表层养分。喷灌还可以调节田间小气候，增加近地表层空气湿度，在高温季节起到凉爽作用，而且能冲掉作物茎叶上的尘土，有利于作物的呼吸和光合作用，故有明显的增产效果。多年大面积应用喷灌证明，与传统地面灌溉相比，喷灌粮食作物增产 10％～20％，喷灌经济作物增产 20％～30％，喷灌果树增产 15％～20％，喷灌蔬菜增产 1～2 倍。但喷灌也有一定的局限性，比如受风的影响大，风大时不易喷洒均匀，而且喷灌的投资比一般地面灌水的投资要高。

（四）喷灌工程的适应范围

喷灌几乎适用于灌溉所有的旱作物，如谷物、蔬菜、果树、食用菌、药材等。既适用于平原，也适用于山区；既适用于透水性强的土壤，也适用于透水性弱的土壤。不仅可以灌溉农作物，也可以灌溉园林、花卉、草地，还可以用来喷洒肥料、农药，防霜冻、防暑、降温和防尘等。据统计，我国适宜发展喷灌的面积约 3 亿亩（15 亩＝1 公顷）。但为了更充分发挥喷灌的作用，取得更好的效果，应优先应用于以下地方或地区。

① 当地有较充足的资金来源，且有经济效益高、连片、集中管理的园林植物；

② 地形起伏大或坡度较陡、土壤透水性较强，采用地面灌溉比较困难的地方；

③ 灌溉水资源不足或高扬程灌区；

④ 需要调节田间小气候的作物，包括防干热风和防霜冻的地方；

⑤ 劳力紧张或从事非农业劳动人数较多的地区；

⑥ 水源有足够的落差，适宜修建自压喷灌的地方；

⑦ 不属于多风地区或灌溉季节风大的地区。

二、喷灌工程施工技术

（一）沟槽开挖

① 沟槽深度应同时满足外部承压、冬季泄水和设备安装的要求。

② 在满足设备安装的前提下，沟槽应尽量窄些。

③ 沟槽应顺直，槽床向阀门井或泄水井找坡。

④ 必要时可将挖出的土在管沟的下方向一侧分层堆放。

⑤ 沟内不应有坚硬杂物，如坚硬杂物难以清除，应回填 10cm 厚沙土。

⑥ 过路沟槽的深度应符合路基承压要求。

（二）管道安装

① 安装应对管材和管件进行外观检查，排除有破损、裂纹和变形的产品。

② 横管和槽床应良好结合，避免悬空。

③ 竖管的安装角度应符合要求。

④ 多管同沟时，应避免管道之间直接搭接交叉。

⑤ 根据管网的工作压力大小，较大规格管道的弯头、三通等部件应做好混凝土墩加固。

（三）水压试验

管道水压试验的目的是检验管道连接的密实性。必须按照喷灌工程管道水压试验要求进行水压试验，做好试压记录。

管道安装工作中最重要的一个环节是水压试验。应严格按照有关技术规范进行管道水压试验，做好试压记录。在管道水压试验过程中安全问题值得重视。应根据系统的设计工作压力确定试验压力；在打压和恒压过程中，应尽量远离阀门或管件部位。

（四）沟槽回填

管道的水压试验合格后，便可以进行沟槽回填。回填时，首先应回填 10cm 厚沙土，然后分层夯填。如果挖出的土是分层堆放的，回填时也应按顺序分层回填。

（五）喷头安装

安装喷头之前，应对所有干、支管注水冲洗，清除管内的泥沙和异物，避免杂物堵塞喷头。喷灌区域边界和特殊点喷头的安装位置应考虑定位的合理性，防止出现边界漏喷或喷洒出界现象。喷头安装高度应与地面平齐，避免过高或过低。

（六）加压设备安装

对于加压型喷灌系统而言，加压设备是系统的心脏。局部管线出现故障，会使喷灌系统的某个区域停闭；几个喷头被堵塞，虽然令人讨厌，但会很快疏通；假若加压设备发生故障，整个喷灌系统将会瘫痪。所以，在加压设备的安装过程中，必须小心谨慎，以免留下后患。

绿地喷灌系统常用的加压设备是各类水泵和恒压供水装置。水泵安装应考虑其在工作状态下的稳定性，水泵基础应能承受整个泵体充满水时的重量和可能的动荷载，并能经得住和防止任何过度的震动。混凝土结构是理想的水泵基础，也可采用合适的横梁（木材）作为基础。

在靠近水泵入口处安装真空表和在出口处安装压力表是必要的。这些仪表有利于检查水泵的实际运行状况。

电机必须与水泵配套。电机应该用带有热敏线圈的并联式电磁启动器加以保护。从电力干线到喷灌泵电机，应当使用规格合适的电缆。

（七）其他设备安装

其他设备包括各种控制设备和辅助设备，如各种手动和自动阀门、控制器、传感器等。这类设备在安装前，应仔细阅读设备在安装说明和注意事项。电器设备安装时，应选配合适的导线，并应作好接头的防水处理。

（八）系统调试

系统调试标志着喷灌系统的施工工作进入了尾声。加压型喷灌系统的调试工作首先从加压设备开始，自压型喷灌系统的调试可直接按轮灌区顺序进行，程控型喷灌系统的调试工作则应将水路和电路分开进行。

复　习　题

1. 如何进行土方工程量的计算？
2. 简述土方平衡和与调配的原则。
3. 举例说明如何做土方调配的最优方案。
4. 土壤的主要工程性质有哪些？
5. 什么是边坡坡度？与土壤自然倾斜角的关系是什么？
6. 土方施工的准备工作有哪些？
7. 土方施工的程序是什么？
8. 简述园林给排水的特点。

9. 园林排水的方式有哪些?

10. 简述园林喷灌工程的施工技术。

思 考 题

1. 土方施工过程中包括哪些步骤? 第一步应注意什么问题? 能总结出来吗?

2. 如何科学合理的安排土方的运输路线?

3. 如何科学合理地进行给排水的管线布局?

4. 自己设计一个合理的喷灌工程施工方案。

实 训 题

实训一　地形设计与模型设计

【实训目的】　了解和掌握土方工程施工前的竖向设计的基本理论和方法。能够独立完成土山模型的制作。

【实训方法】　采用分组形式，根据掌握情况程度进行分组。

【实训步骤】

1. 用等高线在图纸上设计出一处土山地形。

2. 把平面等高线测放到苯板上。

3. 根据设计等高线用吹塑纸按比例及等高距制作土山骨架，固定在苯板上。

4. 用橡皮泥完善土山的骨架，根据需要涂色，完成土山模型的制作。

实训二　园林土方工程施工放样

【实训目的】　掌握根据施工图进行园林土方施工放样的步骤和方法。要求将施工过程写成实习报告。

【实训方法】　采用分组形式，根据掌握情况程度进行分组。

【实训步骤】

1. 在施工图上设置方格网。

2. 用经纬仪将方格网测设到实地，并在设计地型等高线和方格网的交点处立桩。

3. 在桩木上标出每一角点的原地形标高，设计标高及施工标高。

4. 如果是山体放线要注意桩木的高度。

实训三　园林喷灌工程设计与施工

【实训目的】　掌握喷灌设计的基本原理及喷灌工程的施工技术。

【实训方法】　以小组为单位，进行场地实测、施工图设计、备料和放线施工。每组交报告一份，内容包括施工组织设计和施工记录报告。

【实训步骤】

1. 熟悉喷灌系统布置的有关技术要求。

2. 施工场地的测量。

3. 进行喷灌系统的施工图设计。

4. 喷灌工程施工及闭水实验。

5. 施工现场清理。

第三章　水景工程施工技术

【本章导读】

　　水景工程是与水体造园相关的所有工程的总称，水是园林空间艺术创作的重要因素，园林景观中有水则活，而水景形式和种类众多，所以本章主要选取静水、流水、落水、喷水中有代表性的水景形式和坡岸来讲解，即人工湖工程；水池工程；喷泉工程；瀑布、跌水、溪流工程；驳岸工程；护坡工程的施工技术。

【教学目标】

　　通过本章的学习，了解园林水景的形式与特点，掌握典型的园林水景工程的理水方法与设计的原则、工程设计的内容、施工工艺流程及技术要点。

【技能目标】

　　培养运用水景工程的基本知识进行简单的园林水景设计的能力，通过学习让其具有理解和识别水景施工图的能力，掌握传统与现代水景的理水规律和常见水景的设计与施工能力。

　　水是园林中的灵魂，有了水才能使园林产生很多生气勃勃的景观。"仁者乐山，智者乐水"，寄情山水的审美理想和艺术哲理深深地影响着中国园林。水是园林空间艺术创作的一个重要园林要素，由于水具有流动性和可塑性，因此园林中对水的设计实际上是对盛水容器的设计。水池、溪涧、河湖、瀑布、喷泉等都是园林中常见的水景设计形式，它们静中有动、寂中有声、以少胜多，渲染着园林气氛。

　　根据水流的状态可将水景分为静态水景和动态水景两种。静态水景，也称静水，指园林中以片状汇聚的水面为景观的水景形式，如湖、池等。其特点是宁静、祥和、明朗。它的作用主要是净化环境、划分空间、丰富环境色彩、增加环境气氛。动态水景以流动的水体，利用水姿、水色、水声来增强其活力和动感，令人振奋。形式上主要有流水、落水和喷水三种。流水如小河、小溪、涧，多为连续的、有宽窄变化的带状动态水景如瀑布、跌水等，这种水景立面上必须有落水高差的变化；喷水是水受压后向上喷出的一种水景形式，如喷泉等。

第一节　人工湖施工技术

　　湖属于静态水体，有天然湖和人工湖之分。前者是自然的水域景观，如著名的南京玄武湖、杭州西湖、广东星湖等。人工湖则是人工依地势就低挖掘而成的水域，沿岸因境设景，自然天成图画，如深圳仙湖和一些现代公园的人工大水面。湖的特点是水面宽阔平静，具有平远开朗之感。此外，湖往往有一定的水深以利于水产。湖岸线和周边天际线较好，还常在湖中利用人工堆土成小岛，用来划分水域空间，使水景层次更为丰富。

一、人工湖施工的相关知识

（一）人工湖的布置要点

园林中利用湖体来营造水景，应充分体现湖的水光特色。首先要注意湖岸线的水滨设计，注意湖岸线的"线形艺术"，以自然曲线为主，讲究自然流畅，开合相映。下面是湖岸线平面设计的几种基本形式（如图 3-1）；其次要注意湖体水位设计，选择合适的排水设施，如水闸、溢流孔（槽）、排水孔等；三是要注意人工湖的基址选择，应选择壤土、土质细密、土层厚实之地，不宜选择过于黏质或渗透性大的土质为湖址。如果渗透力较大，必须采取工程措施设置防漏层。

| 心字形 | 云形 | 流水形 | 葫芦形 | 水字形 |

图 3-1　湖岸线平面设计形式

（二）人工湖基址对土壤的要求

人工湖平面设计完成后，要对拟挖湖所及的区域进行土壤探测，为施工技术设计做准备。

① 黏土、砂质黏土、壤土，土质细密、土层深厚或渗透力小的黏土夹层是最适合挖湖的土壤类型。

② 以砾石为主，黏土夹层结构密实的地段，也适宜挖湖。

③ 砂土、卵石等容易漏水，应尽量避免在其上挖湖。如漏水不严重，要探明下面透水层的位置深浅，采用相应的截水墙或用人工铺垫隔水层等工程措施。

④ 基土为淤泥或草煤层等松软层时，必须全部挖出。

⑤ 湖岸立基的土壤必须坚实。黏土虽透水性小，但在湖水到达低水位时，容易开裂，湿时又会形成松软的土层、泥浆，故单纯黏土不能作为湖的驳岸。为实际测量漏水情况，在挖湖前对拟挖湖的基础需要进行钻探，要求钻孔之间的最大距离不得超过 100m，待土质情况探明后，再决定这一区域是否适合挖湖，或施工时应采取的工程措施。

（三）水面蒸发量的测定和估算

对于较大的人工湖，湖面的蒸发量是非常大的，为了合理设计人工湖的补水量，测定湖面水分蒸发量是很有必要的。目前我国主要采用置 E-601 型蒸发器测定水面的蒸发量，但其测得的数值比水体实际的蒸发量大，因此须采用折减系数，年平均蒸发折减系数一般取 0.75～0.85。

（四）人工湖渗漏损失

根据湖面蒸发水的总量及渗漏的水的总量可计算出湖水体积的总减少量，依此可计算最低水位；结合雨季进入湖中雨水的总量，可计算出最高水位；结合湖中给水量，可计算出常水位，这些都是进行人工湖的驳岸设计必不可少的数据。

二、人工湖施工技术

（一）认真分析设计图纸，并按设计图纸确定土方量

（二）详细踏勘现场，按设计线形定点放线

放线可用石灰、黄沙等材料。打桩时，沿湖池外缘 15～30cm 打一圈木桩，第一根桩为基准桩，其他桩皆以此为准。基准桩即是湖体的池缘高度。桩打好后，注意保护好标志桩、基准桩。并预先准备好开挖方向及土方堆积方法。

（三）考察基址渗漏状况

好的湖底全年水量损失占水体体积 5%～10%；一般湖底 10%～20%；较差的湖底 20%～40%，以此制定施工方法及工程措施。

（四）湖体施工排水

如水位过高，施工时可用多台水泵排水，也可通过梯级排水沟排水，由于水位过高，为避免

湖底受地下水的挤压而被抬高，必须特别注意地下水的排放。通常用15cm厚的碎石层铺设整个湖底，上面再铺5～7cm厚沙子就足够了。如果这种方法还无法解决，则必须在湖底开挖环状排水沟，并在排水沟底部铺设带孔聚氯乙烯（PVC）管，四周用碎石填塞（图3-2），会取得较好的排水效果。同时要注意开挖岸线的稳定，必要时用块石或竹木支撑保护，最好做到护坡或驳岸的同步施工。通常基址条件较好的湖底不做特殊处理，适当夯实即可。但渗漏性较严重的必须采取工程手段。常见的措施有灰土层湖底、塑料薄膜湖底和混凝土湖底等做法。

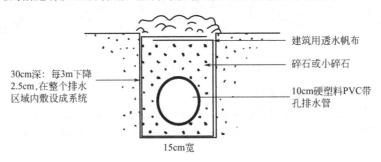

图 3-2　PVC 排水管敷设示意

（五）湖底做法应因地制宜

大面积湖底适宜于灰土做法，较小的湖底可以用混凝土做法，用塑料薄膜铺适合湖底渗漏中等的情况。以下是几种常见的湖底施工方法（见图3-3）。

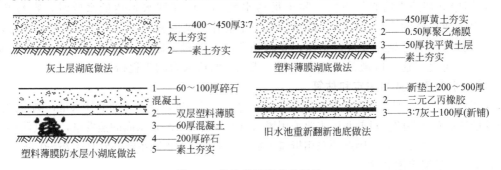

图 3-3　几种简易湖底的做法

（六）湖岸处理

湖岸的稳定性对湖体景观有特殊意义，应予以重视。先根据设计图严格将湖岸线用石灰放出，放线时应保证驳岸（或护坡）的实际宽度，并做好各控制基桩的标注。开挖后要对易崩塌之处用木条、板（竹）等支撑，遇到洞、孔等渗漏性大的地方，要结合施工材料采用抛石、填灰土、三合土等方法处理。如岸壁土质良好，做适当修整后可进行后续施工。

第二节　水池工程施工技术

水池在园林中的用途很广泛，可用作广场中心、道路尽端以及和亭、廊、花架等各种建筑小品组合形成富于变化的各种景观效果。常见的喷水池、观鱼池、海兽池及水生植物种植池等都属于这种水体类型。水池平面形状和规模主要取决于园林总体规划以及详细规划中的观赏与功能要求，水景中水池的形态种类众多，深浅和材料也各不相同。

目前，园林上人工水池从结构上可以分为，刚性结构水池、柔性结构水池、临时简易水池三种，具体可根据功能的需要适当选用。

一、水池设计

水池设计包括平面设计、立面设计、剖面结构设计、管线设计等。

（一）水池的平面设计

水池的平面设计显示水池在地面以上的平面位置和尺寸。水池平面可以标注各部分的高程，标注进水口、溢水口、泄水口、喷头、集水坑、种植池等的平面位置以及所取剖面的位置等内容。

（二）水池的立面设计

水池的立面设计反映主要朝向立面的高度和变化，水池的深度一般根据水池的景观要求和功能要求而定。水池池壁顶面与周围的环境要有合适的高程关系，一般以最大限度地满足游人的亲水性要求为原则。池壁顶除了使用天然材料，表现其天然特性外，还可用规整的形式，加工成平顶或挑伸，或中间折拱或曲拱，或向水池一面倾斜等多种形式。

（三）水池的剖面设计

水池的剖面设计应从地基至池壁顶注明各层的材料和施工要求。剖面应有足够的代表性。如一个剖面不足以反映时可增加剖面。

（四）水池的管线设计

水池中的基本管线包括给水管、补水管、泄水管、溢水管等。有时给水与补水管道使用同一根管子。给水管、补水管和泄水管为可控制的管道，以便更有效地控制水的进出。溢水管为自由管道，不加闸阀等控制设备以保证其畅通。对于循环用水的溪流、跌水、瀑布等还包括循环水的管道。对配有喷泉、水下灯光的水池还存在供电系统设计问题（图3-4）。

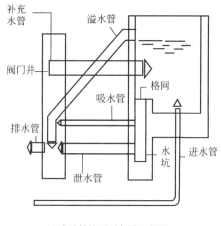
(a) 水池管线平面布置示意图

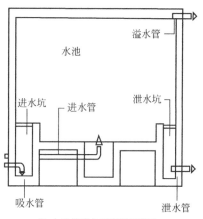
(b) 水池管线立面布置示意图

图 3-4 水池的管线设计

一般水景工程的管线可直接敷设在水池内或直接埋在土中。大型水景工程中，如果管线多而且复杂时，应将主要管线布置在专用管沟内。

水池设置溢水管，以维持一定的水位和进行表面排污，保持水面清洁。溢水口应设格栅或格网，以防止较大漂浮物堵塞管道。

水池应设泄水口，以便于清扫、检修和防止停用时水质腐败或结冰，池底都应有不小于 0.01 的坡度，坡向泄水口或集水坑。水池一般采用重力泄水，也可利用水泵的吸水口兼作泄水。

（五）其他配套设计

在水池中可以布设卵石、汀步、跳水石、跌水台阶、置石、雕塑等景观设施，共同组成景观。对于有跌水的水池，跌水线可以设计成规整或不规整的形式，是设计时重点强调的地方。池底装饰可利用人工铺砌砂土、砾石或钢筋混凝土池底，再在其上选用池底装饰材料。

二、刚性水池施工技术

刚性结构水池施工也称钢筋混凝土水池，池底和池壁均配钢筋，因此寿命长、防漏性好，适用于大部分水池（图 3-5）。

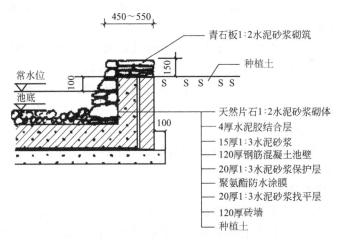

图 3-5　刚性水池结构

钢筋混凝土水池的施工过程可分为：材料准备→池面开挖→池底施工→浇筑混凝土池壁→混凝土抹灰→试水等。

（一）施工准备

1. 混凝土配料

基础与池底：水泥 1 份，细沙 2 份，粒料 4 份，所配的混凝土型号为 C20。

池底与池壁：水泥 1 份，细沙 2 份，0.6～2.5cm 粒料 3 份，所配的混凝土型号为 C15。

防水层：防水剂 3 份，或其他防水卷材。

2. 添加剂

混凝土中有时需要加入适量添加剂，常见的有：U 型混凝土膨胀剂、加气剂、氯化钙促凝剂、缓凝剂、着色剂等。

池底池壁必须采用 42.5 号以上普通硅酸盐水泥，水灰比≤0.55；粒料直径不得大40mm，吸水率不大于 1.5%，混凝土抹灰和砌砖抹灰用 32.5 号水泥或 42.5 号水泥。

（二）场地放线

根据设计图纸定点放线。放线时，水池的外轮廓应包括池壁厚度。为使施工方便，池外沿各边加宽 50cm，用石灰或黄沙放出起挖线，每隔 5～10m（视水池大小）打一小木桩，并标记清楚。方形（含长方形）水池，直角处要校正，并最少打三个桩，圆形水池，应先定出水池的中心点，再用线绳（足够长）以该点为圆心，水池宽的一半为半径（注意池壁厚度）划圆，石灰标明，即可放出圆形轮廓。

（三）池基开挖

目前挖方有人工挖方和人工结合机械挖方，可以根据现场施工条件确定挖方方法。开挖时一定要考虑池底和池壁的厚度。如为下沉式水池，应做好池壁的保护，挖至设计标高后，池底应整平并夯实，再铺上一层碎石、碎砖作为底座。如果池底设置有沉泥池，应结合池底开挖同时施工。

　　池基挖方会遇到排水问题，工程中常用基坑排水，这是既经济又简易的排水方法。此法是沿池基边挖成临时性排水沟，并每隔一定距离在池基外侧设置集水井，再通过人工或机械抽水排走，以确保施工顺利进行。

（四）池底施工

　　混凝土池底这种结构的水池，如其形状比较规整，则 50m 内可不做伸缩缝。如其形状变化较大，则在其长度约 20 m 处并在其断面狭窄处，做伸缩缝。一般池底可根据景观需要，进行色彩上的变化，如贴蓝色的瓷砖等，以增加美感。混凝土池底施工要点如下。

　　① 依情况不同加以处理，如基土稍湿而松软时，可在其上铺以厚 10cm 的碎石层，并加以夯实，然后浇灌混凝土垫层。

　　② 混凝土垫层浇完隔 1～2 天（应视施工时的温度而定），在垫层面测量确定底板中心，然后根据设计尺寸进行放线，定出柱基以及底板的边线，画出钢筋布线，依线绑扎钢筋，接着安装柱基和底板外围的模板。

　　③ 在绑扎钢筋时，应详细检查钢筋的直径、间距、位置、搭接长度、上下层钢筋的间距、保护层及埋件的位置和数量，看其是否符合设计要求。上下层钢筋均应用铁撑（铁马凳）加以固定，使之在浇捣过程中不发生变化。如钢筋过水后生锈，应进行除锈处理。

　　④ 底板应一次连续浇完，不留施工缝。施工间歇时间不得超过混凝土的初凝时间。如混凝土在运输过程中产生初凝或离析现象，应在现场进行二次搅拌后方可入模浇捣。底板厚度在 20cm 以内，可采用平板振动器，20cm 以上则采用插入式振动器。

　　⑤ 池壁为现浇混凝土时，底板与池壁连接处的施工缝可留在基础上 20cm 处。施工缝可留成台阶形、凹槽形、加金属止水片或遇水膨胀橡胶带。各种施工缝的优缺点及做法见表 3-1。

表 3-1　各种施工缝的优缺点及做法

施工缝种类	简图	优点	缺点	做法
台阶形		可增加接触面积，使渗水路线延长和受阻，施工简单，接缝表面易清理	接触面简单、双面配筋时，不易支撑、阻水效果一般	支模时可在外侧安设木方，混凝土终凝后取出
凹槽型		加大了混凝土的接触面，使渗水路线受更大阻力，提高了防水质量	在凹槽内易于积水和存留杂物，清理不净时影响接缝严密性	支模时将木方置于池壁中部，混凝土终凝后取出
加金属止水片		适用于池缝较薄的施工缝，防水效果比较可靠	安装困难，且需耗费一定数量的钢材	将金属止水片固定在池壁中部，两侧等距
遇水膨胀橡胶止水带		施工方便，操作简单，橡胶止水带遇水后体积迅速膨胀，将缝隙塞满、挤密		将腻子型橡胶止水带置于已浇筑好的施工缝中部即可

（五）水池池壁施工技术

人造水池一般采用垂直形池壁。垂直形的优点是池水降落之后，不至于在池壁淤积泥土，从而使低等水生植物无从寄生，同时易于保持水面洁净。垂直形的池壁，可用砖石或水泥砌筑，以瓷砖、罗马砖等饰面，甚至做成图案加以装饰。

1. 混凝土浇筑池壁的施工技术

做水泥池壁，尤其是矩形钢筋混凝土池壁时，应先做模板以固定之，池壁厚 15～25cm，水泥成分与池底同。目前有无撑及有撑支模两种方法。有撑支模为常用的方法。当矩形池壁较厚时，内外模可在钢筋绑扎完毕后一次立好。浇捣混凝土时操作人员可进入模内振捣，并应用串筒将混凝土灌入，分层浇捣。矩形池壁拆模后，应将外露的止水螺栓头割去。池壁施工要点如下。

① 水池施工时所用的水泥标号不宜低于 42.5 号，水泥品种应优先选用普通硅酸盐水泥，不宜采用火山灰质硅酸盐水泥和粉煤灰硅酸盐水泥。所用石子的最大粒径不宜大于40mm，吸水率不大于 1.5%。

② 池壁混凝土每立方米水泥用量不少于 320kg，含砂率宜为 35%～40%，灰砂比为 1：2～1：2.5，水灰比不大于 0.6。

③ 固定模板用的铁丝和螺栓不宜直接穿过池壁。当螺栓或套管必须穿过池壁时，应采取止水措施。常见的止水措施有：螺栓上加焊止水环，止水环应满焊，环数应根据池壁厚度确定；套管上加焊止水环，在混凝土中预埋套管时，管外侧应加焊止水环，管中穿螺栓，拆模后将螺栓取出，套管内用膨胀水泥砂浆封堵；螺栓加堵头，支模时，在螺栓两边加堵头，拆模后，将螺栓沿平凹坑底割去角，用膨胀水泥砂浆封塞严密。

④ 在池壁混凝土浇筑前，应先将施工缝处的混凝土表面凿毛，清除浮粒和杂物，用水冲洗干净，保持湿润。再铺上一层厚 20～25mm 的水泥砂浆。水泥砂浆所用材料的灰砂比应与混凝土材料的灰砂比相同。

⑤ 浇筑池壁混凝土时，应连续施工，一次浇筑完毕，不留施工缝。

⑥ 池壁有密集管群穿过预埋件或钢筋稠密处浇筑混凝土有困难时，可采用相同抗渗等级的细石混凝土浇筑。

⑦ 池壁混凝土浇筑完后，应立即进行养护，并充分保持湿润，养护时间不得少于 14 昼夜。拆模时池壁表面温度与周围气温的温差不得超过 15℃。

2. 混凝土砖砌池壁施工技术

用混凝土砖砌造池壁大大简化了混凝土施工的程序。但混凝土砖一般只适用于古典风格或设计规整的池塘。混凝土砖 10cm 厚，结实耐用，常用于池塘建造；也有大规格的空心砖，但使用空心砖时，中心必须用混凝土浆填塞。有时也用双层空心砖墙中间填混凝土的方法来增加池壁的强度。用混凝土砖砌池壁的一个好处是，池壁可以在池底浇筑完工后的第二天再砌。一定要趁池底混凝土未干时将边缘处拉毛，池底与池壁相交处的钢筋要向上弯伸入池壁，以加强结合部的强度，钢筋伸到混凝土砌块池壁后或池壁中间。由于混凝土砖是预制的，所以池壁四周必须保持绝对的水平。砌混凝土砖时要特别注意保持砂浆厚度均匀。

3. 池壁抹灰施工技术

抹灰在混凝土及砖结构的池塘施工中是一道十分重要的工序。它使池面平滑，不会伤及池鱼。此外，池面光滑也便于清洁工作。砖壁抹灰施工要点如下。

① 内壁抹灰前 2 天应将墙面扫清，用水洗刷干净，并用铁皮将所有灰缝刮一下，要求

凹进 1～1.5cm。

②应采用 32.5 号普通水泥配制水泥砂浆，配合比 1∶2，必须称量准确，可掺适量防水粉，搅拌均匀。

③在抹第一层底层砂浆时，应用铁板用力将砂浆挤入砖缝内，增加砂浆与砖壁的黏结力。底层灰不宜太厚，一般在 5～10mm。第二层将墙面找平，厚度 5～12mm。第三层面层进行压光，厚度 2～3mm。

④砖壁与钢筋混凝土底板结合处，要特别注意操作，加强转角抹灰厚度，使呈圆角，防止渗漏。

⑤外壁抹灰可采用 1∶3 水泥砂浆一般操作法。

（六）压顶

规则水池顶上应以砖、石块、石板、大理石或水泥预制板等作压顶。压顶或与地面平，或高出地面。当压顶与地面平时，应注意勿使土壤流入池内，可将池周围地面稍向外倾。有时在适当的位置上，将顶石部分放宽，以便容纳盆钵或其他摆饰。以下是几种常见压顶的做法（如图 3-6）。

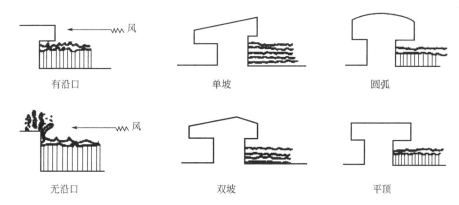

图 3-6　水池池壁压顶形式与做法

（七）刚性水池施工工程质量要求

①砖壁砌筑必须做到横圆竖直，灰浆饱满。不得留踏步式或马牙槎。砖的强度等级不低于 MU7.5，砌筑时要挑选，砂浆配合比要称量准确，搅拌均匀。

②钢筋混凝土壁板和壁槽灌缝之前，必须将模板内杂物清除干净，用水将模板湿润。

③池壁模板不论采用无支撑法还是有支撑法，都必须将模板紧固好，防止混凝土浇筑时，模板发生变形。

④防渗混凝土可掺用素磺酸钙减水剂，掺用减水剂配制的混凝土，耐油、抗渗性好，而且节约水泥。

⑤矩形钢筋混凝土水池，由于工艺需要，长度较长，在底板、池壁上没有伸缩缝。施工中必须将止水钢板或止水胶皮正确固定好，并注意浇筑，防止止水钢板、止水胶皮移位。

⑥水池混凝土强度的好坏，养护是重要的一环。底板浇筑完后，在施工池壁时，应注意养护，保持湿润。池壁混凝土浇筑完后，在气温较高或干燥情况下，过早拆模会引起混凝土收缩产生裂缝。因此，应继续浇水养护，底板、池壁和池壁灌缝的混凝土的养护期应不少于 14 天。

（八）试水

试水工作应在水池全部施工完成后方可进行。其目的是检验结构安全度，检查施工质量。试水时应先封闭管道孔。由池顶放水入池，一般分几次进水，根据具体情况，控制每次进水高度。从四周上下进行外观检查，做好记录，如无特殊情况，可继续灌水到储水设计标高。同时要做好沉降观察。

灌水到设计标高后，停1天，进行外观检查，并做好水面高度标记，连续观察7天，外表面无渗漏及水位无明显降落方为合格。水池施工中还涉及到许多其他工种与分项工程，如假山工程、给排水工程、电气工程、设备安装工程等，可参考其他相关章节或其他相关书籍。

三、柔性结构水池施工

近几年，随着新建筑材料的出现，水池的结构出现了柔性结构。实际上水池若是一味靠加厚混凝土和加粗加密钢筋网是无济于事的，这只会导致工程造价的增加，尤其对北方水池的冻害渗漏，不如用柔性不渗水的材料做水池夹层为好。目前在工程实践中使用的有玻璃布沥青席水池、三元乙丙橡胶（EPDM）薄膜水池、再生橡胶薄膜水池、油毛毡防水层（二毡三油）水池等。

（一）玻璃布沥青席水池（图3-7）

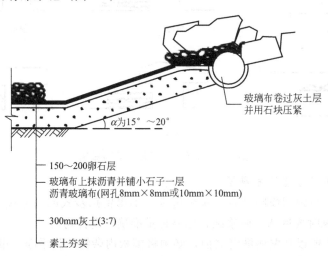

图3-7　玻璃布沥青席水池

这种水池施工前得先准备好沥青席。方法是以沥青0号：3号＝2：1调配好，按调配好的沥青30％，石灰石矿粉70％的配比，且分别加热至于100℃，再将矿粉加入沥青锅拌匀，把准备好的玻璃纤维布（孔目8mm×8mm或者10mm×10mm）放入锅内蘸匀后慢慢拉出，确保黏结在布上的沥青层厚度在于2～3mm，拉出后立即洒滑石粉，并用机械碾压密实，每块席长40m左右。

施工时，先将水池土基夯实，铺300mm厚3：7灰土保护层，再将沥青席铺在灰土层上，搭接长5～100mm，同时用火焰喷灯焊牢，端部用大块石压紧，随即铺小碎石一层。最后在表层散铺150～200mm厚卵石一层即可。

（二）三元乙丙橡胶（EPDM）薄膜水池（图3-8）

EPDM薄膜类似于丁基橡胶，是一种黑色柔性橡胶膜，厚度为3～5mm，能经受温度

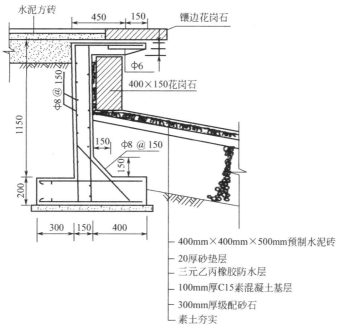

图 3-8　三元乙丙橡胶（EPDM）薄膜水池结构

$-40 \sim 80^{\circ}\text{C}$，扯断强度 $>7.35\text{N}/\text{mm}^2$，使用寿命可达 50 年，施工方便自重轻，不漏水，特别适用于大型展览用临时水池和屋顶花园用水池。建造 EPDM 薄膜水池，要注意衬垫薄膜与池底之间必须铺设一层保护垫层，材料可以是细砂（厚度 $>5\text{cm}$）、废报纸、旧地毯或合成纤维。薄膜的需要量可视水池面积而定，不过要注意薄膜的宽度必须包括池沿，并保持在 30cm 以上。铺设时，先在池底混凝土基层上均匀地铺一层 5cm 厚的沙子，并洒水使沙子湿润，然后在整个池中铺上保护材料，之后就可铺 EPDM 衬垫薄膜了，注意薄膜四周至少多出池边 15cm。如是屋顶花园水池或临时性水池，可直接在池底铺沙子和保护层，再铺 EP-DM 即可。

四、其他常见水池做法（图 3-9～图 3-15）

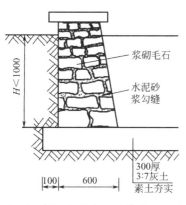

图 3-9　简易毛石水池（单位：mm）

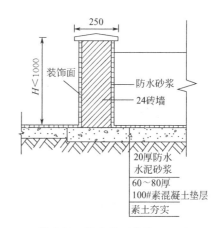

图 3-10　砖水池（单位：mm）

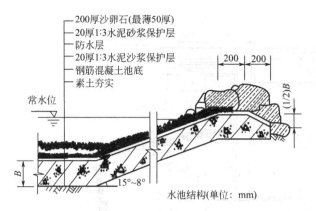

图 3-11　水池做法（一）

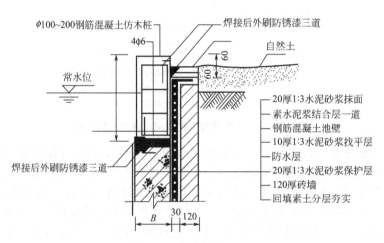

图 3-12　水池做法（二）

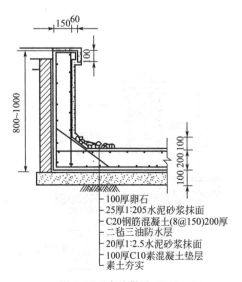

图 3-13　水池做法（三）

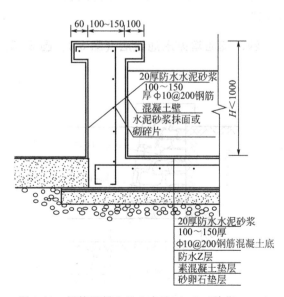

图 3-14　钢筋混凝土地上水池（一）（单位：mm）

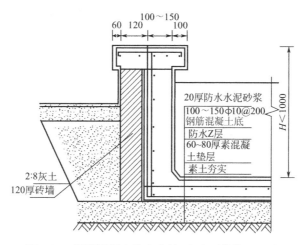

图 3-15　钢筋混凝土地上水池（二）（单位：mm）

第三节　喷泉施工技术

喷泉是园林理水的手法之一，它是利用压力使水从孔中喷向空中，再自由落下的一种优秀的造园水景工程，它以壮观的水姿、奔放的水流、多变的水形，深得人们喜爱。近年来，由于技术的进步，出现了多种造型的喷泉、构成抽象形体的水雕塑和强调动态的活动喷泉等，大大丰富了喷泉构成水景的艺术效果。在我国，喷泉已成为园林绿化、城市及地区景观的重要组成部分，越来越得到人们的重视和欢迎。

一、喷泉施工基础知识

（一）喷泉的作用

① 喷泉可以为园林环境提供动态水景，丰富城市景观，这种水景一般都被作为园林的重要景点来使用。

② 喷泉对其一定范围内的环境质量还有改良作用。它能够增加局部环境中的空气湿度，并增加空气中负氧离子的浓度，减少空气尘埃，有利于改善环境质量，有益于人们的身心健康。它可以陶冶情怀，振奋精神，培养审美情趣。

正因为这样，喷泉在艺术上和技术上才能够不断地发展，不断地创新，不断地得到人们的喜爱。

（二）喷泉的形式

喷泉有很多种类和形式，如果进行大体上的区分，可以分为如下几类。

（1）普通装饰性喷泉　它是由各种普通的水花图案组成的固定喷水型喷泉。

（2）与雕塑结合的喷泉　喷泉的各种喷水花与雕塑、观赏柱等共同组成景观。

（3）水雕塑　用人工或机械塑造出各种大型水株的姿态。

（4）自控喷泉　一般用各种电子技术，按设计程序来控制水、光、音、色形成多变奇异的景观。

（三）喷泉布置要点

在选择喷泉位置，布置喷水池周围的环境时，首先要考虑喷泉的主题、形式，要与环境相协调，把喷泉和环境统一考虑，用环境渲染和烘托喷泉，并达到美化环境的目的，或借助喷泉的艺术联想,创造意境。在一般情况下,喷泉的位置多设于建筑、广场的轴线焦点或端点处,也可以根据环境特点,作一些喷泉水景,自由地装饰室内外的空间。喷泉宜安置在避风的环境中以保持水型。

喷水池的形式有自然式和整形式。喷水的位置可以居于水池中心,组成图案,也可以偏于一侧或自由地布置;其次要根据喷泉所在地的空间尺度来确定喷水的形式、规模及喷水池的大小比例。

(四)常用的喷头种类

喷头是喷泉的主要组成部分,它的作用是把具有一定压力的水变成各种预想的、绚丽的水花,喷射在水池的上空。因此,喷头的形式、制造的质量和外观等,都对整个喷泉的艺术效果产生重要的影响。

喷头因受水流的摩擦,一般多用耐磨性好,不易锈蚀,又具有一定强度的黄铜或青铜制成。为了节省铜材,近年来亦使用铸造尼龙制造喷头,这种喷头具有耐磨、自润滑性好、加工容易、轻便、成本低等优点。但存在易老化、使用寿命短、零件尺寸不易严格控制等问题。目前,国内外经常使用的喷头式样可以归结为以下几种类型。

(1)单射流喷头 是喷泉中应用最广的一种喷头,又称直流喷头。

(2)喷雾喷头 这种喷头内部装有一个螺旋状导流板,使水流做圆周运动,水喷出后,形成细细的弥漫的雾状水流。

(3)环形喷头 喷头的出水口为环形断面,即外实内空,使水形成集中而不分散的环形水柱。它以雄伟、粗犷的气势跃出水面,带给人们奋发向上的气氛。

(4)旋转喷头 它利用压力水由喷嘴喷出时的反作用力或其他动力带动回转器转动,使喷嘴不断地旋转运动,从而丰富了喷水的造型,喷出的水花或欢快旋转或飘逸荡漾,形成各种扭曲线形,婀娜多姿。

(5)扇形喷头 这种喷头的外形很像扁扁的鸭嘴。它能喷出扇形的水膜或像孔雀开屏一样美丽的水花。

(6)多孔喷头 多孔喷头可以由多个单射流喷嘴组成一个大喷头;也可以由平面、曲面或半球形的带有很多细小孔眼的壳体构成喷头,它们能呈现出造型各异的盛开的水花。

(7)变形喷头 通过喷头形状的变化使水花形成多种花式。变形喷头的种类很多,它们共同的特点是在出水口的前面有一个可以调节的、形状各异的反射器,水流通过反射器使水花造型,从而形成各式各样的、均匀的水膜,如牵牛花形、半球形、扶桑花形等。

(8)蒲公英形喷头 这种喷头是在圆球形壳体上,装有很多同心放射状喷管,并在每个管头上装有一个半球形变形喷头。因此,它能喷出像蒲公英一样美丽的球形或半球形水花。它可单独使用,也可以几个喷头高低错落地布置,显得格外新颖、典雅。

(9)吸力喷头 此种喷头是利用压力水喷出时,在喷嘴的喷口处附近形成负压区。由于压差的作用,它能把空气和水吸入喷嘴外的环套内,与喷嘴内喷出的水混合后一并喷出。此时水柱的体积膨大,同时因为混入大量细小的空气泡,形成白色不透明的水柱。它能充分地反射阳光,因此光彩艳丽。夜晚如有彩色灯光照明则更为光彩夺目。吸力喷头又可分为喷水喷头、加气喷头和吸水加气喷头。

(10)组合式喷头 由两种或两种以上形体各异的喷嘴,根据水花造型的需要,组合成一个大喷头,叫组合式喷头,它能够形成较复杂的花形。

(五)喷泉的造型设计

喷泉水形是由喷头的种类、组合方式及俯仰角度等几方面因素共同造成的。喷泉水形的基本构成要素，就是由不同形式喷头喷水所产生的不同水形，即水柱、水带、水线、水幕、水膜、水雾、水花、水泡等。由这些水形按照设计构思进行不同的组合，就可以创造出千变万化的水形设计。

水形的组合造型也有很多方式，既可以采用水柱、水线的平行直射、斜射、仰射、俯射，也可以使水线交叉喷射、相对喷射、辐状喷射、旋转喷射，还可以用水线穿过水幕、水膜，用水雾掩藏喷头，用水花点击水面等。从喷泉射流的基本形式来分，水形的组合形式有单射流、集射流、散射流和组合射流 4 种。常见的基本水形如表 3-2。

表 3-2　喷泉中常见的基本水形

序号	名称		水形	备注
1	单射形			单独布置
2	水幕形			布置在圆周上
3	拱顶形			布置在圆周上
4	向心形			布置在圆周上
5	圆柱形			布置在圆周上
6	编织形	向外编织		布置在圆周上
		向内编织		布置在圆周上
		篱笆形		布置在圆周或直线上
7	屋顶形			布置在直线上
8	喇叭形			布置在圆周上
9	圆弧形			布置在曲线上
10	蘑菇形			单独布置
11	吸力形			单独布置,此型可分为吸水型、吸气型、吸水吸气型
12	旋转形			单独布置
13	喷雾形			单独布置
14	洒水形			布置在曲线上
15	扇形			单独布置

续表

序号	名称	水　形	备　注
16	孔雀形		单独布置
17	多层花形		单独布置
18	牵牛花形		单独布置
19	半球形		单独布置
20	蒲公英形		单独布置

上述各种水形除单独使用外，还可以将几种水形根据设计意图自由组合，形成多种美丽的水形图案。

二、喷泉的给排水系统

喷泉的水源应为无色、无味、无有害杂质的清洁水。因此，喷泉除用城市自来水作为水源外，也可用地下水；其他像冷却设备和空调系统的废水也可作为喷泉的水源。

（一）喷泉的给水方式

喷泉的给水方式有下述4种。

1. 直流式供水（自来水供水）

流量在2～3L/s以内的小型喷泉，可直接由城市自来水供水，使用后的水排入雨水管网。

2. 离心泵循环供水

为了确保水具有必要的、稳定的压力，同时节约用水，减少开支，对于大型喷泉，一般采用循环供水。循环供水的方式可以设水泵房。

3. 潜水泵循环供水

将潜水泵直接放置于喷水池中较隐蔽处或低处，直接抽取池水向喷水管及喷头循环供水。这种供水方式较为常见，一般多适用于小型喷泉。

4. 高位水体供水

在有条件的地方，可以利用高位的天然水塘、河渠、水库等作为水源向喷泉供水，水用过后排放掉。为了确保喷水池的卫生，大型喷泉还可设专用水泵，以供喷水池水的循环，使水池的水不断流动；并在循环管线中设过滤器和消毒设备，以消除水中的杂物、藻类和病菌。

喷水池的水应定期更换。在园林或其他公共绿地中，喷水池的废水可以和绿地喷灌或地面洒水等结合使用，做水的二次使用处理。

（二）喷泉管线布置

大型水景工程的管道可布置在专用或共用管沟内，一般水景工程的管道可直接敷设在水池内。为保持各喷头的水压一致，宜采用环状配管或对称配管，并尽量减少水头损失。每个喷头或每组喷头前宜设置调节水压的阀门。对于高射程喷头，喷头前应尽量保持较长的直线管段或设整流器。喷泉给排水系统的构成见图3-16。

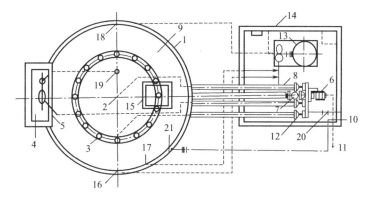

图 3-16　喷泉工程给排水系统

1—喷水池；2—加气喷头；3—装有直射喷头的环状管；4—高位水池；5—堰；6—水泵；

7—吸水滤网；8—吸水关闭阀；9—低位水池；10—风控制盘；11—风传感计；

12—平衡阀；13—过滤器；14—泵房；15—阻涡流板；16—除污器；

17—真空管线 18—可调眼球状进水装置；19—溢流排水口；

20—控制水位的补水阀；21—液位控制器

①　由于喷水池中水的蒸发及在喷射过程中有部分水被风吹走等，造成喷水池内水量的损失，因此，在水池中应设补充水管。补充水管和城市给水管相连接，并在管上设浮球阀或液位继电器，随时补充池内水量的损失，以保持水位稳定。

②　为了防止因降雨使池水上涨而设的溢水管，应直接接通雨水管网，并应有不小于 3% 的坡度；溢水口的设置应尽量隐蔽，在溢水口外应设拦污栅。

③　泄水管直通雨水管道系统，或与园林湖池、沟渠等连接起来，使喷泉水泄出后、作为园林其他水体的补给水。也可供绿地喷灌或地面洒水用，但需另行设计。

④　在寒冷地区，为防冻害，所有管道均应有一定坡度，一般不小于 2%，以便冬季将管道内的水全部排空。

⑤　连接喷头的水管不能有急剧变化，如有变化，必须使管径逐渐由大变小，另外，在喷头前必须有一段适当长度的直管，管长一般不小于喷头直径的 20～30 倍，以保持射流稳定。

喷泉给排水管网主要由进水管、配水管、补充水管、溢流管和泄水管等组成。水池管线布置示意如图 3-17。

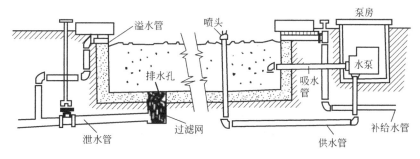

图 3-17　水池管线布置要点

三、喷泉构造与施工

（一）喷水池

喷水池是喷泉的重要组成部分。其本身不仅能独立成景，起点缀、装饰、渲染环境的作用，而且能维持正常的水位以保证喷水。因此可以说喷水池是集审美功能与实用功能于一体的人工水景。

1. 喷水池设计

喷水池的形状、大小应根据周围环境和设计需要而定。形状可以灵活设计，但要求富有时代感；水池大小要考虑喷高，喷水越高，水池越大，一般水池半径为最大喷高的 1～1.3 倍，平均池宽可为喷高的 3 倍。实践中，如用潜水泵供水，吸水池的有效容积不得小于最大一台水泵 3 分钟的出水量。水池水深应根据潜水泵、喷头、水下灯具等的安装要求确定，其深度不能超过 0.7m，否则必须设置保护措施。

2. 喷水池的结构与施工

喷水池由基础、防水层、池底、池壁、压顶等部分组成。

（1）基础　基础是水池的承重部分，由灰土和混凝土层组成。施工时先将基础底部素土夯实，密实度不得低于 85％。灰土层厚 30cm（3∶7 灰土）。C10 混凝土厚 10～15cm。

（2）防水层　水池工程中，防水工程质量的好坏对水池安全使用及其寿命有直接影响，因此，正确选择和合理使用防水材料是保证水池质量的关键。

目前，水池防水材料种类较多。按材料分，主要有沥青类、塑料类、橡胶类、金属类、砂浆、混凝土及有机复合材料等；按施工方法分，有防水卷材、防水涂料、防水嵌缝油膏和防水薄膜等。

水池防水材料的选用，可根据具体要求确定，一般水池用普通防水材料即可。钢筋混凝土水池还可采用抹 5 层防水砂浆（水泥中加入防水粉）做法。临时性水池则可将吹塑纸、塑料布、聚苯板组合使用，均有很好的防水效果。

（3）池底　池底直接承受水的竖向压力，要求坚固耐久。多用现浇钢筋混凝土池底，厚度应大于 20cm，如果水池容积大，要配双层钢筋网。施工时，每隔 20m 选择最小断面处设变形缝，变形缝用止水带或沥青麻丝填充；每次施工必须从变形缝开始，不得在中间留施工缝，以防漏水，如图 3-18 所示。

（4）池壁　是水池竖向的部分，承受池水的水平压力。池壁一般有砖砌池壁、块石池壁和钢筋混凝土池壁三种，见图 3-19。池壁厚视水池大小而定，砖砌池壁采用标准砖，M7.5 水泥砂浆砌筑，壁厚＞240mm。砖砌池壁虽然具有施工方便的优点，但红砖多孔，砌体接缝多，易渗漏，使用寿命短。块石池壁自然朴素，要求垒石严密。钢筋混凝土池壁厚度一般不超过 300mm，常用 150～200mm，宜配直径 8mm、12mm 钢筋，中心距 200mm，C20 混凝土现浇，如图 3-20 所示。

（5）压顶　压顶是池壁最上部分，它的作用是保护池壁，防止污水泥沙流入池内。下沉式水池压顶至少要高于地面 5～10cm。

3. 喷水池其他设施施工

喷水池中还必须配套有供水管、补给水管、泄水管和溢水管等管网。这些管有时要穿过池底或池壁，这时，必须安装止水环，以防漏水。图 3-21 是喷水池内管道穿过池壁的常见做法。供水管、补给水管要安装调节阀；泄水管需配单向阀门，防止反向流水污染水池；溢水管不要安装阀门，直接在泄水管单向阀门后与排水管连接。为了利于清淤，在水池的最低处设置沉泥池，也可做成集水坑，如图 3-22 所示。

喷泉工程中常用的管材有镀锌钢管（白铁管）、不镀锌钢管（黑铁管）、铸铁管及硬聚氯乙烯塑料管几种。一般埋地管道管径在 70mm 以上可以选用铸铁管。屋内工程或小型移动式水景可采用塑料管。所有埋地的钢管必须做防腐处理，方法是先将管道表面除锈，刷防锈漆两遍（如红丹漆等）。埋于地下的铸铁管，外管一律刷沥青防腐，明露部分可刷红丹漆。

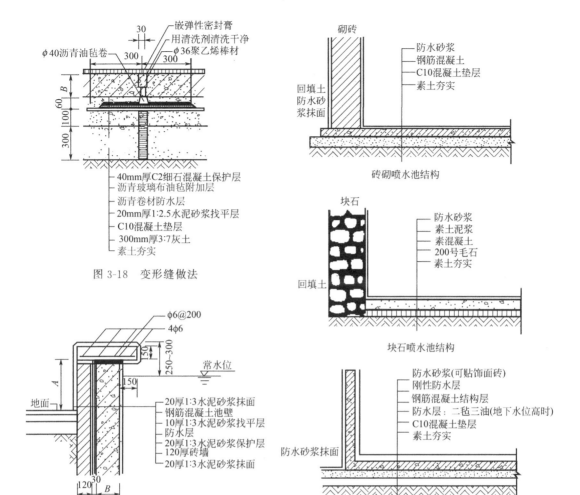

图 3-18　变形缝做法

图 3-20　钢筋混凝土水池壁做法

图 3-19　喷泉游泳池池壁（底）的构造

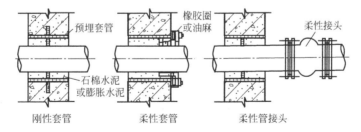

图 3-21　管道穿过池壁的做法

钢管的连接方式有螺纹连接、焊接和法兰连接三种。镀锌管必须用螺纹连接，多用于明装管道。焊接一般用于非镀锌钢管，多用于暗装管道。法兰连接一般用在连接阀门、止回阀、水泵、水表等处，以及需要经常拆卸检修的管段上。就管径而言，$DN<100mm$ 时管道用螺纹连接；$DN>100mm$ 时用法兰连接。

（二）泵房

泵房是指安装水泵等提水设备的常用构筑物。在喷泉工程中，凡采用清水离心泵循环供水的都要设置泵房。泵房的形式按照泵房与地面的关系分为地上式泵房、地下式泵房和半地

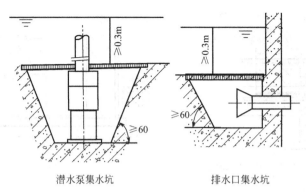

潜水泵集水坑　　　　　　　排水口集水坑

图 3-22　集水坑

下式泵房三种。

　　地上式泵房的特点是泵房建于地面上，多采用砖混结构，其结构简单，造价低，管理方便，但有时会影响喷泉环境景观，实际中最好和管理用房配合使用，适用于中小型喷泉。地下式泵房建于地面之下，园林用得较多，一般采用砖混结构或钢筋混凝土结构，特点是需做特殊的防水处理，有时排水困难，会因此提高造价，但不影响喷泉景观。

　　泵房内安装有电动机、离心泵、供电、电气控制设备及管线系统等。水泵相连的管道有吸水管和出水管。出水管即喷水池与水泵间的管道，其作用是连接水泵至分水器之间的管道，设置闸阀。为了防止喷水池中的水倒流，需在出水管安装单向阀。分水器的作用是将出水管的压力水合成多个支路再由供水管送到喷水池中供喷水用。为了调节供水的水量和水压，应在每条供水管上安装闸阀。北方地区，为了防止管道受冻坏，当喷泉停止运行时，必须将供水管内存的水排空。方法是在泵房内供水管最低处设置回水管，接入房内下水池中排除，以截止阀控制。

　　泵房内应设置地漏，特别注意防止房内地面积水。泵房用电要注意安全。开关箱和控制板的安装要符合规定。泵房内应配备灭火器等灭火设备。

（三）阀门井

　　有时在给水管道上要设置给水阀门井，根据给水需要可随时开启和关闭，便于操作。给水阀门井内安装截止阀控制。

　　（1）给水阀门井　一般为砖砌圆形结构，由井底、井身和井盖组成。井底一般采用 C10 混凝土垫层，井底内径不小于 1.2m，井壁应逐渐向上收拢，且一侧应为直壁，便于设置铁爬梯。井口圆形，直径 600mm 或 700mm。井盖采用成品铸铁井盖。

　　（2）排水阀门井　用于泄水管和溢水管的交接，并通过排水阀门井排进下水管网。泄水管道要安装闸阀，溢水管接于阀后，确保溢水管排水畅通。

（四）喷泉照明特点

　　目前，喷泉的配光已成为喷泉设计的重要内容。喷泉照明多为内侧给光，根据灯具的安装位置，可分为水上环境照明和水体照明两种方式。

　　水上环境照明，灯具多安装于附近的建筑设备上。特点是水面照度分布均匀，色彩均衡、饱满，但往往使人们眼睛直接或通过水面反射间接地看到光源，眼睛会产生眩光。水体照明，灯具置于水中，多隐蔽，多安装于水面以下 5cm 处，特点是可以欣赏水面波纹，并能随水花的散落映出闪烁的光，但照明范围有限。喷泉配光时，其照射的方向、位置与喷水姿有关（图 3-23）。

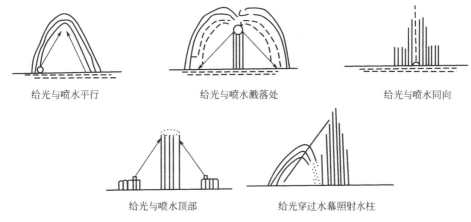

给光与喷水平行　　　　给光与喷水溅落处　　　　给光与喷水同向

给光与喷水顶部　　　　给光穿过水幕照射水柱

图 3-23　喷泉给光示意图

喷泉照明要求比周围环境有更高的亮度，如周围亮度较大时，喷水的前端至少要有100～2001x 的光照度；如周围较暗时，需要有 50～1001x 的光照度。照明用的光源以白炽灯为最，其次可用汞灯或金属卤化物灯，光的色彩以黄、蓝色为佳，特别是水下照明。配光时，还应注意防止多种色彩叠加后得到白色光，造成局部的色彩损失。一般主视面喷头背后的灯色要比观赏者旁边的灯色鲜艳，因而要将黄色等透射较高的彩色灯安装于主视面近游客的一侧，以加强衬托效果。

喷泉照明线路要采用水下防水电缆，其中一根要接地，且要设置漏电保护装置。照明灯具应密封防水，安装时必须满足施工相关技术规程。电源线要通过护缆塑管（或镀锌管）由池底接到安装灯具的地方，同时在水下安装接线盒，电源线的一端与水下接线盒直接相连，灯具的电缆穿进接线盒的输出孔并加以密封，并保证电缆护套管充满率不超过 45%。为避免线路破损漏电。必须经常检查。各灯具要易于清洁，水池应常清扫换水，也可添加除藻剂。操作时要严格遵守先通水浸没灯具，后开灯；及先关灯后断水的操作规程。

第四节　瀑布、跌水、溪流工程施工技术

一、瀑布工程

（一）瀑布的构成和分类

1. 瀑布的构成

瀑布是一种自然现象，是河床造成陡坎，水从陡坎处滚落下跌时，形成优美动人或奔腾咆哮的景观，因遥望下垂如布，故称瀑布。

瀑布一般由背景、上游积聚的水源、落水口、瀑身、承水潭及下流的溪水组成。人工瀑布常以山体上的山石、树木组成浓郁的背景，上游积聚的水（或水泵动力提水）流至落水口，落水口也称瀑布口，其形状和光滑程度影响到瀑布水态，其水流量是瀑布设计的关键。瀑身是观赏的主体，落水后形成深潭经小溪流出。其模式图样如图 3-24 所示。

2. 瀑布的分类

瀑布的设计形式种类比较多，如在日本园林中就有布瀑、跌瀑、线瀑、直瀑、射瀑、泻瀑、分瀑、双瀑、偏瀑、侧瀑等十几种。瀑布种类的划分依据，一是可从流水的跌落方式来划分，二是可从瀑布口的设计形式来划分。

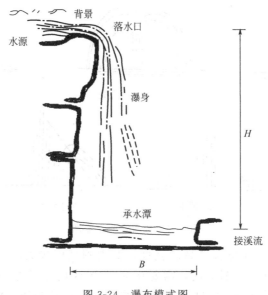

图 3-24　瀑布模式图

B 为承水潭宽度；H 为瀑布高度

（1）按瀑布跌落方式分　有直瀑、分瀑、跌瀑和滑瀑 4 种 ［图 3-25(a)］。

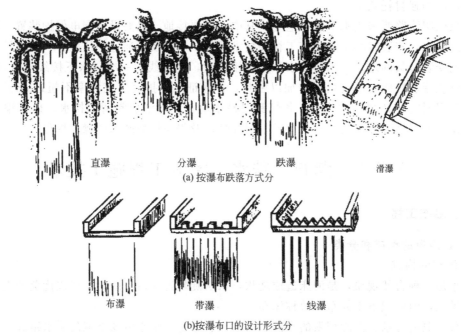

图 3-25　瀑布的形式

① 直瀑：即直落瀑布。这种瀑布的水流是不间断地从高处直接落入其下的池、潭水面或石面。若落在石面，就会产生飞溅的水花四散洒落。直瀑的落水能够造成声响喧哗，可为园林环境增添动态水声。

② 分瀑：实际上是瀑布的分流形式，因此又叫分流瀑布。它是由一道瀑布在跌落过程中受到中间物阻挡一分为二，再分成两道水流继续跌落。这种瀑布的水声效果也比较好。

③ 跌瀑：也称跌落瀑布，是由很高的瀑布分为几跌，一跌一跌地向下落。跌瀑适宜布

置在比较高的陡坡坡地，其水形变化较直瀑、分瀑都大一些，水景效果的变化也多一些，但水声要稍弱一点。

④ 滑瀑：就是滑落瀑布。其水流顺着一个很陡的倾斜坡面向下滑落。斜坡表面所使用的材料质地情况决定着滑瀑的水景形象。斜坡是光滑表面，则滑瀑如一层薄薄的透明纸，在阳光照射下显示出湿润感和水光的闪耀。坡面若是凸起点（或凹陷点）密布的表面，水层在滑落过程中就会激起许多水花，当阳光照射时，就像一面镶满银色珍珠的挂毯。斜坡面上的凸起点（或凹陷点）若做成有规律排列的图形纹样，则所激起的水花也可以形成相应的图形纹样。

（2）按瀑布口的设计形式分　瀑布有布瀑、带瀑和线瀑 3 种［见图 3-25(b)］。

① 布瀑：瀑布的水像一片又宽又平的布一样飞落而下。瀑布口的形状设计为一条水平直线。

② 带瀑：从瀑布口落下的水流，组成一排水带整齐地落下。瀑布口设计为宽齿状，齿排列为直线，齿间的间距全部相等。齿间的小水口宽窄一致，相互都在一条水平线上。

③ 线瀑：排线状的瀑布水流如同垂落的丝帘，这是线瀑的水景特色。线瀑的瀑布口形状，是设计为尖齿状的。尖齿排列成一条直线，齿间的小水口呈尖底状。从一排尖底状小水口上落下的水，即呈细线形。随着瀑布水量增大，水线也会相应变粗。

（二）瀑布设计

1. 瀑布的设计要点

① 筑造瀑布景观，应师法自然，以自然的瀑布作为造景砌石的参考，来体现自然情趣。

② 设计前需先行勘查现场地形，以决定大小、比例及形式，并依此绘制平面图。

③ 瀑布设计有多种形式，筑造时要考虑水源的大小、景观主题，并依照岩石组合形式的不同进行合理的创新和变化。

④ 庭园属于平坦地形时，瀑布不要设计得过高，以免看起来不自然。

⑤ 为节约用水，减少瀑布流水的损失，可装置循环水流系统的水泵（如图 3-26），平时只需补充一些因蒸散而损失的水量即可。

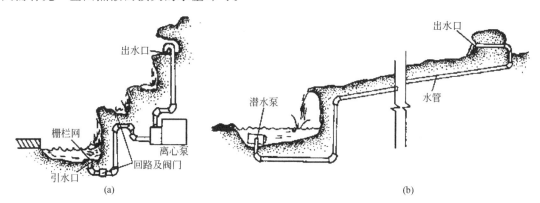

图 3-26　水泵循环供水瀑布示意图

⑥ 应以岩石及植物隐蔽出水口，切忌露出塑胶水管，否则将破坏景观的自然。

⑦ 岩石间的固定除用石与石互相咬合外，目前常以水泥强化其安全性，但应尽量以植栽掩饰，以免破坏自然山水的意境。

2. 瀑布用水量的估算

人工建造瀑布，其用水量较大，因此多采用水泵循环供水。其用水量标准可参阅表3-3。水源要达到一定的供水量，据经验：高 2m 的瀑布，每米宽度的流量约为 $0.5 m^2/min$ 较为适宜。

表 3-3　　瀑布用水量估算表（每米用水量）

瀑布落水高度/m	蓄水池水深/m	用水量/(L·s^{-1})	瀑布落水高度/m	蓄水池水深/m	用水量/(L·s^{-1})
0.30	6	3	3.00	19	7
0.90	9	4	4.50	22	8
1.50	13	5	7.50	25	10
2.10	16	6	＞7.50	32	12

（三）瀑布的施工

1. 顶部蓄水池

蓄水池的容积要根据瀑布的流量来确定，要形成较壮观的景象，就要求其容积大；相反，如果要求瀑布薄如轻纱，就没有必要太深、太大。图 3-27 为蓄水池结构。

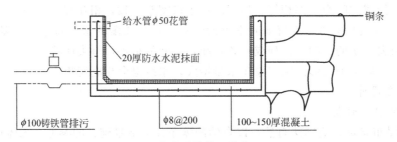

图 3-27　蓄水池结构（单位：mm）

2. 堰口处理

所谓堰口就是使瀑布的水流改变方向的山石部位。其出水口应模仿自然，并以树木及岩石加以隐蔽或装饰，当瀑布的水膜很薄时，能表现出极其生动的水态。

3. 瀑身设计

瀑布水幕的形态也就是瀑身，它是由堰口及堰口以下山石的堆叠形式确定的。例如，堰口处的整形石呈连续的直线，堰口以下的山石在侧面图上的水平长度不超出堰口，则这时形成的水幕整齐、平滑，非常壮丽。堰口处的山石虽然在一个水平面上，但水际线伸出、缩进，可以使瀑布形成的景观有层次感。若堰口以下的山石，在水平方向上堰口突出较多，可形成两重或多重瀑布，这样瀑布就更加活泼而有节奏感。瀑布不同的水幕形式如图 3-28

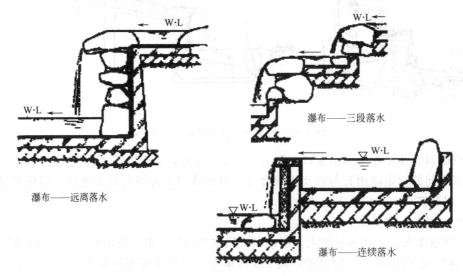

图 3-28　瀑布落水形式

所示。

瀑身设计是表现瀑布的各种水态的性格。在城市景观构造中,注重瀑身的变化,可创造多姿多彩的水态。天然瀑布的水态是很丰富的,设计时应根据瀑布所在环境的具体情况、空间气氛,确定设计瀑布的性格。设计师应根据环境需要灵活运用。

4. 潭(受水池)

天然瀑布落水口下面多为一个深潭。在做瀑布设计时,也应在落水口下面做一个受水池。为了防止落时水花四溅,一般的经验是使受水池的宽度不小于瀑身高度的 2/3。

$$B \geqslant 2/3H$$

式中,B 为瀑布的受水池潭的宽度,H 是瀑身高度。

5. 与音响、灯光的结合

利用音响效果渲染气氛,增强水声如波涛翻滚的意境。也可以把彩色的灯光安装在瀑布的对面,晚上就可以呈现出彩色瀑布的奇异景观。如,南京北极阁广场瀑布就同时运用了以上两种效果。

二、跌水工程

(一)跌水的特点

跌水本质上是瀑布的变异,它强调一种规律性的阶梯落水形式,跌水的外形就像一道楼梯,其构筑的方法和前面的瀑布基本一样,只是它所使用的材料更加自然美观,如经过装饰的砖块、混凝土、厚石板、条形石板或铺路石板,目的是为了取得规则式设计所严格要求的几何结构。台阶有高有低,层次有多有少,有韵律感及节奏感,构筑物的形式有规则式、自然式及其他形式,故产生了形式不同、水量不同、水声各异的丰富多彩的跌水景观。它是善用地形、美化地形的一种理想的水态,具有很广泛的利用价值。

(二)跌水的形式

跌水的形式有多种,就其落水的水态分,一般将其分为以下几种形式。

1. 单级式跌水

也称一级跌水。溪流下落时,如果无阶状落差,即为单级跌水。单级跌水由进水口、胸墙、消力池及下游溪流组成。

进水口是经供水管引水到水源的出口,应通过某些工程手段使进水口自然化,如配饰山石。胸墙也称跌水墙,它能影响到水态、水声和水韵。胸墙要求坚固、自然。消力池即承水池,其作用是减缓水流冲击力,避免下游受到激烈冲刷,消力池底要有一定厚度,一般认为,当流量 $2m^3/s$,墙高大于 $2m$ 时,底厚 $50cm$。消力池长度也有一定要求,其长度应为跌水高度的 1.4 倍。连接消力池的溪流应根据环境条件设计。

2. 二级式跌水

即溪流下落时,具有两阶落差的跌水。通常上级落差小于下级落差。二级跌水的水流量较单级跌水小,故下级消力池底厚度可适当减小。

3. 多级式跌水

即溪流下落时,具有三阶以上落差的跌水,如图 3-29 所示。多级跌水一般水流量较小,因而各级均可设置蓄水池(或消力池),水池可为

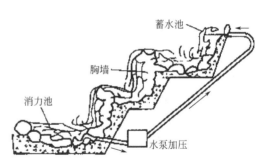

图 3-29 跌水(多级)

规则式也可为自然式，视环境而定。水池内可点铺卵石，以防水闸的海漫功能来削弱上一级落水的冲击。有时为了造景需要，渲染环境气氛，可配装彩灯，使整个水景景观盎然有趣。

4. 悬臂式跌水

悬臂式跌水的特点是其落水口处理与瀑布落水口泻水石处理极为相似，它是将泻水石突出成悬臂状，使水能泻至池中间，因而落水更具魅力。

5. 陡坡跌水

陡坡跌水是以陡坡连接高、低渠道的开敞式过水构筑物。园林中多应用于上下水池的过渡。由于坡陡水流较急，需有稳固的基础。

三、溪流工程

水景设计中的溪流形式多种多样，其形态可根据水量、流速、水深、水宽、建材以及沟渠等自身的形式而进行不同的创作设计。

日本园林的溪流中，为尽量展示溪流、小河流的自然风格，常设置各种主景石，如隔水石（铺设在水下，以提高水位线）、切水石或破浪石（设置在溪流中，使水产生分流的石头）、河床石（设在水面下，用于观赏的石头）、垫脚石（支撑大石头的石头）、横卧石（压缩溪流宽度、因此形成隘口、海峡的石头）等。在天然形成的溪流中设置主景石，可更加突出其自然魅力（图3-30）。

布置溪流最好选择有一定坡度的基址，依流势而设计，急流处为3％左右，缓流处为0.5％～1％左右。普通的溪流，其坡势多为0.5％左右。溪流宽度约1～2m，水深5～10cm左右。而大型溪流如江户川区的古川亲水公园溪流，长约1km、宽2～4m，水深30～50cm，河床坡度却为0.05％，相当平缓。其平均流量为0.5m³/s，流速为20cm/s。一般溪流的坡势应根据建设用地的地势及排水条件等决定。

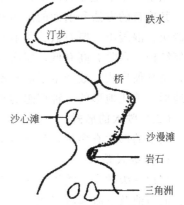

图3-30　小溪平面示意图

（一）溪流设计要点

① 明确溪流的功能，如观赏、嬉水、养殖昆虫植物等。依照功能进行溪流水底、防护堤细部、水质、水量、流速设计调整。

② 对游人可能涉入的溪流，其水深应设计在30cm以下，以防儿童溺水。同时、水底应作防滑处理。另外，对不仅用于儿童嬉水、还可游泳的溪流，应安装过滤装置（一般可将瀑布、溪流、水池的循环、过滤装置集中设置）。

③ 为使庭园更显开阔，可适当加大自然式溪流的宽度，增加曲折，甚至可以采取夸张设计。

④ 对溪底，可选用大卵石、砾石、水洗砾石、瓷砖、石料等铺砌处理，以美化景观。大卵石、砾石溪底尽管不便清扫，但如适当加入砂石、种植苔藻，会更展现其自然风格，也可减少清扫次数。

⑤ 栽种唐菖蒲、芦苇等水生植物处的水势会有所减弱，应设置尖桩压实种植土。

⑥ 水底与防护堤都应设防水层，防止溪流渗漏。

（二）溪流剖面构造图（图3-31、图3-32）

（三）溪流施工

施工工艺流程：施工准备→溪道放线→溪槽开挖→溪底施工→溪壁施工→溪道装饰→试水。

图 3-31 卵石护坡小溪结构图（单位：mm）　图 3-32 自然山石草护坡小溪结构图（单位：mm）

1. 施工准备

主要环节是进行现场踏查，熟悉设计图纸，准备施工材料、施工机具、施工人员。对施工现场进行清理平整，接通水电，搭置必要的临时设施等。

2. 溪道放线

依据已确定的小溪设计图纸。用石灰、黄沙或绳子等在地面上勾画出小溪的轮廓，同时确定小溪循环用水的出水口和承水池间的管线走向。由于溪道宽窄变化多，放线时应加密打桩量，特别是转弯点。各桩要标注清楚相应的设计高程，变坡点（即设计矶跌水之处）要做特殊标记。

3. 溪槽开挖

小溪要按设计要求开挖，最好掘成 U 形坑，因小溪多数较浅，表层土壤较肥沃，要注意将表土堆放好，作为溪涧种植用土。溪道开挖要求有足够的宽度和深度，以便安装散点石。值得注意的是，一般的溪流在落入下一段之前都应有至少 7cm 的水深，故挖溪道时每一段最前面的深度都要深些，以确保小溪的自然。溪道挖好后，必须将溪底基土夯实，溪壁拍实。如果溪底用混凝土结构，先在溪底铺 10～15cm 厚碎石层作为垫层。

4. 溪底施工

（1）混凝土结构　在碎石垫层上铺上沙子（中沙或细沙），垫层 2.5～5cm，盖上防水材料（EPDM、油毡卷材等），然后现浇混凝土（水泥标号、配比参阅水池施工），厚度 10～15cm（北方地区可适当加厚），其上铺水泥砂浆约 3cm，然后再铺素水泥浆 2cm，按设计放入卵石即可。

（2）柔性结构　如果小溪较小，水又浅，溪基土质良好，可直接在夯实的溪道上铺一层 2.5～5cm 厚的沙子，再将衬垫薄膜盖上。衬垫薄膜纵向的搭接长度不得小于 30cm，留于溪岸的宽度不得小于 20cm，并用砖、石等重物压紧。最后用水泥砂浆把石块直接粘在衬垫薄膜上。

5. 溪壁施工

溪岸可用大卵石、砾石、瓷砖、石料等铺砌处理。和溪道底一样，溪岸也必须设置防水层，防止溪流渗漏。如果小溪环境开朗，溪面宽、水浅，可将溪岸做成草坪护坡，且坡度尽量平缓。临水处用卵石封边即可。

6. 溪道装饰

为使溪流更自然有趣，可用较少的鹅卵石放在溪床上，这会使水面产生轻柔的涟漪。同时按设计要求进行管网安装，最后点缀少量景石，配以水生植物，饰以小桥、汀步等小品。

7. 试水

试水前应将溪道全面清洁和检查管路的安装情况。而后打开水源，注意观察水流及岸壁，如达到设计要求，说明溪道施工合格。

第五节　驳岸工程施工

园林驳岸是在园林水体边缘与陆地交界处，为稳定岸壁，保护湖岸不被冲刷或水淹所设置的构筑物。园林驳岸也是园景的组成部分。在古典园林中，驳岸往往用自然山石砌筑，与假山、置石、花木相结合，共同组成园景。驳岸必须结合所在具体环境的艺术风格、地形地貌、地质条件、材料特性、种植特色以及施工方法、经济要求来选择其结构形式，在实用、经济的前提下注意外形的美观，使其与周围景色相协调。

一、驳岸工程施工相关知识

（一）破坏驳岸的主要因素

驳岸可分成湖底以下基础部分、常水位以下部分、常水位与最高水位之间的部分和不淹没的部分，不同部分其破坏因素不同。湖底以下驳岸的基础部分的破坏原因包括：

① 由于池底地基强度和岸顶荷载不一而造成不均匀的沉陷，使驳岸出现纵向裂缝甚至局部塌陷；

② 在寒冷地区水深不大的情况下，可能由于冰胀而引起基础变形；

③ 木桩做的桩基则因受腐蚀或水底一些动物的破坏而朽烂；

④ 在地下水位很高的地区会产生浮托力影响基础的稳定。

常水位以下的部分常年被水淹没，其主要破坏因素是水浸渗。在我国北方寒冷地区则因水渗入驳岸内再冻胀后会使驳岸胀裂。有时会造成驳岸倾斜或位移。常水位以下的岸壁又是排水管道的出口，如安排不当亦会影响驳岸的稳固。常水位至最高水位这一部分经受周期性的淹没。如果水位变化频繁则对驳岸也形成冲刷腐蚀的破坏。最高水位以上不淹没的部分主要是浪激、日晒和风化剥蚀。驳岸顶部则可能因超重荷载和地面水的冲刷受到破坏。另外，由于驳岸下部的破坏也会引起这一部分受到破坏。了解破坏驳岸的主要因素以后，可以结合具体情况采取防止和减少破坏的措施。

（二）驳岸平面位置和岸顶高程的确定

与城市河湖接壤的驳岸，应按照城市规划河道系统规定的平面位置建造。园林内部驳岸则根据设计图纸确定平面位置。技术设计图上应该以常水位线显示水面位置。整形驳岸，岸顶宽度一般为30～50cm。如驳岸有所倾斜则根据倾斜度和岸顶高程向外推求。

岸顶高程应比最高水位高出一段距离，一般是高出25～100cm。一般的情况下驳岸以贴近水面为好。在水面积大、地下水位高、岸边地形平坦的情况下，对于人流稀少的地带可以考虑短时间被洪水淹没以降低由大面积垫土或增高驳岸的造价。

驳岸的纵向坡度应根据原有地形条件和设计要求安排，不必强求平整，可随地形有缓和的起伏，起伏过大的地方甚至可做成纵向阶梯状。

（三）园林驳岸的结构形式

根据驳岸的造型，可以将驳岸划分为规则式驳岸、自然式驳岸和混合式驳岸三种。

（1）规则式驳岸　指用砖、石、混凝土砌筑的比较规整的驳岸，如常见的重力式驳岸、半重力式驳岸和扶壁式驳岸等（图3-33），园林中常用的驳岸以重力式驳岸为主，但重力式驳岸要求有较好的砌筑材料和施工技术。这类驳岸简洁明快，耐冲刷，但缺少变化。

（2）自然式驳岸　自然式驳岸指外观无固定形状或规格的岸坡处理，如常见的假山石驳岸、卵石驳岸、仿树桩驳岸等，这种驳岸自然亲切，景观效果好。

（3）混合式驳岸 这种驳岸结合了规则式驳岸和自然式驳岸的特点，一般用毛石砌墙，自然山石封顶，园林工程中也较为常用（图3-34）。

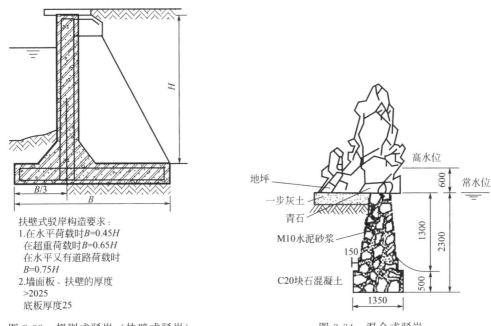

扶壁式驳岸构造要求：
1.在水平荷载时$B=0.45H$
在超重荷载时$B=0.65H$
在水平又有道路荷载时
$B=0.75H$
2.墙面板、扶壁的厚度
>2025
底板厚度25

图3-33 规则式驳岸（扶壁式驳岸）

图3-34 混合式驳岸

（四）园林驳岸做法（图3-35～图3-38）

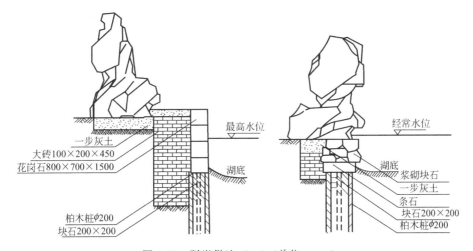

图3-35 驳岸做法（一）（单位：mm）

二、园林常见驳岸构造与施工

（一）驳岸构造

1.砌石驳岸

砌石驳岸是园林工程中最为主要的护岸形式。它主要依靠墙身自重来保证岸壁的稳定，抵抗墙后土壤的压力。园林驳岸的常见结构由基础、墙身和压顶三部分组成。

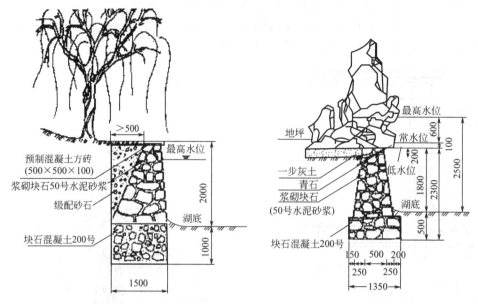

图 3-36　驳岸做法（二）（单位：mm）

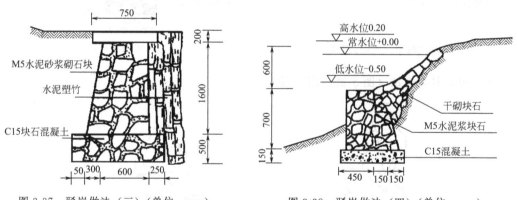

图 3-37　驳岸做法（三）（单位：mm）　　　　图 3-38　驳岸做法（四）（单位：mm）

基础是驳岸承重部分，上部重量经基础传给地基。因此，要求基础坚固，埋入湖底深度不得小于 50cm，基础宽度要求在驳岸高度的 0.6～0.8 倍范围内；如果土质较松，必须做基础处理。

墙身是基础与压顶之间的主体部分，多用混凝土、毛石、砖砌筑。墙身承受压力最大，主要来自垂直压力、水的水平压力及墙后土壤侧压力，为此，墙身要确保一定厚度。墙体高度根据最高水位和水面浪高来确定。考虑到墙后土压力和地基沉降不均匀变化等，应设置沉降缝。为避免因温差变化而引起墙体破裂，一般每隔 10～25m 设伸缩缝一道，缝宽 20～30mm。岸顶以贴近水面为好，便于游人接近水面，并显得蓄水丰盈饱满。

压顶为驳岸最上部分，作用是增强驳岸稳定，阻止墙后土壤流失，美化水岸线。压顶用混凝土或大块石做成，宽度 30～50cm。如果水体水位变化大，即雨季水位很高，平时水位低，这时可将岸壁迎水面做成台阶状，以适应水位的升降。

2. 桩基驳岸

桩基是常用的一种水工地基处理手法。基础桩的主要作用是增强驳岸的稳定，防止驳岸的滑移或倒塌，同时可加强土基的承载力。其特点是：基岩或坚实土层位于松土层，桩尖打下去，通过桩尖将上部荷载传给下面的基础或坚实土层；若桩打不到基岩，则利用摩擦，借木桩表面与泥土间的摩擦力将荷载传到周围的土层中，以达到控制沉陷的目的。

图 3-39 是桩基驳岸结构示意，它由核基、碎填料、盖桩石、混凝土基础、墙身和压顶等部分组成。砾石是桩间填充的石块，主要是保持木桩的稳定。盖桩石为桩顶浆砌的条石，作用是找平桩顶以便浇灌混凝土基础。碎填料多用石块，填于桩间，主要是保持木桩的稳定。基础以上部分与砌石驳岸相同。

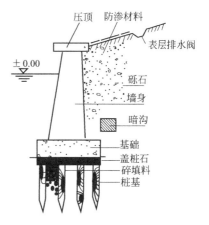

图 3-39　桩基驳岸结构示意

桩基的材料，有木桩、石桩、灰土桩和混凝土桩、竹桩、板桩等。木桩要求耐腐、耐湿、坚固；如柏木、松木、橡树、榆树、杉木等。桩木的规格取决于驳岸的要求和地基的土质情况，一般直径 $10\sim15cm$，长 $1\sim2m$，弯曲度 (d/l) 小于 1%。桩木的排列常布置成梅花校、品字桩或马牙桩。梅花桩一般 5 个桩/m^2。

灰土桩是先打孔后填灰土的桩基做法，常配合混凝土用，适用于岸坡水淹频繁而木桩又容易腐蚀的地方。混凝土桩坚固耐久，但投资较大。

竹桩、板桩驳岸是另一种类型的桩基驳岸。驳岸打桩后，基础上部临水面墙身由竹篱（片）或板片镶嵌而成，适用于临时性驳岸。竹篱驳岸造价低廉，取材容易，施工简单，工期短，能使用一定年限，凡盛产竹子，如毛竹、大头竹、勒竹、撑篙竹的地方均可采用。施工时，竹校、竹篱要涂上一层柏油防腐。竹桩顶端由竹节处截断以防雨水积聚，竹片镶嵌要直顺、紧密、牢固。如图 3-40 所示。

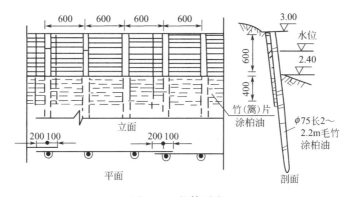

图 3-40　竹篱驳岸

（二）驳岸施工

驳岸施工前必须放干湖水，或分段堵截围堰逐一排空。现以砌石驳岸说明其施工要点。砌石驳岸施工工艺流程为：放线→挖槽→夯实地基→浇筑混凝土基础→砌筑岸墙→砌筑压顶。

（1）放线　布点放线应依据施工设计图上的常水位线来确定驳岸的平面位置，并在基础两侧各加宽 20cm 放线。

（2）挖槽　一般采用人工开挖，工程量大时可采用机械挖掘。为了保证施工安全，挖方时要保证足够的工作面，对需要放坡的地段，务必按规定放坡。岸坡的倾斜可用木制边坡样板校正。

（3）夯实地基　基槽开挖完成后将基槽夯实，遇到松软的土层时，必须铺厚 14～15cm 灰土（石灰与中性黏土之比为 3∶7）一层加固。

（4）浇筑基础　采用块石混凝土基础。浇筑时要将块石垒紧，不得列置于槽边缘。然后浇筑 M15 或 M20 水泥砂浆，基础厚度 400～500mm，高度常为驳岸高度的 0.6～0.8 倍。灌浆务必饱满，要渗满石间空隙。北方地区冬季施工时可在砂浆中加 3％～5％的 CaCl 或 NaCl 用以防冻。

（5）砌筑岸墙　M5 水泥砂浆砌块石，砌缝宽 1～2cm，每隔 10～25m 设置伸缩缝，缝宽 3cm，用板条、沥青、石棉绳、橡胶、止水带或塑料等材料填充，填充时最好略低于砌石墙面。缝隙用水泥砂浆勾满。如果驳岸高差变化较大，应做沉降缝，宽 20mm。另外，也可在岸墙后设置暗沟，填置砂石排除墙后积水，保护墙体。

（6）砌筑压顶　压顶宜用大块石（石的大小可视岸顶的设计宽度选择）或预制混凝土板砌筑。砌时顶石要向水中挑出 5～6cm，顶面一般高出最高水位 50cm，必要时亦可贴近水面。

桩基驳岸的施工可参考上述方法。

第六节　护坡工程施工

在园林中，自然山地的陡坡、土假山的边坡、园路的边坡和水池岸边的陡坡，有时为顺其自然不做驳岸，而是改用斜坡伸向水中，这就要求能就地取材，采用各种材料做成护坡。护坡主要是防止滑坡，减少水和风浪的冲刷，以保证岸坡的稳定。

一、园林护坡的类型和作用

（一）块石护坡

在岸坡较陡、风浪较大的情况下，或因为造景的需要，在园林中常使用块石护坡（如图 3-41）。护坡的石料，最好选用石灰岩、砂岩、花岗岩等密度大、吸水率小的顽石。在寒冷的地区还要考虑石块的抗冻性。石块的密度应不小于 2。如火成岩吸水率超过 1％或水成岩吸水率超过 1.5％（以质量计）则应慎用。

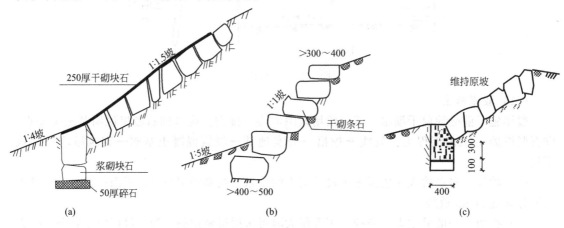

图 3-41　块石护坡（单位：mm）

（二）园林绿地护坡

（1）草皮护坡 当岸壁坡角在自然安息角以内，地形变化在 1∶20～1∶5 间起伏，这时可以考虑用草皮护坡，即在坡面种植草皮或草丛，利用土中的草根来固土，使土坡能够保持较大的坡度而不滑坡。

（2）花坛式护坡 将园林坡地设计为倾斜的图案、文字类模纹花坛或其他花坛形式，既美化了坡地，又起到了护坡的作用。

（3）石钉护坡 在坡度较大的坡地上，用石钉均匀地钉入坡面，使坡面土壤的密实度增长，抗坍塌的能力也随之增强。

（4）预制框格护坡 一般是用预制的混凝土框格，覆盖、固定在陡坡坡面，从而固定、保护了坡面；坡面上仍可种草种树。当坡面很高、坡度很大时，采用这种护坡方式的比较好。因此，这种护坡最适于较高的道路边坡、水坝边坡、河堤边坡等的陡坡。

（5）截水沟护坡 为了防止地表径流直接冲刷坡面，而在坡的上端设置一条小水沟，以阻截、汇集地表水，从而保护坡面。

（6）编柳抛石护坡 采用新截取的柳条十字交叉编织。编柳空格内抛填厚 200～400mm 的块石，块石下设厚 10～20cm 的砾石层以利于排水和减少土壤流失。柳格平面尺寸为 1m×1m 或 0.3m×0.3m，厚度为 30～50cm。柳条发芽便成为较坚固的护坡设施。

近年来，随着新型材料的不断应用，用于护坡的成品材料也层出不穷，不论采用哪种形式的护坡，它们最主要的作用基本上都是通过坚固坡面表土的形式，防止或减轻地表径流对坡面的冲刷，使坡地在坡度较大的情况下也不至于坍塌，从而保护了坡地，维持了园林的地形地貌。

二、坡面构造设计与施工

各种护坡工程的坡面构造，实际上是比较简单的。它不像挡土墙那样，要考虑泥土对砌体的侧向压力。护坡设计要考虑的只是：如何防止陡坡的滑坡和如何减轻水土流失。根据护坡做法的基本特点，下面将各种护坡方式归入植被护坡、框格护坡和截水沟护坡三种坡面构造类型，并对其设计方法给予简要的说明。

（一）植被护坡的坡面设计与施工

这种护坡的坡面是采用草皮护坡、灌丛护坡或花坛护坡方式所做的坡面，这实际上都是用植被来对坡面进行保护，因此，这三种护坡的坡面构造基本上是一样的。一般而言，植被护坡的坡面构造从上到下的顺序是：植被层、坡面根系表土层和底土层。各层的构造情况如下。

（1）植被层 植被层主要采用草皮护坡方式的，植被层厚 15～45cm；用花坛护坡的，植被层厚 25～60cm；用灌木丛护坡，则灌木层厚 45～180cm。植被层一般不用乔木做护坡植物，因乔木重心较高，有时可因树倒而使坡面坍塌。在设计中，最好选用须根系的植物，其护坡固土作用比较好。

（2）根系表土层 用草皮护坡与花坛护坡时，坡面保持斜面即可。若坡度太大，达到 60°以上时，坡面土壤应先整细并稍稍拍实，然后在表面铺上一层护坡网，最后才撒播草种或栽种草丛、花苗。用灌木护坡，坡面则可先整理成小型阶梯状，以方便栽种树木和积蓄雨水（见图 3-42）。为了避免地表径流直接冲刷陡坡坡面，还应在坡顶部顺着等高线布置一条截水沟，以拦截雨水。

（3）底土层 坡面的底土一般应拍打结实，但也可不做任何处理。

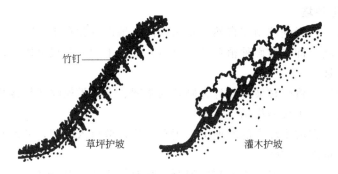

图 3-42　植被护坡坡面的两种断面

（二）预制框格护坡的坡面设计与施工

预制框格有混凝土、塑料、铁件、金属网等材料制作的，其每一个框格单元的设计形状和规格大小都可以有许多变化。框格一般是预制生产的，在边坡施工时再装配成各种简单的图形。用锚和矮桩固定后，再往框格中填满肥沃壤土，土要填得高于框格，并稍稍拍实，以免下雨时流水渗入框格下面，冲刷走框底泥土，使框格悬空。以下是预制混凝土框格的参考形状及规格尺寸举例（见图 3-43）。

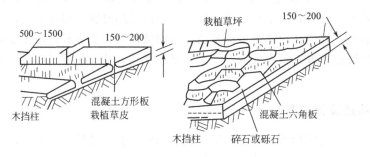

图 3-43　预制框格护坡

三、护坡的截水沟设计与施工

截水沟一般设在坡顶，与等高线平行。沟宽 20～45cm，深 20～30cm，用砖砌成。沟底、沟内壁用 1∶2 水泥砂浆抹面。为了不破坏坡面的美观，可将截水沟设计为盲沟，即在截水沟内填满砾石，砾石层上面覆土种草。从外表看不出坡顶有截水沟，但雨水流到沟边就

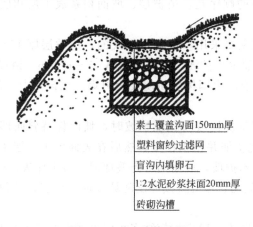

图 3-44　截水沟构造图

会下渗，然后从截水沟的两端排出坡外（图 3-44）。

园林护坡既是一种土方工程，又是一种绿化工程；在实际的工程建设中，这两方面的工作是紧密联系在一起的。在进行设计之前，应当仔细踏勘坡地现场，核实地形图资料与现状情况，针对不同的矛盾提出不同的工程技术措施。特别是对于坡面绿化工程，要认真调查坡面的朝向、土壤情况、水源供应情况等条件，为科学地选择植物和确定配植方式，以及制定绿化施工方法，做好技术上的准备。

复　习　题

1. 简述人工湖的施工要点。
2. 破坏驳岸的主要因素有哪些？
3. 简述溪流的施工要点。
4. 分析水池防水渗漏各种方法的特点。
5. 说出柔性水池和钢性水池池底的做法。
6. 园林护坡的主要类型及作用。

思　考　题

1. 当前园林水景工程中如何运用水的表现形态？
2. 说说当地主要城市中园林水景有什么样的特点。

实　训　题

实训一　自然式水体设计与施工方案的制订

假设校园中一处小游园位于办公楼和实验楼之间，需要在游园中设计出一个自然式水池，要求绘制出小游园的总平面图、小游园的地形图、水池的底部和驳岸的结构图。并根据结构图制定出可行的水池的施工方案。

实训二　喷泉设计

某商业广场位于市中心的十字路口的东北角，在此广场上游人较多，拟在此处设计并建造一喷泉，要求此喷泉具有丰富的立面形态，能够吸引游客驻足观赏。设计图纸内容包括：

① 喷泉的水池平面图、立面图；
② 喷泉和水池管线布置平面图、水池池底和池壁结构图；
③ 阀门井、泵坑、泄水池的构造图；
④ 能够自行设计，并能编制喷泉的施工组织设计方案。

第四章 园林小品施工技术

【本章导读】

园林小品内容丰富，在园林中起点缀环境，活跃景色，烘托气氛，加深意境的作用。本章主要选取有代表性的园林小品即景墙工程、挡土墙工程、廊架工程、花坛工程和园桥工程、景亭工程来讲解它们的施工技术。

【教学目标】

通过本章的学习，了解园林小品的形式与特点，掌握典型的园林小品工程的构造方法与设计的原则、施工工艺流程及技术要点。

【技能目标】

培养运用园林小品工程的基本知识进行简单的园林小品设计的能力，通过学习使其具有理解和识别园林小品施工图的能力，掌握常见园林小品的设计与施工能力。

园林小品是园林中供休憩、装饰、照明、展示和为园林管理及方便游人之用的小型建筑设施。一般没有内部空间，体量小巧，造型别致。园林小品既能美化环境，丰富园趣，为游人提供文化休息和公共活动的方便，又能使游人从中获得美的感受和良好的教益。

第一节 景墙施工技术

景墙是园林中常见的小品，其形式不拘一格，功能因需而设，材料丰富多样。除了人们常见的园林中作障景、漏景以及背景的景墙外，近年来，很多城市更是把景墙作为城市文化建设、改善市容市貌的重要方式，如图4-1、图4-2。

一、景墙施工基本知识

图4-1 某公园景观墙

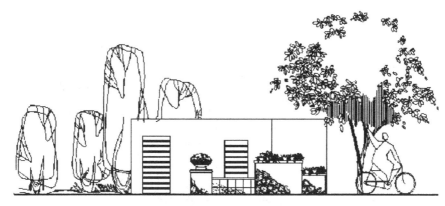

图 4-2　某处景墙效果图

（一）景墙的定义

在园林建设中，由于使用功能、植物生长、景观要求等的需要，常用不同形式的挡土墙围合、界定、分隔这些空间场地。如果场地处于同一高程，用于分隔、界定、围合的挡土墙仅为景观视觉而设，则称为景观墙体。

在园林小品中，景墙具有隔断、导游、衬景、装饰、保护等作用。景墙是园林景观的一个有机组成部分。中国园林善于运用将藏与露、分与合进行对比的艺术手法，营造不同的、个性的园林景观空间，使景墙与隔断得到了极大的发展，无论是古典园林还是现代园林，其应用都极其广泛。

景墙的形式也是多种多样，一般根据材料、断面的不同，有高矮、曲直、虚实、光洁、粗糙、有椽无椽等形式。景墙既要美观，又要坚固耐久。常用材料有砖、混凝土、花格景墙、石墙、铁花格景墙等。景观常将这些墙巧妙地组合与变化，并结合树、石、建筑、花木等其他因素，以及墙上的漏窗、门洞的巧妙处理，形成空间有序、富有层次、虚实相间、明暗变化的景观效果。

（二）景墙类型特征

园林景墙有景墙、隔断、景观墙三种类型。它们也是逐渐发展变化的，景墙最初的主要功能是防护作用。然后逐渐成为分隔空间和组织空间的一个有效的手段，那就是隔断。园林中的"通而不透、隔而不漏"就是隔断作用的最好说明。然后景墙演化成园林环境中包括室内和室外的功能性和装饰性的小品设施，在园林中起到造景的作用，其丰富的造型和多变的色彩使之成为园林中不可缺少的静观之一。景墙按其构景形式可以分为以下几种。

1. 独立式景墙

以一面墙独立安放在景区中，成为视觉焦点。如图 4-3 所示。

2. 连续式景墙

以一面墙为基本单位，联系排列组合，使景墙形成一定的序列感。如图 4-4 所示。

3. 生态式景墙

将藤蔓植物进行合理种植，利用植物的抗污染、杀菌、滞尘、降温、隔声等功能，形成既有生态效益，又有景观效果的绿色景墙。如图 4-5 所示。

（三）景墙在造景中的功能作用

1. 构成景观

景墙以其自身优美的造型，变化丰富的组合形式，具有很强的景观性，是园林空间不可缺少的静观要素。景墙是为了避免过分闭塞，常在墙上开设形态各异、造型优美的漏窗和洞

图 4-3　独立式景墙

图 4-4　连续式景墙

图 4-5　生态式景墙

门等，再加上其他景观设计要素，使墙面更加丰富多彩。

　　2. 引导游览

　　在园林中经常巧妙地利用景墙将园林空间划分为许多的小单元，利用景墙的延续性和方向性，引导观赏者沿着景墙的走向有秩序地观赏园内不同空间的景观。

　　3. 分隔和组织内部空间

　　园林空间层次分明、变化丰富，各种形式的景墙穿插其中，既能分隔空间，又能围合空间。在园林环境中，有各种不同使用功能的园林空间，他们往往需要被分开使用。这时就需要利用景墙或隔断将园林空间进行合理、有效的分隔。

　　（四）景墙的构成材料

　　景墙的构造有竹木、砖、混凝土、金属材料几种。

　　1. 竹木景墙

　　竹篱笆是过去最常见的景墙，现已难得用。有人设想过种一排竹子而加以编织，成为"活"的景墙（篱），则是最符合生态学要求的墙垣了。

　　2. 砖景墙

　　墙柱间距 3～4m，中开各式漏花窗，是节约又易施工、管养的办法。缺点是较为闭塞。

　　3. 混凝土景墙

　　一是以预制花格砖砌墙，花型富有变化但易爬越；二是混凝土预制成片状，可透绿也易管、养。混凝土墙的优点是一劳永逸，缺点是不够通透。

　　4. 金属材料景墙

　　① 以型钢为材，断面有几种，表面光洁，性韧易弯不易折断，缺点是每 2～3 年要油漆一次。

　　② 以铸铁为材，可做各种花型，优点是不易锈蚀又价不高，缺点是性脆又光滑度不够。订货要注意所含成分不同。

　　③ 锻铁、铸铝材料。质优而价高，局部花饰中或室内使用。

　　④ 各种金属网材，如镀锌、镀塑铅丝网、铝板网、不锈钢网等。

　　现在往往把几种材料结合起来，取其长而补其短。混凝土往往用作墙柱、勒脚墙。取型钢为透空部分框架，用铸铁为花饰构件。局部、细微处用锻铁、铸铝。景墙是长型构造物。长度方向要按要求设置伸缩缝，按转折和门位布置柱位，调整因地面标高变化的立面；横向则关及景墙的强度，影响用料的大小。利用砖、混凝土景墙的平面凹凸、金属景墙构件的前后交错位置，实际上等于加大景墙横向断面的尺寸，可以免去墙柱，使景墙更自然通透。

　　二、景墙设计

　　（一）景墙设计要素

　　景墙在景观中起到点缀环境的作用，常放在需要点景的地方。因此在园林空间中不需要设景墙的地方，尽量不设，更多地设置绿化景观，让人更接近自然。

　　利用景墙的自身条件达到分隔组织空间的目的，尽量利用地面高差、水体的两侧、绿篱树丛，达到隔而不分，灵活组织空间的目的。景墙的设计要美观，具有形式感。墙面的处理不能太呆板，要善于把空间的分隔与景色的渗透联系一起来，有而似无，有而生情。只有在少量需要掩饰的地方，才用封闭的景墙。

　　随着社会的进步，人民物质文化水平提高，"破墙透绿"的例子比比皆是。这说明对景墙的要求正在起变化，设计园林景墙时要尽量做到以下几点。

① 能不设景墙的地方，尽量不设，让人接近自然，爱护绿化。

② 能利用空间的办法，自然的材料达到隔离的目的，尽量利用。高差的地面、水体的两侧、绿篱树丛，都可以达到隔而不分的目的。

③ 设置景墙的地方，能低尽量低，能透尽量透，只有少量须掩饰隐私处，才用封闭的景墙。

④ 使用景墙处于绿地之中，成为园景的一部分，减少与人的接触机会，由景墙向景墙转化。善于把空间的分隔与景色的渗透联系一起来，有而似无，有而生情，才是高超的设计。

（二）景墙设计注意事项

在室外环境中，设计独立式景观墙体应特别注意以下几点。

1. 景墙要有足够的稳定性

景观墙体的稳定性是设计中首先要考虑的，其高度和厚度的比值（高厚比）是影响稳定性的主要因素：一般说来，一砖厚的墙看起来不够稳定，而两砖厚的墙体看起来就更加安全和坚固，一堵没有扶壁的两砖厚的墙体，完全可以达到 2m 高。影响景观墙体稳定的因素主要有以下几个方面。

（1）墙体的平面布置形式　直线形景观墙体的稳定性差，但可通过许多方式来提高其稳定性，例如，加柱子，使墙在跨间错开或增加墙厚、扶壁等来提高墙体的稳定性。一般来说墙体以锯齿形错开或墙的轴线根据砖的厚度前后错动，折线、曲线墙体和蛇形墙体等，它们就不需要任何柱子和扶壁来支撑，自身就具有较稳定的结构。景观墙体常采取组合的方式进行布置，如景观墙体建筑、景观挡土墙、花坛之间的组合，都将大大提高景观墙体的稳定性。

（2）墙基础　基础设计是否合理是决定景观墙体稳定的重要条件。基础的宽度和深度往往由地基土的土质类型决定。在普通的地基土上 45～60cm 的深度已经足够了。在收缩性的黏土上，基础埋深要求达到 90cm 甚至更深。当一堵墙的高度低于 15cm 时，可不必设置基础，但地表土壤需要移走，砖要砌在被彻底压实的地面上。如果有超过 15cm 的地表土需要运走时，挖土坑道的表面可以用紧密压实的颗粒材料铺设；地面以下的砖体表面深度不宜超过 20cm。当地基质地不均匀时，景观墙体基础采用混凝土、钢筋混凝土，基础的宽度与埋深最好咨询结构工程师。

（3）风荷载　在建筑物中，高度相近的墙会在顶部和底端分别与屋顶和建筑物基础相连，并在侧面同纵墙相连。而与此相对照的是，独立式景观墙体就像无约束的竖直的悬壁梁，当受侧向风的作用时，易造成倒伏。在很多情况下，景墙往往未经任何结构上的计算。

2. 能抵御雨雪的侵蚀

当景墙处于露天环境，雨、雪可以从墙体两侧和上方浸入墙体，使墙体的耐久性和外观效果受到影响。因此应选用吸水率低、抗风化能力强的材料来砌筑，在外观细部设计上应注意雨、雪的影响。

3. **防止热胀冷缩的破坏**

在自然环境下，因昼夜温差、四季气温变化的情况下，各种材料都要产生伸缩变化。为适应因热和潮湿产生的膨胀，需要做伸缩缝和沉降缝。一般对于砖、混凝土砌块所做的景观墙体，每隔 12cm 需留一条 10mm 宽的伸缩缝，并用专用的有伸缩的胶黏水泥填缝。

4. 具有与环境景观相协调的造型与装饰

景观墙体是以造景为第一目的，其外观极其重要，应稳妥处理好外观的色彩、质感和造型。其设计手法如下。

（1）在景墙上进行雕刻或者彩绘艺术作品　艺术作品类型多样，植物、动物、人物、历史、取材于当地的故事等题材都可以作为景墙外观的艺术品。

（2）文字或者象征符号　在居住区、企业、商业步行街等场所通常采用显著的中文或者英文提供关键信息。如名称、标志符号等信息。

（3）镂空　镂空可以避免墙体所造成的封闭、紧迫感，使视线通透并保持空间的连续。

（4）透空　通过各种形式的透空可以形成框景，有助于增加景观的层次和景深，尤其在景墙后有优质景观或者搭配竹子、芭蕉等植物时，透空效果更好。

（5）组合　景墙的组合方式多种多样，可以高低错落，调整朝向。

（6）科技　现代景墙的设计更多地使用科技手段，常见的如与喷泉、涌泉、水池等搭配，加上强烈的灯光效果，甚至优美动听的音乐、使景墙更具观赏性。

三、景墙施工工艺

（一）施工准备

施工现场搭建小型临时工棚，储备水泥，采用下垫上盖；进行场地硬化，堆放砂石及其他小型工具，不同规格的材料分区隔离堆放，并进行标识；使用强制式搅拌机拌和混凝土，现场准备台秤，按施工配合比确定各种材料的质量，确保配合比的准确性；利用全站仪放出挡土墙中心线，确定挡土墙位置。施工前先将路基范围内的树根、草皮、腐殖土全部挖除。挡土墙基槽（坑）底整平夯实，在砌筑挡土墙前，对基础底面的地基土（岩）进行承载力检测，当达不到设计值时，采用换填法进行处理，直到达到设计值，才可进行基础施工。

（二）基础测量放线

根据设计图纸，按景墙中线、高程点测放挡土墙的平面位置和纵断高程。精确测定出挡土墙基座主轴线和起讫点，伸缩缝位置，每端的衔接是否顺直，并按施工放样的实际需要增补挡土墙各点的地面高程，并设置施工水准点，在基础表面上弹出轴线及墙身线。

（三）基坑开挖

① 挡土墙基坑采用挖掘机开挖，人工配合挖掘机刷底。基础的部位尺寸、形状埋置深度均按设计要求进行施工。当基础开挖后若发现与设计情况有出入时，应按实际情况调整设计。并向有关部门汇报。

② 基础开挖为明挖基坑，在松软地层或陡坡基层地段开挖时，基坑不宜全段贯通，而应采用跳槽办法开挖，以防止上部失稳。当基底土质为碎石土、砂砾土、砂性土、黏性土等时，将其整平夯实。

③ 基坑用挖掘机开挖时，应有专人指挥，在开挖过程中不得超挖，避免扰动基底原状土。

④ 基坑刷底时要预留10%的反坡（即内低外高）预留坡底的作用是防止墙内土的挤压力引起挡土墙向外滑动。

⑤ 开挖基坑的土方，在场地有条件堆放时，一定要留足回填需用的好土；多余的土方应一次运走，避免二次倒运。

⑥ 在基槽边弃土时，应保证边坡稳定。当土质好时，槽边的堆土应距基槽上口边缘1.2m以外，高度不得超过1.5m。

⑦ 任何土质基坑挖至标高后不得长时间暴露，扰动或浸泡，而削弱基底承载能力。基底尽量避免超挖，如有超挖或松动应将其夯实，基坑开挖完成后，应放线复验，确认位置无

误并经监理工程师签认后，方可进行基础施工。

（四）砂浆拌制

① 砂浆采用机械搅拌，投料顺序应先倒砂、水泥，最后加水。搅拌时间宜为 3～5min，不得少于 90s。砂浆稠度应控制在 50～70mm。

② 砂浆配制应采用质量比，砂浆应随拌随用，保持适宜的稠度，一般宜在 3～4h 内使用完毕，气温超过 30℃时，宜在 2～3h 内使用完毕。发生离析、泌水的砂浆，砌筑前应重新拌和，已凝结的砂浆不得使用。

③ 为改善水泥砂浆的和易性，可掺入无机塑化剂或以皂化松香为主要成分的微沫剂等有机塑化剂，其掺量可通过试验确定。

④ 砂浆试块：每工作台班需制作立方体试块 2 组（6 块），如砂浆配合比变化时，应相应制作试块。

（五）扩展基础浇筑

① 开挖基槽及处理后，检查基底尺寸及标高，报请监理工程师验收，浇筑前要检查基坑底预留坡度是否为 10%（即内低外高），预留坡度的作用是防止墙内土的挤压力引起墙体向外滑动。验收合格后浇注垫层。

② 进行放线扩展基础，支模前放出基础底边线和顶边线之间挂线控制挡土墙的坡度。

③ 支模：模板采用 15mm 厚覆膜光面多层木板，50mm×100mm 木枋背楞。要求模板拼缝整齐，做到横平竖直，施工过程必须横向、竖向均拉通直线检查。竖向拼缝需错缝，错缝位置为模板长度的一半。操作时按从下到上顺序边拼校正边加固，保证施工位置平整不漏浆。

④ 浇注：浇注时用振动棒振捣，防止出现蜂窝、麻面等影响质量及观感的现象。每隔 10～15m 设置一道变形缝，变形缝用 30mm 厚的聚苯乙烯板隔离，要求隔离必须完整彻底不得有缝隙，以保证挡土墙各段完全分离。

（六）片石墙身砌筑

① 放线：基础施工完进行墙身测量放样，并根据基础测量放样控制点测定出墙身内外边线，以及各伸缩沉降缝的位置，检查每端的衔接是否顺直。

② 基础转角和交接处应同时砌筑，对不能同时砌筑而又必须留置的临时间断处，应留成斜槎。

③ 基础砌筑时，石块间较大的空隙应先填塞砂浆，后用碎石块嵌塞，不得采用先摆碎石块，后塞砂浆或干填碎石块方法。

④ 基础灰缝厚度 20～30mm，砂浆应饱满，石块间不得有相互接触现象。

⑤ 砌筑前应将石料表面泥垢清扫干净，并用水湿润。砌筑时必须两面立杆挂线或样板挂线，外面线应顺直整齐、逐层收坡，内面线可大致适顺以保证砌体各部尺寸符合设计要求，浆砌石底面应卧浆铺砌，立缝填浆补实，不得有空隙和立缝贯通现象。砌筑工作中断时，可将砌好的石层孔隙用砂浆填满，再砌时表面要仔细清扫干净、洒水湿润。工作段的分段位置宜在伸缩缝和沉降缝处，各段水平缝应一致。

⑥ 当基础完成后立即回填，以小型机械进行分层夯实，并以表层稍留向外斜坡，以免积水渗入浸泡基底。

（七）水景墙饰面施工要求

水景墙在比较多的园林水景工程中出现较多，而且按目前的发展趋势来看，其占有越来越重要的地位。水景墙由于面积较大，而且一般设置在比较显眼的地方，因此水景墙的饰面工程相当重要。主饰面根据不同要求有不同的规格留缝施工技术。

①　规格板留缝适宜在板与板之间直接留缝，缝宽保留 5～8mm 为宜。规格板三角缝，其板与板之间的密缝在实际园林工程中规定应不超过 1.5mm 为宜，且每块板四边留 5～8mm 斜边为宜。

②　规格板密缝，缝隙在园林工程中规定应补超过 1.5mm 为宜。

③　规则乱形，结合工程经验，缝隙在园林工程中应不超过 1.5mm 为宜。

④　直边乱形，由于其铺装效一般，在实际设计、施工中应少采用。其尺寸应单边长要求在 100～300mm 之间为宜，边数在 5～7 条，选用 6 条边数应占 70％以上为宜；对长、对短应控制在 200～500mm 之间，其缝隙在园林工程中控制在 5～8mm 为宜；转角处处理除按海棠角处理外，对接的板材缝应该连贯而不中断。

⑤　自然边乱形，由于其铺装效果好，在实际园林设计、施工中笔者认为应多采用，将会收到很好的外观效果。

⑥　自然乱形的饰面施工方法与自然边乱形要求相同，转角处处理除按海棠角处理外，对接的板材缝应该连贯而不中断。

第二节　挡土墙施工技术

挡土墙是用来支撑路基填土或山坡土体，防止填土或土体变形失稳的一种构造物。在路基工程中，挡土墙可用以稳定路堤和路堑边坡，减少土石方工程量和占地面积，防止水流冲刷路基，此外，挡土墙还经常用于整治坍方、滑坡等路基病害。

一、挡土墙的类型

挡土墙类型的划分方法较多，除按挡土墙设置位置划分外，还可按结构形式、建筑材料、施工方法及所处环境条件等进行划分。如按建筑材料可分为砖、石、混凝土及钢筋混凝土挡土墙等。

（一）根据其在路基横断面上的位置分类

根据其在路基横断面上的位置挡土墙可分为路肩墙、路堤墙及路堑墙。当墙顶置于路肩时，称为路肩式挡土墙，如图 4-6(a) 所示；若挡土墙支撑路堤边坡，墙顶以上尚有一定的填土高度，则称为路堤式挡土墙，如图 4-6(b) 所示；如果挡土墙用于稳定路堑边坡，称为路堑式挡土墙，如图 4-6(c) 所示。

（二）按结构形式分类

常见的挡土墙形式有重力式、半重力式、衡重式、悬臂式、扶壁式、加筋土式、锚杆式、锚定板式和桩板式，此外，还有柱板式、垛式、竖向预应力锚杆式及土钉式等。

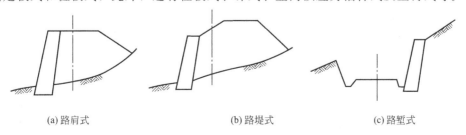

(a)路肩式　　　　　(b)路堤式　　　　　(c)路堑式

图 4-6　挡土墙的设置位置

1. 重力式

主要依靠墙身自重保持稳定。它取材容易，形式简单，施工简便，适用范围广泛。多用浆砌片（块）石，墙高较低（≤6m）时也可用干砌；在缺乏石料的地区可用混凝土砌块或混凝土浇筑。其断面尺寸较大，墙身较重，对地基承载力的要求较高。如图4-7所示。

2. 半重力式

一般采用片石混凝土浇筑，墙背拉应力较大时，需设置钢筋，由于整体强度较高，墙身截面和自重相对较小（与重力式比较），因而圬工数量较少；墙趾较宽，以保证基底宽度，减小基底应力，必要时也可在墙趾处设置少量钢筋；此外常在基底设凸榫。适用范围与重力式挡土墙相似，常用于不宜采用重力式挡土墙的地下水位较高和软弱地基上，以及缺乏石料的地区，一般多用于低墙。如图4-8所示。

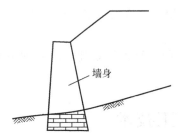

图4-7　重力式挡土墙示意

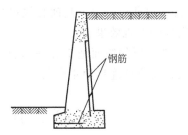

图4-8　半重力式挡土墙示意

3. 衡重式

上下墙背间有衡重台，利用衡重台上填土重力和墙身自重共同作用维持其稳定。其断面尺寸较重力式小，且因墙面陡直、下墙墙背仰斜，可降低墙高和减少基础开挖量，但地基承载力要求较高。多用在地面横坡陡峻的路肩墙。由于衡重台以上有较大的容纳空间。上墙墙背加缓冲墙后，可作为拦截崩坠石之用。如图4-9所示。

4. 悬臂式

属钢筋混凝土结构，由立壁、墙趾板和墙踵板三个悬臂部分组成，墙身稳定主要依靠墙踵板上的填土重力以及墙身自重来保证。断面尺寸较小，但墙较高时，立壁下部的弯矩大，钢筋与混凝土用量大，经济性差。多用于墙高≤6m的路肩墙，适用于缺乏石料的地区和承载能力较低的地基。如图4-10所示。

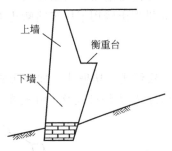

图4-9　衡重式挡土墙示意

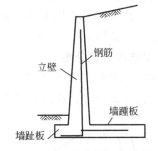

图4-10　悬臂式挡土墙示意

5. 扶壁式

属钢筋混凝土结构，由墙面板（立壁）、墙趾板、墙踵板和扶肋（扶壁）组成，即沿悬臂式挡上墙的墙长，每隔一定距离增设扶肋，把墙面板与墙踵板连接起来。适用于缺乏石料的地区和地基承载力较低的地段，墙较高＞6m时，较悬臂式挡土墙经济。如图4-11所示。

6. 加筋土式

由墙面板、拉筋、填土和基础四部分组成，借助于拉筋与填土间的摩擦作用，把土的侧压力传给拉筋，从而稳定土体。既是柔性结构，可承受地基较大的变形；又是重力式结构，可承受荷载的冲击、振动作用。施工简便、外形美观、占地面积少，而且对地基的适应性强。适用于缺乏石料的地区和大型填方工程。如图 4-12 所示。

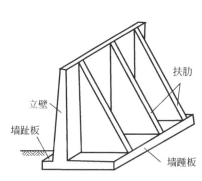

图 4-11　扶壁式挡土墙示意

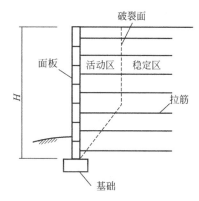

图 4-12　加筋土式挡土墙示意

7. 锚杆式

由锚杆和钢筋混凝土墙面组成。锚杆一端锚固在稳定的地层中，另一端与墙面连接，依靠锚杆与地层之间的锚固力（即锚杆抗拔力）承受土压力，维持挡土墙的平衡。土石方和圬工量都较少，施工安全，较为经济。适用于墙高较大，缺乏石料的地区或挖基困难的地段，具有锚固条件的路堑墙，对地基承载力要求不高。如图 4-13 所示。

8. 垛式

又称框架式，用钢筋混凝土预制杆件纵横交错拼装成框架，内填土或石，以此抵抗土体的推力。垛式挡土墙施工简便、快速，填料可就地取材，由于杆件纵横装配，整体性差，但损坏后易修复；基底承载力要求较低，容许地基产生一定的变形。适用缺乏石料地区的路肩墙和路堤墙，建筑高度一般不受限制。如图 4-14 所示。

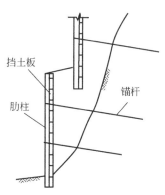

图 4-13　锚杆式挡土墙示意

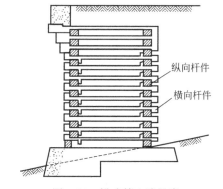

图 4-14　垛式挡土墙示意

二、石砌重力式挡土墙构造与施工技术

（一）石砌重力式挡土墙的构造

石砌重力式挡土墙，一般由墙身、基础、排水设施和沉降伸缩缝等几部分组成。

（1）墙身　根据墙背倾斜方向的不同，墙身断面形式可分为仰斜、垂直、俯斜、凸形折线式和衡重式等几种。墙面一般为平面，其坡度取决于墙背坡度和墙趾处地面的横坡度。重力式挡土墙墙顶可采用浆砌或干砌圬工。墙顶最小宽度，浆砌时应不小于 50cm；干砌时应不小于 60cm。干砌挡土墙的高度一般不宜大于 6m。浆砌挡土墙墙顶应用砂浆抹平，或用较大石块砌筑，并勾缝。干砌挡土墙顶部 50cm 厚度内，宜用砂浆砌筑，以确保稳定。

（2）基础　挡土墙大多数都是直接砌筑在天然地基上的浅基础。当地基承载力不足且墙趾处地形平坦时，为减少基底应力和增加抗倾覆稳定性，常常将墙趾部分加宽成台阶，或墙趾墙踵同时加宽，形成扩大基础。挡土墙基础设置在岩石上时，应清除表面风化层；基础嵌入基岩深度不应小于 0.15～0.6m。墙前地面倾斜时，墙趾前应留有足够的襟边宽度，以防地基剪切破坏，襟边宽度可取嵌入深度的 2～3 倍。

（3）排水设施　浆砌挡土墙应根据渗水量在墙身的适当高度处布置泄水孔，泄水孔尺寸和间距应符合设计要求。最下排泄水孔的底部应高出地面 0.3m；当为路堑墙时，出水口应高出边沟水位 0.3m。为防止水分渗入地基，在最下一排泄水孔的底部应设置 30cm 厚的黏土防水层，在泄水孔进口处应设置粗粒料反滤层，以避免堵塞孔道。干砌挡土墙因墙身透水可不设泄水孔。

（4）沉降伸缩缝　在挡土墙中通常把沉降缝与伸缩缝合并在一起，统称为沉降伸缩缝。挡土墙应每隔 10～15m 设置一道沉降伸缩缝，缝宽一般为 2～3cm。浆砌挡土墙的沉降伸缩缝内可用沥青麻筋或沥青木板等材料，沿墙内、外、顶三边填塞，填深不宜小于 15cm。当墙背为填石且冻害不严重时，可仅留空隙，不嵌填料。对于干砌挡土墙，沉降伸缩缝两侧应选平整石料砌筑，使其形成垂直通缝。

（二）石砌重力式挡土墙的施工

1. 材料要求

（1）片石　应经过挑选，质地均匀，无裂缝，不易风化。抗压强度不低于 25MPa。在地震区及严寒地区，应不低于 30MPa。应具有两个大致平行的面，其厚度不宜小于 15cm，其中一条边长不小于 30cm，体积不小于 $0.01m^3$。

（2）砂浆　砂浆一般用水泥、砂和水拌和而成，也可用水泥、石灰、砂与水拌和，或石灰、砂与水拌和而成。它们分别简称为水泥砂浆、混合砂浆和石灰砂浆。砂浆强度等级代表其抗压强度。拌制砂浆必须符合设计要求，一般不得低于 M5。勾缝用砂浆应比砌筑用增高 1 级。

2. 准备工作

浆砌前应做好一切准备工作，包括：工具配备；按设计图纸检查和处理基底；放线；安放脚手架、跳板等施工设施；清除砌石上的尘土、泥垢等。

3. 砌筑顺序

以分层进行为原则。底层极为重要，它是以上各层的基石，若底层质量不符合要求，则要影响以上各层。较长的砌体除分层外，还应分段砌筑，两相邻段的砌筑高差不应超过 1.2m，分段处宜设在沉降伸缩缝的位置。分层砌筑时，应先角石，后边石或面石，最后才填腹石。

4. 砌筑工艺

浆砌原理是利用砂浆胶结片石，使之成为整体而组成人工构筑物，常用坐浆法和挤浆法等。

（1）坐浆法　又叫铺浆法，砌筑时先在下层砌体面上铺一层厚薄均匀的砂浆，压下砌石，借石料自重将砂浆压紧，并在灰缝上加以必要的插捣和用力敲击，使砌石完全稳定在砂浆层上，直至灰缝表面出现水膜。

（2）挤浆法　除基底为土质的第一层砌体外，每砌一块石料，均应先铺底浆，再放石块，经左右轻轻揉动几下后，再轻击石块，使灰缝砂浆被压实。在已砌筑好的石块侧面安砌时，应在相邻侧面先抹砂浆，后砌石，并向下及侧面用力挤压砂浆，使灰缝挤实，砌体被贴紧。

5. 砌筑要求

砌体外圈定位行列与转角石应选择表面较平、尺寸较大的石块，浆砌时，长短相间并与里层石块咬紧，上下层竖缝错开，缝宽不大于 3cm，分层砌筑应将大块石料用于下层，每处石块形状及尺寸应合适。竖缝较宽者可塞以小石子，但不能在石下用高于砂浆层的小石块支垫。排列时，应将石块交错，坐实挤紧，尖锐凸出部分应敲除。

6. 砌缝要求

（1）错缝　砌体在段间、层间的垂直灰缝应互相交错，压叠成不规则的灰缝叫错缝，它们相互间距离，每段上、下层及段间的垂直距离不小于 8cm。

（2）通缝　指砌体的水平灰缝。这是砌体受力的薄弱环节，其承压能力较好，受剪、抗拉、受扭的能力极差，最容易在此被损坏。砌体对通缝要求较高，不仅要求砂浆饱满密实，成缝时还不允许有干缝、瞎缝和大缝。

（3）勾缝　有平缝、凹缝和凸缝等。勾缝具有防止有害气体和风、雨、雪等侵蚀砌体内部，延长构筑物使用年限及装饰外形美观等作用。设计无特殊要求时，勾缝宜采用凸缝或平缝，勾缝宜用 1∶1.5～1∶2 的水泥砂浆，并应嵌入砌缝内约 2cm。勾缝前，应先清理缝槽，用水冲洗湿润，勾缝应保持砌后的自然缝，不应有瞎缝、丢缝、裂纹和黏结不牢等现象。

（三）质量要求

① 石料规格应符合有关规定。

② 地基必须满足设计要求。

③ 砂浆或混凝土的配合比符合试验规定。混凝土表面的蜂窝麻面不得超过该面面积的 0.5%，深度不超过 10mm。

④ 砌石分层错缝。浆砌时坐浆挤紧，嵌填饱满密实，不得有空洞；干砌时不得松动、叠砌和浮塞。

⑤ 墙背填料符合设计和施工规范要求。

⑥ 沉降缝、泄水孔数量应符合设计要求。沉降缝整齐垂直，上下贯通。泄水孔坡度向外，无堵塞现象。

⑦ 砌体坚实牢固，勾缝平顺，无脱落现象。

（四）质量标准

当挡土墙的平均墙高 $H \geqslant 6m$ 且墙身面积 $A \geqslant 1200m^2$ 时，为大型挡土墙，可作为分部工程评定。分部工程可分为基础和墙身两个分项工程。质量标准见表 4-1。

三、薄壁式挡土墙构造与施工技术

（一）薄壁式挡土墙的构造

薄壁式挡土墙是钢筋混凝土结构，属轻型挡土墙，包括悬臂式和扶壁式两种形式。

（1）悬臂式挡土墙　悬臂式挡土墙的一般形式，它是由立壁（墙面板）和墙底板（包括墙趾板和墙踵板）组成，具有三个悬臂，即立壁、墙趾板和墙踵板。当墙身较高时，在悬臂

表 4-1　砌体和混凝土挡土墙质量标准

项次	检查项目		规定值或允许偏差	检查方法和频率
1	砂浆或混凝土强度/MPa		在合格标准内	按强度合格率评定方法评定
2	平面位置/mm	浆砌挡土墙	50	每20m用经纬仪检查3点
		混凝土挡土墙	30	
3	顶面高程/mm	浆砌挡土墙	±20	每20m用水准仪检查1点
		混凝土挡土墙	±10	
4	断面尺寸/mm		不小于设计值	每20m用尺量2个断面
5	底面高程/mm		±50	每20m用水准仪检查1点
6	表面平整度/mm	块石	20	每20m用2m直尺检查3处
		片石	30	
		混凝土	10	

式挡土墙的基础上，沿墙长方向，每隔一定距离加设扶肋。扶肋把立壁同墙踵板联系起来，起加劲的作用，以改善立壁和墙踵板的受力条件，提高结构的刚度和整体性，减小立壁的变形。

（2）扶壁式挡土墙　扶壁式挡土墙由立壁（墙面板）、墙趾板、墙踵板及扶肋（扶壁）组成。扶壁式挡土墙宜整体灌注，也可采用拼装，但拼装式扶壁挡土墙不宜在地质不良地段和地震烈度大于8度的地区使用。

（二）扶壁式、悬臂式挡土墙施工要点

（1）测量放线　严格按道路施工中线、高程点控制挡土墙的平面位置和纵断高程。

（2）基槽开挖　挡土墙基槽开挖，不得扰动基底原状土，如有超挖，应回填原状，并按道路击实标准夯实。确保基槽边坡稳定，防止塌方。做好排降水设施，保持基底干槽施工。对土坑、树坑应回填砂石、石灰土，夯实处理，以免基底不均匀沉降。对基底淤泥、腐殖土应清理干净，回填好土或石灰土夯实。

（3）支安模板　挡土墙基础模板在垫层（找平层）上支安模板，必须牢固，不得松动、跑模、下沉。模板拼缝严密不漏浆，模内保持清洁。模板隔离剂涂刷均匀，不得污染钢筋。

（4）挡土墙钢筋成型　钢筋表面应清洁，不得有锈皮，油渍，油漆等污垢。钢筋必须调直，调直后的钢筋表面不得有使钢筋截面积减少的伤痕。钢筋弯曲成型后，表面不得有裂纹、鳞落或断裂等现象。钢筋的品种、等级、规格、直径，各部尺寸经抽样检验均应符合设计要求。绑扎成型时，绑丝必须扎紧，不得有松动、折断、位移等情况；绑丝头必须弯曲背向模板。焊接成型时，焊前不得有水锈、油渍，焊缝处不得咬肉、裂纹、夹渣，焊药皮应敲除干净；绑扎或焊接成型的网片或骨架必须稳定牢固，杯槽部位钢筋在浇筑混凝土时不得松动和变形。

（5）浇筑挡土墙混凝土基础　混凝土配合比应符合设计强度要求。混凝土要振捣密实，杯槽部位更应加强加细振捣。预埋件按设计位置与基础钢筋焊牢，以免振捣混凝土时发生变形和位移。

（6）挡土墙板安装　当基础混凝土强度达到设计强度标准的75%后，方可安装挡土墙板。符合设计强度要求（强度达到设计强度标准值100%），外观没有缺楞、掉角、裂缝的墙板，方可安装。测量人员弹上控制线，用经纬仪或弹子板控制墙板板面垂直度。悬臂式墙板嵌入杯槽内，填实高强度细粒式混凝土（≥30MPa），并将墙板预埋钢板或钢筋与基础预埋件焊接牢固，焊接完成后进行复测，并应对焊缝做检查，合格后填写验收记录单，进行防腐后，浇注混凝土。扶壁式墙板就位后，即刻将墙板预埋件与基础预埋件焊牢后，同样封上混凝土。墙板间灌缝混凝土一定要振捣密实，两侧夹板卡牢，不得漏浆，以免污染墙面。板缝用原浆勾缝，要密实、平顺、美观。

（7）浇筑挡土墙顶　测量人员按道修纵断高程控制模板高程。模板内侧压紧薄泡沫塑料条，严禁跑浆。浇筑前，将墙顶凿毛刷素浆，以利混凝土上下结合。

（8）墙帽与护栏安装　墙顶帽石坐浆饱满，安装牢固。护栏与帽石连接稳固，防锈漆涂刷均匀，颜色一致。

四、加筋土挡土墙构造与施工技术

（一）加筋土挡土墙构造

加筋土挡土墙由面板、拉筋、填料及基础四个组成部分。

（1）面板　面板的主要作用是为了防止填料从拉筋间挤出。其强度只要满足构造要求及运输堆码中的受力要求即可。我国一般采用混凝土或钢筋混凝土作面板。面板形式有十字形、矩形、L形、T形、六边形、槽形等多种形式。面板的混凝土强度等级一般为C20，面板与拉筋的连接可采用预留孔或预埋件处理，面板四周宜设定企口搭接，上下面板的连接宜采用钢筋插销装置。

（2）拉筋　其作用是与填土产生摩擦力并承受结构内部的拉力。因此，要求拉筋具有足够的抗拉强度，不易脆断，柔性好，延伸率低，同时与填土能产生较大的摩擦力，而且抗老化、防腐。目前主要采用的拉筋主要有扁钢带、钢筋混凝土带和聚丙烯土工带。

（3）填料　填料为加筋土结构的主体材料。选择填料的原则是容易压实、能保证填料与加筋之间有足够的摩擦力，并且对拉筋无腐蚀性。填料宜就地取材，砂类土、砾石类土、碎石土、黄土、中低液限黏土及满足质量要求的工业废渣均可作填料。

（4）基础　加筋土挡墙的基础是指墙面板下的基础，其主要作用是便于安砌墙面板。因此，这种基础可以做得很小，其断面视地基、地形条件而定，一般用宽大于0.3m，高度大于0.15m的条形基础即可。

（二）加筋土挡土墙施工

（1）基底处理　基底土要求反复碾压达到95%的密实度。如因基底土质不良无法满足密实度要求，则必须进行处理。

（2）基础浇筑　按照测量放线的位置安装基础模板，现浇混凝土基础一般为C20混凝土。

（3）预制墙面板　预制墙板采用专用钢模板。模板要求有足够的刚度和强度，几何尺寸误差应控制在0～2mm之间。预制时要求配合比准确，振捣密实，无裂纹，墙板外侧平整（或花纹要清晰），墙板内侧要粗糙。养护28天其强度应达到设计要求。

（4）安装墙板　当挡土墙的基础混凝土强度达到70%以上时，即可安装第一层墙板。首先在条形基础上铺以砂浆垫层，起吊底层墙板安置定位，墙板内外侧均支以撑木，以防倾倒。然后在底层墙板的预留孔中插入传力杆，将标准板安置于底层板之间。墙板在起吊升降定位时要求平稳，慢速轻放，切忌碰撞。所有墙板在安装前必须仔细检查，有裂纹、缺陷者，一律弃之不用。

（5）调整墙板　墙板安装就位后，应进行适当调整使其竖向应符合设计边坡要求，横向应使每层墙板均在同一水平线上。

（6）铺设拉筋　待填土达到一定位置时，即可铺设第一层拉筋，拉筋铺设时应水平散开成扇形，筋条之间不要重叠以防减少拉筋与填料之间的摩擦力。

（7）填土碾压　每层筋条的填料一般分两层填铺，用平地机整平，每次松铺厚度一般为20~30cm，碾压后的密实度，要求达到95%，按照经验，距离墙板2m内的填土采用1.5t小型压路机碾压，2m以外用12~15t压路机碾压。

（三）施工注意事项

① 加筋土挡土墙的关键问题是排水和防水，一定要防止水浸入挡土墙，尤其对亚黏土和黏性土来说更为重要。同时，对所有与填土接触的部件均应采用严密的防水措施，如对拉筋的表面进行聚氯乙烯防护处理；拉筋的断头用沥青胶封口；对墙板内侧面涂刷防水剂等。

② 铺设拉筋时务必拉紧，这是保证墙板稳定在设计位置，确保墙板安装质量的重要一环。填土时，距离墙板2m外用12~15t压路机进行碾压，装运填土时，重型自卸汽车又经常在距离墙板2~4m内操作，机械的压力和震动对踏板向外推移影响很大，如拉筋未拉紧，墙板向外移势必偏大。在施工中，一经检查发现墙板超出设计位置，应责令立即返工。

③ 加筋土挡土墙的面板一定要用钢模板，尺寸一定要准确，这样预制成的面板拼装时纵、横缝才能符合标准，使面板间接缝受力均匀，拼出的挡土墙使用寿命长且美观。

④ 加筋土挡土墙成败关键是加筋的强度与耐久性，如果加筋质量不过关，加筋土挡土墙的寿命就无法保证，甚至会出现工程质量事故。施工中，一定要精心组织，加强施工现场管理，严格把守各工序质量。

第三节　廊架工程施工技术

廊是亭的延伸，是联系风景景点建筑的纽带，随山就势，曲折迂回，逶迤蜿蜒。廊既能引导视角多变的导游交通路线，又可划分景区，丰富空间层次增加景深，是中国园林建筑群体中重要组成部分。花架是园林绿地中以植物材料为顶的廊，它既具有廊的功能，又比廊更接近自然，融合于环境之中，其布局灵活多样，尽可能用所配置植物的特点来构思花架，形式有条形、圆形、转角形、多边形、弧形、复柱形等。

一、景廊施工的基础知识

（一）廊在园林造景中的作用

（1）联系功能　廊将园林中各景区、景点联成有序的整体，虽散置但不零乱。廊将单体建筑联成有机的群体，使主次分明，错落有致，廊可配合园路，构成全园交通、浏览及各种活动的通道网络，以"线"联系全园。

（2）分隔空间并围合空间　在花墙的转角、尽端划分出小小的天井，以种植竹石，花草构成小景，可使空间相互渗透，隔而不断，层次丰富。廊又可将空旷开敞的空间围成封闭的空间，在开朗中有封闭，热闹中有静谧，使空间变幻的情趣倍增。

（3）组廊成景　廊的平面可自由组合，廊的体态又通透开畅，尤其是善于与地形结合，"或盘山腰，或穷水边，通花度壑，蜿蜒无尽"（《园冶》），与自然融成一体，在园林景色中体现出自然与人工结合之美。

（4）实用功能　廊具有系列长度的特点，最适于作展览用房。现代园林中各种展览廊，其展出内容与廊的形式结合的尽善尽美，如金鱼廊、花卉廊、书画廊等，极受群众欢迎。此外，廊还有防雨淋、避日晒的作用，形成休憩、观赏的佳境。

廊在近现代园林中，还经常被运用到一些公共建筑（如旅馆、展览馆、学校、医院等）的庭园内，它一方面是作为交通联系的通道，另一方面又作为一种室内外联系的"过渡空间"。把室内、外空间紧密地联系在一起，互相渗透、融合，形成生动、诱人的一种空间环境。

（二）廊的形式

根据廊的平面与立面造型，可分为空廊（双面空廊）、半廊（单面空廊）、复廊、双层廊（又称复道阁廊）、爬山廊、曲廊（波折廊）等。

（1）空廊（双开画廊）　有柱无墙，开敞通透适用于景色层次丰富的环境，使廊的两面有景可观。当廊隔水飞架，即为水廊。

（2）半廊（单面空廊）　一面开敞，一面靠墙，墙上又设有各色漏窗门洞或设有宣传橱柜。

（3）复廊　廊中间没有漏窗之墙，犹如两列半廊复合而成，两面都可通行，并易于廊的两边各属不同的景区的场合。

（4）双层廊　又称复道阁廊，有上下两层，便于联系不同高度的建筑和景物，增加廊的气势和景观层次。

（5）爬山廊　廊顺地势起伏蜿蜒曲折，犹如伏地游龙而成爬山廊。常见的有跌落爬山廊和竖曲线爬山廊。

（6）曲廊　依墙又离墙，因而在廊与墙之间组成各式小院，空间交错，穿插流动，曲折有法或在其间栽花置石，或略添小景而成曲廊，不曲则成修廊。

（三）廊的位置选择

在园林的平地、水边、山坡等各种不同的地段上建廊，由于不同的地形与环境，其作用及要求亦各不相同。

1. 平地建廊

常建于草坪一角、休息广场中、大门出入口附近，也可沿园路或用来覆盖园路，或与建筑相连等。在园林的小空间或小型园林中建廊，常沿界墙及附属建筑物以"占边"的形式布置。

平地上建廊，还作为景观的导游路线来设计，经常连接于各风景点之间，廊子平面上的曲折变化完全视其两侧的景观效果和地形环境来确定，随形而弯，依势而曲，蜿蜒透迤，自由变化。有时，为分划景区，增加空间层次，使相邻空间造成既有分割又有联系的效果，也常常选用廊子作为空间划分的手段。或者把廊、墙、花架、山石、绿化互相配合起来进行。在新建的一些公园或风景区的开阔空间环境中建游廊，利用廊子围合、组织空间，并于廊子两侧柱间设置座椅，提供休息环境，廊子的平面方向则面向主要景物。

2. 水上建廊

一般称之为水廊，供欣赏水景及联系水上建筑之用，形成以水景为主的空间。水廊有位于岸边和完全凌驾水上两种形式。

位于岸边的水廊，廊基一般紧接水面，廊的平面也大体贴紧岸边，尽量与水接近。在水岸曲折自然的情况下，廊大多沿着水边成自由式格局，顺自然之势与环境相融合。

驾临水面之上的水廊，以露出水面的石台或石墩为基，廊基一般宜低不宜高，最好使廊的底板尽可能贴近水面，并使两边水面能穿经廊下而互相贯通，人们漫步水廊之上，左右环顾，宛若置身水面之上，别有风趣。

3. 山地建廊

供游山观景和联系山坡上下不同标高的建筑物之用，也可借以丰富山地建筑的空间构图。爬山廊有的位于山的斜坡上，有的依山势蜿蜒转折而上。

（四）廊的设计

1. 廊的平面设计

根据廊的位置和造景需要，廊的平面可设计成直廊、弧形廊、曲廊、回廊及圆形廊等。

2. 廊的立面设计

廊的立面基本形式有悬山、歇山、平顶廊、折板顶廊、十字顶廊、伞状顶廊等。在做法上，要注意下面几点。

① 为开阔视野四面观景，立面多选用开敞式的造型，以轻巧玲珑为主。在功能上需要私密的部分，常常借加大檐口出挑，形成阴影。为了开敞视线，亦有用漏明墙处理。

② 在细部处理上，可设挂落于廊檐，下设置高 1m 左右，某些可在廊柱之间设 0.5～0.8m 高的矮墙，上覆水磨砖板，以供休憩，或用水磨石椅面和美人靠背与之相匹配。

③ 廊的吊顶，传统式的复廊、厅堂四周的围廊，结顶常采用各式轩的做法。现今园中之廊，一般已不做吊顶，即使采用吊顶，装饰亦以简洁为宜。

二、花架施工的基础知识

（一）花架的基本构造

花架大体由柱子和格子条构成。柱子的材料可分为铁柱、木柱、砖柱、水泥柱等。柱子一般用混凝土做基础。柱顶端架着格子条，其材料一般为木条，也可用竹竿、铁条等。格子条主要横梁、横木、椽组成。

（二）花架的分类

花架常用的分类方式如下。

1. 按结构形式分

（1）单柱花架　即在花架的中央布置柱子，在柱子的周围或两柱之间设置休息椅子，供游人休息、赏景、聊天。

（2）双柱花架　又称两面柱花架，即在花架的两边用柱来支撑，并且布置休息椅子，游人可在花架内漫步游览，也可坐在其间休息。

2. 按平面形式分

可分为曲线形、直线形、三边形、多边形、圆形、扇形以及它们的变形图案。

3. 按施工材料分

可分为竹制花架、木制花架、仿竹木花架、混凝土花架、砖石花架和钢质花架等。竹制、木制和仿竹木花架整体比较轻，适用于屋顶花园选用，也可用于营造自然灵活、生活气息浓厚的园林小景。钢质花架富有时代感，且空间感强，适于与现代建筑搭配，在某些规划水景观景平台上采用效果也很好。混凝土花架寿命长，且能有多种色彩，样式丰富，可用于多种设计环境。

（三）花架在园林中的作用

（1）遮荫功能　花架是攀援植物的棚架，又是人们消夏庇荫的场所，可供游人休息、乘凉，坐赏周围的风景。

（2）景观效果　花架在造园设计中往往具有亭、廊的作用，作长线布置时，就像游廊一样能发挥建筑空间的脉络的作用，形成导游路线；也可用来划分空间，增加风景的浓度。作点状布置时，就像亭子一般，形成观赏点，并可以在此组织对环境景色的观赏。花架在现有园林中除供植物攀援外，有时也取其形成轻盈之特点以点缀园林建筑的某些墙段或檐头，使之更加活泼和具有园林的性格。另外，花架本身优美的外形，也对环境起到装饰作用。

（3）花架在建筑上能起到纽带作用　花架可以联系亭、台、楼、阁，具有组景的功能。

（四）花架的位置选择

花架的位置选择较灵活，公园隅角、水边、园路一侧、道路转弯处、建筑旁边等都可设立。在形式上可与亭廊、建筑组合，也可单独设立于草坪之上。

花架在庭院中的布局可以采取附建式，也可以采取独立式。附建式属于建筑的一部分，是建筑空间的延续。它应保持建筑自身统一的比例与尺度，在功能上除供植物攀援或设桌凳供游人休息外，也可以只起装饰作用。独立式的布局应在庭院总体设计中加以确定，它可以在花丛中，也可以在草坪边，使庭院空间有起有伏，增加平坦空间的层次，有时亦可傍山临池随势弯曲。花架如同廊道也可起到组织浏览路线和组织观赏景点的作用，布置花架时一方面要格调清新，另一方面要注意与周围建筑和绿化栽培在风格上的统一。

（五）花架常用的建筑材料及植物材料

可用于花架的建造材料很多。简单的棚架，可用竹、木搭成，自然而有野趣，能与自然环境协调，但使用期限不长。坚固的棚架，用砖石、钢管或钢筋混凝土等建造，美观、坚固、耐用，维修费用少（图4-15）。

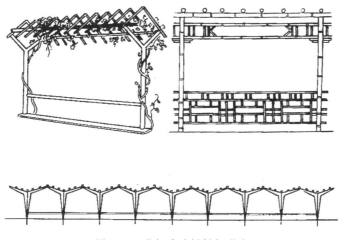

图4-15　花架建造材料与形式

花架的植物材料选择要考虑花架的遮荫和景观两个方面的作用，多选用藤本蔓生并且具有一定观赏价值的植物，如常春藤、络石、紫藤、凌霄、地锦、南蛇藤、五味子、木香等。也可考虑使用有一定经济价值的植物如葡萄、金银花、猕猴桃等。

（六）花架的造型设计

花架造型比较灵活和富于变化，最常见的形式是梁架式，也就是人们所熟悉的葡萄架。半边列柱半边墙垣，造园趣味类似半边廊，在墙上亦可以开设景窗使意境更为含蓄。此外新的形式还有单排柱花架或单柱式花架及圆形花架。单排柱的花架仍然保持廊的造园特征，它在组织空间和疏导人流方面，具有同样的作用，但在造型上更加轻盈自由。单柱式的花架很像一座亭子，只不过顶盖是由攀援植物的叶与蔓组成。

花架的设计往往同其他小品相结合，形成一组内容丰富的小品建筑，如布置座凳供人小憩，墙面开设景窗、漏花窗，柱间嵌以花墙，周围点缀叠石小池以形成吸引游人的景点。

三、廊架工程施工技术

（一）混凝土廊架施工技术

1. 定点放线

根据设计图和地面坐标系统的对应关系，用测量仪器把廊架的位置和边线测放到地面上。

2. 基础处理及柱身浇筑

根据放线比外边缘宽 20cm 左右挖好槽之后，首先用素土夯实，有松软处要进行加固，不得留下不均匀沉降的隐患，再用 150mm 厚级配三合土做垫层，基层以 100mm 厚的 C20 素混凝土和 120mm 厚 C15 垫层做好，再用 C20 钢筋混凝土做基础，再安装模板浇筑下为 460mm×460mm，上为 300mm×300mm 的钢筋混凝土柱子。

混凝土的组成材料为：石子、砂、水泥和水按一定比例均匀拌和，浇筑在所需形状的模板内，经捣实、养护、硬结成廊架的柱子。

3. 柱身装饰及廊架顶部构成

清理干净浇筑好的混凝土柱身后，用 20mm 厚的 1：2 砂浆文化石贴面。采用专用塑料花架网格安装成 120mm×360mm 的菠萝格，作为廊架的顶部。

（二）木花架施工

1. 工艺流程

采购选料→加工木柱及木枋和角钢→对半成品进行防腐基础处理→核查半成品→现场放线定位→安装角钢→对预埋件（包括柱形杯口基础）检查和处理→安装木柱及木枋→对半成品进行防腐处理→刷防腐面漆

2. 选料

组织设计单位，建设单位，监理单位共同对木材市场或产地实地考察后再确定供货单位，签订供货合同。

组织责任性强，经验丰富，技术好的木工班子，对供货单位仓库的库存材料进行筛选，选择材质，质地坚韧，材料挺直，比例匀称，正常无障节、无霉变、无裂缝，色泽一致，干燥的木材。

3. 加工制作

根据锯好的木花架半成品料，按规格，同时应进行再次检查，保证用料质量和规格。

木花架制作前，先进行放样。木工放样应按设计要求的木料规格，逐根进行榫穴、榫头划墨，画线必须正确。操作木工应按要求分别加工制作，榫要饱满，眼要方正，半榫的长度应比半眼的深度短 2～3mm，线条要平直、光滑、清秀、深浅一致。割角应严密、整齐。刨面不得有刨痕、戗槎及毛刺。拼榫完成后，应检查花架方木的角度是否一致，是否有松动现象，整体强度是否牢固。木作加工不仅要求制作，接榫严密，更应确保材料质量。构件规格较大，施工时也应注意榫卯，凿眼工序中的稳、准程度，用家具的质量标准要求，体现园林小品的特色。

4. 木花架安装

安装前要预先检查木花架制作的尺寸，对成品加以检查，进行校正规方。如有问题，应事先修理好。预先检查固定木花架的预埋件，数量、位置必须准确，埋设牢固。

① 安装木柱：先在素混凝土上垫层弹出各木柱的安装位置线及标高，间距应满足设计要求，将木柱放正，放稳，并找好标高，按设计要求方法固定。

② 安装木花架：将制作好的木花架木枋按设计图要求安装，用钢钉从枋侧斜向钉入，钉长为枋厚的 1～1.2 倍。固定完之后及时清理干净。

木材的材质和铺设时的含水率必须符合木结构工程施工及验收规范的有关规定。

5. 成品的防腐

木制品及金属制品必须在安装前按规范进行半成品防腐基础处理，安装完成后立即进行防腐施工，若遇雨雪天气必须采取防水措施，不得让半成品受淋至湿，更不得在湿透的成品上进行防腐施工，确保成品防腐质量合格。

（三）质量保证措施

① 组织一支对木结构工程施工富有经验、技术过硬、管理有素的技术管理人员和工人进场施工。

② 进场前组织有关技术人员认真阅读施工图纸和学习木结构施工规范有关条文，充分领会设计意图。

③ 施工前对所有施工人员进行详细的技术交底，确保参与施工的每一位人对工程的本职工作能知应会。

④ 建立"样板房"制：开工后，组织所有分组的领班先进行二个木花架样板的施工，样板验收合格后，总结出统一的操作流程和验收标准，要求各领班按照统一的操作流程和验收标准带领工人施工，各木花架施工竣工均按样板验收，确保工程质量优良。

（四）成品保护

① 木质材料和半成品进现场后，经检验合格，应码放在室内，分规格码放整齐，使用时轻拿轻放，不可以乱扔乱堆，以免损坏棱角。

② 施工时，在木枋上操作人员要穿软底鞋，且不得在木柱和木枋上敲砸，防止损坏面层。

③ 木花架施工中注意环境的温度、湿度的变化，竣工前覆盖塑料薄膜，防止半成品受潮。

第四节　花坛施工与管理

花坛是一种古老的花卉应用形式，源于古罗马时代的文人园林，16 世纪在意大利园林中广泛应用，17 世纪在法国凡尔赛宫中达到了高潮，那时大量使用的是彩结式模纹花坛群。花坛的最初含义是在具有几何形轮廓的植床内，种植各种不同色彩的花卉，运用花卉的群体效果来体现图案纹样，或观赏平面时绚丽景观的一种花卉应用形式。它以突出鲜艳的色彩或精美华丽的纹样来体现其装饰效果。

花坛的体量、大小也应与花坛设置的广场、出入口及周围建筑的高低成比例，一般不应超过广场面积的 1/3，不小于 1/5。出入口设置花坛以既美观又不妨碍游人路线为原则，在高度上不可遮住出入口视线。花坛的外部轮廓也应与建筑物边线、相邻的路边和广场的形状协调一致。色彩应与所在环境有所区别，既起到醒目和装饰作用，又与环境协调，融于环境之中，形成整体美。

一、平面花坛施工技术

（一）植物选择

以观花草本为主体，可以是一、二年生花卉，也可用多年生球根或宿根花卉。可适当选用少量常绿、色叶及观花小灌木作辅助材料。

一、二年生花卉为花坛的主要材料，其种类繁多，色彩丰富，成本较低。球根花卉也是平面花坛的优良材料，色彩艳丽，开花整齐，但成本较高。适合作花坛的花卉应株丛紧密、着花繁茂，理想的植物材料在平面时应完全覆盖枝叶，要求花期较长，开放一致，至少保持一个季节的观赏期。如为球根花卉，要求栽植后开花期一致。花色明亮鲜艳，有丰富的色彩幅度变化，纯色搭配及组合较复色混植更为理想，更能体现色彩美。不同种花卉群体配合时，除考虑花色外，也要考虑花的质感相协调才能获得较好的效果。植株高度依种类不同而异，但以选用 10～40cm 的矮性品种为宜。此外要移植容易，缓苗较快。

（二）色彩设计

平面花坛表现的主题是花卉群体的色彩美，因此在色彩设计上要精心选择不同花色的花卉巧妙的搭配。一般要求鲜明、艳丽。如果有台座，花坛色彩还要与台座的颜色相协调。

1. 平面花坛常用的配色方法

（1）对比色应用　这种配色较活泼而明快。深色调的对比较强烈，给人兴奋感，浅色调的对比配合效果较理想，对比不那么强烈，柔和而又鲜明。如堇紫色＋浅黄色（堇紫色三色堇＋黄色三色堇、藿香蓟＋黄早菊、荷兰菊＋黄早菊＋紫鸡冠＋黄早菊），橙色＋蓝紫色（金盏菊＋雏菊、金盏菊＋三色堇），绿色＋红色（扫帚草＋星红鸡冠）等。

（2）暖色调应用　类似色或暖色调花卉搭配，色彩不鲜明时可加白色以调剂，并提高花坛明亮度。这种配色鲜艳，热烈而庄重，在大型花坛中常用。如红＋黄或红＋白｜黄（黄早菊＋白早菊＋一串红或一品红、金盏菊或黄三色堇＋白雏菊或白色三色堇＋红色美女樱）。

（3）同色调应用　这种配色不常用，适用于小面积花坛及花坛组，起装饰作用，不作主景。如白色建筑前用纯红色的花，或由单纯红色、黄色或紫红色单色花组成的花坛组。

2. 色彩设计中要注意的问题

① 一个花坛配色不宜太多。一般花坛 2～3 种颜色，大型花坛 4～5 种足矣。配色多而复杂难以表现群体的花色效果，显得杂乱。

② 在花坛色彩搭配中注意颜色对人的视觉及心理的影响。如暖色调给人在面积上有扩张感，而冷色则收缩，因此设计各色彩的花纹宽窄、面积大小要有所考虑。例如。为了达到视觉上的大小相等，冷色用的比例要相对大些才能达到设计意图。

③ 花坛的色彩要和它的作用相结合考虑。装饰性花坛、节日花坛要与环境相区别，组织交通用的花坛要醒目，而基础花坛应与主体相配合，起到烘托主体的作用，不可过分艳丽，以免喧宾夺主。

④ 花卉色彩不同于调色板上的色彩，需要在实践中对花卉的色彩仔细观察才能正确应用。同为红色的花卉，如天竺葵、一串红、一品红等，在明度上有差别，分别与黄早菊配用，效果不同，一品红红色较稳重，一串红较鲜明，而天竺葵较艳丽，后两种花卉直接与黄菊配合，也有明快的效果，而一品红与黄菊中加入白色的花卉才会有较好的效果。同样，黄、紫、粉等各色花在不同花卉中明度，饱和度都不相同，仅据书中文字描述的花色是不够的。也可用平面坛形式组成文字图案，这种情况下用浅色（如黄、白）作底色，用深色（如红、粉）作文字，效果较好。

（三）图案设计

外部轮廓主要是几何图形或几何图形的组合。花坛大小要适度。在平面上过大在视觉上会引起变形。一般观赏轴线以 8～10m 为度。现代建筑的外形超于多样化、曲线化，在外形多变的建筑物前设置花坛，可用流线或折线构成外轮，对称，拟对称或自然式均可，以求与环境协调内部图案要简洁，轮廓明显。忌在有限的面积上设计烦琐的图案，要求有大色块的效果。一个花坛即使用色很少，但图案复杂则花色分散，不易体现整体块效果。

平面花坛可以是某一季节观赏，如春季花坛、夏季花坛等，至少保持一个季节内有较好的观赏效果。但设计时可同时提出多季观赏的实施方案，可用同一图案更换花材，也可另设方案，一个季节花坛景观结束后立即更换下季材料，完成花坛季相交替。

（四）平面式花坛施工

1. 整地翻耕

花卉栽培的土壤必须深厚、肥沃、疏松。因而在种植前，一定要先整地，一般应深翻30～40cm，除去草根、石头及其他杂物。如果栽植深根性花木，还要翻耕更深一些。如土质较差，则应将表层更换好土（30cm表土）。根据需要，施加适量肥性好而又持久的已腐熟的有机肥作为基肥。

平面花坛，不一定呈水平状，它的形状也可以随地形、位置、环境自由处理成各种简单的几何形状，并带有一定的排水坡度。平面花坛有单面观赏和多面观赏等多种形式。

平面花坛，一般采用青砖、红砖、石块或水泥预制作砌边，也有用草坪植物铺边的。有条件的还可以采用绿篱及低矮植物（如葱兰、麦冬）以及用矮栏杆围边以保护花坛免受人为破坏。

2. 定点放线

一般根据图纸规定、直接用皮尺量好实际距离，用点线做出明显的标记。如花坛面积较大，可改用方格法放线。

放线时，要注意先后顺序，避免踩坏已放做好标志。

3. 起苗栽植

裸根苗应随起随栽，起苗应尽量注意保持根系完整。

掘带土花苗，如花圃畦地干燥，应事先灌浇苗地。起苗时要注意保持根部土球完整，根系丰满。如苗床土质过于松散，可用物轻轻捏实。掘起后，最好于阴凉处置放1～2天，再运往栽植。这样做，既可以防止花苗土球松散，又可缓苗，有利其成活。

盆栽花苗，栽植时，最好将盆退下，但应注意保证盆土不松散。

4. 栽后管理

平面花坛，由于管理粗放，除采用幼苗直接移栽外，也可以在花坛内直接播种。出苗后，应及时进行间苗管理。同时应根据需要，适当施用追肥。追肥后应及时浇水，球根花卉，不可施用未经充分腐熟的有机肥料，否则会造成球根腐烂。

二、模纹花坛施工技术

模纹花坛主要表现植物群体形成的华丽纹样，要求图案纹样精美细致，有长期的稳定性，可供较长时间观赏。

（一）植物选择

植物的高度和形状对模纹花坛纹样表现有密切关系，是选择材料的重要依据。低矮细密的植物才能形成精美细致的华丽图案。典型的模纹花坛材料如五色草类及矮黄杨都要符合下述要求。

① 以生长缓慢的多年生植物为主，如红绿草、白草、尖叶红叶苋等。一、二年生草花生长速度不同，图案不易稳定，可选用草花的扦插、播种苗及植株低矮的花卉作图案的点缀，前者如紫菀类、孔雀草、矮串红、四季秋海棠等；后者有香雪球、雏菊、半支莲、三色

堇等，但把它们布置成图案主体则观赏期相对较短，一般不使用。

② 以枝叶细小，株丛紧密，萌蘖性强，耐修剪的观叶植物为主。通过修剪可使图案纹样清晰，并维持较长的观赏期。枝叶粗大的材料不易形成精美的纹样，在小面积花坛上尤不适用。观花植物花期短，不耐修剪，若使用少量作点缀，也以植物株低矮、花小而密者效果为佳。植株矮小或通过修剪可控制在 5～10cm 高，耐移植，易栽培，缓苗快的材料为佳。

（二）色彩设计

模纹花坛的色彩设计应以图案纹样为依据，用植物的色彩突出纹样，使之清晰而精美。如选用五色草中红色的小叶红或紫褐色小叶黑与绿色的小叶绿描出各种花纹。为使之更清晰还可以用白绿色的白草种在两种不同色草的界限上，突出纹样的轮廓。

（三）图案设计

模纹花坛以突出内部纹样华丽为主，因而植床的外轮廓以线条简洁为宜，可参考平面花坛中较简单的外形图案。面积不易过大，尤其是平面花坛，面积过大在视觉上易造成图案变形的弊病。

内部纹样可较平面花坛精细复杂些。但点缀及纹样不可过于窄细。以红绿草类为例，不可窄于 5cm，一般草本花卉以能栽植 2 株为限。设计条纹过窄则难于表现图案，纹样粗宽色彩才会鲜明，使图案清晰。

内部图案可选择的内容广泛，如仿照某些工艺品的花纹、卷云等，设计成毡状花纹；用文字或文字与纹样组合构成图案，如国旗、国徽、会徽等，设计要严格符合比例，不可改动，周边可用纹样装饰，用材也要整齐，使图案精细，多设置于庄严的场所；名人肖像，设计及施工均较严格，植物材料也要精选，从而真实体现名人形象，多布置在纪念性园地；也可选用花篮、花瓶、建筑小品、各种动物、花草、乐器等图案或造型，可以是装饰性，也可以有象征意义；此外还可利用一些机器构件如电动马达等与模纹图案共同组成有实用价值的各种计时器，常见的有日晷花坛、时钟花坛及日历花坛等。

（1）日晷花坛 设置在公园、广场有充分阳光照射的草地或广场上，用毛毡花坛组成日晷的底盘，在底盘的南方立一倾斜的指针，在晴天时指针的投影可从早 7 时至下午 5 时指出正确时间。

（2）时钟花坛 用植物材料时钟表盘，中心安置电动时钟，指针高出花坛之上，可正确指示时间，设在斜坡上观赏效果好。

（3）日历花坛 用植物材料组成"年"、"月"、"日"或"星期"等字样，中间留出空间，用其他材料制成具体的数字填于空位，每日更换。日历花坛也宜设于斜坡上。

（四）施工技术

模纹式花坛又称"图案式花坛"。由于花费人工，一般均设在重点地区，种植施工应注意以下几点。

（1）整地翻耕 除按照上述要求进行外，由于它的平整要求比一般花坛高，为了防止花坛出现下沉和不均匀现象，在施工时应增加一两次镇压。

（2）上顶子 模纹式花坛的中心多数栽种苏铁、龙舌兰及其他球形盆栽植物，也有在中心地带布置高低层次不同的盆栽植物，称之为"上顶子"。

（3）定点放线 上顶子的盆栽植物种好后，应将其他的花坛面积翻耕均匀，耙平，然后按图纸的纹样精确地进行放线。一般先将花坛表面等分为若干份，再分块按照图纸花纹，用白色细沙，撒在所划的花坛线上。也有用铅丝、胶合板等制成纹样，再用它在地面上放样。

（4）栽草 一般按照图案花纹先里后外，先左后右，先栽主要纹样，逐次进行。如花坛面积大，栽草困难，可搭搁板或扣子匣子，操作人员踩在搁板或木匣子上栽草。栽种进可先用木槌子插眼，再将草插入眼内用手按实。要求做到苗齐，地面达到横看一平面，纵看一条线。为了强调浮雕效果，施工人员事先用土做出形来，再把草栽到起鼓处，则会形成起伏状。株行距离视五色草的大小而定，一般白草的株行距离为 3～4cm，小叶红草、绿草的株行距离为 4～5cm，大叶红草的株行距离为 5～6cm。平均种植密度为每平方米栽草 250～280 株。最窄的纹样栽白草不少于 3 行，绿草、小叶红、黑草不少于 2 行。花坛镶边植物火绒子、香雪球栽植距离为 20～30cm。

（5）修剪和浇水　修剪是保证五色草花坛形状的关键。草栽好后可先进行 1 次修剪，将草压平，以后每隔 15～20 天修剪 1 次。有两种剪草法：一则平剪，纹样和文字都剪平，顶部略高一些，边缘略低；另一种为浮雕形，纹样修剪成浮雕状，即中间草高于两边，否则会失去美观性或露出地面。浇水除栽好后浇 1 次透水外，以后应每天早晚各喷水 1 次。

三、立体花坛施工技术

（一）标牌花坛

花坛以东、西两向观赏效果好，南向光照过强，影响视觉，北向逆光，纹样暗淡，装饰效果差。也可设在道路转角处，以观赏角度适宜为准。有两种方法。

其一用五色苋等观叶植物为表现字体及纹样的材料，栽种在 15cm×40cm×70cm 的扁平塑料箱内。完成整体的设计后，每箱依照设计图案中所涉及的部分扦插植物材料，各箱拼组在一起则构成总体图样。之后，把塑料箱依图案固定在竖起（可垂直，也可斜面）的钢木架上，形成立面景观。

其二是平面花坛的材料为主，表现字体或色彩，多为盆栽或直接种在架子内。架子为台阶式则一面观为主，架子呈圆台或棱台样阶式可作四面观。设计时要考虑阶梯间的宽度及梯间高差，阶梯高差小形成的花坛表面较细密。用钢架或砖及木板成架子，然后花盆依图案设计摆放其上，或栽植于种植槽式阶梯架内，形成立面景观。

设计立体花坛时要注意高度与环境协调。种植箱式可较高，台阶式不易过高。除个别场合利用立体花坛作屏障外，一般应在人的视觉观赏范围之内。此外，高度要与花坛面积成比例。以四面观圆形花坛为例，一般高为花坛直径的 1/4～1/6 较好。设计时还应注意各种形式的立面花坛不应露出架子及种植箱或花盆，充分展示植物材料的色彩或组成的图案。此外还要考虑实施的可能性及安全性，如钢木架的承重及安全问题等。

（二）造型花坛

造型物的形象依环境及花坛主题来设计，可为花篮、花瓶、动物、图徽及建筑小品等，色彩应与环境的格调、气氛相吻合，比例也要与环境协调。运用毛毡花坛的手法完成造型物，常用的植物材料，如五色草类及小菊花。为施工布置方便，可在造型物下面安装有轮子的可移动基座。

（三）立体花坛施工

立体花坛就是用砖、木、竹、泥等制成骨架，再用花卉布置外型，使之成为兽、鸟、花瓶、花篮等立体形状的花坛形式。施工有以下几点。

1. 立架造型

外形结构一般应根据设计构图，先用建筑材料制作大体相似的骨架外形，外面包以泥土，并用蒲包或草将泥固定。有时也可以用木棍作中柱，固定地上，然后再用竹条、铅丝等扎成立架，再外包泥土及蒲包。

2. 栽花

立体花坛的主体花卉材料，一般多采用五色草布置，所栽小草由蒲包的缝隙中插进去。插入之前，先用铁器钻一小孔，插入时草根要舒展，然后用土填满缝隙，并用手压实，栽植的顺序一般由上向下，株行距离可参考模纹式花坛。为防止植株向上弯曲，应及时修剪，并经常整理外形。

花瓶式的瓶口或花篮式的篮口，可以布置一些开放的鲜花。花体花坛的基床四周应布置一些草本花卉或模纹式花坛。

立体花坛应每天喷水，一般情况下每天喷水 2 次，天气炎热干旱则应多喷几次。每次喷水要细、防止冲刷。

四、花坛的养护与管理

花卉在园林应用中必须有合理的养护管理定期更换，才能生长良好和充分发挥其观赏效果。主要归纳为下列几项工作。

（一）栽植与更换

作为重点美化而布置的一、二年生花卉，全年需进行多次更换，才可保持其鲜艳夺目的色彩。必须事先根据设计要求进行育苗，至含蕾待放时移栽花坛，花后给予清除更换。

华东地区的园林，花坛布置至少应于 4～11 月间保持良好的观赏效果，为此需要更换花卉 7～8 次；如采用观赏期较长的花卉，至少要更换 5 次。有些蔓性或植株铺散的花卉，因苗株长大后难移栽，另有一些是需直播的花卉，都应先盆栽培育，至可供观赏的脱盆植于花坛。近年国外普遍使用纸盆及半硬塑料盆，这对更换工作带来了很大的方便。但园林中应用一、二年生花卉作重点美化，其育苗、更换及辅助工作等还是非常费工的，不宜大量运用。

球根花卉按种类不同，分别于春季或秋季栽植。由于球根花卉不宜在成生后移植或花落后即掘起，所以对栽植初期植株幼小或枝叶稀少种类的株行间，配植一、二年生花卉，用以覆盖土面并以其枝叶或花朵来衬托球根花卉，是相互有益的。适应性较强的球根花卉在自然式布置种植时，不需每年采收。郁金香可隔 2 年、水仙隔 3 年，石蒜类及百合类隔 3～4 年掘起分栽一次。在作规则式布置时可每年掘起更新。

宿根花卉包括大多数岩生及水生花卉，常在春或秋分株栽植，根据各自的生长习性不同，可 2～3 年或 5～6 年分栽一次。

地被植物大部分为宿根性，要求较粗放；其中属一、二年生的如选材合适，一般不需较多的管理，可让其自播繁衍，只在种类比例失调时，进行补播或移栽小苗即可。

（二）土壤要求与施肥

普通园土适合多数花卉生长，对过劣的或工业污染的土壤（及有特殊要求的花卉），需要换入新土（客土）或施肥改良。对于多年生花卉的施肥，通常是在分株栽植时作基肥施入；一二年生花卉主要在圃地培育时施肥，移至花坛仅供短期观赏，一般不再施肥；只对长期生长在花坛中的追液肥 1～2 次。

（三）修剪与整理

在圃地培育的草花，一般很少进行修剪，而在园林布置时，要使花容整洁，花色清新，修剪是一项不可忽视的工作。要经常将残花、果实（观花者如不使其结实，往往可显著延长花期）及枯枝黄叶剪除；毛毡花坛需要经常修剪，才能保持清晰的图案与适宜的高度；对易倒伏的花卉需设支柱；其他宿根花卉、地被植物在秋冬茎叶枯黄后要及时清理或刈除；需要防寒覆盖的可利用这些干枝叶覆盖，但应防止病虫害藏匿及注意田园卫生。

第五节　园桥施工与管理

园林中的桥，可以联系风景点的水陆交通，组织游览线路，变换观赏视线，点缀水景，增加水面层次，兼有交通和艺术欣赏的双重作用。园桥在造园艺术上的价值，往往超过交通功能。

在自然山水园林中，桥的布置同园林的总体布局、道路系统、水体面积占全园面积的比例、水面的分隔或聚合等密切相关。园桥的位置和体型要和景观相协调。大水面架桥，又位于主要建筑附近的，宜宏伟壮丽，重视桥的体型和细部的表现；小水面架桥，则宜轻盈质朴，简化其体型和细部。水面宽广或水势湍急者，桥宜较高并加栏杆；水面狭窄或水流平缓者，桥宜低并可不设栏杆。水陆高差相近处，平桥贴水，过桥有凌波信步亲切之感；沟壑断崖上危桥高架，能显示山势的险峻。水体清澈明净，桥的轮廓需考虑倒影；地形平坦，桥的轮廓宜有起伏，以增加景观的变化。此外，还要考虑人、车和水上交通的要求。

一、园桥施工相关知识

（一）园桥的作用

园林中的桥是风景桥，它是风景景观的一个重要组成部分。园桥具有三重作用，具体如下。

① 是悬空的道路，起组织游览线路和交通功能，并可变换游人观景的视线角度。

② 是凌空的建筑，点缀水景，本身常常就是园林一景，在景观艺术上有很高价值，往往超过其交通功能。加建亭廊的桥，称亭桥或廊桥。

③ 是分隔水面，增加水景层次，水面被划分为大与小，桥则在线（路）与面（水）之间起中介作用。

（二）园桥的分类

1. 平桥

简朴雅致，紧贴水面，它或增加风景层次，或便于观赏水中倒影，池里游鱼，或平中有险，别有一番乐趣。

平桥外形简单，有直线形和曲折形，结构有梁式和板式。板式桥适于较小的跨度，简朴雅致。跨度较大的就需设置桥墩或柱，上安木梁或石梁，梁上铺桥面板。

2. 曲桥

为游客提供了各种不同角度的观赏点，桥本身又为水面增添了景致。曲折形的平桥，是中国园林中所特有，不论三折、五折、七折、九折，通称"九曲桥"。其作用不在于便利交通，而是要延长游览行程和时间，以扩大空间感，在曲折中变换游览者的视线方向，做到"步移景异"；也有的用来陪衬水上亭榭等建筑物，如上海城隍庙九曲桥。

3. 拱桥

多置于大水面，它是将桥面抬高，做成玉带的形式。这种造型优美的曲线，圆润而富有动感。既丰富了水面的立体景观，又便于桥下通船。

拱桥造型优美，曲线圆润，富有动态感。单拱的如北京颐和园玉带桥，拱券呈抛物线形，桥身用汉白玉，桥形如垂虹卧波。多孔拱桥适于跨度较大的宽广水面，常见的多为三、五、七孔。著名的颐和园十七孔桥，长约150m，宽约6.6m，连接南湖岛，丰富了昆明湖的层次，成为万寿山的对景。

4. 亭桥、廊桥

加建亭廊的桥，称为亭桥或廊桥，可供游人遮阳避雨，又增加桥的形体变化。亭桥如杭州西湖三潭印月，在曲桥中段转角处设三角亭，巧妙地利用了转角空间，给游人以小憩之处；扬州瘦西湖的五亭桥，多孔交错，亭廊结合，形式别致。廊桥有的与两岸建筑或廊相连，如苏州拙政园"小飞虹"；有的独立设廊，如桂林七星岩前的花桥。苏州留园曲奚楼前的一座曲桥上，覆盖紫藤花架，成为风格别具的"绿廊桥"。

5. 汀步

又称步石、飞石。浅水中按一定间距布设块石，微露水面，使人跨步而过。园林中运用这种古老渡水设施，质朴自然，别有情趣。将步石美化成荷叶形，称为"莲步"，如桂林芦笛岩水榭旁就有这种设施。

（三）园桥的设计方法

1. 园桥的位置选择

在风景园林中，桥位选址与总体规划、园路系统、水面的分隔或聚合、水体面积大小密切相关。大水面架桥，借以分隔水面时，宜选在水面岸线较狭处，既可减少桥的工程造价，又可避免水面空旷。建桥时，应适当抬高桥面，既可满足通航的要求，还能框景，增加桥的艺术效果。附近有建筑的，更应推敲桥体的细部表现。小水面架桥宜体量小而轻，体型细部应简洁，轻盈质朴，同时，宜将桥位选择在偏居水面的一隅，以期水系藏源，呈现"小中见大"的景观效果。在水势湍急处，桥宜凌空架高，并加栏杆，以策安全，并壮气势。水面高程与岸线齐平处，宜使桥平贴水波，使人接近水面，产生凌波亲切之感。

2. 园桥的设计

（1）单跨平桥　造型简单能给人以轻快的感觉。有的平桥用天然石块稍加整理作为桥板架于溪上，不设栏杆，只在桥端两侧置天然景石隐喻桥头，简朴雅致。如苏州拙政园曲径小桥、广州荔湾公园单跨仿木平板桥，亦具田园风趣。

（2）曲折平桥　多用于较宽阔的水面而水流平静者。为了打破一跨直线平桥过长的单调感，可架设曲折桥式。曲折桥有两折、三折、多折等。如上海坡隍庙九曲桥，饰以华丽栏杆与灯柱，形态绚丽与庙会的热闹气氛相协调。

（3）拱券桥　用于庭园中的拱券桥多以小巧取胜，苏州网师园石拱桥以其较小的尺度，低矮的栏杆及朴素的造型和周围的山石树木配合得体见称。如广州流花公园混凝土薄拱桥造型简洁大方，桥面略高于水面，在庭园中形成小的起伏，颇富新意。

（4）汀步　水景的布置除桥外在园林中亦喜用汀步。汀步宜用于浅水河滩，平静水池，山林溪涧等地段。近年来以汀步点缀水面亦有许多创新的实例。

二、园桥施工技术

桥的基础全部采用松木桩嵌毛石，上铺混凝土垫层，再上筑 C15～C20 的混凝土或钢筋混凝土上砌条石和毛石或石柱。

施工工艺流程：松木桩基础施工→毛石嵌桩及 C10 混凝土垫层施工→承台施工→桥面施工。

（一）松木桩基础施工

1. 工艺流程

放样 →挖土填塘渣 →放样 →打木桩

2. 施工方法

根据施工设计图先放样划出小桥桩基区域，监理认可后将区域内土挖深到桩顶设计标高下 50～60cm，在监理工程师验收后填入 10cm 厚填塘渣，填出一个可放样施工的作业平台。然后在作业平台上放样划出桩位图，监理认可后开始木桩的打桩施工，桩顶控制到设计标高。

3. 打松木桩应着重控制的质量要求

① 桩位偏差必须控制在小于等于 $D/6$～$D/4$ 中间范围内，桩的垂直度允差 1%。

② 在打桩时，如感到木桩入土无明显持力感觉时应向监理及时汇报接桩（如设计有单桩承载指标时应该做单桩荷载试验）。

③ 打桩线路注意从中间往外两边对称打，防止桩位严重移动。

（二）毛石嵌桩及 C10 混凝土垫层

桩区外边抛直径不大于 50cm 毛石，桩间抛直径不大于 40cm 毛石，对称均衡分层抛，每层先抛中间，后抛外侧，使桩成组并保持正确位置，另外一边抛毛石，一边适当填入塘渣，使桩顶区嵌石密实。这样分层抛毛石到桩顶标高，然后在此基础上可以做 10 厚混凝土垫层。

（三）承台施工

1. 垫层施工

① 垫层施工前先破碎桩头至设计标高，并外用破碎混凝土。

② 垫层结构采用 10cm 厚碎石垫层。

③ 垫层混凝土尺寸每边比承台尺寸加宽 10cm。

④ 碎石垫层表面用平板振捣密实。

2. 承台钢筋

① 大于 16mm 以上的钢筋，连接均用焊接。

② 钢筋绑扎先绑底部的钢筋，然后再绑扎侧面钢筋及顶部钢筋。

③ 设置好保护层垫块、位置、尺寸均确保符合设计要求。

④ 钢筋绑扎完毕，由有关人员组织隐蔽工程验收，并做好验收记录，交监理复查，由监理在隐蔽单上签字后进行下道工序施工。

3. 承台模板

① 便于模板搬运及周转使用，采用定型九夹板模板，具体拼装尺寸随承台侧面尺寸而定。

② 模板安装前刷脱模剂。安装时，确保模板接缝紧密，并用封口胶胶纸将缝隙封贴，防止漏浆。

③ 承台模板采用 12 号槽钢做竖楞，双向@1000，下设对拉螺丝，上口以钢管固定位置。外侧用抛撑固定。

④ 模板安装好后，组织人员对模板的稳定性、承台尺寸、拼缝、连接牢固程度等进行自检。自检合格后报监理验收，合格后进行下道工序。

4. 承台混凝土

承台混凝土为采用 C20 混凝土。由于承台混凝土体积大，易产生由各类不利因素引发的裂缝。因此施工时确保严格控制温度及水灰比，振捣密实，养护及时，以保证混凝土质量。

① 严格控制原材料质量，主要是砂石料的级配、含泥量及水泥质量。

② 严格控制坍落度在 10～12cm 之间，确保混凝土浇捣质量。

③ 承台混凝土采用分层水平浇筑，每层厚 30cm 左右。

④ 浇筑时分两个小组由中间向两头同步循环往上浇筑。

⑤ 浇至顶面，人工用木抹子抹至粗平，定浆后再用铁板抹面压光。特别是立柱模板位置保证标高准确、平整，以利于下道工序施工。

⑥ 并在立柱模外围约 30cm 处预埋 ϕ25 钢筋，作为固定立柱模板底部的支撑点。

⑦ 混凝土下料确保不产生分层离析，用溜槽接送至承台面上，如下落高度超过 2m，用串筒接送。

⑧ 浇捣时为确保混凝土密实度，做到快插慢拔，直至混凝土面不冒气泡或已明显下降及泛浆为止。

⑨ 养护、加盖草包派专人 24 小时浇水养护 3～5 天，在混凝土强度达到 2.5MPa 之前，不准行人及运输工具上模板、支架。

5. 基坑回填

① 承台混凝土强度达到设计强度 70%，通过试块检测确定。

② 承台结构通过隐蔽验收。

③ 清除淤泥、杂物，坑内积水抽干。

④ 基坑回填分层间夹土进行回填，每层 30～40cm，并夯实，确保密实度≥85%。麻袋养护。

（四）桥台工程

1. 浆砌块石台身施工

① 选择较规则平整同类的 300×400×200 的梅雨石经过加工凿平后，作为镶面块石，采用具有三个较大平面的块石。

② 砌筑砂浆采用 M10 水泥砂浆，水泥砂浆的水灰比不大于 0.65。

③ 镶面石砌筑采用三顺一丁，做到横平竖直，砂浆饱满，叠砌得当。

④ 墙身浆砌块石采取分层砌筑必须错开，交接处咬扣紧密，同一行内不能有贯通的直缝。

⑤ 砌筑时每隔 50～100cm 必须找平一次，作为一水平面。做到各水平层内垂直缝错开，错开距离不得小于 8cm，各砌块内的垂直缝错开 5cm，灰缝宽度最大 2cm，不得有干缝及瞎缝现象。

⑥ 砌筑顺序为先角石，再镶面，后填腹，填腹石的行列或分层高度要与镶面石高度基本相同，且在砌筑前将砌石浇湿。

⑦ 填腹后水平灰缝的宽度不大于 3cm，垂直缝宽度不大于 4cm，灰缝必须错开。

⑧ 在挡土墙砌筑时，泄水孔与沉降缝必须同时施工，位置及质量必须符合设计或规范要求。

2. 板梁安装

对于单跨小桥，考虑施工进度起见，直接采用吊机安装；对于连续 3 跨以上（包括 3 跨）的桥梁，考虑采用简易架梁机安装。

① 派专业架梁队伍负责本工程板梁的安装。

② 架梁设备选择：吊梁车配合一付导梁。

③ 架梁形式：卷扬机牵引吊梁车，运输板梁，并安装板梁。

3. 铺装层

铺装层钢筋绑扎前应清理桥面上的杂物，用水冲洗一遍，按图纸设计要求绑扎桥面及搭板铺装层钢筋，支好保护层垫块。每隔 4m 测设一点用细石混凝土找平至设计标高，根据测量放样定出中心线位置，安装模板及钢筋，浇注混凝土。水泥混凝土铺装面表面应坚实、平整、无裂纹，并有足够的粗糙度。

4. 栏杆

栏杆不是桥梁的主体结构，但它对桥梁内外的视觉颇为显著，如处理不好将直接影响桥梁的整体效果。当然，更为重要的是栏杆是桥上不可缺少的安全设施。安装前仔细对其尺寸、外观进行检查。栏杆的安装自一端柱开始，向另一端顺序安装。栏杆的垂直度用自制的"双十字"靠尺控制。

第六节　景亭施工技术

园亭是供游人休息和观景的园林建筑。园亭的特点是周围开敞，在造型上相对的小而集中，因此，亭常与山、水、绿化结合起来组景，并作为园林中"点景"的一种手段。在造型上，要结合具体地形，自然景观和传统设计并以其特有的娇美轻巧、玲珑剔透形象与周围的建筑、绿化、水景等结合而构成园林一景。亭的构造大致可分为亭顶、亭身、亭基三部分。体量宁小勿大，形制也较细巧，以竹、木、石、砖瓦等地方性传统材料均可修建。现在更多的是用钢筋混凝土或轻钢、铝合金、玻璃钢、镜面玻璃、充气塑料等新型材料组建而成。

一、传统亭的类型

（一）按平面分

（1）正多边形　正多边形尤以正方形平面是几何形中最严谨、规整、轴线布局明确的图形。常见多为三、四、五、六、八角形亭。

（2）长方形　平面长阔比多接近于黄金分割 1:1.6，由于亭同殿、阁、厅堂不同，其体量小巧，常可见其全貌，比例若过于狭长就不具有美感的基本条件了。

（3）仿生形亭　睡莲形、扇形（优美，华丽）、十字形（对称，稳定）、圆形（中心明确，向心感强）、梅花形。

（4）多功能复合式亭

（二）按亭顶分

（1）攒尖式　角攒易于表达向上，高峻，收集交汇的意境；圆攒表达向上之中兼有灵活、轻巧之感。

（2）歇山　易于表达强化水平趋势的环境。

（3）卷棚　卷棚歇山亭顶的具体易于表现平远的气势。

（4）路顶与开口顶

（5）单檐与重檐的组合

（三）按柱分（一般亭的体量随柱的增多而增加）

单柱——伞亭；双柱——半亭；三柱——角亭；四柱——方亭、长方亭；五柱——圆亭、梅花五瓣亭；六柱——重檐亭、六角亭；八柱——八角亭；十二柱——方亭、12 个月份亭、12 个时辰亭；十六柱——文亭、重檐亭。

（四）按材料分

地方材料：木、竹、石、茅草亭；混合材料（结构）：复合亭；轻钢亭；钢筋混凝土亭——仿传统、仿竹、书皮、茅草塑亭；特种材料（结构）亭——塑料树脂、玻璃钢、薄壳充气软结构、波折板、网架。

（五）按功能分

休憩遮阳遮雨——传统亭、现代亭；观赏游览——传统亭、现代亭；纪念，文物古迹——纪念亭、碑亭；交通，集散组织人流——站亭、路亭；骑水——廊亭、桥亭；倚水——楼台水亭；综合——多功能组合亭。

二、传统亭构造

（一）亭架构架

有伞法、大梁法、搭角梁法、扒梁法、抹角扒梁组合法、杠杆法、框圈法、井子交叉梁法。

（二）亭顶构造

（1）出檐

（2）封顶

（3）挂落

（三）传统亭

（1）攒尖亭　具有上升华的趋势，能产生高峻之感。

（2）圆亭　单檐圆亭都为攒尖式，重檐圆亭则不一定，圆亭易产生活泼明朗气氛。

（3）重檐亭

（4）正脊项（悬山和歇山）亭（榭）

（5）扇面亭　易于凸出的池岸、道路、曲廊等地形的转折处。

（6）半亭　是园林中极为活泼、极富有个性的小品，又常做厅屋入口，貌似垂花门状。

（7）草亭　可就地取材，做法亲切自然，充分利用地方材料。

（8）路顶亭和盔顶亭

（四）现代亭

1. 板亭

包括伞板亭、荷叶亭，造型简洁清新，组合灵活。

2. 野菌亭

3. 组合构架亭

（1）竹、木组合构架亭　自然趣味强，造价低，但易损坏，使用两年为限，可以先建竹木临时性的过度小品，成熟后再建成永久性的建筑。

（2）混凝土组合构架亭　可塑性好，节点易处理。但构架截面尺寸设计时不易权衡。

（3）轻钢、钢管组合式构架亭　本类型施工方便，组合灵活装配性强，单双臂悬挑均可成亭，也适宜于做露天餐厅茶座活动的遮阳伞亭。

4. 类拱亭

（1）盔拱亭

（2）多铰拱式长颈鹿馆亭　表示一对吻颈之交的长颈鹿，结构扩大了空间，有利于游人的室内活动，建筑与结构功能取得了一致。

5. 波形板亭

常可组合成韵律，表达一定的节奏感。

6. 软结构亭

用气承薄膜结构为亭顶或用彩色油布覆盖成顶。

三、凉亭施工技术

（一）凉亭基础的做法

工艺流程：素土夯实——200 厚大片夯实——50 厚碎石回填——100 厚 C15 素混凝土垫层——钢筋混凝土独立基础。

1. 素土夯实

① 基础开挖时，机械开挖应预留 10～20cm 的余土使用人工挖掘。

② 当挖掘过深时，不能用土回填。

③ 当挖土达到设计标高后，可用打夯机进行素土夯实，达到设计要求的素土夯实密实度。

2. 50 厚碎石回填

① 采用人工和机械结合施工，自卸汽车运 50 厚碎石，再用人工回填平整。

② 在铺筑碎石前，应将周边的浮土、杂物全部清除，并洒水湿润。

③ 摊铺碎石时无明显离析现象，或采用细集料作嵌缝处理。经过平整和整修后，人工压实，达到要求的密实度。

3. 素混凝土垫层

① 混凝土的下料口距离所浇筑的混凝土表面高度不得超过 2m。

② 混凝土的浇筑应分层连续进行，一般分层厚度为振捣器作用部分长度的 1.25 倍，最大不超过 50cm。

③ 采用插入式振捣器时应快插慢拔，插点应均匀排列，逐点移动，顺序进行，不得遗漏，做到振捣密实。

④ 浇筑混凝土时，应经常注意观察模板有无走动情况。当发现有变形、位移时，应立即停止浇筑，并及时处理好，再继续浇筑。

⑤ 混凝土振捣密实后，表面应用木抹子抹平。

⑥ 混凝土浇筑完毕后，应在 12h 内加以覆盖和浇水，浇水次数应能保持混凝土有足够的润湿状态。养护期一般不少于 7 昼夜。

4. 钢筋混凝土独立基础

① 垫层达到一定强度后，在其上划线、支模、铺放钢筋网片。次下部垂直钢筋应绑扎牢，并注意将钢筋弯钩朝上，连接柱的插筋，下端要用 90°弯钩与基础钢筋绑扎牢固，按轴线位置校核后用方木架成井字形，将插筋固定在基础外模板上；底部钢筋网片应用与混凝土保护层同厚度的水泥砂浆垫塞，以保证位置正确。

② 在浇筑混凝土前，模板和钢筋上的垃圾、泥土和钢筋上的油污等杂物，应清除干净。模板应浇水加以润湿。

③ 浇筑现浇柱下基础时，应特别注意柱子插筋位置的正确，防止造成位移和倾斜。在浇筑开始时，先满铺一层 5～10cm 厚的混凝土，并捣实，使柱子插筋下段和钢筋片的位置基本固定，然后再对称浇筑。

④ 基础混凝土宜分支连续浇筑完成。

⑤ 基础上有插筋时，要加以固定，保证插筋位置的正确，防止浇筑混凝土时发生移位。

⑥ 混凝土浇筑完毕，外露表面应覆盖浇水养护。

（二）地坪做法

主要施工流程：素土夯实——500 厚塘渣分层夯实——80 厚碎石垫层——100 厚 C20 素

混凝土垫层——30 厚 1∶3 水泥砂浆结合层——30 厚花岗石铺面

(三) 亭体整体木结构

施工工艺流程：木料准备——木构件加工制作——木构件拼装——质量检查

（1）木料准备　采用黄菠萝成品防腐木，外刷清漆两遍。

（2）木构件加工制作　按施工图要求下料加工，需要榫接的木构件要依次做好榫眼和榫接头。

（3）木构件拼装　所有木结构采用榫接，并用环氧树脂粘接，木板与木板之间的缝隙用密封胶填实。

(四) 施工要注意事项

① 结构构件质量必须符合设计要求，堆放或运输中无损坏或变形。

② 木结构的支座、支撑、连接等构件必须符合设计要求和施工规范的规定，连接必须牢固，无松动。

③ 所有木料必须防腐处理，面刷深棕色亚光漆。

(五) 质量检查

亭子属于纵向建筑，对稳定性的要求比较高，拼装后的亭子要保证构件之间的连接牢固，不摇晃；要保证整个亭子与地面上的混凝土柱连接甚好。

复 习 题

1. 景墙的类型及施工要点。
2. 挡土墙的施工技术要点有哪些。
3. 廊架的特点与施工技术。
4. 花坛的种类和施工技术。
5. 景亭的种类及施工技术。
6. 园桥的施工技术。

思 考 题

1. 如何将多种园林建筑小品有机地结合在一起?
2. 园林小品在园林景观中的作用。

实 训 题

园林建筑小品施工设计实训

【实训目的】掌握园林建筑小品施工图的绘制方法；明确园林建筑常用材质。

【实训方法】学生以小组为单位，进行场地实测、施工图设计、备料和放线施工。

【实训步骤】

1. 绘制景亭的建筑施工图；
2. 绘制当地常见园林小品建筑施工图。

第五章 假山工程施工技术

【本章导读】

山水是园林景观中的主体，俗话说"无园不山，无园不石"。假山工程是利用不同的软质、硬质材料，结合艺术空间造型所堆成的土山或石山，是自然界中山水再现于景园中的艺术工程，所以本章就结合现代材料和技术的发展来讲解作为园林景观重要组成部分的假山的施工准备工作和施工技术。

【教学目标】

通过本章的学习，了解假山的功能和类型，掌握典型的假山工程的构成材料、施工工艺流程及技术要点。

【技能目标】

培养运用假山工程的基本知识进行简单的假山设计的能力，通过学习让其具有理解和识别园林假山施工图的能力，掌握常见园林假山的设计与施工能力。

假山施工是具有明显再创造特点的工程活动。在大中型的假山工程中，一方面要根据假山设计图进行定点放线和随时控制假山各部分的立面形象及尺寸关系，另一方面还要根据所选用石材的形状、皴纹特点，在细部的造型和技术处理上有所创造，有所发展。小型的假山工程和石景工程有时则并不进行设计，而是直接在施工中临场发挥，一面施工一面构思，最后就可完成假山作品的艺术创造。

第一节 假山工程施工准备

一、施工前的准备

在假山施工开始之前，需要做好一系列的准备工作，才能保证工程施工的顺利进行。施工准备主要有备料、场地准备、人员准备及其他工作。

（一）施工材料的准备

1. 山石备料

要根据假山设计意图，确定所选用的山石种类，最好到产地直接对山石进行初选。初选的标准可适当放宽：石形变异大的、孔洞多的和长形的山石可多选些；石形规则、石面非自然生成而是爆裂面的、无孔洞的矮墩状山石可少选或不选。在运回山石过程中，对易损坏的奇石应给予包扎防护。山石材料应在施工之前全部运进施工现场，并将形状最好的一个石面向着上方放置。山石在现场不要堆起来，而应平摊在施工场地周围待选用。如果假山设计的结构形成是以竖立式为主，则需要长条形山石比较多，在长形石数量不足时，可以在地面将形状相互吻合的短石用水泥砂浆对接在一起，成为一块长形山石留待选用（图 5-1）。山石备料的数量多少，应根据设计图估算出来。为了适当扩大选石的余地，在估算的吨位数上应再增加 1/4～1/2 的吨位数，这就是假山工程的山石备料总量了。

图 5-1　长形对接山石备料

2. 辅助材料准备

水泥、石灰、砂石、铅丝等材料，也要在施工前全部运进施工现场堆放好。根据假山施工经验，以重量计，水泥的用料量可按山石用料量的 1/15～1/10 准备，石灰的用量应根据具体的基础设计情况推算求出，砂的备料量可为山石的 1/5～1/3，铅丝用量可按每吨山石1.5～3kg 准备。另外，还要根据山石质地的软硬情况，准备适量的铁爬钉、银锭扣、铁吊架、铁扁担、大麻绳等施工消耗材料。

3. 工具与施工机械准备

首先应根据工程量的大小，确定施工中所用的起重机械。准备好杉杆与手动葫芦，或者杉杆与滑轮、绞磨机等；做好起吊特大山石的使用吊车计划。其次，还要准备足够数量的手工工具（如图 5-2）。

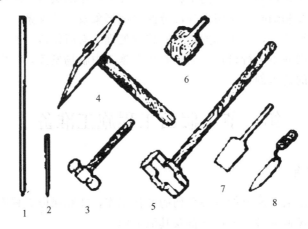

图 5-2　几种假山工具

1—大钢钎；2—錾子；3—锄头；4—琢镐；5—大铁锤；

6—灰板；7—砖刀；8—柳叶抹

（二）假山工程量估算

假山工程量一般以设计的山石实用吨位数为基数来推算，并以工日数来表示。假山采用的山石种类不同、假山造型不同、假山砌筑方式不同，都要影响工程量。由于假山工程的变化因素太多，每工日的施工定额也不容易统一，因此准确计算工程量有一定难度。根据十几项假山工程施工资料统计的结果，包括放样、选石、配制水泥砂浆及混凝土、吊装山石、堆砌、刹垫、搭拆脚手架、抹缝、清理、养护等全部施工工作在内的山石施工平均工日定额，在精细施工条件下，应为 0.1～0.2t/每工日；在大批量粗放施工情况下，则应为 0.3～0.4t/每工日。

（三）施工人员配备

假山工程需要的施工人员主要分三类，即假山施工工长、假山技工和普通工。对各类人员的基本要求如下。

1. 假山施工工长

即假山工程专业的主办施工员，有人也称之为假山相师，在明、清代曾被叫做"山匠"、"山石匠"、"张石山、李石山"等。假山工长要有丰富的叠石造山实践经验和主持大小假山工程施工的能力，要具备一定的造型艺术知识和国画山水画理论知识，并且对自然山水风景要有较深的认识和理解。其本身也应当熟练地掌握了假山叠石的技艺，是懂施工、会操作的技术人才。在施工过程中，施工工长负有全面的施工指挥职责和施工管理职责，从选石到第一块山石的安放位置和姿态的确定，他都要在现场直接指挥。对每天的施工人员调配、施工步骤与施工方法的确定、施工安全保障等管理工作，也需要他亲自做出安排。假山施工工长是假山施工成败的关键人员，一定要选准人。每一项假山工程，只需配备一名这样的施工员，一般不宜多配备，否则施工中难免出现认识不一致，指挥不协调，影响施工进度和质量的情况。

2. 假山技工

这类人员应当是掌握了山石吊装技术、调整技术、砌筑技术和抹缝修饰技术的熟练技术工人，他们应能够及时、准确地领会工长的指挥命令，并能够带领几名普通工进行相应的技术操作，操作质量能达到工长的要求。假山技工的配备数量，应根据工程规模大小来确定。中小型工程配 2～5 名即可，大型工程则应多一些，可以多达 8 名左右。

3. 普通工

应当具有基本的劳动者素质，能正确领会施工工长和假山技工的指挥意图，能按技术示范要求进行正确的操作。在普通工中，至少要有 4 名体力强健和能够抬重石的工人。普通工的数量，在每施工日中不得少于 4 人，工程量越大，人数相应越多。但是，由于假山施工具有特殊性，工人人数太多时容易造成窝工或施工相互影响的现象，所以宁愿拖长工期，减少普通工人数。即使是特大型假山工程，最多配备 12～16 人就可以了。

施工准备工作就绪后，就要以开始进行定点放线和选石堆叠施工了。

二、山石材料的选用

山石的选用是假山施工中一项很重要的工作，其主要目的就是要将不同的山石选用到最合适的位点上，组成最和谐的山石景观。选石工作在施工开始直到施工结束的整个过程中都在进行，需要掌握一定的识石和用石技巧。

（一）选石的步骤

主峰或孤立小山峰的峰顶石、悬崖崖头石、山洞洞口用石需要首先选到，选到后分别做上记号，以备施工到这些部位时使用。

其次，要接着选留假山山体向前凸出部位的用石，和山前山旁显著位置上的用石，以及土山山坡上的石景用石等。

第三，应将一些重要的结构用石选好，如长而弯曲的洞顶梁用石、拱券式结构所用的券石、洞柱用石、峰底承重用石、斜立式小峰用石等。

第四，其他部位的用石，则在叠石造山施工中随用随选，用一块选一块。

总之，山石选择的步骤应当是：先头部后底部、先表面后里面、先正面后背面、先大处后细部、先特征点后一般区域、先洞口后洞中、先竖立部分后平放部分。

（二）山石尺度选择

在同一批运到的山石材料中，石块有大有小，有长有短，有宽有窄，在叠山选石中要分别对待。

假山施工开始时，对于主山前面比较显眼位置上的小山峰，要根据设计高度选用适宜的山石，一般应当尽量选用大石，以削弱山石拼合峰体时的琐碎感。在山体上的凸出部位或是容易引起视觉注意的部位，也最好选用大石。而假山山体中段或山体内部以及山洞洞墙所用的山石，则可小一些。

大块的山石中，敦实、平稳、坚韧的还可用作山脚的底石，而石形变异大、石面皱纹丰富的山石则应该用于山顶作压顶的石头。较小的，形状比较平淡而皱纹较好的山石，一般应该用在假山山体中段。

山洞的盖顶石，平顶悬崖的压顶石，应采用宽而稍薄的山石。层叠式洞柱的用石或石柱垫脚石，可选矮墩状山石；竖立式洞柱、竖立式结构的山体表面用石，最好选用长条石，特别是需要在山体表面做竖向沟槽和棱柱线条时，更要选用长条状山石。

（三）石形的选择

除了作石景用的单峰石外，并不是每块山石都要具有独立而完整的形态。在选择山石的形状中，挑选的根据应是山石在结构方面的作用和石形对山形样貌的影响情况。从假山自下而上的构造来分，可以分为底层、中腰和收顶三部分，这三部分在选择石形方面有不同的要求。

假山的底层山石位于基础之上，若有桩基则在桩基盖顶石之上。这一层山石对石形的要求主要应为顽夯、敦实的形状。选一些块大而形状高低不一的山石，具有粗犷的形态和简括的皱纹，可以适应在山底承重和满足山脚造型的需要。

中腰层山石在视线以下者，即地面上 1.5m 高度以内的，其单个山石的形状也不必特别好，只要能够用来与其他山石组合造出粗犷的沟槽线条即可。石块体量也不需很大，一般的中小山石相互搭配使用即可。

在假山 1.5m 以上高度的山腰部分，应选形状有些变异，石面有一定皱折和孔洞的山石，因为这种部位比较能引起人的注意，所以山石要选用形状较好的。

假山的上部和山顶部分、山洞口的上部，以及其他凸出的部位，应选形状变异较大，石面皱纹较美，孔洞较多的山石，以加强山景的自然特征。

形态特别好且体量较大的，具有独立观赏形态的奇石，可用以"特置"为单峰石，作为园林内的重要石景使用。

片块状的山石可考虑作石榻、石桌、石几及磴道用，也常选来作为悬崖顶、山洞顶等的压顶石使用。

山石因种类不同而形态各一，对石形的要求也要因石而异。人们所常说的奇石要具备"透、漏、瘦、皱"的石形特征，主要是对湖石类假山或单峰石形状的要求，因为湖石才具有涡、环、洞、沟的圆曲变化。如果将这几个字当做选择黄石假山石材的标准，就很脱离实际了，黄石是无法具有透、漏、皱特征的。

（四）山石皱纹选择

石面皱纹、皱折、孔洞比较丰富的山石，应当选在假山表面使用。石形规则、石面形状平淡无奇的山石，可选作假山下部、假山内部的用石。

作为假山的山石和作为普通建筑材料的石材，其最大的区别就在于是否有可供观赏的天然石面及其皱纹。"石贵有皮"就是说，假山石若具有天然"石皮"，即有天然石面及天然皱纹，就是可贵的，是做假山的好材料。

叠石造山要求脉络贯通，而皴纹是体现脉络的主要因素。皴指较深较大块面的皱折，而纹则指细小、窄长的细部凹线。"皴者，纹之浑也。纹者，皴之现也"即是说的这个意思。需要强调的是，山有山皴、石有石皴。山皴的纹理脉络清楚，如国画中的披麻皴、荷叶皴、斧劈皴、折带皴、解索皴等，纹理排列比较顺畅，主纹、次纹、细纹分明，反映了山地流水切割地形的情况。石皴的纹理则既有脉络清楚的，也有纹理杂乱不清的；有一些山石纹理与乱柴皴、骷髅皴等相似的，就是脉络不清的皴纹。

在假山选石中，要求同一座假山的山石皴纹最好要同一种类，如采用了折带皴类山石的，则以后所选用的其他山石也要是如同折带皴的；选了斧劈皴的假山，一般就不要再选用非斧劈皴的山石。只有统一采用一种皴纹的山石，假山整体上才能显得协调完整，可以在很大程度上减少杂乱感，增加整体感。

（五）石态的选择

在山石的形态中，形是外观的形象，而态却是内在的形象；形与态是一种事物的两个无法分开的方面。山石的一定形状，总是要表现出一定的精神态势。瘦长形状的山石，能够给人有骨力的感觉；矮墩状的山石，给人安稳、坚实的印象；石形、皴纹倾斜的，让人感到运动；石形、皴纹平待垂立的，则能够让人感到宁静、安详、平和；因此，为了提高假山造景的内在形象表现，在选择石形的同时，还应当注意到其态势、精神的表现。

传统的品评奇石标准中，多见以"丑"字来概括"瘦、漏、透、皱"等石形石态特点的。宋代苏东坡讲到："石文而丑"，而后人即评论说："一丑字而石之千态万状备也"（《江南园林志》）。这个丑字，既指石形，又概括了石态。石的外在形象，如同一个人的外表，而内在的精神气质，则如同一个人的心灵。因此，在假山施工选石中特别强调要"观石之形，识石之态"，要透过山石的外观形象看到其内在的精神、气势和神采。

（六）石质的选择

质地的主要因素是山石的密度和强度。如作为梁柱式山洞石梁、石柱和山峰下垫脚石的山石，就必须有足够的强度和较大的密度。而强度稍差的片状石，就不能选用在这些地方，但选用来做石级或铺地则可以，因为铺地的山石不用特别能承重。外观形状及皴纹好的山石，有的是风化过度的，其在受力方面就很差，有这样石质的山石就不要选用在假山的受力部位。

质地的另一因素是质感，如粗糙、细腻、平滑、多皴等，都要根据假山设计要求来筛选。同样一种山石，其质地往往也有粗有细、有硬有软、有纯有杂、有良有莠。比如同是钟乳石，有的质地细腻、坚硬、洁白晶莹、纯然一色；而有的却质地粗糙、松软、颜色混杂。又如，在黄石中，也有质地粗细的不同和坚硬程度的不同。在假山选石中，一定要注意到不同石块之间在质地上的差别，将质地相同或差别不大的山石选用在一处，质地差别大的山石则选用在不同的处所。

（七）山石颜色选择

叠石造山也要讲究山石颜色的搭配。不同类的山石固然色泽不一，而同一类的山石也有色泽的差异。"物以类聚"是一条自然法则，在假山选石中也要遵循。原则上的要求是，要将颜色相同或相近的山石尽量选用在一处，以保证假山在整体的颜色效果上协调统一。在假山的凸出部位，可以选用石色稍浅的山石，而在凹陷部位则应选用颜色稍深者。在假山下部的山石，可选颜色稍深的，而假山上部的用石则要选色彩稍浅的。

山石颜色选择还应与所造假山区域的景观特点相互联系起来。如北京颐和园昆明湖东北隅有向西建筑，在设计中立意借取陶渊明"山气日夕佳"之句，而取名为夕佳楼。为了营造意境氛围，就在夕佳楼前选用红黄色的房山石做成假山山谷。当夕阳西下时，晚霞与山谷两相映红，夕阳佳景很是迷人；就是在平时看来，红色的山谷也像是有夕阳西照，夕佳楼的意境能够让人深深地感到。

扬州个园以假山和置石反映四时变化。其春山捕捉了"雨后春笋"的春景，而选用高低不一的青灰色石笋置于竹林之下，以点出青笋破土的景观主题。夏山则用浅灰色太湖石做水池洞室，并配植常绿树，有夏荫泉洞的湿润之态。秋山因突出秋色而选用黄石。冬山又为表现皑皑白雪而别具匠心地选用白色的宣石。这种在叠石造山中对山石颜色的选择处理方式，值得借鉴。

第二节　假山施工技术

一、假山基础施工

假山施工第一阶段的程序，首先是定位与放线，其次是进行基础的施工，再次就是做山脚部分。山脚做好后才进入第二阶段，即山体、山顶的堆叠阶段。为了在施工程序上安排更合理，可将主山、客山和陪衬山的施工阶段交错安排。即先做主山第一阶段的基础和山脚工程，接着继续做其第二阶段的工作，当假山山体堆砌到一定高度，需要停几天等待水泥凝固时，再来开始客山或陪衬山的第一阶段基础和山脚的施工。几天后，又停下客山等的施工而转回到主山继续施工。

（一）定位与放线

首先在假山平面设计图上按 5m×5m 或 10m×10m（小型的石假山也可用 2m×2m）的尺寸绘出方格网，在假山周围环境中找到可以作为定位依据的建筑边线、围墙边线或路中心线，并标出方格网的定位尺寸。

按照设计图方格网及其定位关系，将方格网放大到施工场地的地面。在假山占地面积不大的情况下，方格网可以直接用白灰画到地面；在占地面积较大的大型假山工程中，也可以用测量仪器将各方格交叉点测设到地面，并在点上钉下坐标桩。放线时，用几条细绳拉直连上各坐标桩，就可表示出地面的格网。为了在基础工程完工后进行第二次放线的方便，应在纵横两个方向上设置龙门桩。

以方格网放大法，用白灰将设计图中的山脚线在地面方格网中放大绘出，把假山基底的平面形状（也就是山石的堆砌范围）绘出在地面上。假山内有山洞的，也要按相同的方法在地面绘出山洞洞壁的边线。

最后，依据地面的山脚线，向外取 50cm 宽度绘出一条与山脚线相平行的闭合曲线，这条闭合线就是基础的施工边线。

（二）施工工艺

假山基础施工可以不用开挖地基而直接将地基夯实后就做基础层，这样既可以减少土方工程量，又可以节约山石材料。当然，如果假山设计要求开挖基槽，就应挖了基槽再做基础。

在做基础时，一般应将地基土面夯实，然后再按设计摊铺和压实基础的各结构层，只有做桩基础可以不夯实地基，而直接打下基础桩（图 5-3）。

打桩基时，桩木按梅花形排列，称"梅花桩"。桩木相互的间距约为 20cm。桩木顶端可

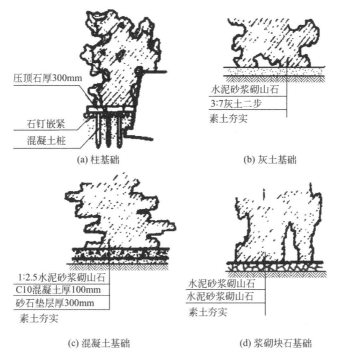

图 5-3　常见假山基础

露出地面或湖底 10～30cm，其间用小块石嵌紧嵌平，再用平正的花岗石或其他石材铺一层在顶上，作为桩基的压顶石。或者，不同压顶石而用一步灰土平铺并夯实在桩基的顶面，做成灰土桩基也可以。混凝土桩基的做法和木桩桩基一样，也有在桩基顶上设压顶石与设灰土层的两种做法。

　　如果是灰土基础的施工，则要先开挖（也可不挖）基槽。基槽的开挖范围按地面绘出的基础施工边线确定，即应比假山山脚线宽 50cm。基槽一般挖深为 50～60cm。基槽挖好后，将槽底地面夯实，再填铺灰土做基础。灰土基础所用石灰应选新出窑的块状灰，在施工现场浇水化成细灰后再使用。灰土中的泥土一般就地采用素土，泥土应整细，干湿适中，土质黏性稍强的比较好。灰、土应充分混合，铺一层（一步）就要夯实一层，不能几层铺下后只作一层来夯实。顶层夯实后，一般还应将表面找平，使基础的顶面成为平整的表面。

　　浆砌块石基础施工，其块石基础的基槽宽度也和灰土基础一样，要比假山底面宽 50cm左右。基槽地面夯实后，可用碎石、3∶7 灰土或 1∶3 水泥干砂铺在地面做一个垫层。垫层之上再做基础层。做基础用的块石应为棱角分明、质地坚实、有大有小的石材，一般用水泥砂浆砌筑。用水泥砂浆砌筑块石可采用浆砌与灌浆两种方法。浆砌就是用水泥砂浆拼砌块石，灌浆则是先将块石嵌紧铺装好，然后再用稀释的水泥砂浆倒在块石层上面，并促使其流动灌入块石的每条缝隙中。

　　混凝土基础的施工相对比较简便。首先挖掘基槽，挖掘范围按地面的基础施工边线，挖槽深度一般可按设计的基础层厚度，但在在水下作假山基础时，基槽的顶面应低于水底10cm 左右。基槽挖成后夯实底面，再按设计做好垫层。然后，按照基础设计所规定的配合比，将水泥、砂和卵石搅拌配制成混凝土，浇注于基槽中并捣实铺平。待混凝土充分凝固硬化后，即可进行假山山脚的施工。

　　基础施工完成后，要进行第二次定位放线。第二次放线应依据布置在场地边缘的龙门桩进行，要在基础层的顶面重新绘出假山的山脚线。同时，还要在绘出的山脚平面图形中找到主峰、客山和其他陪衬山的中心点，并在地面做出标示。如果山内有山洞的，还要将山洞每个洞柱的中心位置找到并打下小木桩标出，以便于山脚和洞柱柱脚的施工。

二、假山山脚施工

假山山脚直接落在基础之上，是山体的起始部分。俗话说："树有根，山有脚"，山脚是假山造型的根本，山脚造型对山体部分有很大影响。山脚施工的主要工作内容是拉底、起脚和做脚三部分。这三个方面的工作紧密联系在一起。

（一）拉底

所谓拉底，就是在山脚线范围内砌筑第一层山石，即做出垫底的山石层。

1. 拉底的方式

假山拉底的方式有满拉底和周边拉底两种。

（1）满拉底　就是在山脚线的范围内用山石满铺一层。这种拉底的做法适宜规模较小、山底面积也较小的假山，或在北方冬季有冻胀破坏地方的假山。

（2）周边拉底　则是先用山石在假山山脚沿线砌成一圈垫底石，再用乱石碎砖或泥土将石圈内全部填起来，压实后即成为垫底的假山底层。这一方式适用基底面积较大的大型假山。

2. 山脚线的处理

拉底形成的山脚边线也有两种处理方式。其一是露脚方式，其二是埋脚方式。

（1）露脚　即在地面上直接做起山底边线的垫脚石圈，使整个假山就像是放在地上似的。这种方式可以减少一点山石用量和用工量，但假山的山脚效果稍差一些。

（2）埋脚　是将山底周边垫底山石埋入土下约20cm深，可使整座假山仿佛像是从地下长出来的。在石边土中栽植花草后，假山与地面的结合就更加紧密，更加自然了。

3. 拉底的技术要求

在拉底施工中，首先要注意选择适合的山石做山底，不得用风化过度的松散山石，其次，拉底的山石底部一定要垫平垫稳，保证不能摇动，以便于向上砌筑山体。第三，拉底的石与石之间紧连互咬，紧密地扣合在一起。第四，山石之间要不规则地断续相间，有断有连。第五，拉底的边缘部分，要错落变化，使山脚线弯曲时有不同的半径，凹进时有不同的凹深和凹陷宽度，要避免山脚的平直和浑圆形状。

（二）起脚

在垫底的山石层上开始砌筑假山，就叫"起脚"。起脚石直接作用于山体底部的垫脚石，它和垫脚石一样，都要选择质地坚硬、形状安稳实在，少有空穴的山石材料，以保证能够承受山体的重压。

除了土山和带石土山之外，假山的起脚安排是宜小不宜大，宜收不宜放。起脚一定要控制在地面山脚线的范围内，宁可向内收一点，也不要向山脚线外突出。这就是说山体的起脚要小，不能大于上部分准备拼叠造型的山体。即使因起脚太小而导致砌筑山体时的结构不稳，还有可能通过补脚来加以弥补。如果起脚太大，以后砌筑山体时造成山形臃肿、呆笨、没有一点险峻的态势时，就不好挽回了。到时要通过打掉一些起脚山石来改变臃肿的山形，就极易将山体结构震动松散，造成整座假山的倒塌隐患。所以，假山起脚还是稍小点为好。

起脚时，定点、放线要准确。先选到山脚突出点的山石，并将其沿着山脚线先砌筑上，待多数主要的凸出点山石都砌筑好了，再选择和砌筑平直线、凹进线处所用的山石。这样，既保证了山脚线按照设计而成弯曲转折状，避免山脚平直的毛病，又使山脚突出部位具有最佳的形状和最好的皴纹，增加了山脚部分的景观效果。

（三）做脚

做脚，就是用山石砌筑成山脚，它是在假山的上面部分山形山势大体施工完成以后，于紧贴起脚石外缘部分拼叠山脚，以弥补起脚造型不足的一种操作技法。所做的山脚石虽然无需承担山体的重压，但却必须根据主山的上部造型来造型，既要表现出山体如同土中自然生长出来的效果，又要特别增强主山的气势和山形的完美。假山山脚的造型与做脚方法如下所述。

1. 山脚的造型

假山山脚的造型应与山体造型结合起来考虑，在做山脚的时候就要根据山体的造型而采取相适应的造型处理，才能使整个假山的造型形象浑然一体，完整且丰满。在施工中，山脚可以做成如图5-4所示的几种形式。

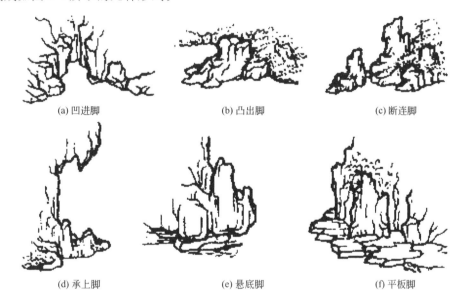

(a) 凹进脚　　　　　(b) 凸出脚　　　　　(c) 断连脚

(d) 承上脚　　　　　(e) 悬底脚　　　　　(f) 平板脚

图 5-4　山脚的造型

（1）凹进脚　山脚向山内凹进，随着凹进的深浅宽窄不同，脚坡做成直立、陡坡或缓坡都可以。

（2）凸出脚　是向外凸出的山脚，其脚坡可做成直立状或坡度较大的陡坡状。

（3）断连脚　山脚向外凸出，凸出的端部与山脚本体部分似断似连。

（4）承上脚　山脚向外凸出，凸出部分对着其上方的山体悬垂部分，起着均衡上下重力和承托山顶下垂之势的作用。

（5）悬底脚　局部地方的山脚底部做成低矮的悬空状，与其他非悬底山脚构成虚实对比，可增强山脚的变化。这种山脚最适于用在水边。

（6）平板脚　片状、板状山石连续地平放山脚，做成如同山边小路一般的造型，突出了假山上下的横竖对比，使景观更为生动。

应当指出，假山山脚不论采用哪一种造型形式，它在外观和结构上都应当是山体向下的延续部分，与山体是不可分割的整体。即使采用断连脚、承上脚的造型，也还要"形断迹连，势断气连"，要在气势上也连成一体。

2. 做脚的方法

在具体做山脚时，可以采用点脚法、连脚法或块面脚法 3 种做法，如图 5-5 所示。

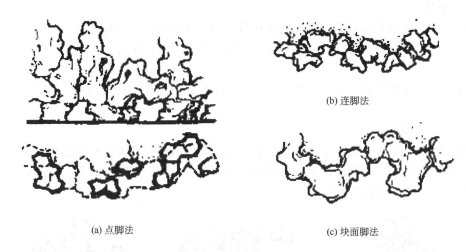

(b) 连脚法

(a) 点脚法　　　　　　　　　　　　　(c) 块面脚法

图 5-5　做脚的三种方法

（1）点脚法　主要运用于具有空透型山体的山脚造型。所谓点脚，就是先在山脚线处用山石做成相隔一定距离的点，点与点之上再用片状石或条状石盖上，这样，就可在山脚的一些局部造出小的洞穴，加强了假山的深厚感和灵秀感。如扬州个园的湖石山，所用的就是点脚做脚法。在做脚过程中，要注意点脚的相互错开和点与点间距离的变化，不要造成整齐的山脚形状。同时，也要考虑到脚与脚之间的距离与今后山体造型用石时的架、跨、券等造型相吻合、相适宜。点脚法除了直接作用于起脚空透的山体造型外，还常用于如桥、廊、亭、峰石等的起脚垫脚。

（2）连脚法　就是做山脚的山石依据山脚的外轮廓变化，呈曲线状起伏连续，使山脚具有连续、弯曲的线形。一般的假山都常用这种连续做脚方法处理山脚。采用这种山脚做法，主要应注意使脚的山石以前错后移的方式呈现不规则的错落变化。

（3）块面脚法　这种山脚也是连续的，但与连脚法不同的是，坡面脚要使做出的山脚线呈现大进大退的形象，山脚突出部分与凹陷部分各自的整体感都要很强，而不是连脚法那样小幅度的曲折变化。块面脚法一般用于起脚厚实、徒刑雄伟的大型山体，如苏州耦园主山就是起脚充实、成块面状的。

山脚施工质量好坏，对山体部分的造型有直接影响。山体的堆叠施工除了要受山脚质量的影响外，还要受山体结构形式和叠石手法等因素的影响。

三、山体堆叠施工

假山山体的施工，主要是通过吊装、堆叠、砌筑操作，完成假山的造型。由于假山可以采用不同的结构形式，因此在山体施工中也就相应要采用不同的堆叠方法。而在基本的叠山技术方法上，不同结构形式的假山也有一些共同之处。下面，就对这些相同的和不同的施工方法进行介绍（图 5-6）。

（一）山石的固定与衔接

在叠山施工中，不论采用哪一种结构形式，都要解决山石与山石之间的固定与衔接问题，而这方面的技术方法在任何结构形式的假山中都是通用的。

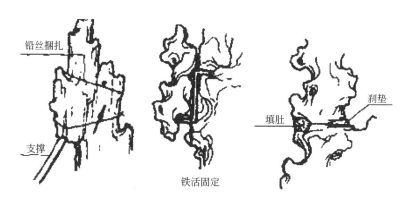

图 5-6　山石衔接与固定方法

1. 支撑

山石吊装到山体一定位点上，经过位置、姿态的调整后，就要将山石固定在一定的状态上，这时就要先进行支撑，使山石临时固定下来。支撑材料应以木棒为主，以木棒的上端顶着山石的某一凹处，木棒的下端则斜着落在地面，并用一块石头将棒脚压住。

一般每块山石都要用 2～4 根木棒支撑，因此，工地上最好能多准备一些长短不同的木棒。此外，使用铁棍或长形山石，也可用作为支撑材料。用支撑固定的方法主要是针对大而重的山石，这种方法对后续施工操作将会有一些阻碍。

2. 捆扎

为了将调整好位置和姿态的山石固定下来，还可采用捆扎的方法。捆扎方法比支撑方法简便，而且对后续施工基本没有阻碍现象。这种方法最适宜体量较小山石的固定，对体量特大的山石则还应该辅之以支撑方法。山石捆扎固定一般采用 8 号或 10 号铅丝。用单根或双根铅丝做成圈，套上山石，并在山石的接触面垫上或抹上水泥砂浆后再进行捆扎。捆扎时铅丝圈先不必收紧，应适当松一点；然后再用小钢钎（錾子）将其绞紧，使山石无法松动。

3. 铁活固定

对质地比较松软的山石，可以用铁爬钉打入两相连接的山石上，将两块山石紧紧地抓在一起，每一处连接部位都应打入 2～3 个铁爬钉。对质地坚硬的山石连接，要先在地面用银锭扣连接好后，再作为一整块山石用在山体上。或者，在山崖边安置坚硬山石时，使用铁吊架，也能达到固定山石的目的。

4. 刹垫

山石固定方法中，刹垫是最重要的方法之一。刹垫是用平稳小石片将山石底部垫起来，使山石保持平稳的状态。操作时，先将山石的位置、朝向、姿态调整好，再把水泥砂浆塞入石底。然后用小石片轻轻打入不平稳的石缝中，直到石片卡紧为止。一般在石底周围要打进 3～5 个石片，才能固定好山石。刹片打好后，要用水泥砂浆把石缝完全塞满，使两块山石连成一个整体。

5. 填肚

山石接口部位有时会有凹缺，使石块的连接面积缩小，也使连接的两块山石之间成断裂状，没有整体感。这时就需要"填肚"。所谓填肚，就是用水泥砂浆把山石接口处的缺口填补起来，一直要填得与石面平齐。

掌握了上述山石固定与衔接方法，就可以进一步了解假山山体堆叠的技术方法。山体的堆叠方法应根据山体结构形式来选用。例如，山体结构若是环透式或层叠式，就常用安、连、飘、做眼等叠石手法；如果采用竖立式结构，则要采用剑、拼、垂、挂等等砌筑手法。

（二）环透与层叠手法

环透式结构与层叠式结构的假山在叠石手法上基本是一样的。例如下述的一些叠石手法，在两种结构的假山施工中都可以通用。

1. 安

将一块山石平放在一块至几块山石之上的叠石方法就叫作"安"。这里的安字又有安稳的意思，即要求平放的山石要放稳，不能摇动，石下不稳处要用小石片垫实刹紧，所安之石一般应选择宽形石或长形石。"安"的手法主要用在要求山脚空秀或在石下需要做眼的地方。根据安石下面支撑石的多少，这种手法又分为三种形式（图5-7）。

(a) 单安　　　　　　(b) 双安　　　　　　(c) 三安

图5-7　"安"的三种形式

（1）单安　是把山石安放在一块支撑石上面。

（2）双安　是以两块支撑石做脚而安放山石的形式。

（3）三安　将安石平放在三块分离的支撑石之上就是三安。三安手法也可用于设置园林石桌石凳。

2. 压

为了稳定假山悬崖或使出挑的山石保持平衡，用重石镇压悬崖后部或出挑山石的后端，这种叠石方法就是"压"。压的时候，要注意使重石的重心位置落在挑石后部适当地方，使其既能压实挑石，又不会因压得太靠后而导致挑石翘起翻倒，如图5-8(a)。

3. 错

即错落叠石，上石和下石采取错位相叠，而不是平齐叠放。"错"的手法可以使层叠的山石更多变化，叠砌体表面更易形成沟槽、凹凸和参差的形体特征，使山形形象更加生动自然，如图5-8(b)。根据错位堆叠方向的不同，"错"的手法又有以下2种形式。

（1）左右错　山石向左右方向错位堆叠，能强化山体参差不齐的形状表现。

（2）前后错　山石向前后方向错位堆叠，可以使山体下面和背面更有皱折感，更富于凹凸变化。

4. 搭

用长条形石或板状石跨过其下方两边分离的山石，并盖在分离山石之上的叠石手法称为"搭"，如图5-8(c)。"搭"的手法主要应用在假山上做石桥和对山洞盖顶处理。所用的山石形状一定要避免规则，要用自然形状的长形石。

5. 连

平放的山石与山石在水平方向上衔接，就是"连"，如图5-8(d)。相连的山石在其连接处的茬口形状和石面皱纹要尽量相互吻合，能做到严丝合缝最理想；但在多数情况下只能要求基本吻合，不太吻合的缝隙处应当用小石填平。吻合的目的不仅在于求得山石外观的整体性，更主要是为了在结构上浑然一体。要做到拍击衔接体一端时，在另一端也能传力受力。

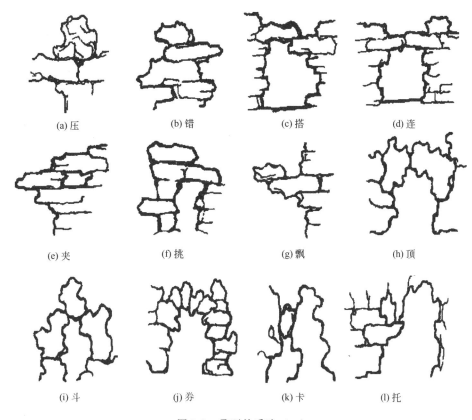

(a)压	(b)错	(c)搭	(d)连
(e)夹	(f)挑	(g)飘	(h)顶
(i)斗	(j)券	(k)卡	(l)托

图 5-8　叠石的手法（一）

茬口中的水泥砂浆一定要填塞饱满，接缝表面应随着石形变化而变化，要抹成平缝，以便使山石完全连成整体。

6. 夹

在上下两层山石之间，塞进比较小块的山石并用水泥砂浆固定下来，就可在两层山石间做出洞穴和孔眼。这种手法就是"夹"的叠石方法，如图 5-8（e），其特点是二石上下相夹，所做孔眼如同水平槽缝状。此外，在竖立式结构的假山上，向直立的两块峰石之间塞进小石并加以固定，也是一种"夹"的方法。这种"夹"法的特点是二石左右相夹，所造成的孔洞主要是竖向槽孔。"夹"这一手法是假山造型中主要的做眼方法之一。

7. 挑

又叫"出挑"或"悬挑"，是利用长形山石作挑石，横向伸出于其下层山石之外，并以下层山石支撑重量，再用另外的重石压住挑石的后端使挑石平衡地挑出。这是各类假山都运用很广泛的一种山石结体方法，一般在造峭壁悬崖和山洞洞顶中都有所用。甚至在假山石柱的造型中，为了突破石柱形状的整齐感，也可在柱子的中段出挑。如图 5-8（f）中所示单挑做法，就是杭州黄龙洞黄石假山石柱的中段出挑情况。

在出挑中，挑石的伸出长度一般可为其本身长度的 1/3～1/2。挑出一层不够远，则还可继续挑出一层至几层。就现代的假山施工技术而言，一般都可以出挑 2m 多，出挑成功的关键，在于挑石的后端一定要用重石压紧，这就是明代计成在谈到做假山悬崖时所说的"等分平衡法"。

根据山石出挑具体做法的不同，可以把"挑"的手法分为 3 种，即单挑、重挑和担挑。

（1）单挑　即只有一层山石出挑。

（2）重挑　是有两层以上的山石出挑，做悬崖和悬挑式山洞洞顶时，都要采用重挑方法。

（3）担挑　由两块挑石在独立的支座石上背向着从左右两方挑出，其后端由同一块重石压住，这就叫担挑。在假山石柱顶上和山洞内的中柱顶上，常常需要采用担挑手法。

8. 飘

当出挑山石的形状比较平直时，在其挑头置一小石如飘飞状，可使挑石形象变得生动些，这种叠石手法就叫"飘"，如图 5-8（g）。"飘"的形式也有 2 种。

（1）单飘　即只在挑头设置一块飘石的做法。

（2）双飘（担飘）　在平放的山石上，于其两个端头处各放置一块飘石的做法，就是双飘。采用双飘手法时，一定要注意两块飘石要有对比，要一大一小，一高一矮，一立一卧，一远一近，总之不能成对称状。

9. 顶

立在假山上的两块山石，相互以其倾斜的顶部靠在一起，如顶牛状，这种叠石方法叫做"顶"，如图 5-8（h）。"顶"的做法主要用在做一般孔洞时。

10. 斗

用分离的两块山石的顶部，共同顶起另一块山石，如同争斗状，这就是"斗"的叠石手法，如图 5-8（i）。"斗"的方法也常用来在假山上做透穿的孔洞，它是环透式假山最常用的叠石手法之一。

11. 券

就是用山石作为券石来起拱做券，所以也叫拱券，如图 5-8（j）。正如清代假山艺匠戈裕良所说：做山洞"只将大小石钩带联络，如造环桥法，可以千年不坏。要如真山洞壑一般，然后方称能事"。用自然山石拱券做山洞，可以像真山洞一样。如现存苏州环秀山庄之湖石假山即出自戈氏之手。其中环、岫、洞皆为拱券结构，至今已经历约 200 多年，而稳固依然，不塌不毁。可见"券"法确实是假山叠石的一个好方法。

12. 卡

在两个分离的山石上部，用一块较小山石插入二石之间的楔口而卡在其上，从而达到将二石上部连接起来，并在其下做洞的叠石目的，如图 5-8（k）。在自然界中，山上崩石被下面山石卡住的情况也很多见。如云南石林的"千钧一发"石景、泰山和衡山的"仙桥"山景等都是这样。卡石重力传向两侧山石的情况和券拱相似，因此，在力学关系上比较稳定。"卡"的手法运用较为广泛，既可用于石景造型，又可用于堆叠假山。承德避暑山庄烟雨楼旁的峭壁假山以卡石收顶做峰，无论从造型上或是从结构上看都比较稳定和自然。

13. 托

即从下端伸出山石，去托住悬、垂山石的做法。如南京瞻园水洞的悬石，在其内侧视线不可及处有从石洞壁上伸出的山石托住洞顶悬石的下端，就是采用的"托"法，如图 5-8(l)。

（三）竖立叠石手法

竖立式假山的结构方法与环透式、层叠式假山相差较大，因此其叠石手法的相通之处就要少一些，常见的手法有剑、榫、撑、接、拼、贴、背、肩、挎、悬、垂等。

1. 剑

用长条形峰石直立在假山上，作假山山峰的收顶石或作为山脚、山腰的小山峰；使峰石直立如剑，挺拔峻峭，这种叠石手法被叫做"剑"，如图 5-9（a）。在同一座假山上，采用

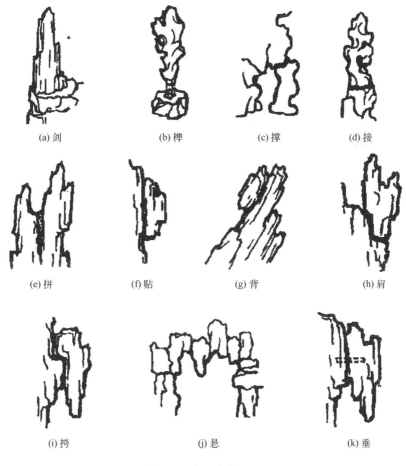

图 5-9　叠石手法（二）

"剑"法布置的峰石不宜太多，太多则显得如"刀山剑树"般，是假山造型应力求避免的。剑石相互之间的布置状态应该多加变化，要大小有别、疏密相间、高低错落。采用石笋石作剑石，是江南园林中比较常见的做法。但个别地方在湖石假山上也用石笋石作剑石，因石质差别太大，就很不协调，这样的效果是不好的。

2. 榫

是将木作中做榫眼的方法用于石作，利用在石底石面凿出的榫头与榫眼相互扣合，将高大的峰石立起来，如图 5-9(b)。这种方法多用来竖立单峰石，做成特置的石景；也有用来立起假山峰石的，如北京圆明园紫碧山房的假山即是如此。

3. 撑

又有称作"戗"的，是在重心不稳的山石下面，用另外山石加以支撑，使山石稳定，并在石下造成透洞，如图 5-9(c)。支撑石要与其上的山石连接成整体，要融入到整个山体结构中，而不要为支撑而支撑，不能现出支撑的人为性特点。

4. 接

短石连接为长石称为"接"，山石之间竖向衔接也称为"接"，如图 5-9(d)。接口平整时可以接，接口虽不平整但二石的茬口凸凹相吻合者，也可相接。如平斜难扣合，则用打刹相接。上下茬口互咬是很重要的，这样可以保证接合牢固而没有滑移的可能。接口处在外观上要依皴连接，至少要分出横竖纹来。一般是同纹相接，在少有的情况下，横竖纹间亦可相接。

5. 拼

假山全用小石叠成，则山体显得琐碎、零乱；而全用大石叠山，在转运、吊装、叠山过程中又很不方便。因此，在叠石造山中就发展出了用小石组合成大石的技法，这就是"拼"的技法，如图 5-9(e)。有一些假山的山峰叠好后，发现峰体太细，缺乏雄壮气势，这时就要采用"拼"的手法来"拼峰"，将其他一些较小的山石拼合到峰体上，使山峰雄厚起来。就假山施工中砌筑山石而言，竖向为叠（上下重叠），横向为拼。拼，主要用于直立或斜立的山石之间相互拼合，其次也可用于其他状态山石之间的拼合。

6. 贴

在直立大石的侧面附加一块小石，就是"贴"的叠石手法，如图 5-9(f)。这种手法主要用于使过于平直的大石石面形状有所变化，使大石形态更加自然，更加具有观赏性。

7. 背

在采用斜立式结构的峰石上部表面，附加一块较小山石，使斜立峰石的形象更为生动，这种叠石状况有点像大石背着小石，所以称之为"背"，如图 5-9(g)。

8. 肩

为了加强立峰的形象变化，在一些山峰微凸的肩部，立起一块较小山石，使山峰的这一侧轮廓出现较大的变化，就有助于改变整个山峰形态的缺陷部位。这种手法就是"肩"如图 5-9(h)。

9. 挎

在山石外轮廓形状单调而缺乏凹凸变化的情况下，可以在立石的肩部挎一块山石，犹如人挎包一样。挎石要充分利用茬口咬压，或借上面山石的重力加以稳定，必要时在受力处用钢丝或其它铁活辅助进行稳定，如图 5-9(i)。

10. 悬

在下面是环孔或山洞的情况下，使某山石从洞顶悬吊下来，这种叠石方法即叫"悬"，如图 5-9(j)。在山洞中，随处做一些洞顶的悬石，就能够很好地增加洞顶的变化，使洞顶景观就像石灰岩溶洞中倒悬的钟乳石一样。实际上，"悬"的自然依据就正是钟乳石在山洞中经常可以看到的情况。设置悬石，一定要将其牢固嵌入在洞顶。若恐悬之不坚，也可在视线看不到的地方附加铁活稳固设施，如南京瞻园水洞之悬石就是这样。黄石和青石也可用作"悬"的结构成分，但其自然的特征大不相同。

11. 垂

山石从一个大石的顶部侧位倒挂下来，形成下垂的结构状态，如图 5-9(k)。其与悬的区别在于：一为中悬，一为侧垂。与"挎"之区别在于以倒垂之势取胜。"垂"的手法往往能够造出一些险峻状态，因此多被用于立峰上部、悬崖顶上、假山洞口等处。

熟练地运用以上所述环透、层叠和竖立式的叠石手法，就完全可以创造出许许多多峻峭挺拔、优美动人的假山景观。用这些叠石手法堆叠山石，还要同时结合着进行石间胶结、抹缝等操作，才能真正将山体砌叠起来。

四、山石胶结与植物配植

除了山洞之外，在假山内部叠石时只要使石间缝隙填充饱满，胶结牢固即可，一般不需要进行缝口表面处理。但在假山表面或山洞的内壁砌筑山石时，却要一面砌石一面构缝并对缝口表面进行处理。在假山施工完成时，还要在假山上预留的种植穴内栽种植物，绿化假山和陪衬山景。

（一）山石胶结与构缝

山石之间的胶结，是保证假山牢固和能够维持假山一定造型状态的重要工序。石间胶结所用的结合材料，古代假山和现代假山是不同的。

1. 古代的假山胶结材料

在石灰发明之前古代已有假山的堆造，但其假山的构筑很可能是以土带石，用泥土堆壅、填筑来固定山石；或者，也可能用刹垫法干砌、用素土泥浆湿砌石假山。到了宋代以后，假山结合材料就主要是以石灰为主了。用石灰作胶结材料时，为了提高石灰的胶合性能与硬度，一般都要在石灰中加入一些辅助材料，配制成纸筋石灰、明矾石灰、桐油石灰和糯米浆拌石灰等。纸筋石灰凝固后硬度和韧性都有所提高，且造价相对较低。桐油石灰凝固较慢，造价高，但粘接性能良好，凝固后很结实，适宜小型石山的砌筑。明矾石灰和糯米浆石灰的造价较高，凝固后的硬度很大，粘接牢固，是多数假山所使用的胶合材料。

2. 现代的假山胶结材料

现代假山施工已不用明矾石灰和糯米浆石灰等作胶合材料，而基本上全用水泥砂浆或混合砂浆来胶合山石。水泥砂浆的配制，是用普通灰色水泥和粗砂，按 $1:1.5\sim1:2.5$ 比例加水调制而成，主要用来粘接石材、填充山石缝隙和为假山抹缝。有时，为了增加水泥砂浆的和易性和对山石缝隙的充满度，可以在其中加进适量的石灰浆，配成混合砂浆。但混合砂浆的凝固速度不如水泥砂浆，因此在需要加快叠山进度的时候，就不要使用混合砂浆。

3. 山石胶结面的刷洗

在胶结进行之前，应当用竹刷刷洗并且用水管冲水，将待胶合的山石石面刷洗干净，以免石上的泥砂影响胶结质量。

4. 胶结操作的技术要求

山石胶结的主要技术要求是：水泥砂浆要在现场配制现场使用，不要用隔夜后已有硬化现象的水泥砂浆砌筑山石。最好在待胶结的两块山石的胶结面上都涂上水泥砂浆后，再相互贴合与胶结。两块山石相互贴合并支撑、捆扎固定好了，还要再用水泥砂浆把胶合缝填满，不留空隙。

山石胶结完成后，自然就在山石结合部位构成了胶合缝。胶合缝必须经过处理，才能对假山的艺术效果具有最少的影响。

（二）假山抹缝处理

用水泥砂浆砌筑后，对于留在山体表面的胶合缝要给予抹缝处理。抹缝一般采用柳叶形的小铁抹，即以"柳叶抹"作工具，再配合手持灰板和盛水泥砂浆的灰桶，就可以进行抹缝操作。

抹缝时要注意，应使缝口的宽度尽量窄些，不要使水泥浆污染缝口周围的石面，尽量减少人工胶合痕迹。对于缝口太宽处，要用小石片塞进填平，并用水泥砂浆抹光。在假山胶合抹缝施工中，抹缝的缝口形式一般采用平缝和阴缝两种，见图5-10。还有一种缝口抹成凸棱状的阳缝，因露出水泥砂浆太多，人工胶合痕迹明显，一般不能在假山抹缝中采用。

　　　　平缝　　　　　　　　　　　阴缝

图 5-10　假山的抹缝形式

平缝是缝口水泥砂浆表面与两旁石面相互平齐的形式。由于表面平齐，能够很好地将被粘接的两块山石连成整体，而且不增加缝口宽度，所露出的水泥砂浆比较少，有利于减少人工胶合痕迹。应当采用平缝的抹缝情况有：两块山石采用"连"、"接"或数块山石采用"拼"的叠石手法时、需要强化被胶合山石之间的整体性时、结构形式为层叠式的假山竖向缝口抹缝时、结构为竖立式的假山横向缝口抹缝时等，都要采用平缝形式。

阴缝则是缝口水泥砂浆表面低于两旁石面的凹缝形式。阴缝能够最少地显露缝口中的水泥砂浆，而且有时不能够被当做石面的皱纹或皱折使用。在抹缝操作中一定要注意，缝口内部一定要用水泥砂浆填实，填到距缝口石面约 5～12mm 处即可将凹缝表面抹平抹光。缝口内部若不填实在，则山石有可能胶结不牢，严重时也可能倒塌。可以采用阴缝抹缝的情况一般是：需要增加山体表面的皱纹线条时、结构为层叠式假山横向抹缝时、结构为层叠式的假山横向抹缝时、结构为竖立式的假山竖向抹缝时，需要在假山表面特意留下裂纹时等。

（三）胶合缝表面处理

假山所用石材如果是灰色、青灰色山石，则在抹缝完成后直接用扫帚将缝口表面扫干净，同时也使水泥缝口的抹光表面不再光滑，从而更加接近石面的质地。对于假山采用灰白色湖石砌筑的，要用灰白色石灰砂浆抹缝，以使色泽近似。采用灰黑色山石砌筑的假山，可在水泥砂浆中加进柠檬铬黄。如果是用紫色、红色的山石砌筑假山，可以采用铁红把水泥砂浆调制成紫红色浆体再用来抹缝等。

除了采用与山石同色的胶结材料抹缝处理可掩饰胶合缝之外，还可以采用砂子和石粉来掩盖胶合缝。通常的做法是：抹缝之后，在水泥砂浆凝固硬化之前，马上用与山石同色的砂子或石粉撒在水泥砂浆缝口面上，并稍摁实，水泥砂浆表面就可粘满砂子。待水泥完全凝固硬化之后，用扫帚扫去浮砂，即可得到与山石泽、质地基本相似的胶合缝缝口，而这种缝口很不容易引起人们的注意，这就达到了掩饰人工胶结痕迹的目的。采用砂子掩盖缝口时，灰色、青色的山石要用青砂；灰黄色的山石，要用黄砂；灰白色的山石，则应用灰白色的河砂。采用石粉掩饰缝口时，则要用同种假山石的碎石来锤成石粉使用。这样虽然要多费一些工时，但由于石质、颜色完全一致，掩饰的效果良好。

假山抹缝以及缝口表面处理完成之后，假山的造型、施工工作也就基本完成了。这时一般还应在山上配植一些植物，以使假山获得生气勃勃的景观表现。

（四）假山上的植物配植

在假山上许多地方都需要栽种植物，要用植物来美化假山、营造山林环境和掩饰假山上的某些缺陷。在假山上栽种植物，应在假山山体设计中将种植穴的位置考虑在内，并在施工中预留下来。

种植穴是在假山上预留的一些孔洞，专用来填土栽种假山植物，或者作为盆栽植物的放置点。假山上的种植穴形式很多，常见的有盆状、坑状、筒状、槽状、袋状等，可根据具体的假山局部环境和山石状况灵活地确定种植穴的设计形式。穴坑面积不用太大，只要能够栽种中小型灌木即可。

假山上栽植的植物不应是树体高大，叶片宽阔的树种，应该选用植株高矮适中，叶片狭小的植物，以便能够在对比中有助于小中见大效果的形成。假山植物应以灌木为主。一部分假分植物要具有一定的耐旱能力，因为在假山的上部种植穴中能填进的土壤很有限，很容易变得干燥。在山脚下可以配植麦冬草、沿阶草等草丛，用茂密的草丛遮掩一部分山脚，可以提高山脚景观的表现力。在崖顶配植一些下垂的灌木如迎春花、金钟花、蔷薇等，可以丰富崖顶的景观。在山洞洞口的一侧，配植一些金丝桃、棣棠、金银木等半掩洞口，能够使山洞显得深不可测。在假山背面，可多栽种一些枝叶浓密的大灌木，以掩饰假山上一些缺陷之处，同时不能为假山提供背景的依托。

五、人工塑造山石

前面主要介绍了应用自然山石来堆叠假山与石景的技艺方法。但在现代园林中，为了降低假山石景的造价和增强假山石景景物的整体性，也常常采用水泥材料以人工塑造的方式来制作假山或石景。

岭南地区的园林中常用人工方法塑石或塑山，这是因为当地原来多以英德石为山，但英德石很少有大块料，所以也就改用水泥材料来人工塑造山石。做人造山石，一般以铁条或钢筋为骨架做成山石模胚与骨架，然后再用小块的英德石贴面，贴英德石时注意理顺皱纹，并使色泽一致，最后塑造成的山石也比较逼真。

（一）人工塑石的构造

人工塑造的山石，其内部构造有两种形式。其一是钢筋铁丝网结构，其二是砖石填充物结构。

1. 钢筋铁丝网塑石构造

如图 5-11(a) 所示，先要按照设计的岩石或假山形体，用直径 12mm 左右的钢筋，编扎成山石的模胚形状，作为其结构骨架。钢筋的交叉点最好用电焊焊牢，然后再用铁丝网蒙在钢筋骨架外面，并用细铁丝紧紧地扎牢。接着，就用粗砂配制的 1：2 水泥浆，从石内石外两面进行抹面。一般要抹面 2～3 遍，使塑石的石面壳体总厚度达到 4～6cm。采用这种结构形式的塑石作品，石内一般是空的，在以后不能受到猛烈撞击，否则山石容易遭到破坏。

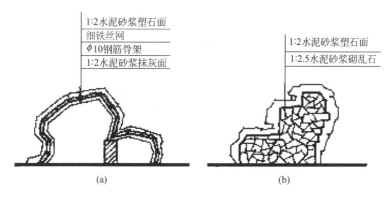

图 5-11　人工塑石的构造

2. 砖石填充物塑石构造

如图 5-11(b) 所示，先按照设计的山石形体，用废旧砖石材料砌筑起来，砌体的形状大致与设计石形差不多。为了节省材料，可在砌体内砌出内空的石室，然后用钢筋混凝土板盖顶，留出门洞和通气口。当砌体胚形完全砌筑好后，就用 1：2 或 1：2.5 的水泥砂浆，仿照自然山石石面进行抹面。以这种结构形式做成的人工塑石，石内有实心的，也有空心的。

（二）塑石的抹面处理

人工塑石能不能够仿真，关键在于石面抹面层的材料、颜色和施工工艺水平。要仿真，就要尽可能采用相同的颜色，并通过精心的抹面和石面裂纹、棱角的精心塑造，使石面具有逼真的质感，才能达到做假如真的效果。

用于抹面的水泥砂浆，应当根据所仿造山石种类的固有颜色，加进一些颜料调制成有色的水泥砂浆。例如，要仿造灰黑色的岩石，可以在普通灰色水泥砂浆中加炭黑，以灰黑色的水泥砂浆抹面。要仿造紫色砂岩，就要用氧化铁红将水泥砂浆调制成紫砂色。要仿造黄色砂岩，则应在水泥砂浆中加入柠檬铬黄。而氧化铬绿和钴蓝，则可在仿造青石的水泥砂浆中加进。水泥砂浆配制时的颜色应比设计的颜色稍深一些，待塑成山石后其色度会稍稍变得浅淡。

石面不能用铁抹子抹成光滑的表面，而应该用木制的砂板作为抹面工具，将石面抹成稍稍粗糙的磨砂表面，才能更加接近天然的石质。石面的皱纹、裂缝、棱角应按所仿造岩石的固有棱缝来塑造。如模仿的是水平的砂岩岩层，那么石面的皱裂及棱纹中，在横的方向上就多为比较平行的横向线纹或水平层理；而竖向上，则一般是仿岩层自然纵裂形状，裂缝有垂直的也有倾斜的，变化就多一些。如果是模仿不规则的块状巨石，那么石面的水平或垂直皱纹裂缝就应比较少，而更多的是不太规则的斜线、曲线、交叉线形状。

总之，石面形状的仿造是一项需要精心施工的工作，它对施工操作者仿造水平的要求很高，对水泥砂浆材料及颜色的配制要求也是比较高的。

复　习　题

1. 假山选石应该掌握的要点是什么？
2. 请列举出常用的假山石的种类。
3. 简述塑山的施工的要点。
4. 假山堆叠施工拉底时应该注意哪些要求？
5. 假山施工前的准备工作有哪些？

思　考　题

1. 在园林施工中如何将假山和水景组合在一起？
2. 在建园过程中如何突出假山的位置和特点？

实　训　题

（一）某公园拟设计一组太湖石小景，要求根据置石布局原理完成设计，并画出环境总平面图，置石平面图，立面图，结构图。

（二）某公园一角拟设计一座黄石假山，要求假山石用地范围 30m×25m，并结合水景如自然式水池、跌水、瀑布等进行设计，要求完成总平面图、假山平面图、四个方向的立面图、假山结构图。

（三）用小块假山石和水泥等材料制作一个山石盆景。

第六章　绿化工程施工技术

【本章导读】

绿化是园林建设的主要部分，没有绿的环境，就不能称其为园林。园林绿化工程是对树木、花卉、地被植物、水生植物进行科学施工与管理的过程，所以本章主要讲解园林植物绿化中的树木栽植施工、垂直绿化施工、绿带施工、草坪工程施工和非常规绿化施工中应该注意的问题和主要施工技术。

【教学目标】

通过本章的学习，了解园林绿化的功能和类型，掌握典型的园林绿化工程的施工工艺流程及技术要点。

【技能目标】

培养运用绿化工程的基本知识进行简单的绿化种植的设计的能力，通过学习具有理解和识别园林绿化种植施工图的能力，掌握常见绿化工程的设计与施工能力。

绿化工程是以植物栽植工作为基本内容的环境建设工程。绿化工程施工则是以植物作为基本的建设材料，按照绿化设计进行具体的植物栽植和造景。植物是绿化的主体，植物造景是造园的主要手段，由于园林植物种类繁多，习性差异很大，立地条件各异，为了保证其成活和生长，达到设计效果，栽植施工时必须遵守一定的操作规程，才能保证绿化工程施工质量。

第一节　树木栽植施工

树木景观是园林和城市植物景观的主体部分，树木栽植工程则是园林绿化最基本、最重要的工程。在实施树木栽植之前，要先整理绿化现场，去除场地上的废弃杂物和建筑垃圾，换来肥沃的栽植壤土，并把土面整平耙细。然后按照一定的程序和方法进行栽植施工。

一、树木定点放线

在绿化种植设计图上，已标明树木的种植位点。栽植施工时，要核对设计图与现状地形，然后才开始定点放线。定点放线的方法可根据种植形式来确定。

1. 规则式定点放线

在规则形状的地块上进行规则式树木栽植，其放线定点所依据的基准点和基准线，一般可选用道路交叉点、中心线、建筑外墙的墙角和墙脚线、规则形广场和水池的边线等。这些点和线一般都是不易再改变的，是一些特征性的点和线。依据这些特征的点线，利用简单的直线丈量方法和三角形角度交会法，就可将设计的每一行树木栽植点的中心连线，和每一棵树的栽植位点，都测设到绿化地面上。在已经确定的种植位点上，可用白灰做点，标示出种植穴的中心点。或者，在大面积、多树种的绿化场地上，还可用小木桩钉在种植位点上，作为种植桩。种植桩要写上树种代号，以免施工中造成树种的混乱。在已定种植点的周围，还要以种植点为圆心，按照不同树种对种植穴半径大小的要求，用白灰画圆圈，标明种植穴挖掘范围。

2. 自然式定点放线

对于在自然地形上按照自然式配植树木的情况，树木定点放线一般要采用坐标方格网方法。定点放线前，在种植设计图上绘出施工坐标方格网，然后用测量仪器将方格网的每一个坐标点测设到地面，再钉下坐标桩。树木定点放线时，就依据各方格坐标桩，采用直线丈量和角度交会方法，测设出每一棵树木的栽植位点。测定下来的栽植点，也用作画圆的圆心，按树种所需穴坑大小，用石灰粉画圆圈，定下种植穴的挖掘线。

二、种植穴挖掘

树木种植穴的大小，一般取其根颈直径的 6～8 倍。如根颈直径为 10cm，则种植穴直径大约为 70cm。但是，若绿化用地的土质太差，又没经过换土，种植穴的直径则还应该大一些。种植穴的深度，应略比苗木根颈以下土球的高度更深一点。

种植穴的形状应为直筒状，穴底挖平后把底土稍耙细，保持平底状。穴底不能挖成尖底状或锅底状。在新土回填的地面挖穴，穴底要用脚踏实或夯实，以免后来灌水时渗漏太快。在斜坡上挖穴时，应先将坡面铲成平台，然后再挖种植穴，而穴深则按穴口的下沿计算。

挖穴时挖出的坑土若含碎砖、瓦块、灰团太多，就应另换好土栽树。若土中含有少量碎块，则可除去碎块后再用。如果挖出的土质太差，也要换成客土。

在开挖种植穴过程中，如发现有地下电缆、管道，应立即停止作业，马上与有关部门联系，查清管线的情况，商量解决办法。挖穴中如遇有地下障碍物严重影响操作，可与设计人员协商移位重挖。

在土质太疏松的地方挖出的种植穴，于栽树之前可先用水浸穴，使穴内土壤先行沉降，以免栽树后沉降使树木歪斜。浸穴的水量，以一次灌到穴深的 2/3 处为宜。浸穴时如发现有漏水地方，应及时堵塞。待穴中全部均匀地浸透以后，才能开始种树。

种植穴挖好之后，一般可开始种树。但若种植土太瘦瘠，就先要在穴底垫一层基肥。基肥一定要用经过充分腐熟的有机肥，如堆肥、厩肥等。基肥层以上还应当铺一层壤土，厚5cm 以上。

三、一般树木栽植

（一）苗木准备

园林绿化所用树苗，应选择树干通直，树皮颜色新鲜，树垫健旺的；而且应该是在育苗期内经过 1～3 次翻栽，根群集中在树苑的苗木。育苗期中没经过翻栽的留床老苗最好不要用，其移栽成活率比较低，移栽成活后多年的生长势都很弱，绿化效果不好。在使用大量苗木进行绿化时，苗木的大小规格应尽量一致，以使绿化效果能够比较统一。常绿树苗木应当带有完整的抱团土球，土球散落的苗木成活率会降低。一般的落叶树苗木也应带有土球，但在秋季和早春起苗移栽时，也可裸根起苗。裸根苗木如果运输距离比较远，需要在根苑里填塞湿草，或外包塑料薄膜保持湿润，以免树根失水过多，影响移栽成活率。为了减少树苗体内水分的散失，提高移栽成活率，还可将树苗的每一叶片都剪掉 1/2，以减少树叶的蒸腾面积和水分散失量。

（二）树木假植

凡是苗木运到后在几天以内不能按时栽种，或是栽种后苗木有剩余的，都要进行假植。

所谓假植，就是暂时进行的栽植。

1. 带土球的苗木假植

栽植时，可将苗木的树冠捆扎收缩起来，使每一棵树苗都是土球挨土球，树冠靠树冠，密集地挤在一起。然后，在土球层上面盖一层壤土，填满土球间的缝隙；再对树冠及土球均匀地洒水，使土面湿透，以后仅保持湿润就可以了。或者，把带着土球的苗木临时性地栽到一块绿化用地上，土球埋入土中 1/3～1/2 深，株距则视苗木假植时间长短和土球、树冠的大小而定。一般土球与土球之间相距 15～30cm 即可。苗木成行列式栽好后，浇水保持一定湿度即可。

2. 裸根苗木假植

对裸根苗木，一般采取挖沟假植方式。先要在地面挖浅沟，沟深 40～60cm。然后将裸根苗木一棵棵紧靠着呈 30°斜栽到沟中，使树梢朝向西边或朝向南边。如树梢向西，开沟的方向为东西向；若树梢向南，则沟的方向为南北向。苗木密集斜栽好以后，在根蔸上分层覆土，层层插实。以后，经常对树叶喷水，保持湿润。

3. 大树假植

从农村或山区野地采挖的大树或古树，为了确保移植成活并有利于恢复树势，一般要经过 1～3 年的假植养护，才能正式定植到园林绿地中。大树的假植与普通苗木不一样，是单株假植，是把大树直接立在预定的苗圃地上，并不挖种植穴。大树立正后，用木棍支撑稳住，然后在土球周围壅土并拍实，将土球壅成一个大土堆。土堆周围用砖石片砌成矮墙，既起到拦土的作用，也可避免新生树根长得太远。以后，要加强水肥管理，保证有良好的生长条件。

不同的苗木假植时，最好按苗木种类、规格分区假植，以方便绿化施工。假植区的土质不宜太泥泞，地面不能积水，在周围边沿地带要挖沟排水。假植区内要留出起运苗木的通道。在太阳特别强烈的日子里，假植苗木上面应该设置遮光网，减弱光照强度。

（三）树木定植

按照设计位置，把树木永久性地栽植到绿化地点，就叫定植。树木定植的季节最好选在初春和秋季。一般树木在发芽之前栽植最好，但若是经过几次翻栽又是土球完整的少量树木栽种，也可在除开最热和最冷时候的其他季节中进行。如果是大量栽植树木，还是应选在春秋季节为好。定植施工的方法是：将苗木的土球或根蔸放入种植穴内，使其居中；再将树干立起，扶正，使其保持垂直；然后分层回填种植土，填土后将树根稍向上提一提，使根群舒展开。每填一层土就要用锄把将土插紧实，直到填满穴坑，并使土面能够盖住树木的根颈部位。初步栽好后还应检查一下树干是否仍保持垂直，树冠有无偏斜；若有所偏斜，就要再加扶正。最后，把余下的穴土绕根颈一周进行培土，做成环形的拦水围堰。其围堰的直径应略大于种植穴的直径。堰土要拍压紧实，不能松散。做好围堰后，往树下灌水，要一次灌透。灌水中树干有歪斜的，还要进行扶正。

四、风景树栽植

（一）孤立树栽植

孤立树可能被配植在草坪上、岛上、山坡上等处，一般是作为重要风景树栽种的。选用作孤植的树木，要求树冠广阔或树势雄伟，或者是树形美观、开花繁盛也可以。栽植时，具体技术要求与一般树木栽植基本相同；但种植穴应挖得更大一些，土壤要更肥沃一些。根据构图要求，要调整好树冠的朝向，把最美的一面向着空间最宽最深的一方。还要调整树形姿态，树形适宜横卧、倾斜的，就要将树干栽成横、斜状态。栽植时对树形姿态的处理，一切以造景的需要为准。树木栽好后，要用木杆支撑树干，以防树木倒下，1 年以后即可以拆除支撑。

（二）树丛栽植

风景树丛一般是用几株或十几株乔木灌木配植在一起；树丛可以由 1 个树种构成，也可以由 2 个以上直至 7～8 个树种构成。选择构成树丛的材料时，要注意选树形有对比的树木，如柱状的、伞形的、球形的、垂枝形的树木，各自都要有一些，在配成完整树丛时才好使用。一般来说，树丛中央要栽最高的和直立的树木，树丛外沿可配较矮的和伞形、球形的植株。树丛中个别树木采取倾斜姿势栽种时，一定要向树丛以外倾斜，不得反向树丛中央斜去。树丛内最高最大的主树，不可斜栽。树丛内植株间的株距不应一致，要有远有近，有聚有散。栽得最密时，可以土球挨着土球栽，不留间距。栽得稀疏的植株，可以和其他植株相距 5m 以上。

（三）风景林栽植

风景林一般用树形高大雄伟的或树形比较独特的树种群植而成。如松树、柏树、银杏、樟树、广玉兰等，就是常用的高大雄伟树种；柳树、水杉、蒲葵、椰子树、芭蕉等，就是树形比较奇特的风景林树种。风景林栽植施工中主要应注意下述问题。

1. 林地整理

在绿化施工开始的时候，首先要清理林地，地上地下的废弃物、杂物、障碍物等都要清除出去。通过整地，将杂草翻到地下，把地下害虫的虫卵、幼虫和病菌翻上地面，经过低温和日照将其杀死，减少病虫对林木危害，提高林地树木的成活率。土质瘦瘠密实的，要结合着翻耕松土，在土壤中掺合进有机肥料。林地要略为整平，并且要整理为 1％以上的排水坡度。当林地面积很大时，最好在林下开辟几条排水浅沟，与林缘的排水沟联系起来，构成林地的排水系统。

2. 林缘放线

林地准备好之后，应根据设计图将风景林的边缘范围线放大到林地地面上。放线方法可采用坐标方格网法。林缘线的放线一般所要求的精确度不是很高，有一些误差还可以在栽植施工中进行调整。林地范围内树木种植点的确定有规则式和自然式两种方式。规则式种植点可以按设计株行距以直线定点，自然式种植点的确定则允许现场施工中灵活定点。

3. 林木配植

风景林内，树木可以按规则的株行距栽植，这样成林后林相比较整齐；但在林缘部分，还是不宜栽得很整齐，不宜栽成直线形；要使林缘线栽成自然曲折的形状。树木在林内也可以不按规则的株行距栽，而是在 2～7m 的株行距范围内有疏有密地栽成自然式；这样成林后，树木的植株大小和生长表现就比较不一致，但却有了自然丛林般的景观。栽于树林内部的树，可选树干通直的苗木，枝叶稀少一点也可以；处于林缘的树木，则树干可不必很通直，但是枝叶还是应当茂密一些。风景林内还可以留几块小的空地不栽树木，铺种上草皮，作为林中空地通风透光。林下还可选耐荫的灌木或草本植物覆盖地面，增加林内景观内容。

（四）水景树栽植

用来陪衬水景的风景树，由于是栽在水边，就应当选择耐湿地的树种。如果所选树种并不能耐湿，但又一定要用它，就要在栽植中作一些处理。对这类树种，其种植穴的底部高度一定要在水位线之上。种植穴要比一般情况下挖得深一些，穴底可垫一层厚度 5cm 以上的透水材料，如炭渣、粗砂粒等；透水层之上再填一层壤土，厚度可在 8～20cm 之间；其上再按一般栽植方法栽种树木。树木可以栽得高一些，使其根颈部位高出地面。高出地面的部位进行壅土，把根颈旁的土壤堆起来，使种植点整个都抬高。水景树的这种栽植方法对根系较浅的树种效果较好，但对深根性树种来说，就只在两三年内有些效果，时间一长，效果就不明显了。

（五）旱地树栽植

旱地生长的植物大多不能忍耐土壤潮湿，因此，栽种旱生植物的基质就一定要透水性比较强。如栽种苏铁，就不能用透水性差的黏土，而要用含沙量较高的沙土；栽种仙人掌类灌木一般也要用透水性好的沙土。一些耐旱而不耐潮湿的树木，如马尾松、黑松、柏木、刺槐、榆树、梅花、杏树、紫薇、紫荆等，可以用较瘦瘠的黏性土栽种，但一般要将种植点抬高，或要求地面排水系统特别完整，保证不受水淹。

第二节　垂直绿化施工

利用棚架、墙面、屋顶和阳台进行绿化，就是垂直绿化。垂直绿化的植物材料多数是藤本植物和攀援类灌木。

一、棚架植物栽植

在植物材料选择、具体栽种等方面，棚架植物的栽植应安按下述方法处理。

（一）植物材料处理

用于棚架栽种的植物材料，若是藤本植物，如紫藤、常绿油麻藤等，最好选一根独藤长5m 以上的；如果是丁香、蔷薇之类的攀援类灌木，因其多为丛生状，要下决心剪掉多数的丛生枝条，只留 1～2 根最长的茎干，以集中养分供应，使今后能够较快地生长，较快地使叶盖满棚架。

（二）种植槽、穴准备

在花架边栽植藤本植物或攀援灌木。种植穴应当确定在花架柱子的外侧。穴深 40～60cm，直径 40～80cm，穴底应垫一层基肥并覆盖一层壤土，然后才栽种植物。不挖种植穴，而在花架边沿用砖砌槽填土，作为植物的种植槽，也是花架植物栽植的一种常见方式。种植槽净宽度在 35～100cm 之间，深度不限，但槽顶与槽外地坪之间的高度应控制在 30～70cm 为好。种植槽内所填的土壤，一定要是肥沃的栽培土。

（三）栽植

花架植物的具体栽种方法与一般树木基本相同。但是，在根部栽种施工完成之后，还要用竹竿搭在花架柱子旁，把植物的藤蔓牵引到花架顶上。若花架顶上的檩条比较稀疏，还应在檩条之间均匀地放一些竹竿，增加承托面积，以方便植物枝条生长和铺展开来。特别是对缠绕性的藤本植物如紫藤、金银花、常绿油麻藤等更需如此，不然以后新生的藤条相互缠绕一起，难以展开。

（四）养护管理

在藤蔓枝条生长过程中，要随时抹去花架顶面以下主藤茎上的新芽，剪掉其上萌生的新枝，促使藤条长得更长，藤端分枝更多。对花架顶上藤权分布不均匀的，要作人工牵引，使其排布均匀。以后，每年还要进行一定的修剪，剪掉病虫枝、衰老枝和枯枝。

二、墙垣绿化施工

这类绿化施工有两种情况，一种是利用建筑物的外墙或庭院围墙进行墙面绿化，另一种是在庭园围墙、隔墙上作墙头覆盖性绿化。

（一）墙面绿化

常用爬附能力较强的爬墙虎、岩爬藤、凌霄、常春藤等作为绿化材料。表面粗糙度大的墙面有利于植物攀附，垂直绿化容易成功。墙面太光滑时，植物不能爬附墙面，就只有在墙面上均匀地钉上水泥钉或膨胀螺钉，用铁丝贴着墙顺拉成网，供植物攀附。爬墙植物都栽种在墙脚下，墙脚下应留有种植带或建有种植槽。种植带的宽度一般为50～150cm，土层厚度在50cm以上。种植槽宽度50～80cm，高40～70cm，槽底每隔2～2.5m应留出一个排水孔。种植土应该选用疏松肥沃的壤土。栽种时，苗木根部应距墙根15cm左右，株距采用50～70cm，而以50cm的效果更好些。栽植深度，以苗木的根团全埋入土中为准；苗木栽下后要将根团周围的土壤搂实。为了确保成活，在施工后一般时间中要设置篱笆、围栏等，保护墙脚刚栽上的植物；以后当植物长到能够抗受损害时，才拆除围护设施。

（二）墙头绿化

主要用蔷薇、木香、三角花等攀援灌木和金银花、常绿油麻藤等藤本植物，搭在墙头上绿化实体围墙或空花隔墙。要根据不同树种藤、枝的伸展长度，来决定栽种的株距，一般的株距可在1.5～3.0cm之间。墙头绿化植物的种植穴挖掘、苗木栽种等，与一般树木栽植基本相同。

三、屋顶绿化施工

在屋顶上面进行绿化，要严格按照设计的植物种类、规格和对栽培基质的要求而施工。在屋顶的周边，可以修建稍高的种植槽或花台，填入厚达40～70cm的栽培基质，栽种稍高大些的灌木。而在屋顶中部，则要尽量布置低矮的花坛或草坪；花坛与草坪内的栽培基质厚度应在25cm以下。花坛、草坪、种植槽的最下面是屋面。紧贴屋面应垫一层厚度为3～7cm的排水层。排水层用透水的粗颗粒材料如炭渣、豆石等平铺而成，其上面还要铺一屋塑料窗纱网或玻璃纤维布，作为滤水层。滤水层以上，就可填入泥土、锯木粉、蛭石、泥炭土等作为栽培基质。

四、阳台绿化

阳台由于面积比较小，常常还要担负其他功能，所以其绿化一般只能采取比较灵活的盆栽绿化方式。盆栽主要布置在阳台栏板的顶上，一定要有围护措施，不得让盆栽往下落。

第三节　绿带施工技术

一般所谓的绿带，主要指林带、道路绿化带以及树墙、绿篱等隔离性的带状绿化形式。绿带在城市园林绿化中所起的作用，主要是装饰、隔离、防护、掩蔽园林局部环境。

一、林带施工

（一）整地

通过整地，可以把荒地、废弃地等非宜林地改变成为宜林地。整地时间一般应在营造林带之前3～6个月，以"夏翻土，秋耙地，春造林"的效果较好。现翻、现耙、现造林对林木栽植成活效果不很好。整地方式有人工和机械两种。人工整地是用锄头挨着挖土翻地，翻土深度在20～35cm之间；翻土后经过较长时间的暴晒，再用锄头将土坷垃打碎，把土整细。机械翻土，则是由拖拉机牵引三铧犁或五铧犁翻地，翻土深度 25～30cm。耙地是用拖拉机牵引铁耙进行。对沙质土壤，用双列圆盘耙；对黏重土质的林地则用缺口重耙。在比较窄的林带地面，用直线运行法耙地；在比较宽的地方，则可用对角线运行法耙地。耙地后，要清除杂物和土面的草根，以备造林。

（二）放线定点

首先根据规划设计图所示林带位置，将林带最内边一行树木的中心线在地面放出，并在这条线上按设计株距确定各种植点，用白灰做点标记。然后依据这条线，按设计的行距向外侧分别放出各行树木的中心线，最后再分别确定各行树木的种植点。林带内，种植中的排列方式有矩形和三角形两种，排列方式的选用应与主导风向相适应（图 6-1）。

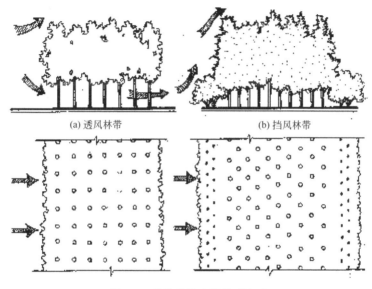

图 6-1　林带种植点的排列方式

林带树木的株行距一般小于园林风景的株行距，根据树冠的宽窄和对林带透风率的要求，可采用 1.5m×2m、2m×2m、2m×2.5m、2.5m×2.5m、2.5m×3m、3m×3m、3m×4m、4m×4m、4m×5m 等株行距。林带的透风率，就是风通过林带时能够透过多少风量的比率，可用百分比来表示。一般起防风作用的林带，透风率应为 25％～30％；防沙林带，透风率 20％；园林边沿林带，透风率可为 30％～40％。透风率的大小，可采取改变株行距、改变种植点排列方式和选用不同枝叶密实度的树种等方法来调整。

（三）栽植

园林绿地上的林带一般要用 3～5 年生以上的大苗造林，只有在人迹较少，且又容许造林周期拖长的地方，造林才可用 1～2 年生小苗或营养杯幼苗。栽植时，按白灰点标记的种植点挖穴、栽苗、填土、插实、做围堰、灌水。施工完成后，最好在林带的一侧设立临时性的护栏，阻止行人横穿林带，保护新栽的树苗。

二、道路绿带施工

城市道路绿带是由人行道绿化带和分车绿带组成的。在绿带的顶空和地下，常常都敷设有许多管线。因此，街道绿带施工中最重要的工作就是要解决好树木与各种管线之间的矛盾关系。

（一）人行道绿带施工

人行道绿带的主要部分是行道树绿化带，另外还可能有绿篱、草花、草坪种植带等。行道树可采用种植带式或树池式两种栽种方式。种植带的宽度不小于 1.2m，长度不限。树池形状一般为方形或长方形，少有圆形。树池的最短边长度不得小于 1.2m；其平面尺寸多为 1.2m×1.5m、1.5m×1.5m、1.5m×2m、1.8m×2m 等。行道树种植点与车行道边缘道牙石之间的距离不得小于 0.5m。行道树的主干高度不小于 3m。栽植行道树时，要注意解决好与地上地下管线的冲突，保证树木与各种管线之间有足够的安全间距。表 6-1 是行道树与街道架空电线之间应有的间距，表 6-2 则是树木与地下管线的间距参考数值，行道树与距离旁建筑物、构筑物之间应保持的距离，则可见表 6-3 中所列。为了保护绿带不受破坏，在人行道边沿应当设立金属的或钢筋混凝土的隔离性护栏，阻止行人踏进种植带。

（二）分车绿带施工

由于分车绿带位于车行道之间，绿化施工时特别要注意安全，在施工路段的两端要设立醒目的施工标志。植物种植应当按照道路绿化设计图进行，植物的种类、株距、搭配方式等，都要严格按设计施工。分车绿带一般宽 1.5～5m，但最窄也有 0.7m 宽的。1.5m 宽度以下的分车带，只能铺种草皮或栽成绿篱；1.5m 以上宽度的，可酌情栽种灌木或乔木。分车带上种草皮时，草种必须是阳性耐干旱的，草皮土层厚度在 25cm 以上即可，土面要整细以后才播种草籽。分车带上种绿篱的，可按下面关于绿篱施工内容中的方法栽植。分车带上配植绿篱加乔木、灌木的，则要完全按照设计图进行栽种。分车带上栽植乔灌木，与一般树木的栽植方法一样，可参照进行。

表 6-1　行道树与架空电线的间距　　　　　　　　　　　　单位：m

电线电压	水平间距	垂直间距
1kV	1.0	1.0
1～20kV	3.0	3.0
35～110kV	4.0	4.0
154～220kV	5.0	5.0

表 6-2　行道树与地下管道的水平间距　　　　　　　　　　单位：m

沟管名称	至中心最小间距	
	乔木	灌木
给水管、闸井	1.5	不限
污水管、雨水管、探井	1.0	不限
排水盲沟	1.0	
电力电缆、探井	1.5	
热力管、路灯电杆	2.0	1.0
弱电电缆沟、电力、电线杆	2.0	
乙炔氧气管、压缩空气管	2.0	2.0
消防龙头、天然瓦斯管	1.2	1.2
煤气管、探井、石油管	1.5	1.5

表 6-3　行道树与建筑、构筑物的水平间距　　　　　单位：m

道路环境及附属设施	至乔木主干最小间距	至灌木中心最小间距
有窗建筑外墙	3.0	1.5
无窗建筑外墙	2.0	1.5
人行道边缘	0.75	0.5
车行道路边缘	1.5	0.5
电线塔、柱、杆	2.0	不限
冷却塔	塔高 1.5 倍	不限
排水明沟边缘	1.0	0.5
铁路中心线	8.0	4.0
邮筒、距牌、站标	1.2	1.2
警亭	3.0	2.0
水准点	2.0	1.0

三、绿篱施工

　　绿篱既可用在街道上，也可用在园林绿地的其他许多环境中，绿篱的苗木材料要选大小和高矮规格都统一的，生长垫健旺的，枝叶比较浓密而又耐修剪的植株。施工开始的时候，先要按照设计图规定的位置在地面放出种植沟的挖掘线。若绿篱是位于路边或广场边，则先放出最靠近路面边线的一条挖掘线，这条挖掘线应与路边线相距 15～20cm；然后，再依据录篱的设计宽度，放出另一条挖掘线。两条挖掘线均要用白灰在地面画出来。放线后，挖出绿篱的种植沟，沟深一般 20～40cm，视苗木的大小而定。

　　栽植绿篱时，栽植位点有矩形和三角形两种排列方式，株行距视苗木树冠宽窄而定；一般株距在 20～40cm 之间，最小可为 15cm，最大可达 60cm（如珊瑚树绿篱）。行距可和株距相等，也可略小于株距。一般的绿篱多采取双行三角形栽种方式，但最窄的绿篱则要采取单行栽种方式，最宽的绿篱也有栽成 5～6 行的。苗木一棵棵栽好后，要在根部均匀地覆盖细土，并用锄把插实；之后，还应全面检查一遍，发现有歪斜的就要扶正。绿篱的种植沟两侧，要用余下的土做成直线形围堰，以便于挡水。土堰做好后，浇灌定根水，要一次浇透。

　　定型修剪是规整式绿篱栽好后马上要进行的一道工序。修剪前，要在绿篱一侧按一定间距立起标志修剪高度的一排竹竿，竹竿与竹竿之间还可以连上长线，作为绿篱修剪的高度线。绿篱顶面具有一事实上造型变化的，要根据形状特点，设置 2 种以上的高度线。在修剪方式上，可采用人工和机械两种方式。人工修剪使用的是绿篱剪，由工人按照设计的绿篱形状进行修剪。机械修剪是使用绿篱修剪机进行修剪，效率当然更高些。

　　绿篱修剪的纵断面形状有直线形、波浪形、浅齿形、城垛形、组合形状等，横断面形状有长方形、梯形、半球形、截角形、斜面形、双层形、多层形等（图 6-2）。在横断面修剪中，不得修剪成上宽下窄的形状，如倒梯形、倒三角形、伞形等，都是不正确的横断面形状（图 6-3）。如果横断面修剪成上宽下窄形状，将会影响绿篱下部枝叶的采光和萌发新枝新叶，使以后绿篱的下部呈现枯秃无叶状。自然式绿篱不进行定型修剪，只将枯枝、病虫枝、杂乱枝剪掉即可。

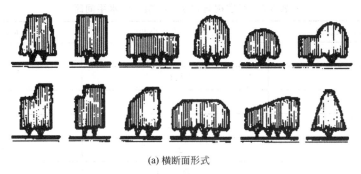

(a) 横断面形式

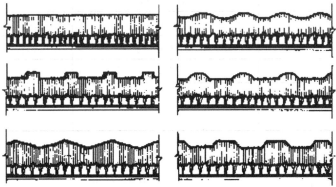

(b) 纵断面形式

图 6-2　绿篱修剪的断面形状

图 6-3　不正确的绿篱横断面

第四节　草坪工程施工

草坪是城市绿地中最基本的地面绿化形式。草坪的建设，应按照既定的草坪设计进行。在草坪设计中，一般都已确定了草坪的位置、范围、形状、坡度、供水、排水、草种组成和草坪上的树木种植情况；而草坪施工的工作内容，就是要根据已确定的设计来完成一系列的草坪开辟和种植过程。这一施工过程，主要包括土地整理、放线定点、布置草坪设施、铺种草坪草和后期管理等工序。

一、土地整理与土质改良

园林草坪的两个最主要类别是观赏性草坪和游息性草坪。观赏性草坪一般布置在与花坛一样的种植床上，禁止游人进入，纯粹供观赏用。其种植床的整理和边缘石的砌筑等完全与花坛相同。而游息草坪则一般布置在草坪专用地上，可让游人进入里面游览休息，其边缘也不像花坛那样一定有边缘石，土地整理情况也和花坛有一些差别。因此，这里只就游息草坪的土地整理进行讨论。

游息草坪用地确定以后，首先要清理现场，清除碎砖烂瓦、灰块乱石等一切杂物，然后应进行施肥。施肥最好用堆肥、厩肥、人粪尿、绿肥、饼肥、垃圾肥等有机肥，南方地区也可用风化过的河泥、塘泥施肥。

对土质恶劣的草坪用地，应进行土壤改良。瘦瘠的沙质土，要增加有机肥的施用量；对酸性土，可增施一些石灰粉降低酸度；对碱性土，可施用酸性肥料或硫黄粉降低碱性。改土前应测定土壤的酸碱度。如发现土壤偏碱，pH 在 7.5 以上，用硫酸铵按 $1\sim2kg/100m^2$ 的用量施药，可使土壤 pH7.5 降到 pH6.5；按 $1\sim2kg/100m^2$ 的用量施用硫酸亚铁，也可以达到这种效果。我国北方一些地区使用矾肥水来改良碱性土质，采用硫酸亚铁（黑矾）、豆饼、人粪尿、水按比例 $1:2:5:80$ 混合后，在阳光下暴晒 20 天，待全部腐熟后即为矾肥水。使用时再加清水稀释，施入碱性土壤中，能有效地降低土壤 pH。在我国南方地区，也有用硫黄粉或可湿性硫黄粉来降低土壤含碱量的。施用硫黄粉的降碱效果比较持久，其施用量应根据土壤的含碱程度而定，表 6-4 中所列施用量情况，可供改良碱土时参考。

表 6-4　不同碱度土壤的硫黄粉施用量

施用量/（kg/100m²）	pH 降低值	施用量/（kg/100m²）	pH 降低值
1.0～1.5	从 7.5 降到 6.5	1.0～2.0	从 7.0 降到 6.0
1.5～2.0	从 8.0 降到 6.5	2.0～3.0	从 7.0 降到 5.5
2.0～3.0	从 8.0 降到 6.0	2.0～3.0	从 7.5 降到 6.0

土地施肥后和降碱降酸处理后，要进行土地翻耕，将肥料、石灰、硫黄等翻入土中和匀。翻土深度应达 20～25cm，土质太差的应深耕在 30cm 以上；翻耕出的树苑、杂草根等要清除干净，应尽量使表层土壤疏松透气，酸碱度适中。翻土后，要按照设计的草坪等高线进行土面整平和找坡，土面太高处的土壤要移动到土面低处，使草坪各处土面高度达到草坪竖向设计的要求。

草坪表层土粗细程度对草皮的生长有影响。表土层应当用机械或人工进行耙细作业，一般要耙 2～3 遍才符合要求。

二、布置排水设施

土地整理作业中，对土面的整平找坡处理主要是为了更好组织地面排水。在对一般草坪整地时，草坪中部土面应高一些，边缘地带土面则应低一些，土面由中部到边缘成倾斜坡面，坡度通常为 2%～3%，除了特意设计的起伏草坪以外，一般草坪土面最大坡度都不超过 5%，要尽量减少地表的水土冲刷。在有铺装道路通过的地方，草坪土面要低于路面 2～5cm，以免草坪地面雨水流到路面上。

面积较小的草坪，可通过坡面自然排水，并在草坪周边设置浅沟集水，将地表水汇集到排水沟中排出去。对面积较大的草坪，仅仅依靠地表排水是不行的，下雨时在草坪里面产生的积水不容易很快排除掉。

大面积草坪的排水方法，主要是在草坪下面设置排水暗管。施工时，先要沿着草坪对角线挖浅沟，沟深 40～50cm，宽 30～45cm。然后在对角主沟两侧各挖出几条斜沟，斜沟与对角主沟的夹用应为 45°，其端头处深 30～40cm。沟挖好后，将管径为 6.5～8cm 的陶土管埋入沟中，在陶管上面平铺一层小石块，再填入碎石或煤渣，在最上面回填沃表土，用以种植草坪植物；回填的土面应当略低于两侧的草坪土面（图 6-4）。斜沟内的副管与对角沟的主管一起构成如羽状分布的暗管排水系统。在面积特大的草坪下，这样的排水管系统可设置几套，但其中的排水主管则应平行排列，每一主管的端头都应与草坪边缘的集水沟连接起来。

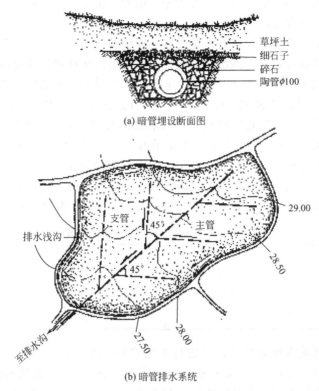

(a) 暗管埋设断面图

草坪土
细石子
碎石
陶管φ100

排水浅沟
支管
45°
主管
29.00
28.50
至排水沟
27.50
28.00
45°

(b) 暗管排水系统

图 6-4　草坪暗管排水系统示意

三、布置供水设施

小块的观赏草坪可不设供水系统，以人工喷洒即可。面积较大的草坪一般都要布置独立的机械喷灌供水系统。

草坪的机械喷灌系统是由控制器、喷灌机（水泵）、喉管和喷头四部分组成的。喷灌方式有自动升降式和自动旋转式两种。自动升降式喷灌的喷头平时隐藏在草坪中，当控制器感应到需要浇水时，就自动升起来开始进行扫射式喷水；喷水足够了，又自动地关闭喷水阀，降到草坪下隐藏起来。自动旋转式喷灌的喷头是固定在草坪上一定高度，可以随着喷水时产生的水力自动旋转，一面旋转一面喷水，能够比较均匀地为一定范围内的草坪供水。

布置喷灌系统时，要根据喷头的射程距离，来均匀地敷设供水管和喷水头，使各个喷头的喷射范围能够覆盖全部草坪。喷灌系统若按喷头水压大小来分，可分为远喷式和近喷式两种形式。远喷式的喷头水压大，水流射程远；近喷式的喷头水压小，水流射程短；其具体区分情况见表 6-5。

表 6-5　喷灌机射程与类别

项目	高压远喷式	远喷式	近喷式
	远射程	中射程	近射程
工作压力/(kg/cm²)	6～8	3～5	0.5～3
流量/(m³/h)	70～140	18～70	5～20
射程/m	50～80	15～50	5～20

注：1kg/cm² = 98.0665kPa。

喷灌机可设置在草坪边角地方的地下水泵坑内，一端连接供水管道，接通水源；另一端连接喷水主管，送出加压的水流。喷水主管上再分出若干支管，支管端设喷水头。在草坪种植工程未完成之前，只敷设喷水管道，暂不安装水泵和喷头；水管的管口要作临时性堵塞，避免泥砂异物落入管中。管道敷设安装好，即覆土掩埋，并稍稍压实。

四、草坪种植施工

草坪排水供水设施敷设完成，土面已经整平耙细，就可进行草坪植物的种植施工。草坪的种植方式主要有草籽播种、草茎撒播、草皮移植及植生带铺种等几种。

（一）用播种法培植草坪

播种之前，最好将草坪土地全面浸灌一遍，让杂草种子发芽，长出幼苗，除掉杂草苗以后再播种草坪草种；这样能够减少今后清除杂草的工作量。草坪播种的时间一般在秋季和春季，但在夏季不是最热的时候和冬季不是最冷的时候也可酌情播种，只要播种时的温度与草种需要的温度基本一到就可以。表 6-6 是一些草种适宜播种的温度范围。

表 6-6　常见草坪草种的播种温度　　　　单位：℃

草种名称	温度	草种名称	温度	草种名称	温度
早熟禾	20～30	狗牙根	20～35	多花黑麦草	20～30
普通早熟禾	20～30	结缕草	20～35	多年生黑麦草	20～30
草地早熟禾	15～30	沟叶结缕草	20～35	猫尾草	20～30
球茎早熟禾	10	假俭草	20～35	冰草	15～30
加拿大早熟禾	15～30	紫羊茅	15～20	地毯草	20～35
匍茎剪股颖	15～30	羊茅	15～25	两耳草	20～35
细弱剪股颖	15～30	毛叶羊茅	10～25	垂穗草	15～30
欧剪股颖	20～30	高株羊茅	20～30	无芒雀麦	20～30
红顶草	20～30	苇状羊茅	20～30	双穗雀稗	30～35
野牛草	20～35	鸭茅	20～30	格拉马草	20～30

对一般的草坪种子都应进行发芽试验，试验中发现的发芽困难种子，可用 0.5% 的 NaOH 溶液浸泡处理，24h 后用清水洗净晾干再播。播种时种子用量对草坪幼苗生长的关系很密切，常见草种的播种量可参见表 6-7。

表 6-7　常见草种的播种量　　　　单位：g/m²

草种名称	播种量		草种名称	播种量	
	正常播	密播		正常播	密播
普通早熟禾	6～8	10	羊茅	14～17	20
草地早熟禾	6～8	10	苇状羊茅	25～35	40
林地早熟禾	6～8	10	高株羊茅	25～35	40
加拿大早熟禾	6～8	10	多花黑麦草	25～35	40
匍茎剪股颖	3～5	7	多年生黑麦草	25～35	40
细弱剪股颖	3～5	7	冰草	15～17	25
欧剪股颖	3～5	7	地毯草	6～10	12
红顶草	4～6	8	假俭草	16～18	25
野牛草	20～25	30	猫尾草	6～8	10
狗芽根	6～7	9	结缕草	8～12	20
紫羊茅	14～17	20	格拉马草	6～10	12

大面积的草坪采用机械播种，小面积的草坪播种则采用人工撒播。为使播种均匀，可在种子中掺沙拌匀后再播；也可先把草坪划分成宽度一致的条幅，称出每一幅的用种量，然后一幅一幅地均匀撒播；每一幅的种子都适当留一点下来，以补足太稀少处。草坪边缘和路边地带，种子要播得密一些。草坪全部播种完毕，要在地面撒铺一层薄薄的细土约1cm厚，以盖住种子。然后，用细孔喷壶或细孔喷水管洒水，水要浇透。以后，还要经常喷水保温，不使土壤干旱。草苗长高到5~6cm时，如果不是处于干旱状态，则可停止浇水。

（二）用其他方法培植草坪

1. 草茎撒播法

在并不太热的生长季节中，将草皮铲起，抖掉泥土，把匍匐嫩枝及草茎切成3~5cm长短的节段，然后均匀地撒播在整平耙细的草坪土面上，再覆盖一层薄土，稍稍压实。以后，经常喷水，保持土壤湿润，连续管护30~45天，撒播的草茎就会发出新芽。

2. 草棵分栽法

这种方法配植草坪的最佳季节是在早春草坪植物返青之时。先将草皮铲起，撕开匍匐茎及营养枝，分成一棵棵的小植株，然后在草坪土地上按30cm的距离挖浅沟。沟宽10~15cm，深4~6cm。再将草棵按20cm的株距整齐地栽入浅沟中。栽好后将浅沟的土壤填满，压实，浇灌一次透水。以后经常浇水保湿，3个月左右，新草就会盖满草坪土面。用这种方法培植草坪，1m^{2}的草种草皮一般可以分栽为7~25m^2。

3. 草皮移植法

在育草苗圃地上铲起草皮，切成10cm^{2}大的方形草块或5cm×15cm大小的长方形草块，作为草坪的种源。然后按照20cm×30cm或30cm×30cm的株行距，将种源草块移植、铺种到充分耙细的草坪土面上。草皮铺种好之后，立即滚碾压实，浇水至透底，并保持经常性的湿润。另外，有时进行突击绿化，要在最短的周期内培植出合格的草坪，还可以采用草皮直接铺设方法。这种方法是：选长垫优良的草皮，按30cm×30cm的方格状向下垂直切缝，切深沟3cm；然后再铲起一块块方形草皮，铺种到草坪土面上；草皮与草皮之间留缝宽1cm左右。接着，进行滚压，紧贴土面，再浇灌透水。第一次浇水后2~3天，又进行第二次滚压，将草坪顶面再次压实压平整。

4. 植生带铺种法

植生带是采用具有一定韧性和弹性的无纺布，在其上均匀撒播种子和肥料而培植出来的地毯式草坪种植带，这一生产过程是在工厂里进行的。在草坪的翻土、整地、施肥和给排水设施布置都完成以后，将植生带相互挨着铺在草坪土面上，要注意压平压实，使植生带底面与土面紧密结合。然后，用纯净的细沙土覆盖在植生带面上，覆土厚度1~2cm，覆土也要压实。为防止植生带边角翘起，可用细铁丝做成扣钉，将边角处钉在土面。植生带铺好后要浇水养护，每天早晚各浇一次，雨季可以不浇水。植生带铺种时间最好在春秋两季。

五、草坪的管护

种植施工完成后，一般经过1~2月的养护就可长成丰满的草坪。草坪长成后，还要进行经常性的养护管理，才能保证草坪景观长久地持续下去。

在草坪生长过程中，常常有杂草的侵入，经常清除杂草是草坪管理的一项重要工作。清除杂草的工作一般由人工来做，要注意将杂草草根除净。

有时遇到天旱，草地缺水，导致草类生长不良甚至枯死，因此，经常为草坪浇水也是管理草坪的重要工作之一。安装有自动喷灌系统的草坪，能自动为草坪浇水，平时主要是管理、维护好喷灌机械。没有自动喷灌系统的，要由人工进行浇灌。浇水最好在早晨和晚上进行，生长期内，视土壤干燥情况，一般每月浇水 2～5 次，每次浇水都要浇透。

草坪修剪是保持草坪整洁景观和促进草茎分蘖生长所必需的一项经常性的工作。修剪工作一般使用剪草机，只有在草坪面积较小而又无剪草机的情况下，才用长剪进行人工修剪。在生长迅速的春夏季节，一般每隔 10～15 天要修剪一次。在生长缓慢的季节，可以每月修剪一次。一般草坪修剪中，剪掉的草长应为 6～10cm，而留下的草基高度应为 2～3cm。为了使草坪更显得整洁，在草坪边缘还要进行切边处理。草坪切边要采用切边机或月牙铲，沿着草坪边缘向外斜切，直切到草根，切口处以外的杂草要全部铲除。

对草坪进行施肥，可以保持植物的叶色优美和良好的生长势。在草坪建好之后施用有机肥，将有碍观瞻，卫生情况也不好，所以划坪施肥时一般都不再用有机肥，而改用化学肥料进行追肥处理。施用化肥应与浇水结合起来进行。施氮肥一般可用尿素、硫酸铵、碳酸铵；施用磷肥一般用过磷酸钙和磷酸铵；而施钾肥则常用硫酸钾和氯化钾。混合施肥时，氮、磷、钾的施用比例以 5：4：3 为宜。每种化肥的施用浓度都要严格控制，肥液太浓将会伤害草苗。一般供喷施的化肥及其适宜浓度，可参见表 6-8。

表 6-8　草坪追肥的喷施浓度

肥　　料	浓度/%	肥　　料	浓度/%
尿　素	0.2～0.5	过磷酸钙	0.5～1.0
硫酸铵	0.5～1.0	磷酸二氢钾	0.25～0.30
硫酸亚铁	0.02～0.05	硝酸钾	0.1～0.3

对于践踏过度和逐渐衰败的草坪，要进行休养生息和更新复壮。如果草坪因过度践踏而使土壤板结和草皮空秃，应立即用临时性围栏把草坪圈起来，阻止人们暂时不能进入草坪。再进行必要的松土、施肥、补种、浇水，使草坪尽快地长好；待长好后才重新开放。

多年生的草坪开始衰败时，要采用一些方法来促使其更新和复壮。方法之一，可在草坪上松土和刺孔，然后在孔中添播草种，并浇水养护。方法之二，是采用条状更新法，即对具有匍匐茎的草皮，每隔 50～60cm 距离，铲去 50cm 宽的一条带状草皮，重新整地施肥和播种草籽，培植成新的草坪带；以后，又可用同样的方法更换余下的一些草皮带。方法之三，则是采用断根更新法，使用特制的钉筒，定期在草坪上来回滚压；钉筒上的钉子长 10cm 左右，可将草坪地面扎出许多孔洞，并切断部分老根；然后在孔洞内施入肥料，促使新根生长；最后就可以达到更新草坪的目的。方法之四，是一次更新法，所采用的措施是将衰败的草皮全部铲掉，并清除草根，再重新播种浇水，培植新的草坪。不论采用哪一种方法处理，都要加强水肥管理，才能完全达到更新草坪的目的。

第五节　非常规绿化施工

常规绿化施工一般是在正常情况下进行的。而在有些特殊情况下，由于具体条件所限，常常要进行非常规的绿化施工。在这方面表现最突出的就是突破季节限制的绿化施工和大树移植的施工。

一、突破季节限制的绿化施工

一般绿化植物的栽种时间，都在春季和秋季。但有时为了一些特殊目的而要进行突击绿化，就需要突破季节的限制进行绿化施工。而为了施工获得成功，就必须采取一些比较特殊的技术方法，来保证植物栽植成活。

（一）苗木选择

在非适宜季节种树，需要选择合适的苗木才能提高成活率。选择苗木时应从以下几方面入手。

（1）选移植过的树木　最近两年已经移植过的树木，其新生的细根都集中在树蔸部位，树木再移植时所受影响较小，在非适宜季节中栽植的成活率较高。

（2）采用假植的苗木　假植几个月以后的苗木，其根蔸处开始长出新根，根的活动比较旺盛，在不适宜的季节中栽植也比较容易成活。

（3）选土球最大的苗木　从苗圃挖出的树苗，如果是用于非适宜季节栽种，其土球应比正常情况下大一些；土球越大，根系越完整，栽植越易成功。如果是裸根的苗木，也要求尽可能带有心土，并且所留的根要长，细根要多。

（4）用盆栽苗木下地栽种　在不适宜栽树的季节，用盆栽苗木下地栽种，一般都很容易成活。

（5）尽量使用小苗　小苗比大苗的移栽成活率更高，只要不急于很快获得较好的绿化效果，都应当使用小苗。

（二）修剪整形

对选用的苗木，栽植之前应当进行一定程度的修剪整形，以保证苗木顺利成活。

1. 裸根苗木整剪

栽植之前，应对根部进行整理，剪掉断根、枯根、烂根，短截无细根的主根；还应对树冠进行修剪，一般要剪掉全部枝叶的 1/3～1/2，使树冠的蒸腾作用面积大大减小。

2. 带土球苗木的修剪

带土球的苗木不用进行根部修剪，只对树冠修剪即可。修剪时，可连枝带叶剪掉树冠的 1/3～1/2；也可在剪掉枯枝、病虫枝以后，将全树的每一个叶片都剪截 1/2～2/3，以大大减少叶面积的办法来降低全树的水分蒸腾总量。

（三）栽植技术处理

为了确保栽植成活，在栽植过程中要注意以下一些问题并采取相应的技术措施。

1. 栽植时间确定

经过修剪的树苗应马上栽植。如果运输距离较远，则根蔸处要用湿草、塑料薄膜等加以包扎和保湿。栽植时间最好在上午 11 时之前或下午 16 时以后，而在冬季则只要避开最严寒的日子就行。

2. 栽植

种植穴要按一般的技术规程挖掘，穴底要施基肥并铺设细土垫层，种植土应疏松肥活。把树苗根部的包扎物除去，在种植穴内将树苗立正栽好，填土后稍稍向上提一提，再插实土壤并继续填土至穴顶。最后，在树苗周围做出拦水的围堰。

3. 灌水

树苗栽好后要立即灌水，灌水时要注意不损坏土围堰。土围堰中要灌满水，让水慢慢浸下到种植穴内。为了提高定植成活率，可在所浇灌的水中加入生长素，刺激新根生长。生长素一般采用萘乙酸，先用少量酒精将粉状的萘乙酸溶解，然后掺进清水，配成浓度为 200mg/L 的浇灌液，作为第一次定根水进行浇灌。

（四）苗木管理与养护

由于是在不适宜的季节中栽树，因此，苗木栽好后就更加要强化养护管理。平时，要注意浇水，浇水要掌握"不干不浇、浇则浇透"的原则；还要经常对地面和树苗叶面喷洒清水，增加空气湿度，降低植物蒸腾作用。在炎热的夏天，应对树苗进行遮荫，避免强阳光直射。在寒冷的冬季，则应采取地面盖草、树侧设立风障、树冠用薄膜遮盖等方法，来保持土温和防止寒害。

二、大树移植施工

有些新建的园林绿地或城市重点街道，在刚建成时就马上要有较好的绿化效果，如果像一般绿化那样采用小树栽种，就不能达到预定的要求。这时就应当采取大树移植的方法来解决问题。由于城市及园林建设的需要，有时也会遇到要将原有的大树古树移植到新地方的情况。所以，大树移植也是园林绿化施工中的一项重要工程。

（一）大树选择

在大树移植中，一般的落叶树比常绿树容易移植；灌木移植也比乔木容易。在同类型的大树中，叶形小的比叶片宽大的树种更能移植成活。具有直根系但直根较短的大树移植比较容易，而直根长的大树就不容易移植。曾经移植过的大树，特别是经过假植的大树，也比较容易再移植；从小到大从未移植过的大树，就比较难于移植成活。一般来说，树种的特性是决定其大树能否容易移植的最主要因素。有些树种的大树甚至古树，移植非常容易成活，如银杏，树干胸径达 1m 以上的古树，也可以 100% 地移植成活。又如紫薇，树龄 200 年以上的老树，移植成活也一点也不困难。但有些树种的大树却很不容易移植，如复羽叶栾树、核桃等的大树，就基本没有移植成活的。在表 6-9 中列举了一些容易和不容易移植的树种，供移植施工中参考。

表 6-9　大树移植的难易程度

最易成活者	较易成活者	成活较难者	最难成活者
苏铁、银杏、紫薇、木兰、柳、悬铃木、白杨、梧桐、臭椿、楝树、李、榆、朴、梅、桃、杏槐树、盘槐、芙蓉、刺槐	雪松、桂花、棕榈、薄葵、合欢、榕树、黄葛树、罗汉松、五针松、枫树、黄杨、厚朴、木槿、紫荆、石榴	广玉兰、栗、女贞、香樟、圆柏、侧柏、柏木、龙柏、油松、云杉、柳杉、水杉、山茶、木荷、杨梅、枇杷、喜树、泡桐	落叶松、华山松、马尾松、金钱松、冷杉、紫杉、核桃、楠木、复羽叶栾树、白桦、珙桐、檫木、银桦

（二）施工前准备

大树移植施工前，要做一系列准备工作。对常绿阔叶树如香樟等，在挖起树木前 2 周左右，要先将叶片剪掉 1/3，到移植时，再将余下的每一叶片剪去 1/2～2/3。而对雪松、五针松、红枫、玉兰等树形特别重要的树种，则除了剪去枯枝、病虫枝、杂乱枝外，其余枝叶一般就不要修剪，要做到既保证移值成活又不改变其固有的美好树形。在土壤比较干燥的大树下，要在移植前几日灌一次透水，使根部土壤保持湿润，挖起树木时根部土球才不易松散。对移植成活比较困难的大树，还要提前 2～3 年进行分散断根处理。

（三）分期断根处理

分期断根，即是提前 2～3 年分 2～3 次对大树根部进行断根处理，使每一次断根都能刺激新根细根回缩在树苑部分生出；经过几次断根处理，吸收机能很强的新根就在树苑部位集中起来，使移植以后大树的成活率大大提高。图 6-5 是大树分期断根处理的方法示意。

（四）树木的起掘

如图 6-5 所示，起掘大树时，先在树周开挖环形沟或正方形沟。挖沟处应在原断根切口

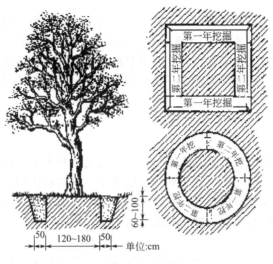

图 6-5　大树分期断根挖掘法示意

以外，即要使掘起后的根部土球直径大于切根范围。挖沟的宽度应能容下工人进入沟中操作，一般在 70cm 以上。挖沟的同时，为了避免树木意外倒下，要用木杆从四周将树干支撑起来。当土沟挖到预定深度时，再把断根切口以外的外层土剥削掉，剪去断根、破根、使土球基本成形。然后，挖空土球底部泥土，切断树木底根。这时，就可以对土球进行包扎了。

（五）根部土球包扎

直径 1m 以内的土球，可用草绳密集缠绕包扎。根据包扎方式的不同，土球的草绳包可分为橘子包、井字包、五角包等三种形式；不论扎成什么形式，反正要扎紧包严，不让土球在搬运过程中松散。直径大于 1m 的土球，因泥土太重，用草绳包扎不能保证不松散，这就要采用箱板式包装方式。用箱板包装的土球应挖成倒置的梯台形，上宽下窄。包装用的箱板要准备 4 块，每一次都是倒梯形，厚 3～5cm，表面用 3 根木条钉上加固。梯形箱板的尺寸应略小于土球上下的尺寸。包装时，将 4 块箱板分别贴在土球 4 个侧面，再用钢索与紧固镙杆从箱板外围紧紧地拴住，上下拴 2～3 道钢索。另外，还要用较粗的钢索拴牢在土球上，作为起吊钢索，供吊运大树使用（图 6-6）。

（六）大树的吊运

包扎好土球的大树应及时运到栽植现场。运输大树要使用车厢较长的汽车，树木上下汽车还要使用吊车。大树吊装前，应该用绳子将树冠轻轻缠扎收缩起来，以免运输过程中碰坏枝条。吊装大树应做到轻吊轻放，不损坏树冠。吊上车后应对整个树冠喷一次水，然后再慢慢地运输到现场。

（七）大树的定植

将大树轻轻地斜吊放置到早已挖好的种植坑内，撤除缠扎树冠的绳子，并以人工配合机械，将树干立起扶正，初步支撑。树木立起后，要仔细审视树形和环境的关系，转动和调整树冠的方向，使树形与环境的关系协调统一。然后，撤除土球外包扎的绳包或箱板，分层填土分层筑实，把土球全埋入地下。在树干周围的地面上，也要做出拦水的土围堰。最后，要灌一次透水。

（八）大树的养护管理

已经定植的大树，必须在 1～2 年内加强管理，并采取一些保证成活的技术措施加以养

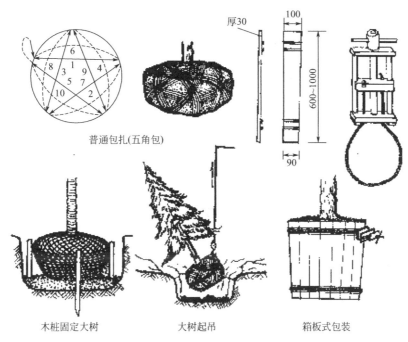

厚30　　100　　600～1000　　90

普通包扎(五角包)

木桩固定大树　　　大树起吊　　　箱板式包装

图 6-6　大树箱板式包装和吊运

护，才能最后移植成功。主要的养护管理措施如下。

1. 支撑树干

刚栽上的大树特别容易歪倒，要用结实的木杆搭在树干上构成三角架，把树木牢固地支撑起来，确保大树不会歪斜。

2. 浇水

在养护期中，要注意平时的浇水，发现土壤水分不足，就要及时浇灌。在夏天，要多对地面和树冠喷洒清水，增加环境湿度，降低蒸腾作用。

3. 生长素处理

为了促进新根生长，可在浇灌的水中加入 0.02% 的生长素，使根系提早生长健全。

4. 施肥

移植后第一年秋天，就应当施一次追肥。第二年早春和秋季，也至少要施肥 2～3 次，肥料的成分以氮肥为主。

5. 包裹树干

为了保持树干的湿度，减少从树皮蒸腾的水分，要对树干进行包裹。裹干时，可用浸湿的草绳从树基往上密密地缠绕树干，一直缠裹到主干顶部。接着，再将调制的黏土泥浆厚厚地糊满草绳裹着的树干。以后，可经常用喷雾器为树干喷水保湿。

大树移植一般多是带土球移植，但有些特别容易移植成活的落叶树也可以裸根移植，如银杏、合欢、刺槐、杨、柳、元宝枫等。裸根移植大树应在秋季和早春进行。移植前可对树冠进行重修剪，剪掉约 1/2 的枝叶。大树掘起后，还要对断根、破根和枯根进行修剪，剪后再用黏土泥浆浸裹树根；泥浆中如果加入 0.03% 的萘乙酸生长素，可以促进大树移植后新根的生长。经过处理的大树如不能马上栽植，应暂时假植起来。如能马上栽种，就按一般树木栽植的方法，进行定植，养护和管理。

复 习 题

1. 影响苗木移植成活的因素有哪些？
2. 园林绿化工程施工的内容有哪些？
3. 乔灌木种植时定点放线的原则是什么？
4. 大树移植的方法有哪些？
5. 垂直绿化工程后期养护管理的措施有哪些？
6. 简述草坪种植施工的技术要点。
7. 简述绿带施工的技术要点。
8. 简述绿篱工程施工的技术要点。

思 考 题

1. 非季节栽植保证成活率的措施有哪些？
2. 根据不同的土质条件谈谈绿化种植前土质改良的措施有哪些？

实 训 题

某地形种植施工设计？

【实训目的】掌握种植施工图的绘制方法和规范；明确种植设计的内容。

【实训方法】以小组为单位，进行场地实测、施工图设计、备料和放线施工。每组交报告一份，内容包括施工组织设计和施工记录报告。

【实训步骤】

1. 绘制种植工程施工平面图；
2. 绘制花池或花钵施工图；
3. 调查校园十种乔木、五种灌木的规格及价格。

第七章 园路与照明工程施工技术

【本章导读】

园林照明工程是园林景观的点睛之笔，没有园路的引导和灯光的映照，就不能突出园林景观的美感。本章主要讲解园林道路工程、广场铺装工程、绿地照明工程、水景照明工程施工中应该注意的问题和主要施工技术。

【教学目标】

通过本章的学习，了解园林道路、广场和园林照明工程的功能和类型，掌握典型的园林道路、广场的铺装和园林照明工程的施工工艺流程及技术要点。

【技能目标】

能进行园林道路和广场的设计和铺装施工，具有园林绿地、道路、水景工程照明的设计和施工的能力。

第一节 园路工程施工

园路施工除了在基本工序和基本方法上与一般城市道路相同之外，还有一些特殊的技术要求和具体方法。而园林广场的施工，也与其他园林铺装场地大同小异。所以，园林中一般铺装场地的施工都可以参照园路和园林广场的方式方法进行。

因为园路的建设总是会从平面上划分园林地形，因而园路的施工就应当是园林总平面施工的一个组成部分。事实上，园路施工一般都是结合着园林总平面施工一起进行的。园路工程的重点，在于控制好施工面的高程，并注意与园林其他设施的有关高程相协调。施工中，园路路基和路面基层的处理只要达到设计要求的牢固性和稳定性即可，而路面面层的铺装，则要更加精细，更加强调质量方面的要求。

一、园路的作用

园路像人体的脉络一样，是贯穿全园的交通网络，是联系各个景区和景点的纽带和风景线，是组成园林风景的造景要素。园路的方向对园林的通风、光照、保护环境有一定的影响。因此无论从实用功能上，还是在美观方面，均对园路的设计有一定的要求。其具体作用如下所述。

1. 组织空间、引导游览

在公园中常常是利用地形、建筑、植物或道路把全园分隔成各种不同功能的景区，同时又通过道路，把各个景区联系成一个整体。这其中游览程序的安排，对中国园林来讲，是十分重要的。它能将设计者的造景序列传达给游客。中国园林不仅是"形"的创作，而是由"形"到"神"的一个转化过程。园林不是设计一个个静止的"境界"，而是创作一系列运动中的"境界"。游人所获得的是连续印象所带来的综合效果，是由印象的积累，而在思想情感上所带来的感染力，这正是中国园林的魅力所在。园路正是能担负起这个组织园林的观赏程序，向游客展示园林风景画面的作用。它能通过自己的布局和路面铺砌的图案，引导游客按照设计者的意图、路线和角度来游赏景物。从这个意义上来讲，园路是游客的导游者。

2. 组织交通

园路对游客的集散、疏导，满足园林绿化。建筑维修、养护、管理等工作的运输工作，对安全、防火、职工生活、公共餐厅、小卖部等园务工作的运输任务。对于小公园，这些任务可综合考虑，对于大型公园，由于园务工作交通量大，有时可以设置专门的路线和入口。

3. 构成园景

园路优美的曲线，丰富多彩的路面铺装，可与周围的山、水、建筑、花草、树木、石景等景物紧密结合，不仅是"因景设路"，而且是"因路得景"，所以园路可行、可游，行游统一。

二、园路构造

园路一般由面层结构（面层、基层、结合层）、路基和附属工程三部分组成（图7-1）。

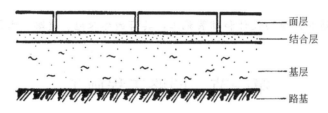

图 7-1　园路构造

（一）园路面层结构

路面面层的结构组合形式是多种多样的，但园路路面层的结构比城市道路简单，其典型的面层图示如图7-1。

（1）面层　是路面最上面的一层，它直接承受人流、车辆和大气因素如烈日、严冬、风、雨、雪等的破坏。如面层选择不好，就会给游人带来"无风三尺土，雨天一脚泥"或反光刺眼等不利影响。因此，从工程上来讲，面层设计时要坚固、平稳、耐磨耗、具有一定的粗糙度、少尘埃，便于清扫。

（2）基层　一般在路基之上，起承重作用。一方面支撑由面层传下来的荷载，另一方面把此荷载传给土基。基层不直接接受车辆和气候因索的作用，对材料的要求比面层低。一般用碎（砾）石、灰土或各种工业废渣等筑成。

（3）结合层　在采用块料铺筑面层时，在面层和基层之间，为了结合和找平而设置的一层。一般用3～5cm的粗砂、水泥砂浆或白灰砂浆即可。

（4）垫层　在路基排水不良或有冻胀、翻浆的路线上，为了排水、隔温、防冻的需要，用煤渣土、石灰土等筑成。在园林中可以用加强基层的办法，而不另设此层。

（二）路基

路基是路面的基础，它不仅为路面提供一个平整的基面，承受路面传下来的荷载，也是保证路面强度和稳定性的重要条件之一。因此对保证路面的使用寿命具有重大意义。

经验认为：一般黏土或砂性土开挖后用蛙式夯夯实3遍，如无特殊要求。就可直接作为路基。对于未压实的下层填土，经过雨季被水浸润后能使其自身沉陷稳定。其容重为180g/cm³可以用于路基。在严寒地区，严重的过湿冻胀土或湿软呈橡皮状土，宜采用1：9或2：8灰土加固路基，其厚度一般为15cm。

（三）园路附属工程

1. 道牙

道牙一般分为立道牙和平道牙两种形式（图 7-2）。

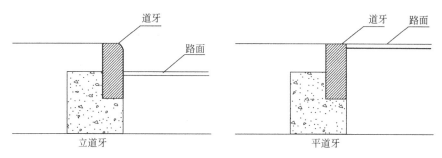

图 7-2 道牙的形式

它们安置在路面两侧，使路面与路肩在高程上起衔接作用，并能保护路面，便于排水。道牙一般用砖、混凝土或花岗岩制成。在园林中也可以用瓦、大卵石等做成。

2. 明沟和雨水井

是为收集路面雨水而建的构筑物，在园林中常用砖块砌成。

3. 台阶

当路面坡度超过 12°时，为了便于行走，在不通行车辆的路段上，可设台阶。台阶的宽度与路面相同，每级台阶的高度为 12～17cm，宽度为 30～38cm。一般台阶不宜连续使用，如地形许可，每 10～18 级后应设一段平坦的地段，使游人有恢复体力的机会。为了防止台阶积水、结冰，每级台阶应有 1%～2%的向下的坡度，以利排水。在园林中根据造景的需要，台阶可以用天然山石、预制混凝土做成本纹板、树桩等各种形式，装饰园景。为了夸张山势，造成高耸的感觉，台阶的高度也可增至 15cm 以上，以增加趣味。

4. 礓磜

在坡度较大的地段上，一般纵坡超过 15%时，本应设台阶，但为了能通行车辆，将斜面作成锯齿形坡道，称为礓磜。其形式和尺寸如图 7-3 所示。

5. 蹬道

在地形陡峭的地段，可结合地形或利用露岩设置蹬道。当其纵坡大于 60%时，应做防滑处理，并设扶手栏杆等。

6. 种植池

在路边或广场上栽种植物，一般应留种植池，在栽种高大乔木的种植池上应设保护栅。

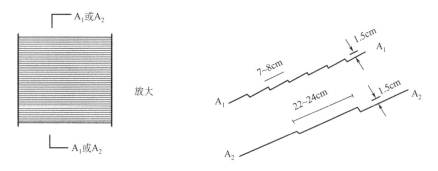

图 7-3 礓磜做法

（四）园路结构设计中应注意的问题

（1）就地取材　园路修建的经费，在整个公园建设投资中占有很大的比例。为了节省资金，在园路修建设计时应尽量使用当地材料，如建筑废料、工业废渣等。

（2）薄面、强基、稳基土　在设计园路时，往往有对路基的强度重视不够的现象，在公园里常看到一条装饰性很好的路面，没有使用多久，就变得坎坷不平、破破烂烂了。其主要原因：一是园林地形多经过整理，其基土不够坚实，修路时又没有充分夯实；二是园路的基层强度不够，在车辆通过时路面被压碎。

为了节省水泥石板等建筑材料，降低造价，提高路面质量，应尽量采用薄面、强基、稳基土。使园路结构经济、合理和美观。

（五）几种结合层的比较

（1）白灰干砂　施工时操作简单，遇水后会自动凝结。由于白灰体积膨胀，密实性好。

（2）净干砂　施工简便，造价低。经常由于流水会使砂子流失，造成结合层不平整。

（3）混合砂浆　由水泥、白灰、砂组成，整体性好，强度高，黏结力强。适用于铺筑块料路面，造价较高。

（六）基层的选择

基层的选择应视路基土壤的情况、气候特点及路面荷载的大小而定，并应尽量利用当地材料。

① 在冰陈不严重，基土坚实，排水良好的地区，在铺筑游步道时，只要把路基稍微平整，就可以铺砖修路。

② 灰土基层是由一定比例的白灰和土拌和后压实而成。使用较广，具有一定的强度和稳定性，不易透水。在一般情况下使用一步灰土（压实后为150mm），在交通量较大或地下水位较高的地区，可采用压实后为200～250mm或两步灰土。

③ 几种隔温材料比较：在季节性冰冻地区，地下水位较高时，为了防止发生道路翻浆，基层应选用隔温性较好的材料。据研究认为，砂石的含水量少，导温率大，故该结构的冰冻深度大，如用砂石做基层，需要做得较厚，不经济；石灰土的冰冻深度与土壤相同，石灰土结构的冻胀量仅次于亚黏土，说明密度不足的石灰土（压实密度小于85%）不能防止冻胀，压实密度较大时可以防冻；煤渣石灰土或矿渣石灰土作基层，用7∶1∶2的煤渣、石灰、土混合料，隔温性较好，冰冻深度最小，在地下水位较高时，能有效地防止冻胀。

三、园路施工技术

（一）地基与路面基层的施工

（1）施工准备　根据设计图，核对地面施工区域，确认施工程序、施工方法和工程量。勘察、清理施工现场，确认和标示地下埋设物。

（2）材料准备　确认和准备路基加固材料、路面垫层、基层材料和路面面层材料，包括碎石、块石、石灰、砂、水泥或设计所规定的预制砌块、饰面材料等。材料的规格、质量、数量以及临时堆放位置，都要确定下来。

（3）道路放线　将设计图标示的园路中心线上各编号里程桩，测设到相应的地面位置，用长30～40cm的小木桩垂直钉入桩位，并写明桩号。钉好的各中心桩之间的连线，即为园路的中心线。再以中心桩为准，根据路面宽度钉上边线桩，最后可放出园路的中线和边线。

（4）地基施工　首先确定路基作业使用的机械及其进入现场的日期；重新确认水准点；调整路基表面高程与其他高程的关系；然后进行路基的填挖、整平、碾压作业。按已定的园路边线，每侧放宽 200mm 开挖路基的基槽；路槽深度应等于路面的厚度。按设计横坡度，进行路基表面整平，再碾压或打夯，压实路槽地面；路槽的平整度允许误差不大于 20mm。对填土路基，要分层填土分层碾压；对于软弱地基，要做好加固处理。施工中注意随时检查横断面坡度和纵断面坡度。其次，要用暗渠、侧沟等排除流入路基的地下水、涌水、雨水等。

（5）垫层施工　运入垫层材料，将灰土、砂石按比例混合。进行垫层材料的铺垫，刮平和碾压。如用灰土做垫层，铺垫层灰土就叫一步灰土，一步灰土的夯实厚度应为 150mm；而铺填时的厚度根据土质不同，在 210～240mm 之间。

（6）路面基层施工　确认路面基层的厚度与设计标高；运入基层材料，分层填筑。基层的每层材料施工碾压厚度是：下层为 200mm 以下，上层 150mm 以下；基层的下层要进行检验性碾压。基层经碾压后，没有到达设计标高的，应该翻起已压实部分，一面摊铺材料，一面重新碾压，直到压实为设计标高的高度。施工中的接缝，应将上次施工完成的末端部分翻起来，与本次施工部分一起滚碾压实。

（7）面层施工准备　在完成的路面基层上，重新定点、放线，放出路面的中心线及边线。设置整体现浇路面边线处的施工挡板，确定砌块路面的砌块行列数及拼装方式。面层材料运入现场。

（二）水泥混凝土面层施工

① 核实、检验和确认路面中心线、边线及设计标高点的正确无误。

② 若是钢筋混凝土面层，则按设计选定钢筋并编扎成网。钢筋网应在基层表面以上架离，架离高度应距混凝土面层顶面 50mm。钢筋网接近顶面设置要比在底部加筋更能保证防止表面开裂，也更便于充分捣实混凝土。

③ 按设计的材料比例，配制、浇筑、捣实混凝土，并用长 1m 以上的直尺将顶面刮平。顶面稍干一点，再用抹灰砂板抹平至设计标高。施工中要注意做出路面的横坡与纵坡。

④ 混凝土面层施工完成后，应即时开始养护。养护期应为 7 天以上，冬季施工后的养护期还应更长些。可用湿的织物、稻草、锯木粉、湿砂及塑料薄膜等覆盖在路面上进行养护。冬季寒冷，养护期中要经常用热水浇洒，要对路面保温。

⑤ 路面要进一步进行装饰的，可按下述的水泥路面装饰方法继续施工。不再做路面装饰的，则待混凝土面层基本硬化后，用锯割 7～9m 锯缝一道，作为路面的伸缩缝（伸缩缝也可在浇注混凝土之前预留）。

（三）水泥路面的装饰施工

水泥路面装饰的方法有很多种，要按照设计的路面铺装方式来选用合适的施工方法。常见的施工方法及其施工技术要领主要有以下一些。

1. 普通抹灰与纹样处理

用普通灰色水泥配制成 1∶2 或 1∶2.5 水泥砂浆，在混凝土面层浇注后尚未硬化时进行抹面处理，抹面厚度为 10～15mm。当抹面层初步收水，表面稍干时，再用下面的方法进行路面纹样处理。

（1）滚花　用钢丝网做成的滚筒，或者用模纹橡胶裹在 300mm 直径铁管外做成的滚筒，在经过抹面处理的混凝土面板上滚压出各种细密纹理。滚筒长度在 1m 以上比较好。

（2）压纹　利用一块边缘有许多整齐凸点或凹槽的木板或木条，在混凝土抹面层上挨着压下，一面压一面移动，就可以将路面压出纹样，起到装饰作用。用这种方法时要求抹面层的水泥砂浆含砂量较高，水泥与砂的配合比可为 1∶3。

（3）锯纹　在新浇的混凝土表面，用一根直木条如同锯割一般来回动作，一面锯一面前移，即能够在路面锯出平行的直纹，有利于路面防滑，又有一定的路面装饰作用。

（4）刷纹　最好使用弹性钢丝做成刷纹工具。刷子宽 450mm，刷毛钢丝长 100mm 左右，木把长 1.2～1.5m。用这种钢丝刷在未硬的混凝土面层上可以刷出直纹、波浪纹或其他形状的纹理。

2. 彩色水泥抹面装饰

水泥路面的抹面层所用水泥砂浆，可通过添加颜料而调制成彩色水泥砂浆，用这种材料可做出彩色水泥路面。彩色水泥调制中使用的颜料，需选用耐光、耐碱、不溶于水的无机矿物颜料，如红色的氧化铁红、黄色的柠檬铬黄、绿色的氧化铬绿、蓝色的钴蓝和黑色的炭黑等。不同颜色的彩色水泥及其所用颜料见表 7-1。

表 7-1　彩色水泥的配制

调制水泥色	水泥及其量	颜料及其用量
红色、紫砂色水泥	普通水泥 500g	铁红 20～40g
咖啡色水泥	普通水泥 500g	铁红 15g、铬黄 20g
橙黄色水泥	白色水泥 500g	铁红 25g、铬黄 10g
黄色水泥	白色水泥 500g	铁红 10g、铬黄 25g
苹果绿色水泥	白色水泥 1000g	铬绿 150g、钴蓝 50g
青色水泥	普通水泥 500g	铬绿 0.25g
浅蓝色水泥	白色水泥 1000g	钴蓝 0.1g
灰黑色水泥	普通水泥 500g	炭黑适量

3. 彩色水磨石饰面

彩色水磨石地面是用彩色水泥石子浆罩面，再经过磨光处理而做成的装饰性路面。按照设计，在平整、粗糙、已基本硬化的混凝土路面面层上，弹线分格，用玻璃条、铝合金条（或铜条）作分格条。然后在路面刷上一道素水泥浆，再用 1:1.25～1:1.50 彩色水泥细石子浆铺面，厚度 8～15mm。铺好后拍平，表面用滚筒滚压实在，待出浆后再用抹子抹平。用作水磨石的细石子，如采用方解石，并用普通灰色水泥，做成的就是普通水磨石路面。如果用各种颜色的大理石碎屑，再与不同颜色的彩色水泥配制一起，就可做成不同颜色的彩色水磨石地面。彩色水泥的配制可参考表 7-1 的内容。水磨石的开磨时间应以石子不松动为准，磨后将泥浆冲洗干净。待稍干时，用同色水泥浆涂擦一遍，将砂眼和脱落的石子补好。第二遍用 100～150 号金刚石打磨，第三遍用 180～200 号金刚石打磨，方法同前。打磨完成后洗掉泥浆，再用 1:20 的草酸水溶液清洗，最后用清水冲洗干净。

4. 露骨料饰面

采用这种饰面方式的混凝土路面和混凝土铺砌板，其混凝土应该用粒径较小的卵石配制。混凝土露骨料主要是采用刷洗的方法，在混凝土浇好后 2～6h 内就应进行处理，最迟不得超过浇好后的 16～18h。刷洗工具一般用硬毛刷子和钢丝刷子。刷洗应当从混凝土板块的周边开始，要同时用充足的水把刷掉的混砂洗去，把每一粒暴露出来的骨料表面都洗干净。刷洗后 3～7 天内，再用 10% 的盐酸水洗一遍，使暴露的石子表面色泽更明净，最后还要用清水把残留盐酸完全冲洗掉。

（四）片块状材料的地面砌筑

片块状材料作路面面层，在面层与道路基层之间所用的结合层做法有两种：一种是用湿性的水泥砂浆、石灰砂浆或混合砂浆作结合材料；另一种是用干性的细砂、石灰粉、灰土（石灰和细土）、水泥粉砂等作为结合材料或垫层材料。

1. 湿法砌筑

用厚度为15～25mm的湿性结合材料，如用1∶2.5或1∶3水泥砂浆、1∶3石灰砂浆、M2.5混合砂浆或1∶2灰泥浆等，垫在路面面层混凝土板上面或垫在路面基层上面作为结合层，然后在其上砌筑片状或块状贴面层。砌块之间的结合以及表面抹缝，亦用到这些结合材料。以花岗石、釉面砖、陶瓷广场砖、碎拼石片、马赛克等片状材料贴面铺地，都要采用湿法铺砌。用预制混凝土方砖、砌块或黏土砖铺地，也可以用这种砌筑方法。

2. 干法砌筑

以干性粉沙状材料，作路面面层砌块的垫层和结合层。这样的材料常见有干砂、细砂土、1∶3水泥干砂、1∶3石灰干砂、3∶7细灰土等。砌筑时，先将粉沙材料在路面基层上平铺一层，厚度是：用干砂、细土做垫层厚30～50mm，用水泥砂、石灰砂、灰土做结合层厚25～35mm，铺好后找平。然后按照设计的砌块、砖块拼装图案，在垫层上拼砌成路面面层。路面每拼装好一小段，就用平直的木板垫在顶面，以铁锤在多处震击，使所有砌块的顶面都保持在一个平面上，这样可将路面铺装得十分平整。路面铺好后，再用干燥的细砂、水泥粉，细石灰粉等撒在路面上并扫入砌块缝隙中，使缝隙填满，最后将多余的灰砂清扫干净。以后，砌块下面的垫层材料将慢慢硬化，使面层砌块和下面的基层紧密地结合一体。适宜采用这种干法砌筑的路面材料主要有：石板、整形石块、混凝土铺路板、预制混凝土方砖和砌块等。传统古建筑庭院中的青砖铺地、金砖墁地等地面工程，也常采用干法砌筑。

（五）地面镶嵌与拼花

施工前，要根据设计的图样，准备镶嵌地面用的砖石材料。设计有精细图形的，先要在细密质地的青砖上放好大样，再细心雕刻，做好雕刻花砖，施工中可嵌入铺地图案中。要精心挑选铺地用的石子，挑选出的石子应按照不同颜色、不同大小、不同长扁形状分类堆放，铺地拼花时才能方便使用。

施工时，先要在已做好的道路基层上，铺垫一层结合材料，厚度一般可在40～70mm之间。垫层结合材料主要用：1∶3石灰砂、3∶7细灰土、1∶3水泥砂等，用干法砌筑或湿法砌筑都可以，但干法施工更为方便一些。在铺平的松软垫层上，按照预定的图样开始镶嵌拼花。一般用立砖、小青瓦瓦片来拉出线条、纹样和图形图案，再用各色卵石、砾石镶嵌作花，或者拼成不同颜色的色块，以填充图形大面。然后，经过进一步修饰和完美图案纹样，并尽量整平铺地后，就可以定稿。定稿后的铺地地面，仍要用水泥干砂、石灰干砂撒布其上，并扫入砖石缝隙中填实。最后，除去多余的水泥石灰干砂，清扫干净；再用细孔喷壶对地面喷洒清水，稍使地面湿润即可，不能用大水冲击或使路面有水流淌。完成后，养护7～10天。

（六）嵌草路面的铺砌

无论用预制混凝土铺路板、实心砌块、空心砌块，还是用顶面平整的乱石、整形石块或石板，都可以铺装成砌块嵌草路面。

施工时，先在整平压实的路基上铺垫一层栽培壤土作垫层。壤土要求比较肥沃，不含粗颗粒物，铺垫厚度为100～150mm。然后在垫层上铺砌混凝土空心砌块或实心砌块，砌块缝中半填壤土，并播种草籽。

实心砌块的尺寸较大，草皮嵌种在砌块之间预留的缝中。草缝设计宽度可在20～50mm之间，缝中填土达砌块的2/3高。砌块下面如上所述用壤土作垫层并起找平作用，砌块要铺装得尽量平整。实心砌块嵌草路面上，草皮形成的纹理是线网状的。

空心砌块的尺寸较小，草皮嵌种在砌块中心预留的孔中。砌块与砌块之间不留草缝，常用水泥砂浆粘接。砌块中心孔填土亦为砌块的 2/3 高；砌块下面仍用壤土作垫层找平，使嵌草路面保持平整。空心砌块嵌草路面上，草皮呈点状而有规律地排列。要注意的是，空心砌块的设计制作，一定要保证砌块的结实坚固和不易损坏，因此其预留孔径不得太大，孔径最好不超过砌块直径的 1/3 长。

采用砌块嵌草铺装的路面，砌块和嵌草层是道路的结构面层，其下面只能有一个壤土垫层，在结构层中没有基层时，只有这样的路面结构才能有利于草皮的存活与生长。

第二节　广场工程施工技术

世界上许多著名的广场都因其精美的铺装设计而给人留下深刻的印象。铺装设计虽应突出醒目、新颖，但首先必须与整体环境相匹配，它的形状、颜色、质地都要与所处的环境协调一致，而不是片面追求材料的档次。单从美学上看，质感来自对比，如果没有衬托，再高档的材料也很难发挥出效果，只要通过不同铺装材料的运用，就可划分地面的不同用途，界定不同的空间特征，可标明前进的方向，暗示游览的速度和节奏。同时选择一种价廉物美使用方便的铺装材料，通过图案和色彩的变化，界定空间的范围，能够达到意想不到的效果。如利用混凝土也可创造出许多质感和色彩的搭配，也并无不协调或不够档次的感觉。

一、广场设计时要考虑的因素

（1）整体统一原则　无论是铺装材料的选择还是铺装图案的设计，都应与其他景观要素同时考虑，以便确保铺装地面无论从视觉上还是功能上都被统一在整体之中。随意变化铺装材料和图案只会增加空间凌乱。

（2）安全性　做到铺面无论在干燥或潮湿的条件下都同样防滑，避免游人发生危险。

（3）外观　包括色彩，尺度和质感。色彩要做到既不暗淡到沉闷，又不鲜明到俗不可耐。色彩或质感的变化，只有在反映功能的区别时才可使用。尺度的考虑会影响色彩和质感的选择以及拼缝的设计。且路面砌块的大小、色彩和质感等，都要与场地的尺度有正确关系。

二、广场施工技术

（一）施工准备

（1）材料准备　准备施工机具、路面基层和面层的铺装材料，以及施工中需要的其他材料，清理施工现场。

（2）场地放线　按照广场设计图所绘施工坐标方格网，将所有坐标点测设到场地上，并打桩定点。然后以坐标桩点为准，根据广场设计图，在场地地面上放出场地的边线、主要地面设施的范围线和挖方区、填方区之间的零点线。

（3）地形复核　对照广场竖向设计图，复核场地地形。各坐标点、控制点的自然地坪标高数据有缺漏的，要在现场测量补上。

（二）场地整平与找坡

① 挖方与填方施工。挖、填方工程量较小时，可用人力施工；工程量大时，应该进行机械化施工。预留作草坪、花坛及乔灌木种植地的区域，可暂不开挖。水池区域要同时挖到设计深度。填方区的堆填顺序，应当是先深后浅；先分层填实深处，后填浅处。每填一层就夯实一层，直到设计的标高处。挖方过程中挖出适宜栽培的肥沃土壤，要临时堆放在广场外边，以后再填入花坛、种植地中。

② 挖、填方工程基本完成后，对挖填出的新地面进行整理。要铲平地面，使地面平整度变化限制在 20mm 以内。根据各坐标桩标明的该点填挖高度数据和设计的坡度数据，对场地进行找坡，保证场地内各处地面都基本达到设计的坡度。土层松软的局部区域，还要做地基加固处理。

③ 根据场地周边与建筑、园路、管线等的连接条件，确定边缘地带的竖向连接方式，调整连接点的地面标高。还要确认地面排水口的位置，调整排水沟管的底部标高，使广场地面与周围地坪的连接更自然，排水、通道等方面的矛盾降至最低。

（三）地面施工

1. 基层的施工

按照设计的路面层次结构与做法进行施工，可参照前面关于园路地基与基层施工的内容，结合广场地坪面积更宽大的特点，在施工中注意基层的稳定性，确保施工质量，避免今后广场地面发生不均匀沉降。

2. 面层的施工

采用整体现浇面层的区域，可把该区域划分成若干规则的地块，每一地块面积在 $7m \times 9m \sim 9m \times 10m$ 之间，然后一个地块一个地块地施工，地块之间的缝隙做成伸缩缝，用沥青棉纱等材料填塞。采用混凝土预制砌块铺装的，可按照本节前面有关部分进行施工。

3. 地面装饰

依照设计的图案、纹样、颜色、装饰材料等进行地面装饰性铺装，其铺装方法可参照前面有关内容。

广场地面还有一些景观设施，如花坛、草坪、树木种植地等，其施工的情况当然和铺装地面不同。如花坛施工，先要按照花坛设计图，将花坛中心点的位置测设到地面相应位点，并打木桩标定；然后以中心为准，进行花坛的放线。在放出的花坛边线上，即可砌筑花坛边缘石，最后做成花坛。又如草坪的施工，则是在预留的草坪种植地周围，砌筑道牙或砌筑边缘石，再整平土面，铺种草坪。再如水池的施工，在挖方工程中已挖出水池基本形状，这时主要是根据水池设计图进行池底的铺装、池壁的砌筑和池岸的装饰。关于花坛、草坪以及乔灌木种植地施工的具体情况，在本章第五节详细叙述。

第三节　园路及绿地照明工程施工

园林照明除了创造一个明亮的园林环境，满足夜间游园活动、节日庆祝活动以及保卫工作需要等功能要求之外，最重要的一点是园林照明与园景密切相关，是创造新园林景色的手段之一。近年来国内各地的溶洞浏览、大型冰灯、各式灯会、各种灯光音乐喷泉；如"会跳舞的喷泉"、"声与光展览"等均突出地体现了园林用电的特点，并且也是充分和巧妙地利用园林照明等来创造出各种美丽的景色和意境。

园林绿地灯光环境，是在绿地环境中运用灯光、色彩，结合各构园要素创造的，集科学性、艺术性于一体的夜景空间。园林绿地环境不同于城市空间和建筑环境，其构景元素丰富、造景手法多样，在灯光环境的营造中有其独特性，不仅仅是传统意义的把环境照亮，而是还利用灯光这种特殊的"语言"，丰富园林空间内容、重塑绿地环境形象，是园林造景艺术的衍生和再创造。

一、园路、绿地照明基础知识

（一）园路、绿地照明的原则

园路、绿地的照明，由于环境复杂，用途各异，变化多端，因而很难予以硬性规定，设计时应遵循以下原则。

① 不要泛泛设置照明措施，而应结合园林景观的特点，以最充分体现其在灯光下的景观效果为原则来布置照明措施。

② 灯光的方向和颜色的选择应以能增加树木、灌木和花卉的美观为主要前提。如针叶树只在强光下才反映良好，一般只宜采取暗影处理法。又如，阔叶树种白桦、垂柳、枫等对泛光照明有良好的反映效果；白炽灯包括反射型，卤钨灯却能增加红、黄色花卉的色彩，使它们显得更加鲜艳，小型投光器的使用会使局部花卉色彩绚丽夺目；汞灯使树木和草坪的绿色鲜明夺目等。

③ 对于公园绿地的主要园路，宜采用低功率的路灯装在 3～5m 高的灯柱上，灯柱距 20～40m 效果较好，也可每柱两灯，需要提高照度时，两灯齐明。也可隔柱设置控制灯的开关来调整照明。也可利用路灯灯柱装以 150W 的密封光束反光灯来照亮花圃和灌木。在一些局部的假山、草坪内可设地灯照明，如要在其内设灯杆装设灯具时，其高度应在 2m 以下。

④ 在设计公园绿地、园路照明灯时，要注意路旁树木对道路照明的影响，为防止树木遮挡可以采取适当减少灯间距，加大光源的功率以减少由于树木遮挡所产生的光损失，也可以根据树型或树木高度不同，安装照明灯具时，采用较长的灯柱悬臂，以使灯具突出树缘外或改变灯具的悬挂方式等以弥补光损失。

⑤ 无论是白天或夜晚照明设备均需隐蔽在视线之外，最好全部敷设电缆线路。

⑥ 彩色装饰灯可创造节日气氛，特别反映在水中更为美丽，但是这种装饰灯光不易获得一种宁静、安详的气氛，也难以表现出大自然的壮观景象，只能有限度地使用。

（二）照明设计的顺序

① 明确照明对象的功能和照明要求。

② 选择照明方式，可根据设计任务书中公园绿地对电气的要求，在不同的场合和地点，选择不同的照明方式。

③ 光源和灯具的选择，主要是根据公园绿地的配光和光色要求、与周围景色配合等来选择光源和灯具。

④ 灯具的合理布置，除了草坪要考虑光源光线的投射方向、照度均匀性等，还应考虑经济、安全和维修方面等。

⑤ 进行照度计算。

二、园路照明

（一）园路照明设计原则

路灯是园林景观环境中反映道路特征的照明装置，为夜间交通提供照明之便；装饰照明则侧重于艺术性、装饰性，利用各种光源的直射和漫射，灯具的造型和各种色彩的点缀，形成和谐而又舒适的光照环境，使人们得到美的享受。设计时要注意以下五点。

①照明设施是影响环境特征的要素之一，它的功能并不限于夜间照明，良好的设计与配置还必须注意其白天的景观效果。灯具的造型，要与灯柱造型协调，与邻近建筑、树木、花草等环境的关系和尺度相适宜。有时甚至要淡化灯柱的表现，将其附设于其他沿路设施（如护柱和建筑外墙等）。对隐蔽照明设施，要注意其位置与附着物及遮挡物的关系，尽量使之在白天不容易被发现。

②在主要园路和环园道路中，同一类型的路灯高度、造型、尺度、布置要连续、整齐和力求统一；在有历史、文化、观光、民俗特点的区域中，光源的选择和路灯的造型要与环境适应，并有其个性。

③不同视距对不同种类路灯有着不同的观感和设计要求。设置于散步小道或小区的路灯，侧重于造型的统一，显示其特色，即它与附近其他路灯比较，更注重于细部造型处理。而对高柱灯，则注意其整体造型、灯具处理及位置的设置，不必刻意追求细部处理和装饰艺术。

④街区照明讲求艺术性，注重照明质量。照明的"质"体现于亮度以及电光源的色度；而照明的"量"则表现为灯源的高度、间距和照度。城市环境的不同区域，对照明的"质"和"量"各有独特的要求。如繁华商业街、旅游风景区、站前广场等对路灯的照度要求较高，追求视觉的舒适感和真实感。而对于一般步行道、住宅区则要求不同的照度。

⑤路灯照明范围（光束角）一般以车行道和人行道为限，共分三档。第一档是完全阻隔，仅允许10％光束射到人行道以外区域；第二档为不完全阻隔，允许30％光束渗出；第三档为不阻隔，对光束不加控制。由此可通过现有道路总宽度及路灯照射范围确定路灯的高度，或通过现有路灯高度确定道路总宽度。完全阻隔的光束投射面宽度为3.75倍灯柱的高度，不完全阻隔为6倍，不阻隔为8倍及以上。

（二）路灯种类

路灯是城市环境中反映道路特征的道路照明装置，它排列于城市广场、街道、高速公路、住宅区和园林路径中，为夜晚交通提供照明之便。路灯在街区照明中数量最多、设置面最广，并占据着相当高度，在城市环境空间中作为重要的分划和引导因素，是景观设计中应该特别关注的内容。

1. 路灯的构造

路灯主要由光源、灯具、灯柱、基座和基础等五部分组成。

光源把电能转化为光能。常用的光源有白炽灯、卤钨灯、荧光灯、高压汞灯、高压钠灯和金属卤化物灯。选择光源的基本条件是亮度和色度。

灯具把光源发出的光根据需要进行分配，如点状照明、局部照明和均匀照明等。对灯具设计的基本要求是配光合理和效率高。

灯柱是灯具的支撑物，灯柱的高度和灯具的布光角度（光束角）决定了照射范围。在某些场合下，建筑外墙、门柱也可起到支撑灯具的作用。可以根据环境场所的配光要求来确定灯柱的高度和距离。

基座和基础起固定灯柱的作用，并把地下敷设的电缆引入灯柱。有些路灯基座还设有检修口。

由于灯柱所处的环境的不同，对照明方式以及灯具、灯柱和基座的造型、布置等也应提出不同的综合要求。路灯在环境中的作用也反映人们的心理和生理需要，在其不同分类中得到充分的体现。

2. 路灯的分类

（1）低位置路灯　这种灯具所处的空间环境，表现一种亲切温馨的气氛，以较小的间距为人行走的路径照明。埋设于园林地面和嵌设于建筑物入口踏步和墙裙的灯具属于此类。

（2）步行街路灯　灯柱的高度在 1～4m 之间，灯具造型有筒灯、横向展开面灯、球形灯和方向可控式罩灯等。这种路灯一般设置于道路的一侧，可等距离排列，也可自由布置。灯具和灯柱造型突出个性，并注重细部处理，以配合人们在中、近距离的观感。

（3）停车场和干道路灯　灯柱的高度为 4～12m，通常采用较强的光源和较远的距离（10～50m）。

（4）专用灯和高柱灯　专用灯指设置于工厂、仓库、操场、加油站等具有一定规模的区域空间，高度为 6～10m 之间的照明装置。它的光照范围不局限于交通路面，还包括场所中的相关设施及晚间活动场地。

高柱灯也属于区域照明装置，它的高度为 20～40m 之间，照射范围要比专用灯大得多，一般设置于站前广场、大型停车场、露天体育场、大型展览场地、立交桥等地。在城市环境中，高柱灯具有较强的轴点和地标作用，人们有时称之为灯塔，是恰如其分的。

（三）布灯形式

1. 杆柱照明方式

照明灯具安装在高度为 15m 以下的灯杆顶端，沿道路布置灯杆，这种方式应用最为广泛。它的特点是：可以在需要照明的场所任意设置灯杆，而且可以根据道路线型变化而配置照明灯具。由于每一个照明灯具都能有效地照亮道路，所以不仅可以减少灯的光通量，灯泡容量较小，比较经济，而且能在弯道上得到良好的引导性。因此，可以应用于道路本身、立体交叉、停车场、桥梁等处。

2. 高杆照明方式

在 15～40m 的高杆上装有大功率光源的多个照明灯具，以少数高杆进行大面积照明的方法，就是所谓的"高杆照明"这种照明方式适用于复杂的立体交叉、汇合点、停车场、高速公路的休息场、广场等大面积照明的场所。这种照明方式有以下优点。

① 照明范围广阔，光通利用率高。

② 使用高效率大功率光源，经济性好。

③ 由于杆塔很高，下面亮度均匀度高。

④ 用于道路交叉或立体交叉点时，车辆驾驶人员很容易从远处看到高杆照明，便于预知前方情况。

⑤ 高杆一般在车道以外安装，易于维修、清扫和换灯，不影响交通秩序。

⑥ 可以兼顾附近建筑物、树木、纪念碑等的照明，以改善环境照明条件，并可兼作景物照明。

高杆照明的结构有柱式和塔式，灯架有能升降和不能升降两种。可升降灯盘的维修比较方便，并可携带 1～2 人升到顶进行检修。其供电方式有触头式及可移动软电缆式。此种形式不便于调整灯具的瞄准点。升降方法可用升降机、电动绞车，小型灯杆（3～4 支灯），还可用手动绞车。

固定式灯盘不可升降。检修时，只能靠爬梯或者高架车。其优点是：有利于到灯盘上调整灯具的瞄准角度，缺点是上下不方便，尤其是天气恶劣时，危险性较大，不易维护。

选用高杆照明方式必须根据需要和具体条件，并进行技术经济比较，才能做出抉择。

3. 悬链照明方式

悬链，又称悬挂线或吊架线。这是在距离较大的杆柱上张挂钢索作为吊线，吊线上装置多个照明灯具，灯具一般间隔较小。这种照明方式称为悬式照明。悬链式照明的优点如下。

① 照明灯具的排列间隔比较密，还可以装置成使配光沿着道路横向扩展的方式，因而可以得到比较高的照度和较好的均匀度。

② 由于照明灯具配光扩展方向沿道路横向发射，因此可以把灯具配光接近水平方向的光强扩大，而眩光却很少，以形成一个舒适的光照环境。此种配光在雨天路面潮湿的情况下更具有优越性。

③ 照明灯具布置较密，有良好的引导性。

④ 照明灯具的光束沿着道路轴向直线分布。路面的干湿度不同时，亮点变化少，即晴天和雨天均有良好的照明效果。

⑤ 杆柱数量减少，事故率降低。

4. 高栏照明方式

在车道两侧距地面 1m 高的位置，沿道路轴向设置照明灯具的方法称为"高栏照明"。这种方式适用于道路狭窄的地段。当配置在道路弯曲部分时，应限制眩光。这种照明方式的优点是不用灯柱，比较美观。缺点是照明灯具容易污染，建设和维护费用较高。

三、绿地照明

树叶、灌木丛林以及草花等植物以其舒心的色彩、和谐的排列和美丽的形态成为城市景观不可缺少的组成部分。在夜间环境下，投光照明能够发挥其独特的光学效果，使植物在光照下不再以白天的面貌重复出现，而是展露出新颖别致的夜景。

（一）园灯的配置、设计、使用条件

① 凡门柱、走廊、亭舍、水边、草地、花坛、塑像、园路的交叉点、阶梯、丛林，以及主要建筑物及干路等处，均宜设置园灯。园灯可使园景明暗交错，倍增变化的、神秘的、梦幻的及诗境似的感觉，表现不同气氛。

② 园灯可作为单独造型存在，亦可与庭园建筑物（如亭楼阁塔或门柱）相配而成一景。

③ 造园的基本照明，采取如同画室的自然光，自上方均匀投射者为佳。光源自地面投射的方式较为不自然，故仅限于特殊要求时采用。因此光源最好高 6m 以上，光度在 150W 以下者为宜。

④ 照明方式则采用间接照明较佳，如用反射灯罩、磨砂玻璃罩及百叶窗式罩等。

⑤ 电源配线应尽量为地下缆线配线法，其埋土深度在 45cm 以上。

（二）植物灯光照明应遵循的原则

① 要研究植物的一般几何形状（圆锥形、球形、塔形等）以及植物在空间所展示的程度。照明类型必须与各种植物的几何形状相一致。

② 对淡色的和耸立空中的植物，可以用强光照明，得到一种轮廓的效果。

③ 不应使用某些光源去改变树叶原来的颜色，但可以用某种颜色的光源去加强某些植物的外观。

④ 许多植物的颜色和外观是随着季节的变化而变化的，照明也应适于植物的这种变化。

⑤ 可以在被照明物附近的一个点或许多点观察照明的目标，要注意消除眩光。

⑥ 从远处观察，成片树木的投光照明通常作为背景设置，一般不考虑个别的目的，而只考虑其颜色和总的外形大小。从近处观察目标，并需要对目标进行直接评价的，则应该对

目标做单独的光照处理。

⑦ 对未成熟的及未伸展开的植物和树木，一般不施加装饰照明。

⑧ 光源色彩要科学合理，被照射物产生的颜色要符合美学原理，不要让人产生厌烦心理。

（三）照明设备的选择和安装

1. 选择照明设备的原则

① 照明设备的挑选（包括型号、光源、灯具光束角等）主要取决于被照植物的重要性和要求达到的景观效果。

② 所有灯具都必须是水密防虫的，并能耐除草剂与除虫药水的腐蚀。

③ 经济耐用。

④ 某些光线会诱来对植物有害的生物（昆虫），选择时必须加以注意。

2. 灯具的安装

投射植物的灯具安装要注意做到以下几点。

① 考虑到白天整体环境的美观，饰景灯具一般安装在地平面上。

② 为了避免灯具影响绿化维护设备的工作，尤其是影响草坪修剪工作，可以将灯具固定在略微高于水平面的混凝土基座上。这种布灯方法比较适用于只有一个观察点的情况，而对于围绕目标走动的情况，可能会引起眩光。如果发生这种情况，应将灯具安装在能确保设备防护和合适的光学定向两者兼顾的沟内。

③ 将投光灯安装在灌木丛后或树枝间是一种可取的方法，这样既能消除眩光又不影响白天的外观。

④ 灯具和线路的安装使用必须确保进入绿地的人员安全。

（四）树木的投光照明

1. 树木投光的常用方法

① 投光灯一般是放置在地面上。根据树木的种类和外观确定排列方式。有时为了更突出树木的造型和便于人们观察欣赏，也可将灯具放在地下。

② 如果想照明树木上一个较高的位置（如照明一排树的第一个分枝及其以上部位），可以在树的旁边放置一根高度等于第一个分枝的小灯杆或金属杆来安装灯具。

③ 在落叶树的主要树枝上，安装一串串低功率的白炽灯泡，可以获得装饰的效果。但这种安装方式，一般在冬季使用。因为在夏季，树叶会碰到灯泡，而被烧伤，对树木不利，也会影响照明的效果。

④ 对必须安装在树上的投光灯，其系在树杈上的安装环必须适时按照植物的生长规律进行调节。

2. 布灯方式

对树木的投光造型是一门艺术，目前常见树木投光照明的布灯方式如下。

① 对一片树木的照明。用几只投光灯具，从几个角度照射过去。照射的效果既有成片的感觉，也有层次及深度上的变化。

② 对一棵树的照明。用两只投光灯具从两个方向照射，成特写镜头。

③ 对一排树的照明。用一排投光灯具，按一个照明角度照射，既有整齐感，也有层次感。

④ 对高低参差不齐的树木的照明。用几只投光灯，分别对高、低树木投光，给人以明显的高低、立体感。

⑤ 对两排树形成的绿荫走廊照明。对于由两排树形成的绿荫走廊，采用两排投光灯具相对照射，效果很佳。

⑥ 对树权树冠的照明。在大多数情况下，对树木的照明，主要是照射树权与树冠，因为照射了树权树冠，不仅层次丰富，效果明显，而且光束的散光也会将树干显示出来，起衬托作用。

（五）花坛的照明

对花坛的照明方法如下。

① 由上向下观察的处于地平面上的花坛，采用称为麻菇式灯具向其照射。这些灯具放置在中央或侧边，高度取决于花的高度。观察点可为花坛的前方或四周。

② 如果花坛中有各种各样的颜色，就要使用显色指数高的光源。白炽灯、紧凑型荧光灯都能较好地应用于这种场合。

（六）植物群落的照明

植物群落指由乔、灌、草、花组合形成的前后错落、高低起伏的植物群。照明设计要把所有的植物景观都照亮不太现实，也没有必要。所以，首先要根据灯光环境总体构思，选择恰当的照明点，即能体现植物景观的特色群落，进行照明设计。其次分析植物群落的组成因子，选择对植物群落的林缘线和林冠线起关键影响的树木，并根据其形态（球形、圆锥形、圆柱形等）及高度，确定照明方式和灯具。最后运用艺术手法处理灯光环境。比如可选用大功率泛光灯，照亮植物群落的背景树木，前景采用暗调子处理，明暗对比，形成美丽的剪影；或者用彩色串灯，描绘背景树的轮廓线，沿林缘线布置灯具，突出前景树木的优美造型，也别有情趣。在选择光色时，可根据不同的艺术要求，选择不同光色的光源，营造冷暖不同的艺术效果。

（七）花境（带）照明

花境（带）灯光环境为线形照明空间，照明设计要体现其线形的韵律感和起伏感。常用动态照明（即跳跃闪烁的灯光）方式，渲染活泼的空间气氛、丰富空间内容；照明灯具可选用草坪灯、埋地灯或泛光灯，沿花境（带）均匀布置，勾勒边缘线，突出花境（带）舒展、流畅的线型；光色选择以能更好地体现花色、叶色为原则。

（八）草地照明

草地照明作为绿地灯光环境的底色，照明设计应简洁、明快，以能更好地衬托主要景观为原则。光源要求低照度，显色性要求不严。

灯具的布置：一是用低矮的草坪灯或泛光灯沿绿地周边均匀布置，光线由外向里，形成一串串有韵律的光斑，或结合绿地中花丛（带）、树丛，三五成群的布置，星星点点的灯光也别有趣味；二是对于以大面积草坪为主景的绿地，可用埋地灯组成精美的图案，来表现光影的魅力。

四、广场照明

广场照明设计是采用室外照明技术，用于大型公共建筑、纪念性建筑和广场等环境进行明视及装饰照明。它是广场设计的一种辅助性设计方法，它可以加强广场在夜晚的艺术效果，丰富城市夜间景观，便于人们开展夜晚的文娱、体育等活动。

广场夜晚照明始于商业和节庆活动。自19世纪发明白炽灯以来，常用串灯布置在大型公共建筑和广场的边缘上，形成优美的建筑物和广场轮廓线照明。现在对于重要的广场，一般采用大量的泛光灯照明。

（一）广场照明光源

广场夜间照明可采用多种照明光源，应根据照明效果而定。白炽灯、高压钠灯由于带有金黄色，可用于需要暖色效果的受光面上；汞灯的寿命长，光效好，易显示出带蓝绿的白色光；金属卤化物灯的光色发白，可用于需要冷色效果的受光面上。光源的照度值应根据受光面的材料、反射系数和地点等条件而定。

（二）广场照明设计原则

① 利用不同照明方式设计出光的构图，以显示广场造型的轮廓、体量、尺度和形象等。

② 利用照明位置，能够在近处看清广场造型的材料、质地和细部，在远处看清它们的形象。

③ 利用照明手法，使广场产生立体感，并与周围环境相配合或形成对比。

④ 利用光源的显色使光与广场绿化相融合，以体现出树木、草坪、花坛的鲜艳、清新的感觉。

⑤ 对于广场喷水造型要保证有足够的亮度，以便突出水花的动态，并可利用色光照明使飞溅的水花丰富多彩。对于水面则要求能反映出灯光的倒影和水的动态变化。

（三）广场照明手法

广场包括广义的空地以及会场，有展览会会场、集会广场、休息广场和交通广场等。这里对需要电气照明的广场（也就是人、车、物集散的广场）加以阐述。

广场照明手法的运用取决于受照对象的质地、形象、体量、尺度、色彩和所要求的照明效果以及周围环境的关系等因素。

照明手法一般包括光的隐显、抑扬、明暗、韵律、融合、流动等以及与色彩的配合。在各种照明手法中，泛光灯的数量、位置和投射角是关键问题。在夜晚，广场细部的可见度主要取决于亮度，因此泛光灯具应根据需要，可远可近地进行距离调整。对于整个照面来讲，其上部的平均亮度为下部的 2～4 倍，这样才可能使观察者产生上下部亮度相等的感觉。

1. 展览会会场

在展览会中的照明可以使物体隐现、创造气氛、控制人流、显出明亮而富有时代的气息，呈现完全崭新的夜间景观。

照明设计应该同建筑设计非常紧密地协同进行，这样才能在展览会中产生好的照明效果。在展览会中独创性和新颖性是最重要的因素。照明技术人员也可借机会普及新光源、新灯具。

2. 集会广场

集会广场由于人群聚集，一般采用高杆灯的照明较为有效。最好避开广场中央的柱式灯，以免妨碍集会。为了很好地看到人群活动，要注意保证标准照度和良好的照度分布。最好使用显色性良好的光源。当有必要以高杆或建筑物侧面设置投光照明时，需用格栅或调整照射角度，尽可能消除眩光。

以休息为主要功能的广场照明，应用温暖色光色的灯具最为适宜。但从维修和节能方面考虑，可推荐使用汞灯或荧光灯，庭园用的光源和灯具也可使用。

3. 交通广场

交通广场是人员车辆集散的场所。越在人多的地方越要使用显色性良好的光源，而在大部分是车辆的地方则要使用效率高的光源，但是最低应保证从远处能识别车辆的颜色。公共汽车站这样人多的地方必须确保足够的照度。火车站中央广场的照明设施，因为旅客流动量大，容易沾上灰尘和其他污染，所以照明灯具要便于维护。其形式应同建筑物风格相协调。

高顶棚时，最好用效率良好的灯具和高压汞灯结合，照明率达 $25\%\sim90\%$ 。

五、雕塑照明

为了提高夜间观赏效果，要在雕塑或纪念碑及其周围进行照明。这种照明主要采取投光灯照明方式。在进行照明设计时，应根据设计的照明效果，确定所需的照度，选择照明器材，最后确定照明器的安装位置。

（一）灯光的布置

投光灯的布置一般有以下 3 种方法。

① 在附近的地表面上设置灯具。

② 利用电杆。

③ 在附近的建筑物上设置灯具。

将以上方法组合起来，也是有效的方法。

投光灯靠近被照体，就会显出雕塑材料的缺点，如果太远了，受照体的亮度变得均匀，过于平淡而失去魅力。因此，应该适当地选择照明器的装设位置，以求得最佳的照明效果。为了防止眩光和对近邻产生干扰，投光灯最好安装灯罩或格栅。

（二）声和光的并用

根据历史性雕塑或纪念碑类型种类，除了光和色以外还可以并用声音，做到有声有色，增加审美情况和艺术效果。这时要对光源调光来改变建筑物的亮度，由电路节音响使气氛有所变化。因此，电路数量越多，越能表现出不同的效果。

但为了避免损害白天时的景观，也为了不至于干扰参观或游览者，要充分注意将照明灯具、布线设备等尽可能地隐藏或伪装起来。

（三）雕塑、雕像的饰景照明技术要点

对高度不超过 $5\sim6m$ 的小型或中型雕塑，其饰景照明的方法如下。

1）照明点的数量与排列，取决于被照目标的类型。照明要求是照亮整个目标，但不能均匀，应通过阴影和不同的亮度，再创造一个轮廓鲜明的效果。

2）根据被照明目标、位置及其周围的环境确定灯具的位置。

① 处于地面上的照明目标，孤立地位于草地或空地中央。此时灯具的安装，尽可能与地面平齐，以保持周围的外观不受影响和减少眩光的危险。也可装在植物或围墙后的地面上。

② 坐落在基座上的照明目标，孤立地位于草地或空地中央。为了控制基座的亮度，灯具必须放在更远一些的地方。基座的边不能在被照明目标的底部产生阴影，这也是非常重要的。

③ 坐落在基座上的照明目标，位于行人可接近的地方。通常不能围着基座安装灯具，因为从透视上说距离太近。只能将灯具固定在公共照明杆上或装在附近建筑的立面上，但必须注意避免眩光。

3）对于塑像，通常照明脸部的主体部分以及像的正面。背部照明要求低得多，或在某些情况下，一点都不需要照明。

4）虽然从下往上照明是最容易做到的，但要注意，凡是可能在塑像脸部产生不愉快阴影的方向不能施加照明。

5）对某些塑像，材料的颜色是一个重要的要素。一般说，用白炽灯照明有好的显色性。通过使用适当的灯泡，如汞灯、金属卤化物灯、钠灯，可以增加材料的颜色。采用彩色照明最好能做一下光色试验。

六、施工技术

(一) 施工工艺流程

施工准备→预留、预埋→支、吊架安装→配管、配线→管内穿线→线槽安装→设备配线→电缆敷设→设备、灯具安装→系统检查、调试

(二) 预留预埋

1. 电气配管

所有配管工程必须以设计图纸为依据，严格按图施工不得随意改变管材材质、设计走向、连接位置，如果需改变位置走向的，应办理有关变更手续。

暗配管应沿最近的路线敷设，尽量减少弯头数量，埋入墙或地面混凝土的管外壁离结构表面间距不小于 30mm。管路超过一定长度时，管路中应加装接线盒。加装接线盒的位置应便于穿线和检修，不宜在潮湿有腐蚀性介质的场所。

钢管的敷设一律采用套丝管箍连接，要求钢管经扫管后进行管头套丝，套丝长度以用管箍连接好后螺纹外露 2～3 扣为宜，套丝完成后应检查是否光滑、平整，一般需对管口作二次切剖处理，以便保持光滑、平整，不损伤管内导线。钢管套管应拧牢防止松动、脱落，紧固完成后，装好接地边线，接地线采用镀锌专用接地线卡，禁止使用钢筋焊接地线，钢管入盒处制作灯头弯，以便接线盒能紧贴模板表面，全部采用套丝并用锁紧螺母固定牢固，装设好镀锌接地线卡，暗配管安装完成后，至少每 1.5m 固定一道，以防混凝土浇捣时管子松动、移位。

进入配电箱时，应使用配电箱的敲落孔，并使用锁紧螺母固定牢靠，连接牢固后管螺纹宜外露 2～3 扣。明配钢管应排列整齐，固定点间距均匀，与终端、转弯点、电气器具或接线盒、箱边缘的距离一般为 200mm 左右。

暗配管要求采取防堵措施，钢管一般采用堵头或加管护口，PVC 管可以在预埋后，用电吹风烤热后，用钳子夹成扁平状。

2. 箱盒预埋

箱盒预埋采用做木模的方法，具休做法是：在模板上先固定木模块，然后将箱、盒扣在木模块上，拆模后预埋的箱盒整齐美观，不会发生偏移。

(三) 桥架及线槽安装

① 施工程序：定位→固定支架→线槽安装→保护接地→槽内配线→线路检查及绝缘摇测

② 桥架及线槽跨过伸缩、沉降缝时，应设伸缩节，且伸缩灵活。

③ 桥架弯曲半径由最大电缆的外径决定，桥架各段要连为一体，头尾与接地系统可靠连接。

(四) 配管接线

1. 施工程序

选择导线→穿带线→扫管→放线→导线与带线绑扎→带护口→导线连接→导线包扎→线路检查绝缘摇测

2. 施工中注意不同相线和一、二次线采用不同线色加以区分，必要时加以标识。管口处加护口，防止电线损伤。导线不得直接露于空气中，截面为 2.5mm 及以下的多股铜芯线应先拧紧烫锡或压接端子后再与设备、器具的端子连接。当设计无特殊规定时，导线采用焊

接压板压接或套管连接。

（五）电缆敷设

① 电缆敷设前应对电缆进行详细检查，规格、型号、截面电压等级均要符合设计要求，外观无扭曲、坏损现象。并进行绝缘摇测或耐压试验。

② 电缆盘选择时，应考虑实际长度是否与敷设长度相符，并绘制电缆排列图，减少电缆交叉。

③ 敷设电缆时，按先大后小、先长后短的原则进行，排列在底层的先敷设。

④ 标志牌规格应一致，并有防腐性能。

（六）灯具、开关箱等低压电器安装

① 对安装有妨碍的模板、脚手架必须拆除，墙面、门窗等装饰工作完成后，方可插入施工。

② 灯具及开关箱等的安装须格外注意观感质量、标高位置要正确可靠。

③ 灯具的安装按设计图的位置，高度进行安装。

第四节　水景照明工程施工

水是园林环境中不可缺少的要素，也是城市生活中富于生机的内容。静止的水、流动的水、喷发的水、跌落的水，以及随之而来的欢歌与乐趣。而园林中的各种水景可以利用不同类型的灯光组合变化来赋予灵性，创造出赏心悦目的夜间水景，理想的水景照明既能听到声音，又可通过光的映射使其闪烁和摆动，这正是将效果推向高潮的重要因素，也是灯光的魅力所在。但是，水景与照明的结合在制造各种欢快的情绪时，也蕴含危险，所以水景照明工程施工既要保证游人的人身安全又要保证照明设备的电器安全。而典型的水景照明工程包括瀑布、喷泉、水池的照明。

一、水景照明基础知识

（一）水景照明的特性

水景照明分为以观赏为目的的和以视觉工作为目的两种。在前者中有从空气中看水中的情况，如水中展望塔；在后者中包括直接在水中工作时的照明和为了电视摄像或摄影的视觉作业。

在空气中为了观看物体而实现必需的视觉条件的照明技术已经完善（除了特别情况以外），将这些照明技术应用到水中照明的领域里去是最有效率的。在这种情况下，空气中和水中的差别就是光在空气和水中的特性有所不同，其区别如下。

① 水对于光的透射系数比空气的透射系数要低。

② 水对于光的波长表示出有选择的透射特性。一般来说，对于蓝色、绿色系统的光透射系数高，对于红色系统的光透射系数低。

③ 当微生物生息或悬浊物存于水中时，光发生散射，在视觉方面产生光帷现象。有气泡存在时也发生同样的散射现象。

因此，当光通过水中时，由于水而发生吸收或散射，每一方面都起着减弱光调的作用。水中的视力显著下降，水中颜色的可见度与光源类型有关。水中照明用光源以金属卤化物灯、白炽灯为最佳。水下的颜色中黄色、蓝色系统容易看出，水下的视距也较大。

（二）水景照明方式

使用最多的是在高出水面的构筑物上安装照明灯具的水上照明方式。这种方式可使水面具有比较均匀的照度分布。但是根据所用灯具的配光特性会从周围看到光源，或光源反映到水面上，往往对眼睛产生眩光，因此要加以注意。

水中照明方式是适于照明水中有限范围的方式，最好是周围不出现光并且不产生反射。但是由于灯具设置在水中，除了具有耐水性和抗蚀性以外，还要具有抵抗波浪等外部机械冲击的强度。

水中设置方式的优点是设在水中需要的地方，集中进行照明。特别是在有观赏鱼的饲养池的照明中，要布置得使水中照明器的光照射到水中的岩石或水底，从水面上看不到光源，却能够很好地看到观赏目标。

（三）水中照明灯具

1. 光源

光源使用最多的为白炽灯，这是由于其适宜开关控制和调光的缘故。但当喷水高度很高而且常常预先开关时，便可以使汞灯和金属卤化物灯等。

2. 照明灯具的分类

从外观和构造来分类，可以分为在水中照明的简易型灯具和密闭型灯具两种。

（1）简易型灯具　灯的颈部电线进口部分备有防水机构，使用的灯泡限定为反射型灯泡，而且设置地点也只限于人们不能进入的场所。其特点是小型灯具，容易安装。

（2）密闭型灯具　有多种光源的类型，而且每种灯具限定了所使用的灯。例如，有防护式柱形灯、反射型灯、汞灯、金属卤化物灯等光源的照明灯具。

当需要进行色彩照明时，在滤色片的安装方法上有固定式和变换式两种：固定式调光型照明器是将滤色片固定在前面的玻璃处；变换式调光型照明器的滤色片可以旋转，由一盏灯而使光色自动地依次变化。水景照明设计中一般使用固定滤色片的方式。

国产的封闭式灯具用无色的灯泡装入金属外壳。外罩采用不同颜色的耐热玻璃，而耐热玻璃与灯具间用密封橡胶圈密封，调换滤色玻璃片可以得到红、黄（琥珀）、绿、蓝、无色透明等五种色彩效果。国内目前生产的密封型灯具有 12V 及 220V 两种，功率均是 300W。12V 的适用于游泳池，220V 的用于一般喷水池。

二、喷泉照明

（一）喷泉照明特点

目前，喷泉的配光已成为喷泉设计的重要内容。喷泉照明多为内侧给光，根据灯具的安装位置，可分为水上环境照明和水体照明两种方式。

1. 水上环境照明

水上环境照明，灯具多安装于附近的建筑设备上。特点是水面照度分布均匀，色彩均衡、饱满，但往往使人们眼睛直接或通过水面反射间接地看到光源，眼睛会产生眩光。

2. 水体照明

水体照明，灯具置于水中，多隐蔽安装于水面以下 5cm 处，特点是可以欣赏水面波纹，并能随水花的散落映出闪烁的光，但照明范围有限。喷泉配光时，其照射的方向、位置与喷水姿势有关。

喷泉照明要求比周围环境有更高的亮度，如周围亮度较大时，喷水的先端至少要有 100～200lx 的光照度；如周围较暗时，需要有 50～100lx 的光照度。照明用的光源以白炽灯为最，其次可用汞灯或金属卤化物灯，光的色彩以黄、蓝色为佳，特别是水下照明。配光时，还应注意防止多种色彩叠加后得到白色光，造成局部的色彩损失。一般主视面喷头背后的灯色要比观赏者旁边的灯色鲜艳，因而要将黄色等透射较高的彩色灯安装于主视面近游客的一面，以加强衬托效果。

（二）喷泉照明设计

1. 照明灯具位置

灯具位置应放在喷水嘴的周围喷水端部水花散落瞬间的位置。在水面以下位置时，白天看去便难于发现隐蔽在水中的灯具，但是由于水深会引起光线减少，所以要适当控制，一般安装在水面以下 30～100mm 为宜。在水面以上设置灯具时，必须选取看到喷泉的一面而不致出现眩光的位置。

2. 喷泉端部的照度

因为喷泉的亮度是强调水花的，所以根据喷泉周围部分的明亮对比会呈现出鲜明或朦胧状态。而且由于观看位置和距离的不同，喷泉的明亮度是变化的。

喷泉进行色彩照明时，常使用红、蓝、黄三原色，其次使用绿色。由于滤色片的透射系数不同而使光束变化成各种各样，绚丽无比。水中及喷泉照明效果非常迷人，再加上动水的声音及音乐，是其他城市景观所无法替代的。

3. 喷泉的调光方式

在使喷水的形态、色彩变化的方式上有许多种类。按一定程序的控制方式分：转筒方式；凸轮方式；针孔方式；磁带方式。

由任意程序的控制方式分为：自动式——按照频率使音乐、声音等外部音响进行控制的方式；手动式——人们利用音乐键盘等演奏控制喷水、色彩、间响的方式。

上述调光方式简述如下。

（1）转筒方式　将装在转筒内的水段编成程序，由微动开关使喷水的形态、照明等变化的方式。

（2）凸轮方式　在旋转轴上将凸轮编成程序使其变化的方式。

（3）针孔方式　在水泵控制电路、照明电路和时间设定电路的交点上用穿孔板调节喷水时间或开灯时间，由波段开关或电子控制器控制运行的方式。

（4）磁带方式　在磁带上预先记录下一定的程序，通过播放磁带而使喷水的形式及色彩产生变化的方式。

（5）自动式　在磁带上将外部的音乐、声音等一起录下来，并将它们按一定频率分类，由于声调的高低而使色彩、喷水变化的方式。

（6）手动式　配合音乐敲打键盘使喷水的形态和色彩等变化。

目前，国内通常采用时控和声控两种方式。时控是由彩灯闪烁控制器按预先投定的程序自动循环，按时变换各种灯光色彩。这种按时控制方式比较简单，使变化单调，如果喷水也按程序控制的话，灯光变化规律便与喷水的变化不同步，形成不协调的感觉。

比较先进的声控方式是由一台小型专用计算机和一整套开关元件以及音响设备组成的，灯光的变化与音乐同步，它使喷出的水柱随音乐的节奏而变化，灯光的色彩和亮灯数量也作相应的变化。但是，注意到喷水受到水流变化及管道的影响要比音响和灯光慢几秒到十几秒钟，所以必须根据管道的实际情况提前发出控制喷水信号，做到声、光和喷水三个同步。

（三）音乐喷泉

利用音频信号控制水流变化，以随机控制或微机控制高压潜水泵、水下电磁阀、水下彩灯的工作情况。随机控制是根据操作人员对音乐的理解，随时对喷泉开动时的图案、色彩进行变换；微机控制是对特定的乐曲预先编程，对喷泉开动时的图案、色彩自动控制。

三、瀑布及流水的照明

瀑布及流水的照明方式多种多样，应视不同环境特点采用灵活多变的手法，具体要求如下。

① 对于水流和瀑布，灯具应装在水流下落处的底部。

② 输出光通量应取决于瀑布的落差和与流量成正比的下落水层的厚度，还取决于流出口的形状及落水面的形式。

③ 对于落差比较小的叠水，每一阶梯底部必须装有照明。线状光源（荧光灯、线状的卤素白炽灯等）最适合于这类情形。

④ 由于下落水的重量与冲击力，可能冲坏投光灯具的调节角度和排列，所以必须牢固地将灯具固定在水槽的墙壁上，或加重灯具。

⑤ 具有变色程序的动感照明，可以产生一种固定的水流效果，也可以产生变化的水流效果。

四、静水及湖泊的照明

静水的照明需与环境相和谐，才能得到理想的美化效果，具体要求如下。

① 所有静水或是低速流动的水，比如水槽内的水、池塘、湖或缓慢流动的河水，其镜面效果是令人十分感兴趣的。所以只要照射河岸边的景象，必将在水面上反射出令人神往的景观，分外具有吸引力。

② 对岸上引人注目的物体或者伸出水面的物体（如斜倚着的树木等），都可用浸在水下的投光灯具来照明。

③ 对由于风等原因而使水面汹涌翻滚的景象，可以通过岸上的投光灯具直接照射水面来得到令人感兴趣的动态效果。此时的反射光不再均匀，照明提供的是一系列不同亮度区域中呈连续变化的水的形状。

五、施工方法

（一）电源线的敷设

电线过铺装地面和过路时，穿 SC80 镀锌管保护，埋深 800mm 以下，电缆沟的开挖深度和宽度应符合国家现行施工及验收规范的要求。开挖电缆沟时遇到拐弯时，应挖成圆弧状，以保证电缆有足够的拐弯半径；根据现场实际情况做手空井，以方便穿电缆。电缆放入沟内应整理整齐，不宜相互交叉重叠，在中间接头处和终端处应留有余量。连接完毕后，对电线进行绝缘耐压实验。确认无问题后，请建设单位和监理作隐蔽验收。

（二）喷泉线路安装

喷泉照明线路要采用水下防水电缆，其中一根要接地，且要设置漏电保护装置。电源线要通过护缆塑管（或镀锌管）由池底接到安装灯具的地方，同时在水下安装接线盒，电源线的一端与水下接线盒直接相连，灯具的电缆穿进接线盒的输出孔并加以密封，并保证电缆护套管充满率不超过 45%。为避免线路破损漏电。必须经常检查。

（三）配电柜安装

安装准备→定位放线→基础施工→预埋保护套管→配电柜安装、固定 →连接接地装

置→电缆穿管柜内配线 →管口封堵 →调试运行

室外配电柜（非标）在订货时，应给制造方提供配电柜的电气系统图、外形尺寸、户外形式、立装或横装和面板颜色等。配电柜安装可用膨胀螺栓固定，检查其标高和垂直度。电缆保护管应加护套口保护，管口封堵。配电柜外壳与接地装置连接固定。

（四）接地装置

依据设计图纸要求制作接地极与接地体。接地体的位置和各个接地极之间的距离应符合设计要求，接地极被打入地沟下部后，应在地沟内外漏 100mm，将扁钢与被击入的接地极搭接焊接，焊缝应完整牢靠。再用接地电阻测试，接地电阻测试值符合设计要求，进行隐蔽检验收后，可回填土并分层夯实。

（五）灯具安装

照明灯具应密封防水，安装时必须满足施工相关技术规程。各灯具要易于清洁，水池应常清扫换水，也可添加除藻剂。操作时要严格遵守先通水浸没灯具，后开灯；及先关灯后断水的操作规程。

照明灯具在安装前，应先对灯具通电试亮，不合格的灯具不能进行安装；灯具安装应依据灯具厂家提供的基础图施工，做好防雨、防水措施

（六）竣工验收

1. 线路及设备的调试

当喷泉照明线路和设备安装完成后，要进行系统的检查和调试，发现问题应及时进行整改。

2. 施工资料的整理和竣工图的绘制

工程结束后，应整理在施工中的有关资料，如图纸会审纪要、设计变更修改通知单、隐蔽工程的验收证、电气试验的记录表以及施工记录等，特别是因情况不符，施工与原施工图的要求不同时，在交工前应按实际情况画出竣工图，以便交付用户，为用户运行维护、扩建、改建提供依据。

3. 安装的质量评定

质量评定包括施工班组的质量自检、互检和施工单位技术监督部门的检查评定；质量评定按国家颁布的安装技术规范、质量标准以及本部门的有关规定进行，若不符合标准和要求，应进行整改。

4. 通电试验和竣工报告

质量检查合格后，需通电试运行，验证工程能否交付使用。上述项目完成后，即可撰写竣工报告书。

5. 竣工报告

工程项目全部完成后，应由建设单位、设计单位和施工单位共同进行竣工验收，办理全部工程和分项工程的交工验收证书，交付使用。

复　习　题

1. 简述园林道路的特点与施工技术。

2. 简述广场的种类与施工技术。

3. 简述园林道路的照明特点与施工技术。

4. 简述绿地照明的特点与施工技术。

5. 简述水景照明的特点与施工技术。

思 考 题

1. 如何利用灯光的效果来突出水景的特点？
2. 绿地照明的特点与要求是什么？

实 训 题

某地形园路施工实训

【实训目的】

1. 掌握园路的设计方法；

2. 通过某具体项目，掌握园林线性规划、结构设计及铺装方法及施工图的绘制；

3. 掌握路面铺装的形式，园路的结构；掌握园路与造景的关系；掌握园林道路、场地及汀步的技术设计知识。

【实训方法】以小组为单位，进行场地实测、施工图设计、备料和放线施工。每组交报告一份，内容包括施工组织设计和施工记录报告。

【实训步骤】

1. 绘制园路铺装施工图。

2. 现场踏勘园路铺装，整理园路铺装施工图。

第八章　园林工程施工项目管理

【本章导读】

本章主要阐述园林工程施工项目的全程管理，包括施工项目管理的基本知识；施工项目的进度控制；施工项目质量控制与管理；施工项目成本控制；施工项目资金管理；施工合同管理；施工项目安全控制与管理；施工项目劳动管理；施工项目材料管理；施工机械设备管理的理念、内容及管理的具体实施方法。

【教学目标】

通过本章的学习，了解园林工程项目管理中的相关基础知识，掌握施工进度控制的方法、工程质量、安全控制的方法、施工合同、成本和资金管理的方法。

【技能目标】

培养制定施工进度表、制定质量制定措施、制定施工合同的能力以及施工项目材料、机械设备的管理能力。

第一节　施工项目管理概述

一、项目管理的概念

（一）园林建设项目

通常将园林建设中各方面的项目，统称为园林建设项目，如一个风景区、一座公园、一个游乐园、一组居住小区绿地等。它具有完整的结构系统、明确的使用功能、工程质量标准、确定的工程数量、限定的投资数额、规定的建设工期以及固定的建设单位等基本特征；其建设过程主要包括项目论证、项目设计、项目施工、项目竣工验收、养护与保修五个阶段。

一项园林建设项目既是一项固定资产投资项目，同时也是一项社会公益事业，既有投资者为实现其投资目标而进行的一系列工作，也有为改善人们生活质量和环境而进行的社会活动。

（二）园林施工项目

通常将处于项目施工准备、施工规划、项目施工、项目竣工验收和养护阶段的园林建设工程，都统称为园林施工项目。园林施工项目的管理主体是承包单位（园林施工企业），并为实现其经营目标而进行工作；它既可以是园林建设项目的施工、单项工程或单位工程的施工，也可以是分部工程或分项工程的施工；其工作内容包括：施工项目的准备、规划、实施和管理。

（三）建设项目管理

建设项目管理是用系统的观点和方法，根据园林建设项目既定的质量要求、规定量限、投资总额、资源和环境等条件，为圆满实现建设项目目标所进行的有效的决策、计划、组织、协调、控制等科学管理活动。

建设项目管理的对象是园林建设项目。建设项目的管理者应当是参与建设活动的各方组织，包括建设单位、设计、施工单位。而建设单位是建设项目管理的主体，对园林建设项目实行从编制建设项目建议书直至项目竣工验收交付使用全过程的管理。建设单位还可以委托社会监理单位，按合同为其建设项目实施的各阶段进行管理；设计单位对建设项目的设计阶段进行设计项目管理；施工单位以承包商的身份对建设项目的施工阶段进行施工项目管理。

（四）施工项目管理

施工项目管理是园林施工企业对施工项目进行的管理。

施工项目管理的对象是施工项目，施工项目管理的主体是施工企业，或其授权的项目经理部，采取有效方法对施工全过程包括投标签约、施工准备、施工、验收、竣工结算和用后服务等阶段，以及对各生产要素所进行的决策、计划、组织、指挥、控制、协调、教育和激励。其主要内容有：建立施工项目管理组织、制定管理规划，按合同规定实施各项目控制，对施工项目的生产要素进行优化配置。

（五）建设项目管理和施工项目管理的区别

施工项目管理与建设项目管理的主要区别如表 8-1。

表 8-1　施工项目管理与建设项目管理的区别

区别特征	施工项目管理	建设项目管理
管理主体	园林施工企业或其授权的项目经理部	建设单位或其委托的建设监理单位
管理客体	施工项目的施工活动及其相关的生产要素	建设项目
管理目标	符合需求的园林建设成果，获得预期的环境效益、社会效益与经济效益	符合任务书要求，达到设计效果，发挥园林建设项目的功能、效益
管理范围	承包合同规定的承包范围，可以是园林建设项目，也可以是园林单项（位）工程	由可行性研究报告评估审定的园林建设项目
管理过程	投标签约、施工准备阶段 施工阶段 竣工验收及结算阶段 用后服务阶段	项目决策建议书、可研阶段 项目组织计划、设计阶段 项目实施阶段 竣工验收及结算阶段

二、施工项目管理的全过程和内容

（一）施工项目管理全过程

在整个园林建设项目周期内，施工的工作量最大，投入的人力、物力、财力最多，施工项目管理的难度也最大。其最终目标是：按合同规定，按设计要求建园林，并获取预期的环境效益、社会效益与经济效益。

施工项目管理的全过程可分为 5 个阶段，详见表 8-2。

表 8-2　施工项目管理的 5 个阶段

管理阶段	管理目标	主要工作	执行机构
投标签约阶段	中标签订工程承包合同	按企业经营战略,对该工程项目提出投标决策 决定投标后,多方搜集企业自身、相关单位、市场、现场等诸方面信息 编制既能使企业盈利,又有竞争能力可望中标的投标书、投标若中标,则与招标方谈判,依法签订工程承包合同	企业经营部
施工准备阶段	从组织机构、人力、物力、技术、施工条件等方面确保施工项目具备开工和连续施工的基本条件	根据需要企业工程管理部组建工程项目经理部,配备人员 编制中标后施工组织设计进行施工准备工作 制订施工项目管理规划 进行施工现场准备,达到开工要求 编写开工申请报告,上报,待批开工	项目经理部
施工阶段	完成工程承包合同规定的全部施工任务,达到验收交工标准	按施工组织设计进行施工 作好动态控制管理,保证质量、进度、成本、安全等目标的全面实现 管理好施工现场,实行文明施工 严格履行工程承包合同,协调好与建设单位、监理及相关单位关系 处理好合同变更和索赔 做好记录、检查、分析和改进工作	项目经理部
验收交工与结算阶段	对竣工工程验收交工,总结评价;对外结清债权、债务关系;使建设项目能尽早向社会开放	工程收尾,并进行实地测量,对照图纸,逐一确认 企业内部自检,如有不合格应及时组织返工 提交工程竣工申请 在预验基础上接受正式验收 管理移交竣工文件,进行结算总结工作,编制竣工总结报告办理工程交接手续	项目经理部
用后服务阶段	充分发挥园林建设项目的功能,反馈信息,改进今后工作,提高企业信誉	在合同规定的责任期内进行保修、维护、植物管理养护等服务 为保证一些单项工程的正常使用提供必要的技术咨询服务 进行工程回访,听取用户意见,总结经验,发现问题及时维修、维护 配合科研需要,进行专项观测 大型工程竣工应借助媒体进行必要的宣传,以扩大该园林建设项目的社会影响	工程管理部、公关部

（二）施工项目管理内容（表8-3）

表8-3　施工项目管理内容

内　　容	要　　求
建立管理组织:建立竣工项目管理机构,即决策和责任机构 选聘施工项目经理	选聘方式合理,经理人选称职
组建管理机构	符合组织原则 组织形式合理,便于开展工作 有明确的责任、权限和义务
制订施工管理制度	符合国家政策法规和企业规章制度 适应施工管理需要
制订管理规划:制订对项目管理的内容、主法、步骤、重点 及具体安排的纲领性文件	
进行工程项目分解、制定阶段控制目标	制定各阶段各部分的控制目标 形成施工生产和项目管理总体网络系统 进行项目分解、制定阶段控制目标
建立施工项目管理体系	绘制施工项目管理工作体系图 绘制施工项目管理信息流程图
编制施工管理规划	确定管理重点 编制施工组织设计
进行目标控制:即通过预测制订控制目标和实施计划并 在施工生产中通过检查、分析、控制来保证预期目标实现	
进度目标控制 质量目标控制 成本目标控制 安全目标控制	均衡合理施工,保证合同工期 建立质量体系,确保施工质量 采取有效措施,降低成本,提高效益 创造安全的施工条件和环境,保证施工顺利
生产要素管理:即根据各生产要素的特点进行优化配置 和动态管理	
劳动管理	建立符合项目施工特点的用工、分配制度,优化劳动组合 提高劳动生产率
材料管理	用科学的组织管理方法进行材料管理 合理、节约使用材料,降低材料成本
机械设备管理	合理选择配备机械设备并进行科学管理 提高建筑施工机械化水平和效率
技术管理	建立正常的施工生产技术效率 积极采用"四新"实现施工技术管理现代化
资金管理	对资金进行预测,计划管理 积极筹集资金,合理使用资金
合同管理:即以法律手段处理施工过程中发生的经济关 系和问题,保证施工正常进行	
设立合同管理部门或人员	具有较高管理素质、工作能力、专业和法律的知识 依法签订合同、全面履行合同 妥善处理合同纠纷和索赔
建立合同管理计算机系统及合同文件档案库	运用计算机系统辅助合同分析、履约、索赔 有国外有关法规、合同文本资料 有项目施工中有关协议、会谈、签证等全部资料
信息管理:以系统理论为指导,以电子计算机为工具、处 理施工项目的各类信息,为项目管理提供咨询和决策支持	
建立施工项目管理信息系统	具有对信息收集、传递、处理、检索、提供等功能 实现对施工项目进度、成本、质量、安全及生产要素进行控 制和管理

第二节　施工项目进度控制

园林施工项目进度控制是指施工项目经理部根据合同规定的工期要求编制施工进度计划，并以此作为进度控制的目标，对施工的全过程进行经常检查、对照、分析，及时发现实施中的偏差，采取有效措施，调整进度计划，排除干扰，保证工期目标实现的全部活动。

一、影响施工项目进度的因素

影响施工进度的因素有多种，大致可分为如下 3 种因素。

（一）相关单位因素影响

项目经理部的外层关系单位很多，它们对项目施工活动的密切配合与支持，是保证项目施工按期顺利进行的必要条件。但是，若其中任何一个单位，在某一个环节上发生失误或配合不够，都可能影响施工进度。如材料供应、运输、供水、供电、投资部门和分包单位等没有如约履行合同规定的时间要求或质量数量要求；设计单位图纸提供不及时或设计错误；建设单位要求设计变更、增减工程量等情况发生都将会使进度、工期拖后或停顿。对于这类原因，项目经理部应以合同形式明确双方协作配合要求，在法律的保护和约束下，尽量避免或减少损失。而对于向政府主管部门、职能部门进行申报、审批、签证等工作所需时间，应在编制进度计划时予以充分考虑，留有余地，以免干扰施工进度。

（二）项目经理内部因素影响

项目经理部的活动对于施工进度起决定性作用。它的工作失误，如施工组织不合理，人、机械设备调配不当，施工技术措施不当，质量不合格引起返工，与外层相关单位关系协调不善等都会影响施工进度。因而提高项目经理部的管理水平、技术水平，提高施工作业层的素质是非常重要的。

（三）不可预见因素的影响

园林施工中可能出现的，如持续恶劣天气、严重自然灾害等意外情况，或施工现场的水文地质状况比设计及合同文件中所预计的要复杂得多，都可能造成临时停工，影响工期。这类原因不经常发生，一旦发生，其影响就很大。

二、施工项目进度控制的措施

（一）组织措施

主要是指建立进度实施和控制的组织系统及建立进度控制目标体系。如召开协调会议、落实各层次进度控制的人员、具体任务和工作职责；按施工项目的组成、进展阶段、合作分工等将总进度计划分解，以制定出切实可行的进度目标。

（二）合同措施

应保持总进度控制目标与合同总工期相一致；分包合同的工期与总包合同的工期相一致、相协调。

（三）技术措施

主要是加快施工进度的技术方法，以保证在进度调整后，仍能如期竣工。

（四）经济措施

是指实现进度计划的资金保证措施。

（五）信息管理措施

是指对施工实施过程进行监测、分析、调整、反馈和建立相应的信息流动程序以及信息管理工作制度，以连续地对全过程实行动态控制。

第三节　施工项目质量控制与管理

一、基本概念

（一）质量管理

《质量管理和质量保证术语》（GB/T 6583—94）对"质量管理"的定义是："确定质量方针、目标和职责并在质量体系中通过诸如质量策划、质量控制、质量保证和质量改进使其实施全部管理职能的所有活动"。

施工项目的质量管理的首要任务是确定质量方针、目标和职责，核心是建立有效的质量体系，通过质量策划、质量控制、质量保证、质量改进，确保质量方针、目标的实施和实现。

由于建设工程质量的复杂性及重要性，质量管理应由项目经理负责，并要求参加项目施工的全体职工参与并从事质量活动，才能有效地实现预期的方针和目标。

（二）全面质量管理

《质量管理和质量保证术语》（GB/T 6853—94）对"全面质量管理"的定义是："一个组织以质量为中心，以全员参与为基础，目的在于通过让顾客满意和本组织所有成员及社会受益而达到长期成功的管理途径"。

（三）质量控制

《质量管理和质量保证术语》（GB/T 6583—94）对"质量控制"的定义是："为达到质量要求所采取的作业技术和活动"。

园林建设产品质量有个产生、形成和实现的过程。在此过程中为使产品具有适用性，需要进行一系列的作业技术和活动，必须使这些作业技术和活动在受控状态下进行，才能生产出满足规定质量要求的产品。质量控制要贯穿项目施工的全过程，包括施工准备阶段、施工阶段、交工验收阶段和保修阶段。

二、全面质量管理的程序

质量管理和其他各项管理工作一样，要做到有计划、有措施、有执行、有检查、有总结，才能使整个管理工作循序渐进，保证工程质量不断提高。为不断揭示项目施工过程中在生产、技术、管理诸方面的质量问题，通常采用 PDCA 循环方法。该方法就是先有分析，提出设想，安排计划，按计划执行。执行中进行动态检查、控制和调整，执行完成进行后总结处理。PDCA 分为四个阶段，即计划（P）、执行（D）、检查（C）、处理（A）阶段（见图 8-1）。

四个阶段又可具体分为八个步骤。

第一阶段为计划（P）阶段。确定任务、目标、活动计划和拟定措施。

第一步，分析现状，找出存在的质量问题，并用数据加以说明。

第二步，掌握质量规格、特性，分析产生质量问题的各种因素，并逐个地进行分析。

第三步，找出影响质量问题的主要因素，通过抓主要因素解决质量问题。

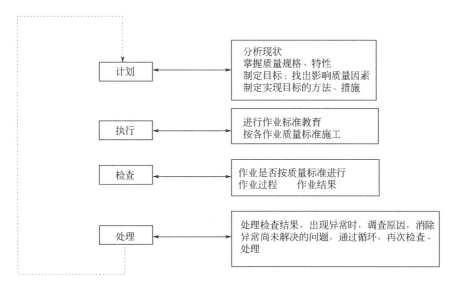

图 8-1 质量管理程序

第四步，针对影响质量问题的主要因素，制订计划和活动措施。计划和措施应该具体明确，有目的、有期限、有分工。

第二阶段为执行（D）阶段。按照计划要求及制订的质量目标、质量标准、操作规程去组织实施，进行作业标准教育，按作业标准施工。

第五步，即第二阶段。

第三阶段为检查（C）阶段。通过作业过程、作业结果将实际工作结果与计划内容相对比，通过检查，看是否达到预期效果，找出问题和异常情况。

第六步，即第三阶段。

第四阶段为处理（A）阶段。总结经验，改正缺点，将遗留问题转入下一轮循环。

第七步，处理检查结果，按检查结果，总结成败两方面的经验教训，成功地纳入标准、规程，予以巩固；不成功的，出现异常时，应调查原因，消除异常，吸取教训，引以为戒，防止再次发生。

第八步，处理本循环尚未解决的问题，转入下一循环中去，通过再次循环求得解决。

随着管理循环的不停转动，原有的矛盾解决了，又会产生新的矛盾，矛盾不断产生而不断被克服，克服后又产生新的矛盾，如此循环不止。每一次循环都把质量管理活动推向一个新的高度。

三、全面质量管理的步骤

第一步，制订推进规划。根据全面质量管理的基本要求，结合施工项目的实际情况，提出分析阶段的全面质量管理目标，进行方针目标管理，以及实现目标的措施和办法。

第二步，建立综合性的质量管理机构。选拔热心于全面质量管理、有组织能力、精通业务的人员组建各级质量管理机构，负责推行全面质量管理工作。

第三步，建立工序管理点。在工序作业中的薄弱环节或关键部位设立管理点，保证园林建设项目的质量。

第四步，建立质量体系。以一个施工项目作为一个系数，建立完整的质量体系。项目的质量体系由各部门和各类人员的质量职责和权限、组织结构、所必需的资源和人员、质量体系各项活动的工序程序等组成。

第五步，开展全过程的质量管理。即施工准备工作、施工过程、竣工交付和竣工后服务的质量管理。

四、施工准备阶段的质量控制

园林建设工程施工准备是为保证园林施工正常进行而必须事先做好的工作。施工准备不仅在工程开工前要做好，而且贯穿于整个施工过程。施工准备的基本任务就是为工程建立一切必要的施工条件，确保施工生产顺利进行，确保工程质量符合要求。

（一）研究和会审图纸及技术交底

通过研究和会审图纸，可以广泛听取使用人员、施工人员的正确意见，弥补设计上的不足，提高设计质量；可以使施工人员了解设计意图、技术要求、施工难点。

技术交底是施工前的一项重要准备工作，以使参与施工的技术人员与工人了解承建工程的特点、技术要求、施工工艺及施工操作要求等。

（二）施工组织设计

施工组织设计是指导施工准备和组织施工的全面性技术经济文件。对施工组织设计，要求进行两个方面的控制：一是选定施工方案后，制定施工进度时，必须考虑施工顺序、施工流向，主要分部、分项工程的施工方法，特殊项目的施工方法和技术措施能否保证工程质量；二是制定施工方案时，必须进行技术经济比较，使园林建设工程满足符合设计要求以及保证质量，求得施工工期短、成本低、安全生产、效益好的施工过程。

（三）现场勘察"三通一平"和临时设施的搭建

掌握现场地质、水文勘察资料，检查"三通一平"、临时设施搭建能否满足施工需要，保证工程顺利进行。

（四）物资准备

检查原材料、构配件是否符合质量要求；施工机具是否可以进入正常运行状态。

（五）劳动力准备

施工力量的集结，能否进入正常的作业状态；特殊工种及缺门工种的培训，是否具备应有的操作技术和资格；劳动力的调配，工种间的搭接，能否为后续工种创造合理的、足够的工作面。

五、施工阶段的质量控制

按照施工组织设计总进度计划，编制具体的月度和分项工程施工作业计划和相应的质量计划。对材料、机具设备、施工工艺、操作人员、生产环境等影响质量的因素进行控制，以保持园林建设产品总体质量处理稳定状态。

（一）施工工艺的质量控制

工程项目施工应编制"施工工艺技术标准"，规定各项作业活动和各道工序的操作规程、作业规范要点、工作顺序、质量要求。上述内容应预先向操作者进行交底，并要求认真贯彻执行。对关键环节的质量、工序、材料和环境应进行验证。使施工工艺的质量控制符合标准化、规范化、制度化的要求。

（二）施工工序的质量控制

施工工序质量控制，它包括影响施工质量的五个因素（人、材料、机具、方法、环境），使工序质量的数据波动处于允许的范围内；通过工序检验等方式，准确判断施工工序质量是否符合规定的标准，以及是否处于稳定状态；在出现偏离标准的情况下，分析产生的原因，并及时采取措施，使之处于允许的范围内。

对直接影响质量的关键工序，对下道工序有较大影响的上道工序，对质量不稳定、容易出现不良品的工序，对用户反馈和过去有过返工的不良工序设立工序质量控制（管理）点。设立工序质量控制点的主要作用，是使工序按规定的质量要求和均匀的操作而能正常运转，从而获得满足质量要求的最多产品和最大的经济效益。对工序质量管理点要确定合理的质量标准、技术标准和工艺标准；还要确定控制水平及控制方法。

对施工质量有重大影响的工序，对其操作人员、机具设备、材料、施工工艺、测试手段、环境条件等因素进行分析与验证，并进行必要的控制。同时作好验证记录，以便向建设单位证实工序处于受控状态。工序记录的主要内容为质量特性的实测记录和验证签证。

（三）人员素质的控制

定期对职工进行规程、规范、工序工艺、标准、计量、检验等基础知识的培训和开展质量管理和质量意识教育。

（四）设计变更与技术复核的控制

加强对施工过程中提出的设计变更的控制。重大问题须经建设单位、设计单位、施工单位三方同意，由设计单位负责修改，并向施工单位签发设计变更通知书。对建设规模、投资方案等有较大影响的变更，须经原批准初步设计单位同意，方可进行修改。所有设计变更资料，均需有文字记录，并按要求归档。

对重要的或影响全局的技术工作，必须加强复核，避免发生重大差错，影响工程质量和使用。

六、交工验收阶段的质量控制

（一）工序间的交工验收工作的质量控制

工程施工中往往上道工序的质量成果被下道工序所覆盖；分项或分部工程质量成果被后续的分项或分部工程所掩盖。因此，要对施工全过程的分项与分部施工的各工序进行质量控制。要求组织实行保证本工序、监督前工序、服务后工序的自检、互检、交接检和专业性的"中间"质量检查，保证不合格工序不转入下道工序。出现不合格工序时，做到"三不放过"（原因未查清不放过、责任未明确不放过、措施未落实不放过），并采取必要的措施，防止再发生。

（二）竣工交付使用阶段的质量控制

单位工程或单项工程竣工后，由施工项目的上级部门严格按照设计图纸、施工说明及竣工验收标准，对工程的施工质量进行全面鉴定，评定等级，作为竣工交付的依据。工程进入交工验收阶段，应有计划、有步骤、有重点地进行收尾工程的清理工作，通过交工前的预验收，找出漏项项目和需要修补的工程，并及早安排施工。还应做好竣工工程产品保护，以提高工程的一次成优及减少竣工后返工整修。工程项目经自检、互检的，与建设单位、设计单位和上级有关部门进行正式的交工验收工作。

第四节　施工项目成本控制

一、施工项目成本控制概述

（一）施工项目成本的概念

施工项目成本是项目经理部在承建并完成施工项目的过程中所发生的全部生产费用的总

和。施工项目成本是园林施工企业的主要产品成本，亦称工程成本，一般以项目的单位工程为成本核算对象，各单位工程成本的综合即为施工项目成本。

（二）施工项目成本管理的目的和意义

1. 工程项目成本管理的目的

在工程项目实施的过程中，按照合同规定的质量标准，通过不断改善项目管理工作，充分采用经济、技术、组织措施，挖掘降低成本的潜力，以尽可能少的劳动耗费，实现预定的目标。

2. 工程项目成本管理的意义

① 有利于促进项目管理成本控制职能的实现。

② 有利于促进项目经理对项目成本目标的实现。

③ 有利于调动参与工程项目的劳动者的积极性。

④ 有利于提高工程项目和企业的经济效益和社会效益。

（三）施工项目成本的主要内容

按成本管理的需要，施工项目成本可以分为预算成本、计划成本和实际成本，详见表8-4。

表 8-4　施工项目成本的主要内容

项目	预算成本	计划成本	实际成本
概念	按项目所在地区园林业平均成本水平编制的该项目成本	项目经理部编制的该项目计划达到的成本水平	项目在施工阶段实际发生的各项生产费用总和
编制依据	施工图纸 统一的工程量计算规则 统一的建设工程定额 项目所在地区的劳务价格、材料价格、机械台班价格、价差系数 项目所在地区的有关取费费率	公司下达的目标利润及成本降低率 该项目的预算成本 项目施工组织设计及成本降低措施 同行业、同类项目的成本水平等 施工定额	成本核算
作用	确定工程造价的基础 编制计划成本的依据 评价实际成本的依据	用于建立健全项目经理部的成本控制责任制，控制生产费用，加强经济核算，降低工程成本	反映项目经理部的生产技术、施工条件和经营管理水平

（四）工程项目成本管理的任务

（1）确定目标成本，编制成本计划　工程项目的目标成本是项目经理部的奋斗目标，也是项目成本计划的重要组成部分。

（2）认真搞好工程项目成本控制　项目成本控制亦即工程项目费用控制，其目的是在工程项目实施过程中，对工程项目成本形成中所发生的偏差进行经常的预防、监督和纠正，使项目成本控制在计划成本范围以内，以保证达到降低成本的目标。

（3）组织协调成本核算　工程项目成本核算是指以工程项目为对象，对项目在实施过程中的各项耗费进行审核、记录、汇总和核算。在工程项目成本管理中，按成本核算的体系来划分，可以分为管理成本核算、财务成本核算、业务核算和统计核算的管理。

（4）经常进行工程项目成本分析　通过工程项目成本分析，了解项目成本升降情况，可以分析经济效益与管理水平的变化情况；通过分析各项成本项目的收支变化情况，从而分析出直接费和间接费的耗用情况，弄清楚影响成本升降的原因和寻找降低项目成本的途径。

（5）严格工程项目成本考核　项目成本考核分为定期成本考核和竣工项目成本考核。在成本考核中，主要考核降低成本目标完成情况、成本计划执行情况、项目成本核算中有关口径和方法是否正确，是否遵守了国家规定的成本管理方针、政策和制度，以便对工程项目成本管理做出评价。

二、施工项目成本控制

（一）施工项目成本控制的概念

施工项目成本控制是项目经理部在项目施工的全过程中，为控制人工、机械、材料消耗和费用支出，降低工程成本，达到预期的项目成本目标，所进行的成本预测、计划、实施、检查、核算、分析、考评等一系列活动。施工项目成本的构成见表8-5。

表 8-5　施工项目成本的构成

成本管理	内　　容
直接成本	直接成本即施工过程中耗费的构成工程实体或有助于工程形成,且能直接计入成本核算对象的费用
	1. 人工费:直接从事园林施工的生产工人开支的各项费用 包括工资、奖金、工资性质的津贴、工资附加费、职工福利费、生产工人劳动保护费等
	2. 材料费:施工过程中耗用的构成工程实体的各种材料费用 包括原材料、辅助材料、构配件、零件、半成品费用、周转材料摊销及租赁等费用
	3. 机械使用费:施工过程中使用机械所发生的费用 包括使用自有机械的台班费、外租机械的租赁费、施工机械的安装、拆卸进出场费等
	4. 其他直接费:除1、2、3以外的直接用于施工过程的费用 包括材料二次搬运费、临时设施摊销费、生产工具用具使用费、检验试验费、工程定位复测费、工程点交费、场地清理费等;冬雨季施工增加费、夜间施工增加费、仪器仪表使用费等
间接成本	间接成本即项目经理部为施工准备、组织和管理施工生产而必须支出的各种费用,又称施工间接费。它不直接用于工程项目中,一般是按一定的标准计入工程成本。 　包括:1. 现场项目管理人员的工资、工资性津贴、劳动保护费等 　2. 现场管理办公用费,工具用具使用费,车辆大修、维修、租赁等使用费 　3. 职工差旅交通费、职工福利费(按现场管理人员工资总额的14%提取)工程保修费、工程排污费、其他费用 　4. 用于项目的可控费用,不受层次限制,均应下降到项目计入成本,如:工会经费(按现场管理人员工资总额2%计提) 　教育经费(按现场管理人员工资总额的1.5%计提) 　业务活动经费、劳保统筹费 　税金:项目应负担的房产税、车船使用税、土地使用税、印花税 　利息支出:项目在银行开户的存贷款利息收支净额 　其他财务费用:汇兑净损失、调剂外汇手续费、银行手续费及保函手续费

（二）施工项目成本控制的原则

1. 全面控制的原则

（1）全员控制

① 建立全员参加的责权利相结合的项目成本控制责任体系。

② 项目经理、各部门、施工队、班组人员都负有成本控制的责任，在一定的范围内享有成本控制的权利，在成本控制方面的业绩与工资资金挂钩，从而形成一个有效的成本控制责任网络。

（2）全过程控制　成本控制贯穿项目施工过程的每一个阶段。每一项经济业务都要纳入成本控制的轨道。

2. 动态控制的原则

① 在施工开始之前进行成本预测，确定目标成本，编制成本计划，制订或修订各种消耗定额和费用开支标准。

② 施工阶段重在执行成本计划，落实降低成本措施，实行成本目标管理。

③ 建立灵敏的成本信息反馈系统，使有关人员能及时获得信息、纠正不利成本偏差。

④ 制止不合理开支。

⑤ 竣工阶段，成本盈亏已成定局，主要进行整个项目的成本核算、分析和考评。

3. 开源节流的原则

① 成本控制应坚持增收与节约相结合的原则。

② 作为合同签约依据，编制工程预算时，应"以支定收"；而在保证预算收入在施工过程中，则要"以收定支"，控制资源消耗和费用支出。

③ 核查成本费用是否符合预算收入，收支是否平衡。

④ 应经常进行成本核算并进行实际成本与预算收入的对比分析。

⑤ 抓住索赔时机，搞好索赔、合理力争甲方给予经济补偿。

⑥ 严格财务制度，对各项成本费用的支出进行限制和监督。

⑦ 提高施工项目的科学管理水平、优化施工方案，提高生产效率，节约人、财、物的消耗。

（三）施工项目成本控制的内容（见表8-6）

表 8-6　施工项目成本控制工作内容

项目施工阶段	内　　容
投标承包阶段	对项目工程成本进行预测、决策 中标后组建与项目规模相适应的项目经理部，以减少管理费用 园林施工企业以承包合同价格为依据，向项目经理部下达成本目标
施工准备阶段	审核图纸，选择经济合理、切实可行的施工方案 制订降低成本的技术组织措施 项目经理部确定自己的项目成本目标并进行目标分解 反复测算平衡后编制正式施工项目计划成本
施工阶段	制订落实检查各部门、各级成本责任制 执行检查成本计划，控制成本费用 加强材料、机械管理，保证质量，杜绝浪费 搞好合同索赔工作，避免经济损失 加强经常性的分部分项工程成本核算分析以及月度（季、年度）成本核算分析，及时反馈，以纠正成本的不利偏差
竣工阶段 保修期间	尽量缩短收尾工作时间，合理精简人员 及时办理工程结算，不得遗漏 控制竣工验收费用 控制保修期费用 总结成本控制经验

（四）工程项目成本控制的基本程序

1. 制定控制标准

制定控制定额标准是为了对各项成本费用进行有效控制的基础工作。一般来说，现行的预算定额或施工定额应作为控制定额标准。

在具体制定定额控制标准时，通常是按直接材料费、直接人工费和机械费以及间接费分别制定的。

2. 揭示成本差异

所谓成本差异是利用成本标准和预算与实际发生的费用比较计算出来成本差额，如果是节约形成的差异，使实际成本比标准成本低，则称为有利差异；如果是超支形成的差异，使实际成本高于标准成本，则称为不利差异。在计算成本差异时，一般是按成本的责任来计算；在分析和揭示成本差异时，应注意区分可控费用与不可控费用。

进行成本差异的分析，要着重分析直接材料费、直接人工费和间接费。材料费用在工程项目成本中占有极大的比重，一般约 60%～70%。因此，节约使用材料是降低成本一个重要方面，必须重视材料消耗的控制，促使材料费用降低。

3. 成本反馈控制

通过成本控制的差异分析，应尽快将差异的情况和产生差异的原因传递到有关责任部门和责任者，以便及时调整和控制，这就是成本管理中的反馈控制。

4. 成本控制报告

它是为了反映每个成本（费用）责任单位在一定时间内是否按照所承担的成本（费用）责任进行工作的一种报告。主要材料消耗量差异情况，可每周（旬）定期编制"材料消耗量差异报告"；其他主要费用也可每周（或旬）进行报告。

（五）工程项目成本控制的方法

1. 采用技术、经济、组织措施控制法

① 从技术措施来看，项目经理部应对施工准备、施工过程和竣工验收三个阶段中的有关技术方面的方案，新工艺、新材料、新技术的采用，提高质量、缩短工期和降低成本的措施，都要进行研究比较，多方面来控制成本。

② 从经济措施来看，必须对以施工预算为基础的计划成本不断地与项目的预算成本、实际成本进行比较分析，严格审核各项费用的支出，减少开支，相应地建立成本责任制，落实到人，奖罚兑现与经济利益挂钩。

③ 从组织措施来看，为了保证工程项目成本计划的贯彻执行，必须建立和健全项目的成本管理机构。把专职的预决算人员和成本员配备到各参与单位的工地上，明确项目的成本责任制，把控制成本的责任分解，落实到项目管理班子全体成员，使工程项目形成一个群管成网、专管成线、责任分明、分工合理的项目成本管理机制。

2. 指标偏差对比控制方法

（1）寻找偏差　工程项目成本指标偏差有三个：计划偏差、目标偏差和实际偏差。此三种偏差的计算如下。

$$实际偏差＝实际成本－预算成本$$
$$计划偏差＝预算成本－计划成本$$
$$目标偏差＝实际成本－计划成本$$

在工程项目施工过程中，定期（每日或每周）地计算上述三种偏差，并以目标偏差为目的进行控制。

（2）分析偏差产生的原因　主要从设计变更、资源供应、价格变动、现场条件、气候条件、定额和预算的误差、质量和安全事故、管理水平等方面找原因。

此外、成本控制还可采用各种成本分析的表格（如成本日报、周报、月报等），对人工费用、设备费用、材料费用、合同费用和管理费用进行统计、汇总、分析，编制成本分析表，通过成本分析表，找出成本差异，作出控制决策。

三、施工项目成本计划

（一）工程项目目标成本的确定

1. 定额估算法

（1）估算条件　在定额资料比较完备，施工图预算和施工预算编制及时、准确的项目中，可采用定额估算法。

（2）估算步骤

① 根据已有投标、预算资料，计算合同价与施工图预算的价格差，以及与施工预算的价格差；

② 对施工预算未能包括的项目，依据定额按实估算；

③ 对实际成本与定额差距大的子项，按实际支出水平估算其价格差；

④ 对投标工程要考虑不可预见和工期制约等风险因素对成本影响，并进行测算调整；

⑤ 综合计算工程项目的降低额和降低率。

2. 定率估算法

（1）估算条件　当工程项目体量庞大、结构复杂，用定额估算法较困难时，可采用定率估算法。

（2）估算步骤

① 先将工程项目按分部、分项划分为若干个可参照的子项；

② 参照同类项目的历史数据，运用数学平均数法计算各子项目的目标成降低率和降低额；

③ 把各子项目的降低额和降低率进行汇总，得出整个工程项目成本的降低额和降低率。

3. 直接估算法

（1）估算条件　施工图设计完全，工程项目施工方案完善，能以计划人工、机械、材料等消耗量和实际价格为基础估算出项目的实际成本，可采用直接估算法确定目标成本。

（2）估算步骤

① 以施工图和预算定额项目为依据，并按工作分解结构，将工程项目逐级分解为一些子项目，便于估算；

② 按子项目自下而上估算，进行汇总，得到整个工程项目的估算数据；

③ 考虑风险和物价上涨的影响，进行调整。

（二）工程项目成本计划的编制

1. 编制内容

（1）总则　总则的内容包括工程项目概述，项目管理机构及层次，工程进度、外部环境特点，以及对合同中有关经济问题的责任、成本计划编制中依据的其他文件及规格的介绍。

（2）目标及核算原则　成本计划的目标有：工程项目成本降低额和降低率，计划利润总额，投资（包括外汇），主要材料，贷款和流动资金的节约额等。

核算原则包括：工程项目的各单位采用的承包方式和费用分配方式，会计核算原则，结算款所用的币种和币制等。

（3）降低成本计划总表或总控制方案　施工部分要编写施工成本计划，应按直接费、间接费、独立费以及计划支出数、计划降低额分别填写。如有多个单位施工时，应分单位编制后汇总。

（4）工程项目成本计划中计划支出数估算过程的说明　对材料、人工、机械等费用和运费等主要支出项目进行分解，并对各种材料的支出、采购时成本差异是否列入成本等加以说明，以便在实际施工中控制和考核。

（5）计划降低成本的来源分析　对工程项目实施过程中所采取的技术经济措施及预期经济效果进行分析。

（6）管理费用计划　管理费用计划的编制应根据工程项目的核算期和项目总收入的管理费为基础，制定各参与单位的费用的收支计划，汇总后作为工程项目的施工管理费用的计划。

（7）风险因素说明　在工程项目成本计划中应着重说明该计划还存在哪些不稳定因素（例如技术、工艺上的变更，交通、能源、环保方面的变化，原材料价格的变化，通货膨胀、国际结算中的汇率风险等）可能使成本加大，以及对这些风险因素已考虑的程度和修正措施。

2. 工程项目成本计划的编制步骤

① 收集有关资料。

② 确定工程项目成本计划的编制体系。

③ 进行成本计划的估算。

④ 提出降低成本的要求。

⑤ 制定保证措施执行成本计划。

第五节　施工项目资金管理

一、施工项目资金管理认知

（一）施工项目资金管理的概念

施工项目资金管理是指施工项目经理部根据工程项目施工过程中资金运动的规律，进行的资金收支预测、编制资金计划、筹集投入资金（施工项目经理部收入），资金使用（支出）、资金核算与分析等一系列资金管理工作。

（二）施工项目资金管理的要点

1. 项目资金管理应保证收入、节约支出、防范风险和提高经济效益

① 保证收入是指项目经理部应及时向发包人收取工程预付备料款，做好分期核算、预算增减账、竣工结算等工作。

② 节约支出是指用资金支出过程控制方法对人工费、材料费、施工机械使用费、临时设施费、其他直接费和施工管理费等各项支出进行严格监控，坚持节约原则，保证支出的合理性。

③ 防范风险主要是指项目经理部对项目资金的收支和支出做出合理的预测，对各种影响因素进行正确评估，最大限度地避免资金的收入和支出风险。

2. 企业财务部门统一管理资金

为保证项目资金使用的独立性，承包人应在财务部门设立项目专用账号，所有资金的收支均按财会制度由财务部门统一对外运作。资金进人财务部门后，按承包人的资金使用制度分流到项目，项目经理部负责责任范围内项目资金的直接使用管理。

3. 项目资金计划的编制、审批

项目经理部应根据施工合同、承包造价、施工进度计划、施工项目成本计划、物资供应

计划等编制年、季、月度资金收支计划，上报企业主管部门审批后实施。

4. 项目资金的计收

项目经理部应按企业授权配合企业财务部门及时进行资金计收。资金计收应符合下列要求。

① 新开工项目按工程施工合同收取预付款或开办费。

② 根据月度统计报表编制"工程进度款估算单"，在规定日期内报监理工程师审批、结算。如发包人不能按期支付工程进度款且超过合同支付的最后限期，项目经理部应向发包人出具付款违约通知书，并按银行的同期贷款利率计息。

③ 根据工程变更记录和证明发包人违约的材料，及时计算索赔金额，列入工程进度款结算单。

④ 发包人委托代购的工程设备或材料，必须签订代购合同，收取设备订货预付款或代购款。

⑤ 工程材料价差应按规定计算，发包人应及时确认，并与进度款一起收取。

⑥ 工期奖、质量奖、措施奖、不可预见费及索赔款应根据施工合同规定与工程进度款同时收取。

⑦ 工程尾款应根据发包人认可的工程结算金额及时收回。

5. 项目资金的控制使用

项目经理部应按企业下达的用款计划控制资金使用，以收定支，节约开支；应按会计制度规定设立财务台账，记录资金支出情况，加强财务核算，及时盘点盈亏。

6. 项目的资金总结分析

项目经理部应坚持做好项目的资金分析，进行计划收支与实际收支对比，找出差异，分析原因，改进资金管理。项目竣工后，结合成本核算与分析进行资金收支情况和经济效益总结分析，上报企业财务主管部门备案。企业应根据项目的资金管理效果对项目经理部进行奖惩。

二、施工项目资金收支预测

（一）施工项目资金收入预测

项目资金是按合同价款收取的。在实施施工项目合同的过程中，应从收取工程预付款（预付款在施工后以冲抵工程价款方式逐步扣还给业主）开始，每月按进度收取工程进度款，到最终竣工结算，按时间测算出价款数额、做出项目资金按月收入图及项目资金按月累加收入图。

在资金收入预测中，每月的资金收入都是按合同规定的结算办法测算的。实践中工程进度款常常不能及时到位，因而预测时要充分考虑资金收入款滞后时间因素。另外资金的收入——进度款额需要以合同工期完成施工任务做保证，否则会因为延误工期而罚款造成经济损失。

（二）施工项目资金支出预测

施工项目资金支出即项目施工过程中的资金使用。项目经理部应根据施工项目的成本费用控制计划、施工组织设计、材料物资储备计划测算出随着工程实施进展，每月预计的人工费、材料费、施工机械使用费、物资储运费、临时设施费、其他直接费和施工管理费等各项支出。形成对整个施工项目，按时间、进度、数量规划的资金使用计划和项目费用每月支出图及支出累加图。

资金的支出预测，应从实际出发，尽量具体而详细，同时还要注意资金的时间价值，以使测算的结果能满足资金管理的需要。

（三）施工项目资金收支预测程序及对比

1. 施工项目资金收支预测程序

见图 8-2。

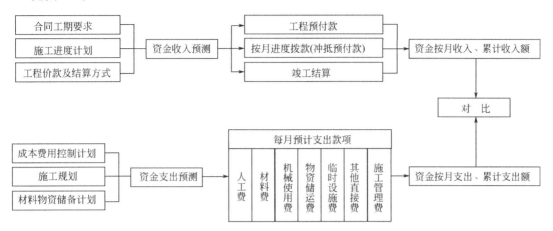

图 8-2 施工项目资金收支预测程序图

2. 施工项目资金收支预测对比

见图 8-3。

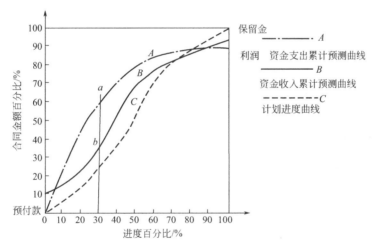

图 8-3 施工项目收支预测对比图

图 8-3 是施工项目资金收支预测的对比图。其横坐标表示以项目合同总工期为 100% 的时间进度百分比；也可按月度（旬、周）表示；纵坐标是以项目合同价款为 100% 的资金百分比，也可用绝对资金数额表示。分别将收支预测的累计数值绘于图中，便得到 A、B 两条曲线。在同一进度时 A、B 线上两点距离即为该进度时收入资金与支出资金的预计差额，也就是应筹措的资金数量。图中 a、b 间距离反映的是该施工项目应筹措的资金最大值。

施工项目资金收支预测对比也可列表进行。

三、施工项目资金的筹措

（一）建设项目的资金来源

① 财政资金，包括财政无偿拨款和拨改贷资金。

② 银行信贷资金，包括基本建设贷款、技术改造贷款、流动资金贷款和其他贷款等。

③ 发行国家投资债券、建设债券、专项建设债券以及地方债券等。

④ 在资金暂时不足的情况下，还可以采用租赁的方式解决。

⑤ 企业自有资金和对外筹措资金（发行股票及企业债券，向产品用户集资）。

⑥ 利用外资，包括利用外国直接投资，进行合资、合作建设以及利用外国贷款。

（二）施工过程所需要的资金来源

施工过程所需要的资金来源，一般是在承发包合同条件中规定了的，由发包方提供工程备料款和分期结算工程款。为了保证生产过程的正常进行，施工企业也可垫支部分自有资金，但在占用时间和数量方面必须严加控制，以免影响整个企业生产经营活动的正常进行。因此，施工项目资金来源渠道如下。

① 预收工程备料款。

② 已完施工价款结算。

③ 银行贷款。

④ 企业自有资金。

⑤ 其他项目资金的调剂占用。

（三）筹措资金的原则

① 充分利用企业自有资金。其优点是：调度灵活，不需支付利息，比贷款保证性强。

② 必须在经过收支对比后，按差额筹措资金，避免造成浪费。

③ 以利息的高低作为选择资金来源的主要标准，尽量利用低息贷款。用企业自有资金时也应考虑其时间价值。

第六节　园林工程施工合同管理

一、施工前的有关准备工作

（一）图纸的准备

我国目前的园林绿化工程项目通常由发包人委托设计单位负责，在工程准备阶段应完成施工图设计文件的审查。发包人应免费按专用条款约定的份数供应承包人图纸。施工图纸的提供只要符合专用条款的约定，不影响承包人按时开工即可。具体来说，施工图纸应在合同约定的日期前发放给发包人，可以一次提供，也可以在单位工程开始施工前分阶段提供，以保证承包人及时编制施工进度计划和组织施工。

有些情况下，如果承包人具有设计资质和能力，享有专利权的施工技术，在承包人、工作范围内，可以由其完成部分施工图的设计，或由其委托设计分包人完成。但应在合同约定的时间内将按规定的审查程序批准的设计文件提交审核，经过签认后使用，注意不能解除承包人的设计责任。

（二）施工进度计划

园林工程的施工组织，一般招标阶段由承包人在投标书内提交的施工方案或施工组织设计的深度相对较浅，签订合同后应对工程的是工作更深入的了解，可通过对现场的进一步考察和工程交底，完善施工组织设计和施工进度计划。有些大型工程采取分阶段施工，承包人可按照合同的要求、发包人提供的图纸及有关资料的时间，按不同投标阶段编制进度计划。施工组织设计和施工进度计划应提交发包人或委托的监理工程师确认，对已认可的施工组织设计和工程进度计划本身的缺陷不免除承包人应承担的责任。

(三) 其他各项准备工作

开工前，合同双方应当做好其他各项准备工作。如发包人应当按照专用条款的规定使施工现场具备施工条件、开通施工现场公共道路，承包人应当做好施工人员和设备的调配工作。

二、延期开工与工程的分包

为了保证在合理工期内及时竣工，承包人应按专用条款一定的时间开工。有时在工程的准备工作不具备开工条件情况下，则不能盲目开工，对于延期开工的责任应按合同的约定区分。如果工程需要分包，也应明确相应的责任。

(一) 延期开工

因发包人的原因施工现场尚具备施工的条件，影响了承包人不能按照协议书约定的日期开工时，发包人应以书面形式通知承包人推迟开工日期。发包人应当赔偿承包人因此造成的损失，相应顺延工期。

承包人不能按时开工，应在不迟于协议书约定的开工日期前 7 天，以书面形式提出延期开工的理由和要求。延期开工申请受理后的 48 小时内未予答复，视为同意承包人的要求，工期相应顺延；如果不同意延期要求，工期不予顺延。如果承包人未在规定时间内提出延期开工要求，工期也不予顺延。

(二) 工程的分包

施工合同范本的通用条件规定，未经发包人同意，承包人不得将承包工程的任何部分分包；工程分包不能解除承包人的任何责任和任务。一般发包人在合同管理过程中对工程分包要进行严格控制。

多数情况下，承包人可能出于自身能力考虑，将部分自己没有实施资质的特殊专业工程分包和部分较简单的工作内容分包。有些已在承包人投标书内的分包计划中发包人通过接受投标书表示了认可，有些在施工合同履行过程中承包人又根据实际情况提出分包要求，则需要经过发包人的书面同意。注意主体工程的施工任务，主要工程量发包人是不允许分包的，必须由承包人完成。

对分包的工程，都涉及两个合同，一个是发包人与承包人签订的施工合同，另一个是承包人与分包人签订的分包合同。按合同的有关规定，一方面工程的分包不解除承包人对发包人应承担在该分包工程部分施工的合同义务，另一方面为了保证分包合同的顺利履行，发包人未经承包人同意，不得以任何形式向分包人支付各种工程款，分包人完成施工任务的报酬只能依据分包合同由承包人支付。

三、园林工程施工合同管理

(一) 对材料和设备的质量控制

在园林工程施工过程中，为了确保工程项目的施工质量，满足施工合同要求，首先应从使用的材料和设备的质量控制人手。

1. 材料设备的到货检验

园林工程项目使用的建筑材料、植物材料和设备按照专用条款约定的采购供应责任，一般由承包人负责，也可以由发包人提供全部或部分材料和设备。

(1) 承包人采购的材料设备

① 承包人负责采购的材料设备，应按照合同专用条款约定及设计要求和有关标准采购，

并提供产品合格证明，对材料设备质量负责。

② 承包人在材料设备到货前 24 小时应通知发包方共同进行到货清点。

③ 承包人采购的材料设备与设计或标准要求不行时，承包人应在发包方要求的时间内运出施工现场，重新采购符合要求的产品，承担由此发生的费用，延误的工期不予顺延。

（2）发包人供应的材料设备　发包人应按照专用条款的材料设备供应一览表，按时、按质、按量将采购的材料和设备运抵施工现场，发包人在其所供应的材料设备到货前 24 小时，应以书面形式通知承包人，由承包人派人与发包人共同清点。发包人供应的材料设备与约定不符时，应当由发包人承担有关责任。

2. 材料和设备的使用前检验

为了防止材料和设备在现场储存时间过长或保管不善而导致质量的降低，应在用于永久工程施工前进行必要的检查、试验。关于材料设备方面的合同责任如下。

（1）发包人供应材料设备　按照合同对质量责任的约定，发包人供应的材料设备进入施工现场后需要在使用前检验或者试验的，由承包人负责检查试验，费用由发包人负责。此次检查试验通过后，仍不能解除发包人供应材料设备存在的质量缺陷责任。也就是说承包人在对材料设备检验通过之后，如果又发现有质量问题时，发包人仍应承担重新采购及拆除重建的追加合同价款，并相应顺延由此延误的工期。

（2）承包人负责采购的材料和设备　按合同的有关约定：由承包人采购的材料设备，发包人不得指定生产厂或供应商；采购的材料设备在使用前，承包人应按发包方的要求进行检验或试验，不合格的不得使用，检验或试验费用由承包人承担；发包方发现承包人采购并使用不符合设计或标准要求的材料设备时，应要求由承包人负责修复、拆除或重新采购，并承担发生的费用，由此延误的工期不予顺延；承包人需要使用代用材料时，应经发包方认可后才能使用，由此增减的合同价款双方以书面形式议定。

（二）对施工质量的管理

工程施工的质量应达到合同约定的标准，这是园林工程施工质量管理的最基本要求。在施工过程中加强检查，对不符合质量标准的应及时返工。承包人应认真按照标准、规范和设计要求以及发包方依据合同发出的指令施工，随时接受发包方及其委派人员的检查、检验，并为检查检验提供便利条件。有关施工质量的合同管理责任分述如下。

1. 承包人承担的责任

因承包人的原因达不到约定标准，由承包人承担返工费用，工期不予顺延。

① 工程质量达不到约定标准的部分，发包方一经发现，可要求承包人拆除和重新施工，承包人应按发包方及其委派人员的要求拆除和重新施工，承担由于自身原因导致拆除和重新施工的费用，工期不予顺延。

② 经过发包方检查检验合格后又发现因承包人原因出现的质量问题，仍由承包人承担责任，赔偿发包人的直接损失，工期不应顺延。

③ 检查检验不合格时，影响正常施工的费用由承包人承担，顺延。

2. 发包人承担的责任

因发包人的原因达不到约定标准，期相应顺延。由发包人承担返工的追加合同价款，

① 发包人对部分或者全部工程质量有特殊要求的，应支付由此增加的追加合同价款，对工期有影响的应给予相应顺延。

② 影响正常施工的追加合同价款由发包人承担。相应顺延工期。包人指令失误和其他非承包人原因发生的追加合同价款，由发包人承担。

③ 双方均有责任。

双方均有责任的，由双方根据其责任分别承担。因双方原因达不到约定标准，责任由双方分别承担。如果双方对工程质量有争议，由专用条款约定购工程质量监督部门鉴定，所需费用及因此造成的损失，由责任方承担。

（三）对设计变更的管理

1. 发包人要求的设计变更

施工中发包人需对原工程设计进行变更，应提前 14 天以书面形式向承包人发出变更通知。变更超过原设计标准或批准的建设规模时，发包人应报规划管理部门和其他有关部门重新审查批准。并由原设计单位提供变更的相应图纸和说明。因设计变更导致合同价款的增减及造成的承包人损失由发包人承担，延误的工期相应顺延。

2. 承包人要求的设计变更

施工中承包人不得因施工方便而要求对原工程设计进行变更。承包人在施工中提出的合理建议被发包人采纳，则须有书面手续。同意采用承包人的合理化建议，所发生费用和获得收益的分担或分享。由发包人和承包人另行约定。未经同意承包人擅自更改或换用，承包人应承担由此发生的费用，并赔偿发包人的有关损失，延误的工期不予顺延。

3. 确定设计变更后合同价款

确定变更价款时，应维持承包人投标报价单内的竞争性水平。应采用以下原则。

① 合同中已有适用于变更工程的价格，按合同已有的价格变更合同合同中只有类似于变更工程的价格，可以参照类似价格变更合同

② 合同中没有适用或类似于变更工程的价格，由承包人提出适当的变更价格。经发包人确认后执行。

（四）施工进度管理

施工阶段的合同管理，就是确保施工工作按进度计划执行，施工任务在规定的合同工期内完成。实际施工过程中，由于受到外界环境条件、人为条件、现场情况等的限制，经常出现与承包人开工前编制施工进度计划时预计的施工条件有出入的情况，导致实际施工进度与计划进度不符。此时的合同管理就显得特别重要，对暂停施工与工期延误的有关责任应准确把握，并做好修改进度计划和后续施工的协调管理工作。

1. 暂停施工

在施工过程中，有些情况会导致暂停施工。停工责任在发包人。由发包人承担所发生的追加合同价款，赔偿承包人由此造成的损失，相应顺延工期；如果停工责任在承包人，由承包人承担发生的费用，工期不予顺延。

由于发包人不能按时支付的暂停施工，施工合同范本通用条款中对以下两种情况，给予承包人暂时停工的权利。

（1）延误支付预付款　发包人不按时支付预付款，承包人在约定时间 7 天后向发包人发出预付通知。发包人收到通知后仍不能按要求预付，承包人可在发出通知后 7 天停止施工。发包人应从约定应付之日起，向承包人支付应付款的贷款利息。

（2）拖欠工程进度款　发包人不按合同规定及时向承包人支付工程进度款且双方又未达成延期付款协议时，导致施工无法进行。承包人可以停止施工，由发包人承担违约责任。

2. 工期延误

施工过程中，由于社会环境及自然条件、人为情况和管理水平等因素的影响，工期延误经常发生，可能导致不能按时竣工。这时承包人应依据合同责任来判定是否应要求合理延长

工期。按照施工合同范本通用条件的规定，由以下原因造成的工期延误，经确认后工期可相应顺延。

① 发包人未按专用条款的约定提供开工条件。

② 发包人未按约定日期支付工程预付款、进度款，进行。

③ 致使工程不能正常发包人未按合同约定提供所需指令、批准等，致使施工不能正常设计变更和工程量增加。一周内非承包人原因停水、停电、停气造成停工累计超过 8 小时。

④ 不可抗力。

⑤ 专用条款中约定或发包人同意工期顺延的其他情况。

3. 发包人要求提前竣工

提前竣工时，双方应充分协商，达成一致。对签订的提前竣工协议，应作为合同文件的组成部分。提前竣工协议应包括以下几方面的内容。

① 提前竣工的时间。

② 发包人为赶工应提供的方便条件。

③ 承包人在保证工程质量和安全的前提下。

④ 提前竣工所需的追加合同价款等。可能采取的赶工措施。

（五）施工环境管理

施工环境管理是指施工现场的正常施工工作应符合行政法规和合同的要求，做到文明施工。施工环境管理应做到遵守法规对环境的要求，保持现场的整洁，重视施工安全。

施工应遵守政府有关主管部门对施工场地、施工噪声以及环境保护和安全生产等的管理规定。承包人按规定办理有关手续，并以书面形式通知发包人，发包人承担由此发生的费用。承包人应保证施工场地清洁，符合环境卫生管理的有关规定。交工前清理现场，达到专用条款约定的要求。

承包人应遵守安全生产的有关规定，严格按安全标准组织施工，采取必要和因此发生的费用，由承包人承担。发包人应对其在施工场地的工作人员进行安全教育，并对他们的安全负责。发包人不得要求承包人违反安全管理规定进行施工。因发包人原因导致的安全事故，由发包人承担相应责任及发生的费用。

承包人在动力设备、输电线路、地下管道、易燃易爆地段以及临街交通要道附近施工时，施工开始前应有安全防护措施。安全防护费用由发包人承担。

四、园林工程竣工阶段的合同管理

（一）竣工验收

工程验收是合同履行中的一个重要工作阶段，竣工验收可以是整体工程竣工验收，也可以是分项工程竣工验收，具体应按施工合同约定进行。

（二）工程保修保养

承包人应当在工程竣工验收之前，与发包人签订质量保修书，作为合同附件。质量保修书的主要内容包括工程质量保修范围和内容、质量保修期、质量保修责任、保修费用和其他约定五部分。

（三）竣工结算

工程竣工验收报告经发包人认可后，承包人双方应当按协议书约定的合同价款及专用条款约定的合同价款调整方式，进行工程竣工结算。

第七节　施工项目安全控制与管理

一、施工项目安全控制概述

（一）施工项目安全控制的概念

园林施工项目安全控制是在项目施工的全过程中，运用科学管理的理论、方法，通过法规、技术、组织等手段，进行的规范劳动者行为，控制劳动对象、劳动手段和施工环境条件，消除或减少不安全因素，使人、物、环境构成的施工生产体系达到最佳安全状态，实现项目安全目标等一系列活动的总称。

（二）安全生产控制的基本原则

① 管生产必须管安全的原则；

② 安全第一的原则；

③ 预防为主的原则；

④ 动态控制的原则；

⑤ 全面控制的原则；

⑥ 现场安全为重点的原则。

二、安全管理的主要内容

（一）建立安全生产制度

安全生产制度必须符合国家和地区的有关政策、法规、条例和规程，并结合园林施工项目的特点，明确各级各类人员安全生产责任制，要求全体人员必须认真贯彻执行。

（二）贯彻安全技术管理

编制园林施工组织设计时，必须结合工程实际，编制切实可行的安全技术措施。要求全体人员必须认真贯彻执行。执行过程中发现问题，应及时采取妥善的安全防护措施。要不断积累安全技术措施在执行过程中的技术资料，进行研究分析，总结提高，以利于以后工程的借鉴。

（三）坚持安全教育和安全技术培训

组织全体园林施工人员认真学习国家、地方和本企业的安全生产责任制、安全技术规程、安全操作规程和劳动保护条例等。新工人进入岗位之前要进行安全教育，特种专业作业人员要进行专业安全技术培训，考核合格后方能上岗。要使全体职工经常保持高度的安全生产意识，牢固树立"安全第一"思想。

（四）组织安全检查

为了确保园林建设工程安全生产，必须要有监督监察。安全检查员要经常查看现场，及时排除施工中的不安全因素，纠正违章作业，监督安全技术措施的执行，不断改善劳动条件，防止工伤事故的发生。

（五）进行事故处理

园林施工中的人身伤亡和各种安全事故发生后，应立即进行调查，了解事故产生的原因、过程和后果，提出鉴定意见。在总结经验教训的基础上，有针对性地制订防止事故再次发生的可靠措施。

（六）强化安全生产指标

将安全生产指标，作为签定承包合同时一项重要考核指标。

三、安全管理制度

为了贯彻执行安全生产的方针,必须建立健全安全管理制度。

(一)安全教育制度

为提高园林施工企业安全教育内容主要包括政治思想教育、劳动保护方针政策教育、安全技术规程和规章制度、安全生产技术知识教育、安全生产典型经验和事故教训等。

(1)岗位教育 新工人、调换工作岗位的工人和生产实习人员,在上岗之前,必须进行岗位教育,其主要内容有:生产岗位的性质和责任,安全技术规程和规章制度,安全防护设施的性能和应用,个人防护用品的使用和保管等。通过学习,经考核合格后,方能上岗独立操作。

(2)特殊工作工人的教育和训练 电气、焊接、起重、机械操作、车辆驾驶、大树伐移等特殊工种的工人,除接受一般性安全教育外,还必须进行专门的安全操作技术教育训练。

(3)经常性安全教育 开展各种类型的安全活动,如安全月、安全技术交流会、研讨会、事故现场会、安全展览会等。还应结合本单位的具体情况,有针对性地采取一些灵活多样的方式和方法,如采用各种安全挂图、实物模型展览、演讲会、科普讲座、电化教育、安全知识竞赛等,这些对提高园林职工的安全生产意识都是必不可少的。

(二)安全生产责任制

建立健全各级安全生产责任制,明确规定各级领导人员、各专业人员在安全生产方面的职责,并认真严格执行,对发生的事故必须追究各级领导人员和各专业人员应负的责任。可根据具体情况,建立劳动保护机构,并配备相应的专职人员。

(三)安全技术措施计划

安全技术措施计划主要包括:保证园林施工安全生产、改善劳动条件、防止伤亡事故、预防职业病等各项技术组织措施。

(四)安全检查制度

在施工生产中,为了及时发现事故隐患,堵塞事故漏洞,防患于未然,必须对安全生产进行监督检查。要结合季节特点,制定防洪、防雷电、防坍塌、防高处坠落等措施。以自查为主,领导与群众相结合的检查原则,做到边查边改。

(五)伤亡事故管理

1. 认真执行伤亡事故报告制度

要及时、准确地对发生的伤亡事故进行调查、登记、统计和处理。事故原因分析应着重从生产、技术、设备、制度和管理等方面,并提出相应的改进措施,对严重失职,玩忽职守的责任者,应追究其刑事责任。

2. 进行工伤事故统计分析

一般包括以下内容。

(1)文字分析 通过事故调查,总结安全生产动态,提出主要存在问题及改进措施,采取定期报告形式送交领导和有关部门,作为开展安全教育的材料。

(2)数字统计 用具体数据概括地说明事故情况,便于进行分析比较。如工伤事故次数、工伤事故人数、工伤事故频率、工伤事故休工天数、损失价值等。其中工伤事故频率是指在一定时间内(月、季、年)平均每1000名在职职工中所发生工伤事故的人数。

(3)统计图表 用图表和数字表明事故情况变化规律和相互关系。通常采用线图、条图和百分圆图等。

（4）工伤事故档案　是生产技术管理档案的内容之一。为进行事故分析、比较和考核，技术安全部门应将工伤事故明细登记表、年度事故分析资料、死亡、重伤和典型事故等汇总编入档案。

3. 事故处理

当施工现场发生安全事故时，首先是排除险情，对受伤的人员组织抢救；同时，立即向有关部门报告事故情况，并保护好事故现场，通知事故当事人、目击者在现场等候处理；对重大事故必须组成调查组，进行调查了解，在弄清事故发生过程和原因、确定事故的性质和责任后，提出处理意见，同时处理善后事宜；最后，进行总结，从事故中吸取教训，找出规律性问题和管理中的薄弱环节，制订防止事故发生的安全措施，杜绝重大安全事故再次发生，并报送上级主管部门。

（六）安全原始记录制度

安全原始记录是进行统计、总结经验、研究安全措施的依据，也是对安全工作的监督和检查，所以，要认真做好安全原始记录工作。主要有以下内容：安全教育记录；安全会议记录；安全组织状况；安全措施登记表；安全检查记录；安全事故调查、分析、处理记录；安全奖惩记录等。

（七）工程保险

复杂的大型园林施工项目，环境变化多，劳动条件较差，容易发生安全事故，所遇的风险较大，除了采取各种技术和管理的安全措施外，还应参加工程保险，相关事宜应在合同中明确规定。

第八节　施工项目劳动管理

施工项目劳动管理是项目经理部把参加园林施工项目生产活动的人员作为生产要素，对其所进行的劳动、计划、组织、控制、协调、教育等工作的总称。其核心是按着施工项目的特点和目标要求，合理地组织、使用和管理劳动力，培养提高劳动者素质，提高劳动生产率，全面完成工程合同，获取更大效益。

一、施工项目劳动组织管理

（一）施工项目的劳务组织类型及其管理方式

施工项目常见的劳务组织类型及其相应的管理方式见表 8-7。

表 8-7　施工项目劳务组织类型及其管理方式

劳务类型	劳务来源	管理方式
外部劳务型	工程所需劳务全部来自公司以外单位是国际建筑业、园林业市场经常采用的方式	项目经理通过与其签订外包、分包劳务合同进行管理
内部劳务型	工程所需劳务（个人、班组、施工队）全部来自公司内部 项目经理部在公司内直接选择 在公司劳务市场上，供需双向选择 由公司的各组织部门按项目经理部提出的要求推荐	项目经理部提出要求、标准，交负责检查、考核，方式分为以下 3 种： 对提供的劳务以个人、班级、施工队为单位直接管理 与劳务原属组织部门共同管理 由劳务原属组织部门直接管理
混合劳务型	工程中所使用劳务来自公司内、外部劳务市场，还使用临时工、农工等	是上述两种类型的综合

（二）施工项目劳动组织管理的内容

不同管理方式的施工项目管理的内容见表 8-8。

表 8-8　施工项目劳务组织管理的内容

管理方式	内　　容
对外包、分包劳务的管理	认真签订和执行合同,并纳入整个施工项目管理控制系统 对其保留一定的直接管理权,对违纪不适宜工作的工人,项目管理部门拥有辞退权,对贡献突出者有特别奖励权 间接影响劳务单位对劳务的组织管理工作,如工资奖励制度、劳务调配等 对劳务人员进行上岗前培训并全面进行项目目标和技术交底工作
由项目管理部门直接组织的管理	严格项目内部经济责任制的执行,按内部合同进行管理 实施先进的劳动定额、定员、提高管理水平 组织各项劳动竞赛,调动职工的积极性和创造性 严格职工的培训、考核、奖惩 改善劳动条件,保证职工健康与安全生产 抓好班组管理,加强劳动纪律
与企业劳务管理部门共同管理	企业劳务管理部门与项目经理部通过签订劳务承包合同承包劳务 派遣作业队完成承包任务
	合同中应明确作业任务及应提供的计划工日数和劳动力人数、施工进度要求及劳务进退场时间、双方的管理责任、劳务费计取及结算方式、奖励与罚款等 企业劳务部门的管理责任是:保质保量、按施工进度实行文明施工 项目经理部的管理责任是:在作业队进场后,保证施工任务饱满和生产的连续性、均衡性;保证物资供应、机械配套;保证各项质量、安全防护措施落实;保证及时供应技术资料;保证文明施工所需的一切费用及设施 企业劳务管理部门向作业队下达劳务承包责任状 承包责任状根据已签订的承包合同建立,其内容主要有: ① 作业队承包的任务及计划安排 ② 对作业队施工进度、质量、安全、节约、协作和文明施工的要求 ③ 对作业队的考核标准、应得的报酬及上缴任务 ④ 对作业队的奖罚规定

二、劳动定额与定员

（一）劳动定额

劳动定额是指在正常生产条件下，为完成单位工作所规定的劳动消耗的数量标准。其表现形式有两种：时间定额和产量定额。时间定额指完成合格工程（工件）所必需的时间。产量定额指单位时间内应完成合格工程（工件）的数量。二者在数值上互为倒数。

1. 劳动定额的作用

劳动定额是劳动效率的标准，是劳动管理的基础，其主要作用如下。

① 劳动定额是编制施工项目劳动计划、作业计划、工资计划等各项计划的依据；

② 劳动定额是项目经理部合理定编、定岗、定员及科学地组织生产劳动推行经济责任制的依据；

③ 劳动定额是衡量考评工人劳动效率的标准，是按劳分配的依据；

④ 劳动定额是施工项目实施成本控制和经济核算的基础。

2. 劳动定额水平

劳动定额水平必须先进合理。在正常生产条件下，定额应控制在多数工人经过努力能够完成、少数先进工人能够超过的水平上。定额要从实际出发，充分考虑到达到定额的实际可能性，同时还要注意保持不同工种定额水平之间的平衡。

（二）劳动定员

劳动定员是指根据施工项目的规模和技术特点，为保证施工的顺利进行，在一定时期内（或施工阶段内）项目必须配备的各类人员的数量和比例。

1. 劳动定员的作用

① 劳动定员是建立各种经济责任制的前提。

② 劳动定员是组织均衡生产，合理用人，实施动态管理的依据。

③ 劳动定员是提高劳动生产率的重要措施之一。

2. 劳动定员方法

① 按劳动定额定员，适用于有劳动定额的工作。

② 按施工机械设备定员，适用于如车辆及施工机械的司机等的定员

③ 按比例定员。按某类人员占工人总数或与其他类人员之间的合理的比例关系确定人数，如普通工人可按与技术工人比例定员。

④ 按岗位定员。按工作岗位数确定必要的定员人数，如维修工、消防人员等。

⑤ 按组织机构职责分工定员，适用于工程技术人员、管理人员的定员。

三、施工项目中劳动分配

施工项目劳动分配的方式见表 8-9。

表 8-9　施工项目劳动分配方式

支付对象	依据	方式	备注
项目经理部向公司劳务管理部门支付劳务费	劳务承包合同中约定的劳务合同费	依核算制度按月结算	1. 在承包总造价中扣除 ① 项目经理部现场管理工资额 ② 向公司上缴管理费分摊额后，由劳务合同确定劳务承包合同额
劳务管理部门向作业队支付劳务费	劳务责任状	按月施工进度支付	2. 在劳务承包合同额中扣除 ① 劳务管理部门管理费
作业队向生产班组支付工资、奖金	考核进度、质量、安全、节约、文明施工等	实行计件工资制	② 劳务管理部门上缴公司费用后，经核算后，向作业队支付
班组内工人分配	根据日常表现对考核结果进行浮动	实行结构工资制	

四、施工项目劳动力管理

（一）施工项目劳动力管理认知

施工项目劳动力管理是项目经理部把参加施工项目生产活动的人员作为生产要素，对其所进行的管理工作。其核心是按着施工项目的特点和目标要求，合理地组织、高效率地使用和管理劳动力，培养提高劳动者素质，激发劳动者的积极型与创造性，提高劳动生产率，全面完成工程合同，获取更大效益。

（二）施工项目劳动力组织管理的原则

表 8-10　施工项目劳动力组织管理的原则

原则		内　容
两层分离	项目管理人员	• 以组织原理为指导,科学定员设岗为标准 • 公司领导审批,逐级聘任上岗 • 依据项目承包合同管理
	劳务人员	• 以企业为依托,企业适当保留一些与本企业专业密切相关的高级技术工种工人.其余劳动力由企业向社会劳动力市场招募 • 企业以项目劳动力计划为依据,按计划供应给项目经理部 • 建筑劳务分包企业(有木工、砌筑、抹灰、涂料、钢筋、混凝土、脚手架、模板、焊接、水暖电安装、钣金、架线等13个作业类别)是施工项目的劳动力可靠且稳定的来源 • 依据劳务分包合同管理
优化配置	素质优化	• 以平等竞争、择优选用的原则,选择觉悟高、技术精、身体好的劳动者上岗 • 以双向选择、优化组合的原则组合生产班组 • 坚持上岗转岗前培训制度,提高劳动者综合素质
	数量优化	• 依据项目规模和施工技术特点,按照合理的比例配备管理人员和各工种工人 • 保证施工过程中充分利用劳动力,避免劳务失衡、劳务与生产脱节
	组织形式优化	• 建立适应项目特点的精干高效的组织形式
动态管理	依据和目的	• 以进度计划与劳务合同为依据,以动态平衡和日常调度为手段,允许劳动力合理流动 • 以达到劳动力优化组合以及充分调动作业人员劳动积极性为目的
	管理的方法	• 项目经理部向公司劳务管理部门申请派遣劳务人员的数量、工种、技术能力等要求,并签订劳务合同 • 项目经理部向参加施工的劳务人员下达施工任务单或承包任务书,并对其作业质量和效率进行检查考核 • 项目经理部应对参加施工的劳务人员进行教育培训和思想管理 • 根据施工生产任务和施工条件的变化,对劳动力进行跟踪平衡、协调,进行劳动力补充或减员,及时解决劳动力配合中的矛盾 • 在项目施工的劳务平衡协调过程中,按合同与企业劳务部门保持信息沟通,人员使用和管理的协调 • 按合同支付劳务报酬,解除劳务合同后,将人员遣归企业内部劳务市场

（三）施工项目劳动力组织管理的内容

施工项目劳动力组织管理的内容见表 8-11。

表 8-11　施工项目劳动组织管理的内容

管理方式	内　容
对外包、分包劳务的管理	• 认真签订和执行合同,并纳入整个施工项目管理控制系统,及时发现并协商解决问题,保证项目总体目标实现 • 对其保留一定的直接管理权,对违纪不适宜工作的工人,项目管理部门拥有辞退权,对贡献突出者有特别奖励权 • 间接影响劳务单位对劳务的组织管理工作,如工资奖励制度、劳务调配等 • 对劳务人员进行上岗前培训并全面进行项目目标和技术交底工作
由项目管理部门直接组织的管理	• 严格项目内部经济责任制的执行,按内部合同进行管理 • 实施先进的劳动定额、定员,提高管理水平 • 组织与开展社会主义劳动竞赛,调动职工的积极性和创造性 • 严格职工的培训、考核、奖惩 • 加强劳动保护和安全卫生工作,改善劳动条件,保证职工健康与安全生产 • 抓好班组管理,加强劳动纪律
与企业劳务管理部门共同管理	• 企业劳务管理部门与项目经理部通过签订劳务承包合同承包劳务,派遣作业队完成承包任务 • 合同中应明确作业任务及应提供的计划工日数和劳动力人数、施工进度要求及劳务进退场时间、双方的管理责任、劳务费计取及结算方式、奖励与罚款等 • 企业劳务部门的管理责任是:包任务量完成,包进度、质量、安全、节约、文明施工和劳务费用 • 项目经理部的管理责任是:在作业队进场后,保证施工任务饱满和生产的连续性、均衡性;保物资供应、机械配套;保各项质量、安全防护措施落实;保及时供应技术资料;保文明施工所需的一切费用及设施 • 企业劳务管理部门向作业队下达劳务承包责任状 • 承包责任状根据已签订的承包合同建立,其内容主要有: 作业队承包的任务及计划安排 对作业队施工进度、质量、安全、节约、协作和文明施工的要求 对作业队的考核标准、应得的报酬及上缴任务 对作业队的奖罚规定

第九节　施工项目材料管理

施工项目材料管理是项目经理部为顺利完成工程项目施工任务，合理使用和节约材料，努力降低材料成本，所进行的材料计划、订货采购、运输、库存保管、供应、加工、使用、回收等一系列的组织和管理工作。

一、材料管理的任务

施工项目的材料管理，实行分层管理，一般分为管理层材料管理和劳务层的材料管理。

（一）管理层的材料管理任务

主要是确定并考核施工项目的材料管理目标，承办材料资源开发、订购、储运等业务；负责报价、定价及价格核算；制定材料管理制度，掌握供求信息，形成监督网络和验收体系，并组织实施，具体任务有以下几方面。

（1）建立稳定的供货关系和资源基地　在广泛搜集信息的基础上，发展多种形式的横向联合，建立长远的、稳定的、多渠道可供选择的货源，以便获取优质低价的物质资源，为提高工程质量、缩短工期、降低工程成本打下牢固的物质基础。

（2）组织好投票报价工作　一般材料费用约占工程造价的70%，因此，在投标报价过程中，选择材料供应单位、合理估算用料、正确制定材料价格，对于争取得标、扩大市场经营业务范围具有重要作用。

（3）建立材料管理制度　随着市场竞争机制的引进及项目法施工的推广，必须相应建立一套完整的材料管理制度，包括材料目标管理制度，材料供应和使用制度，以便组织材料的采购、加工、运输、供应、回收和利废，并进行有效的控制、监督和考核，以保证顺利实现承包任务和材料使用过程的效益。

（二）劳务层材料管理的任务

主要是管理好领料、用料及核算工作，具体任务如下。

① 属于限额领用时，要在限定用料范围内，合理使用材料，对领出的料具要负责保管，在使用过程中遵守操作规程；任务完成后，办理料具的领用或租用，节约归己，超耗自付。

③ 接受项目管理人员的指导、监督和考核。

二、材料供应管理的内容

施工项目材料管理，主要包括园林建设工程所需要的全部原料、材料、工具、构件以及各种加工订货的供应与管理。当前，大中型施工项目一般采用招标方式进行承包，所以，对施工单位来说，其材料管理不仅包括施工过程中的材料管理，而且还包括投标过程中的材料管理。其主要内容如下。

① 根据招标文件要求，计算材料用量，确定材料价格，编制标书；
② 确定施工项目供料和用料的目标及方式；
③ 确定材料需要量，储备量和供应量；
④ 组织施工项目材料及制品的订货、采购、运输、加工和储备；
⑤ 编制材料供应计划，保质、保量、按时满足施工的需求；
⑥ 根据材料性质要分类保管，合理使用，避免损坏和丢失；
⑦ 项目完成后及时退料和办理结算；

⑧ 组织材料回收、修复和综合利用。

三、施工项目现场材料管理

施工项目现场材料管理的内容见表 8-12。

表 8-12　施工项目现场材料管理的内容

材料管理环节	内　　容
材料消耗定额	1. 应以材料施工定额为基础，向基层施工队、班组发放材料，进行材料核算 2. 要经常考核和分析材料消耗定额的执行情况，着重于定额与实际用料的差异，非工艺损耗的构成等，及时反映定额达到的水平和节约用料的进行经验，不断提高定额管理水平 3. 应根据实际执行情况积累和提供修订和补充材料定额的数据
材料进场验收	1. 根据现场平面布置图，认真做好材料的堆放和临时仓库的搭设。要求做到方便施工避免或减少场内二次运输 2. 植物材料要随到随种，必要时要挖假植沟，应注意植物材料的成活 3. 在材料进场时，根据进料计划、送料凭证、质量保证书或产品合格证，进行数量、质量的把关验收 4. 材料的验收工作，要按质量验收规范进行 5. 验收要求严格实行验品种、验规格、验质量、验数量的"四验"制度 6. 验收时要做好记录，办理验收手续 7. 对不符合计划要求或质量不合格的材料，应拒绝验收
材料储存与保管	1. 进库的材料须验收后入库，并建立台账 2. 现场堆放的材料，必须有相应的防火、防盗、防雨、防变质、防损坏措施 3. 现场材料要按平面布置图定位放置、保管理处置得当、合乎堆放保管制度 4. 对材料要做到日清、月结、定期盘点、账物相符
材料领发	1. 严格限额领发料制度，坚持节约预扣，余料退库。收发料具要及时入账上卡，手续齐全 2. 施工设施用料，以设施用料计划进行总控制，实行限额发料 3. 超限额用料时，须事先办理手续，填限额领料单，注明超耗原因，经批准后，方可领发材料 4. 建立领发料台账，记录领发状况和节约超支状况
材料使用监督	1. 组织原材料集中加工，扩大成品供应 2. 坚持按分部工程进行材料使用分析和核算。以便及时发现问题，防止材料超用 3. 现场材料管理责任者应对现场材料使用进行分工监督、检查 4. 是否认真执行领发料手续，记录好材料使用台账 5. 是否严格执行材料配合比，合理用料 6. 每次检查都要做到情况有记录，原料因有分析，明确责任，及时处理
材料回收	1. 回收和利用废旧材料，要求实行交旧(废)领新、包装回收、修旧利废 2. 设施用料、包装物及容器等，在使用周期结束后组织回收 3. 建立回收台账，处理好经济关系
周转材料现场管理	1. 按工程量、施工方案编报需用计划 2. 各种周转材料均应按规格分别整齐码放，垛间留有通道 3. 露天堆放的周转材料应有限制高度，并有防水等防护措施

第十节　园林工程施工机械设备管理

一、施工项目机械设备管理认知

(一) 施工项目机械设备管理的概念

施工项目机械设备管理是指项目经理部针对所承担的施工项目，运用科学方法优化选择和配备施工机械设备，并在生产过程中合理使用，进行维修保养等各项管理工作。

（二）施工项目机械设备的管理的权限

企业机械设备管理部门统一管理项目经理部使用的机械设备。

远离企业本部的项目经理部（事业部式或工作队式），可由企业法定代表人授权，就地解决机械设备来源。

项目经理部的主要任务是编制机械设备使用计划，报企业审批。负责对进入现场的机械设备（机械施工分包人的机械设备除外）做好使用中的管理、维护和保养。

（三）施工项目机械设备的供应渠道

① 企业机械设备管理部门从企业自有机械设备中调配；

② 企业机械设备管理部门从市场上租赁项目所需的机械设备；

③ 企业为施工项目专门购置机械设备，提供给项目经理部使用；

④ 将机械施工任务分包给专业队伍。

二、施工项目机械设备的合理使用

施工项目机械设备的合理使用的有关内容见表 8-13。

表 8-13　施工项目机械设备的使用

项　目	内　容
机械使用责任制	实行人机固定，要求操作人员必须遵守安全操作规程，积极为施工服务 提高机械施工质量，降低消耗，将机械的使用效益与个人经济利益联系起来爱护机械设备，管好原机零部件、附属设备和随机工具。执行保养规程，认真执行交接班制度，填好运转记录
实行操作证制度	对操作人员，进行培训、考试，确认合格者发给操作证，持证上岗，实行岗位责任制
严格执行技术规定	遵守技术试验规定．凡进入施工现场施工的机械设备，必须测定其技术性能、工作性能和安全性能，确认合格后才能验收、投产使用 遵守走合期的使用规定，防止机件早期磨损、延长机械使用寿命和修理周期 遵守寒冷地区冬季使用机械设备的规定
合理组织机械施工	根据需要和实际可能，经济合理的配备机械设备 安排好机械施工计划，充分考虑机械设备的维修时间，合理组织实施、调配 组织机械设备流水施工和综合利用，提高单机效率 为施工机械创造良好的现场环境，如交通、照明设施，施工平面布置要适合机械作业要求 加强机械设备安全作业，作业前须向操作人员进行安全操作交底，严禁违章作业和机械带病作业
实行单机或机组核算	以定额为基础，确定单机或机组生产率、消耗费用和保修费用 加强班组核算，按标准进行考核和奖惩
建立机械设备档案	包括原始技术文件，交接、运转和维修记录，事故分析和技术改造资料等
培养机务队伍	举办训练班，进行岗位练兵，有计划、有步骤地培养提高机械设备管理人员的技术业务能力和操作保修技能

三、施工项目机械设备的保养与维修

施工项目机械设备的保养与维修的有关内容见表 8-14。

表 8-14　施工项目机械设备的保养与修理

项 目	内　容
例行保养	是由操作人员每日(班)工作前、工作中和工作后进行的保养,又称日常保养 主要内容:保持机械清洁,检查运转状态,紧固易松脱的螺栓,调整各部位不正常的行程和间隙,按规定进行润滑,采取措施防止机械腐蚀
定期保养	当机械设备运转到规定的保养定额工时时,停机进行的保养,又称强制保养,一般分为四级 一级保养由操作者负责,二、三、四级保养由专业保养工(修理工)负责
修理	修理包括零星小修、中修和大修 零星小修是临时安排的修理,一般和保养相结合,不列入修理计划,由项目经理部负责 其目的是:消除操作人员无力排除的机械设备突然发生故障、个别零件损坏或一般事故性损坏,及时进行维修、更换、修复 大修和中修列入修理计划,并由企业负责按机械预检修计划对施工机械进行检修 大修是对机械设备进行全面的解体检查修理,保证各零部件质量和配合要求,使其达到良好的技术状态,恢复可靠性和精度等工作性能,以延长机械的使用寿命 中修是对不能继续使用的部分总成进行大修,使整机状况达到平衡,以延长机械设备的大修间隔 中修是在大修间隔期间对少数总成进行的一次平衡修理,对其他不进行大修的总成只执行检查保养

第十一节　施工项目技术管理

一、施工项目技术管理认知

(一)施工项目技术管理概念

施工项目技术管理是项目经理部在项目施工的过程中,对各项技术活动过程和技术工作的各种要素进行科学管理的总称。

(二)施工项目技术管理工作内容

施工项目技术管理工作主要包括:技术管理基础工作;施工技术准备工作;施工过程技术工作;技术开发工作;技术经济分析与评价等内容。

(三)项目经理部的技术工作要求

① 项目经理部在接到工程图纸后,按过程控制程序文件要求进行内部审查,并汇总意见。

② 项目技术负责人应参与发包人组织的图纸会审,提出设计变更意见,进行一次性设计变更商洽。

③ 在施工过程中,如发现设计图纸上中存在问题,或因施工条件变化必须补充设计,或需要材料代用,可向设计人提出工程变更商洽书面资料。工程变更应由项目技术负责人签字。

④ 编制施工方案。

⑤ 技术交底必须贯彻施工验收规范、技术规程、工艺标准、质量验收标准等要求。书面资料应由签发人和审核人签字,使用后归入技术资料档案。

⑥ 项目经理部应将分包人的技术管理纳入技术管理体系,并对其施工方案的制订、技术交底、施工试验、材料试验、分项工程检验和隐检、竣工验收等进行系统的过程控制。

⑦ 对后续工序质量有决定作用的测量与放线、模板、翻样、预制构件吊装、设备基础、各种基层、预留孔、预埋件、施工缝等应进行施工预检,并做好记录。

⑧ 各类隐蔽工程应进行隐检,做好隐检记录,办理隐检手续,参与各方责任人应确认、

签字。

　　⑨ 项目经理部应按项目管理实施规划和企业的技术措施纲要实施技术措施计划。

　　⑩ 项目经理部应设技术资料管理人员，做好技术资料的搜集、整理和归档工作，并建立技术资料台账。

二、施工项目技术管理基础工作

　　1. 建立技术管理工作体系

　　首先，项目经理部必须在企业总工程师和技术管理部门的指导参与下，建立以项目技术负责人为首的技术业务统一领导和分级管理的技术管理工作体系，并配备相应的职能人员。一般应根据项目规模设项目技术负责人：项目总工程师、主任工程师、工程师或技术员，其下设技术部门、工长和班组长，然后按技术职责和业务范围建立各级技术人员的责任制，明确技术管理岗位与职责、建立各项技术管理制度。

　　2. 建立健全施工项目技术管理制度

　　项目经理部的技术管理应执行国家技术政策和企业的技术管理制度，同时，项目经理部根据需要可自行制定特殊的技术管理制度，并报企业总工程师批准。施工项目的主要技术管理制度有技术责任制度、图纸会审制度、施工组织设计管理制度、技术交底制度、材料设备检验制度、工程质量检查验收制度、技术组织措施计划制度、工程施工技术资料管理制度以及工程测量、计量管理办法、环境保护管理办法、工程质量奖罚办法、技术革新和合理化建议管理办法等。

　　建立健全施工项目技术管理的各项制度，首先是要求各项制度互相配套协调、形成系统，既互不矛盾，也不留漏洞，还要有针对性和可操作性；其次是要求项目经理部所属各单位、各部门和人员，在施工活动中，都必须遵照所制定的有关技术管理制度中的规定和程序安排工作和生产，保证施工生产安全顺利地进行。

　　3. 技术责任制

　　项目经理部的各级技术人员都应根据项目技术管理责任制度完成业务工作，履行职责。其中项目技术负责人的主要职责如下。

　　① 主持项目的技术管理。

　　② 主持制定项目技术管理工作计划。

　　③ 组织有关人员熟悉与审查图纸，主持编制项目管理实施规划的施工方案并组织落实。

　　④ 负责技术交底。

　　⑤ 组织做好测量及其核定。

　　⑥ 指导质量检验和试验。

　　⑦ 审定技术措施计划并组织实施。

　　⑧ 参加工程验收，处理质量事故。

　　⑨ 组织各项技术资料的签证、收集、整理和归档。

　　⑩ 领导技术学习，交流技术经验。

　　⑪ 组织专家进行技术攻关。

三、施工项目技术管理主要工作

　　见表 8-15。

表 8-15　施工项目技术管理的主要工作

主要技术工作	摘　　要
图纸会审	• 会审图纸有建设单位或其委托的监理单位、设计单位和施工单位三方代表参加 • 由监理单位(或建设单位)主持,先由设计单位介绍设计意图和图纸、设计特点、对施工的要求。然后,由施工单位提出图纸中存在的问题和对设计单位的要求,通过三方讨论与协商,解决存在的问题,写会议纪要,交给设计人员,设计人员将纪要中提出的问题通过书面的形式进行解释或提交设计变更通知书 • 图纸审查的内容包括: (1)是否是无证设计或越级设计,图纸是否经设计单位正式签署 (2)地质勘探资料是否齐全 (3)设计图纸与说明是否齐全 (4)设计地震烈度是否符合当地要求 (5)几个单位共同设计的,相互之间有无矛盾;专业之间,平、立、剖面图之间是否有矛盾;标高是否有遗漏 (6)总平面与施工图的几何尺寸、平面位置、标高等是否一致 (7)防火要求是否满足 (8)建筑结构与各专业图纸本身是否有差错及矛盾;结构图与建筑图的平面尺寸及标高是否一致;建筑图与结构图的表示方法是否清楚,是否符合制图标准;预埋件是否表示清楚;是否有钢筋明细表,用筋锚固长度与抗震要求等 (9)施工图中所列各种标准图册施工单位是否具备,如无,如何取得 (10)建筑材料来源是否有保证 (11)地基处理方法是否合理。建筑与结构构造是否存在不能施工、不便于施工,容易导致质量、安全或经费等方面的问题 (12)工艺管道、电气线路、运输道路与建筑物之间有无矛盾;管线之间的关系是否合理 (13)施工安全是否有保证 (14)图纸是否符合监理规划中提出的设计目标
施工组织设计	施工组织设计
技术交底	• 技术交底必须满足施工规范、规程、工艺标准、质量验收标准和建设单位的合理要求 • 整个工程施工、各分部分项工程、特殊和隐蔽工程、易发生质量事故与工伤事故的工程部位均须认真进行技术交底 • 技术交底必须以书面形式进行,经过检查与审核,有签发人、审核人、接受人的签字 • 所有的技术交底资料,都要列入工程技术档案 • 由设计单位的设计人员向施工项目技术负责人交底的内容: (1)设计文件依据:上级批文、规划准备条件、人防要求、建设单位的具体要求及合同 (2)建设项目所处规划位置、地形、地貌、气象、水文地质、工程地质、地震烈度 (3)施工图设计依据:包括初步设计文件,市政部门要求,规划部门要求,公用部门要求,其他有关部门(如绿化、环卫、环保等)的要求,主要设计规范,甲方供应及市场上供应的建筑材料情况等 (4)设计意图:包括设计思想,设计方案比较情况,建筑、结构和水、暖、电、卫、煤、气等的设计意图 (5)施工时应注意事项:包括建筑材料方面的特殊要求、建筑装饰施工要求、广播音响与声学要求、基础施工要求、主体结构设计采用新结构、新工艺对施工提出的要求 • 施工项目技术负责人向下级技术负责人交底的内容: (1)工程概况一般性交底 (2)工程特点及设计意图 (3)施工方案 (4)施工准备要求 (5)施工注意事项,包括地基处理、主体施工、装饰工程的注意事项及工期、质量、安全等 • 施工项目技术负责人向工长、班组长进行技术交底 应按工程分部、分项进行交底,内容包括:设计图纸具体要求;施工方案实施的具体技术措施及施工方法;土建与其他专业交叉作业的协作关系及注意事项;各工种之间协作与工序交接质量检查;设计要求;规范、规程、工艺标准;施工质量标准及检验方法;隐蔽工程记录、验收时间及标准;成品保护项目、办法与制度、施工安全技术措施 工长向班组长交底,主要利用下达施工任务书的时候进行分项工程操作交底

主要技术工作	摘　　要
技术措施计划	• 依据施工组织设计和施工方案编制,总公司编制年度技术措施纲要、分公司编制年度和季度技术措施计划,项目经理部编制月度技术措施作业计划,并计算其经济效果 • 技术措施计划与施工计划同时下达至工长及有关班组执行 • 项目技术负责人应汇总当月的技术措施计划执行情况上报 • 技术措施计划的主要内容: (1)加快施工进度方面的技术措施 (2)保证和提高工程质量的技术措施 (3)节约劳动力、原材料、动力、燃料的措施 (4)推广新技术、新工艺、新结构、新材料的措施 (5)提高机械化水平、改进机械设备的管理以提高完好率和利用率的措施 (6)改进施工工艺和操作技术以提高劳动生产率的措施 (7)保证安全施工的措施
施工预检	• 预检是该工程项目或分项工程在未施工前所进行的预先检查 • 预检是保证工程质量、防止可能发生差错造成质量事故的重要措施 • 施工单位自身进行预检,并做好记录后,监理单位对预检工作进行监督并予以审核认证 • 建筑工程的预检项目主要有: (1)建筑物位置线,现场标准水准点,坐标点(包括标准轴线桩、平面示意图),重点工程应有测量记录 (2)基槽验线,包括:轴线、放坡边线、断面尺寸、标高(槽底标高、垫层标高)、坡度等 (3)模板,包括:几何尺寸、轴线、标高、预埋件和预留孔位置、模板牢固性、清扫口留置、施工缝留置、模板清理、脱模剂涂刷、止水要求等 (4)楼层放线,包括:各层墙柱轴线,边线和皮数杆 (5)翻样检查,包括:几何尺寸、节点做法 (6)楼层50线(或1m线)水平检查 (7)预制构件吊装,包括:轴线位置、构件型号、构件支点的搭接长度、堵孔、清理、锚固、标高、垂直偏差以及构件裂缝、损坏处理等 (8)设备基础,包括:位置、标高、尺寸、预留孔、预埋件等 (9)混凝土施工缝留置的方法和位置,接槎的处理(包括接槎处浮动石子清理等) (10)各层间地面基层处理,屋面找坡,保温,找平层质量,各阴阳角处理
隐蔽工程检查与验收	• 隐蔽工程是指完工后将被下一道施工作业所掩盖的工程 • 隐蔽工程项目在隐蔽之前应进行严密检查,做好记录,签署意见,办理验收手续,不得后补 • 有问题需复验的,必须办理复验手续,并由复验人做出结论,填写复验日期 • 建筑工程隐蔽工程验收项目如下: (1)基验槽,包括土质情况、标高、地基处理 (2)基础、主体结构各部位的钢筋均须办理隐检,内容包括钢筋的品种、规格、数量、位置、锚固或接头位置长度及除锈、代用变更情况,板缝及楼板胡子筋处理情况、保护层情况等 (3)现场结构焊接,钢筋焊接包括焊接型式及焊接种类;焊条、焊剂牌号(型号);焊接规格;焊缝长度、厚度及外观清渣等;外墙板的键槽钢筋焊接;大楼板的连接筋焊接;阳台尾筋焊接 　钢结构焊接包括:母材及焊条品种、规格;焊条烘焙记录;焊接工艺要求和必要的试验;焊缝质量检查等级要求;焊缝不合格率统计、分析及保证质量措施、返修措施、返修复查记录 (4)高强螺栓施工检验记录 (5)屋面、厕浴间防水层下的各层细部做法,地下室施工缝、变形缝、止水带、过墙管做法等,外墙板空腔立缝、平缝、十字接头、阳台雨罩接头等
技术开发工作	属于企业工作范畴,按其规定进行

复　习　题

1. 简述施工项目进度控制的方法。
2. 简述施工质量控制与管理的方法。
3. 如何对施工项目的成本控制?
4. 签订园林工程合同时要注意哪些方面?
5. 园林工程施工中的安全管理要注意哪些问题?
6. 如何对施工材料进行有效的管理?

思　考　题

1. 如何在施工项目管理中利用技术措施提高工劳动效率?
2. 如何合理有效地安排施工进度来保证如期完成园林工程的施工?

第九章　园林工程施工现场管理

【本章导读】

本章主要阐述园林工程施工过程中的现场管理方法，包括施工现场管理的基本知识以及施工现场组织与业务管理、施工现场索赔管理、施工计划的执行的理念、内容及具体管理的方法。

【教学目标】

通过本章的学习，了解园林工程施工现场管理中的相关基础知识，掌握施工现场组织机构的组成人员、现场索赔以及施工计划的管理的方法。

【技能目标】

培养其制定施工进度表、制定质量控制措施、制定施工合同的能力以及施工项目材料、机械设备的管理能力。

第一节　园林工程施工现场管理认知

一、园林工程施工现场管理的概念

施工现场指从事工程施工活动经批准占用的施工场地。该场地既包括红线以内占用的建筑用地和施工用地，又包括红线以外现场附近经批准占用的临时施工用地。

施工现场管理有两种含义，即狭义的现场管理和广义的现场管理。狭义的现场管理是指对施工现场内各作业的协调、临时设施的维修、施工现场与第三者的协调及现场内存的清理整顿等所进行的管理工作。广义的现场管理指项目施工管理。

二、施工现场管理的内容

（一）平面布置与管理

现场平面管理的经常性工作主要包括：根据不同时间和不同需要，结合实际情况，合理调整场地；做好土石方的平衡工作，规定各单位取弃土石方的地点、数量和运输路线；审批各单位在规定期限内，对清除障碍物，挖掘道路，断绝交通、断绝水电动力线路等申请报告；对运输大宗材料的车辆，做出妥善安排，避免拥挤堵塞交通；做好工地的测量工作，包括测定水平位置、高程和坡度，已完工工程量的测量和竣工图的测量等。

（二）建筑材料的计划安排、变更和储存管理

主要内容是：确定供料和用料目标；确定供料、用料方式及措施；组织材料及制品的采购、加工和储备，做好施工现场的进料安排；组织材料进场、保管及合理使用；完工后及时退料及办理结算等。

（三）合同管理工作

承包商与业主之间的合同管理工作的主要内容包括：合同分析；合同实施保证体系的建立；合同控制；施工索赔等。现场合同管理人员应及时填写并保存有关方面签证的文件，包括：业主负责供应的设备、材料进场时间及材料规格、数量和质量情况的备忘录；材料代用

议定书；材料及混凝土试块试验单；完成工程记录和合同议事记录；经业主和设计单位签证的设计变更通知单；隐蔽工程检查验收记录；质量事故鉴定书及其采取的处理措施；合理化建议及节约分成协议书；中间交工工程验收文件；合同外工程及费用记录；与业主的来往信件、工程照片、各种进度报告；监理工程师签署的各种文件等。

承包商与分包商之间的合同管理工作主要是监督和协调现场分包商的施工活动，处理分包合同执行过程中所出现的问题。

（四）质量检查和管理

包括两个方面工作：第一，按照工程设计要求和国家有关技术规定，如施工及验收规范、技术操作规程等，对整个施工过程的各个工序环节进行有组织的工程质量检验工作，不合格的建筑材料不能进入施工现场，不合格的分部分项工程不能转入下道工序施工。第二，采用全面质量管理的方法，进行施工质量分析，找出产生各种施工质量缺陷的原因，随时采取预防措施，减少或尽量避免工程质量事故的发生，把质量管理工作贯穿到工程施工全过程，形成一个完整的质量保证体系。

（五）安全管理与文明施工

安全生产是现场施工的重要控制目标之一，也是衡量施工现场管理水平的重要标志。主要内容包括：安全教育；建立安全管理制度；安全技术管理；安全检查与安全分析等。

文明施工是指在施工现场管理中，按照现代化施工的客观要求，使施工现场保持良好的施工环境和施工秩序。

（六）施工过程中的业务分析

为了达到对施工全过程控制，必须进行许多业务分析，如：施工质量情况分析；材料消耗情况分析；机械使用情况分析；成本费用情况分析；施工进度情况分析；安全施工情况分析等。

三、园林工程施工现场管理的特点

（1）工程的艺术性　园林工程的最大特点是一门艺术品工程，它融科学性、技术性和艺术性为一体。园林艺术是一门综合艺术，涉及造型艺术、建筑艺术等诸多艺术领域，要求竣工的项目符合设计要求，达到预定功能。这就要求在施工时应注意园林工程的艺术性。

（2）材料的多样性　由于构成园林的山、水、石、路、建筑等要素的多样性，也使园林工程施工材料具有多样性。一方面为植物的多样性创造适宜的生态环境，另一方面又要考虑各种造园材料如片石、卵石、砖等形成不同的路面变化。

（3）工程的复杂性　主要表现在工程规模日趋大型化，要求协同作业日益增多，加之新技术、新材料的广泛应用，对施工管理提出了更高要求。园林工程是内容广泛的建设工程，施工中涉及地形地理、建筑基础、驳岸护坡、园路假山、铺草植树等多方面，这就要求施工环节有全盘观念，有条不紊。

（4）施工的安全性　园林设施多为人们直接利用和欣赏的，必须具有足够的安全性。

四、园林工程施工现场管理的意义

（一）施工现场管理的好坏首先涉及施工活动能否正常进行

施工现场是施工的"枢纽站"，大量的物资进场后停在施工现场。活动在现场的大量劳动力、机械设备和管理人员，通过施工活动将这些物资一步步地转变成项目产品。这个"枢纽站"管理的好坏涉及人流、物流和财流是否畅通，涉及施工生产活动是否顺利进行。

(二) 施工现场是一个"绳结"，把各专业管理工作联系在一起

在施工现场，各项专业管理工作按合理分工分头进行，而又密切协作，相互影响，相互制约，很难截然分开。施工现场管理的好坏，直接关系到各项专业管理的技术经济效果。

(三) 施工施工现场管理是一面"镜子"能照出施工单位的面貌

一个文明的施工现场有着重要的社会效益，会赢得很好的社会信誉。反之也会损害施工企业的信誉。

(四) 工程施工现场管理是贯彻执行有关法规的"焦点"

施工现场与许多城市管理法规有关，每一个施工现场管理发生联系的单位都注目于工程施工现场管理。所以施工现场管理是一个严肃的社会问题和政治问题，不能半点大意。

第二节　施工现场组织与业务管理

一、组织机构

(一) 组织的概念

现场组织是指为了最优化实现施工目标，对所需一切资源进行合理配置而建立的一次性临时组织机构。

(二) 组织机构的设置原则

1. 目的性原则

因目标而设事，因事而设人、设机构、分层次，因事而定岗定责，因责而授权。

2. 管理幅度与层次的原则

考虑到项目上层和下层管理性质的不同，上层管理者管辖的人数以 3~6 人为宜，下层管理者的管辖人数可增至 7~11 人。

管理层次和管理幅度具有相互制约的关系。在组织人数不变的情况下，跨度大，层次就可以减少；跨度小，层次就要增加。层次多，上下信息传递就慢，指令常常走样，而且增加协调上的困难。因此，层次愈少愈好。

3. 系统化管理原则

施工项目是一个开放的系统，由众多子系统组成一个大系统，各子系统之间，子系统内部各单位工程之间，不同组织、工种、工序之间，存在着大量结合部，这就要现场组织也必须是一个完整的组织结构系统，恰当分层和设置部门，以便在结合部上能形成一个相互制约、相互联系的有机整体，防止产生职能分工、权限划分和信息沟通上相互矛盾或重叠。

4. 统一指挥原则

这一原则要求，任何下级只能有一个上级领导，受一个上级领导的直接指挥。

5. 精干高效原则

人员配置要从严控制二三线人员，力求一专多能，一人多职。

6. 责权对等原则

职责是指职位的责任。职位是组织体中的位置，职位的工作内容就是职务。职权是指在一定的职位上，在其职务范围内，为完成其责任所应具有的权力。

二、管理人员

(一) 项目经理

施工企业项目经理（简称项目经理），是指受企业法定代表人委托对工程项目施工过程全面负责的项目管理者，是建筑施工企业法定代表人在工程项目上的代表。

（二）施工项目经理的地位

① 从合同关系上看，项目经理是项目合法的最高当事人。对外，项目经理作为企业法人委派在项目管理上的代表，按合同履约是他一切行动的最高准则。对内，施工项目经理是施工项全过程所有工作的总负责人，是项目承包责任者。

② 从组织关系上看，项目经理是项目有关各方协调配合的桥梁和纽带。

③ 从组织运行过程看，项目经理是项目信息的集散中心和项目实施过程的控制者。项目实施过程中，各种重要信息、目标、计划、方案、措施、制度都由项目经理决策后发出；来自项目外部（如业主、政府、上级公司、国内外市场和当地社会环境等）的有关重要信息、指令也要通过项目经理汇总、沟通。

④ 从责、权、利系统上，项目经理是施工项目责、权、利的主体。责任是实现项目经理负责制的核心，它构成了项目经理工作的压力，是确定项目经理权力和利益的依据。权力是确保项目经理能够履行职责的条件与手段，没有必要的权力，项目经理就无法对工作负责。

（三）项目经理应具备的基本条件

（1）政治素质　项目经理是企业的重要管理者，应具备较高的政治素质。项目经理必须热爱党、热爱祖国，热爱本职工作，在项目管理工作中，能认真执行党和国家的方针、政策，遵守国家的法律和地方法规，能顾全大局、自觉地维护国家利益，正确处理国家、集体、个人三者的利益关系。

（2）专业及管理知识　项目经理必须具有本专业的技术知识和项目管理方面的知识。必须对项目主要专业技术比较精通，其余的技术知识也要有较深的了解。对项目的工艺设计、施工方案及设备造型、安装调试进行选择与鉴别。项目经理应受过项目管理的专门训练，具备广泛的经营管理知识和法律知识，才能对项目实施高效率的管理。

（3）领导艺术及组织协调能力　要求项目经理是多谋善断、灵活应变、知人善任、敢于负责、求同存异、以身作则、大公无私、赏罚分明、善于调动职工的积极性的人。要求项目经理具备敏锐的观察力、良好的思维能力和创新能力。

（4）实践经验　只有具备丰富的实践经验，项目经理才会处理各种可能遇到的实际问题。所以应把项目经理的经验放在重要的地位。

（5）好的身体素质　项目经理要求具有健康的体魄和充沛的精力，这是由于项目施工现场性强、流动性大、工作条件差、任务繁忙所决定的。

（四）项目经理的职责

（1）确定项目的总目标和阶段性目标并制度项目总体控制计划　要根据业主、上级企业的要求和项目的具体情况确定项目管理总目标和阶段性目标，并进行目标分解，确定总体控制计划和组织编制子项目实施进度计划、协调程序等文件。项目的总目标、阶段性目标和总体控制计划应提请公司及业主认可。

（2）建立精干的项目经理部　应抓好组织设计、人员选配、制定各种规章制度、明确有关人员职责并授权、建立利益机制和项目内外部的沟通渠道等。

（3）与业主保持密切联系，弄清其要求和愿望　确保项目目标实现和保证达到业主满意是检查和衡量项目经理管理成败、水平高低的基本标志。业主在主要目标要求上是个动态过程，项目经理应与其保持密切联系，随时弄清其要求和愿望，并把满足业主的要求作为最高评价标准。当然，这并不是业主提出什么要求都要给予满足，对于根本违背合同条款和不可能实现的业主要求，项目经理也应据理说明利害，妥善协商或婉言拒绝。

（4）履行合同义务，监督合同执行，处理合同变更　项目经理在履行合同中的最高准则是信守合同。对合同的变更、合同条款的修正都有监督和处理的权力和责任。

（5）协调项目组织内外的各种关系　在项目实施阶段，项目经理日常的职责就是协调本项目组织机构与各协作单位之间的协作配合及经济、技术关系，与有关的职能部门负责人联系，确定工作中相互配合的问题以及有关职能部门需要提供的资料。

（五）项目经理具体的内部职责

① 向有关人员解释和说明项目重要文件，包括项目合同、项目设计文件、项目进度计划及配套计划、协调程序等，使项目班子对项目目标、约束条件、实施方案、进度要求、权利与义务等有明确认识，以保证项目组织内部步调统一，并以此作为今后检查、控制的依据。

② 审查批准与工程有关的采购活动。

③ 组织编制工程费用估算，提请公司及业主认可。

④ 组织编制详细的工程进度计划，提请业主认可。

⑤ 通过不断监测工程费用实际支出的情况并和预算相比较的方法，控制工程费用。

⑥ 应用不断监测和关键线路法，控制工程进度。

⑦ 组织编制工作程序，并监督组织成员遵守公司的政策和工作程序。

⑧ 检查项目建设条件、施工准备的落实情况，并组织好开工前情况介绍会等关键性会议。

⑨ 建立高效的通信指挥系统。

⑩ 向业主提出完工通知，取得业主对工程的正式接受文件。

⑪ 对工程不再需要的人员进行遣散。

三、现场业务关系管理

（一）现场组织与公司的业务关系

在合同关系上，根据公司经理和项目经理签订的承包合同，公司与现场组织是平等的甲乙双方合同关系，但是在业务管理上，现场组织作为公司内部的一个管理层次，接受公司职能部门的业务指导。主要业务关系如下。

① 经济核算。

② 材料供应关系。

③ 周转料具供应。

④ 预算。

⑤ 技术、质量、安全、测试等工作。

⑥ 计划统计。

（二）现场组织与业主的业务关系

1. 施工准备阶段

项目经理作为公司在项目上的法定代表人应参与工程承包合同的洽谈和签订，熟悉各种洽谈记录和签订过程。在承包合同中应明确相互的权、责、利，业主要保证落实资金、材料、设计、建设场地和外部水、电、路，而项目经理部负责落实施工必需的劳动力、材料、机械、技术及场地准备等，项目经理部负责编制施工组织设计，并参加业主的施工组织设计审核会。开工条件落实后应及时提出开工报告。

2. 施工阶段

（1）材料、设备的交验　　现场管理组织负责提出应由业主供应的材料、设备的供应计划，并根据有关规定对业主供应的材料、设备进行交接验收。供应到现场的各类物资必须在项目经理部调配下统一设库、统一保管、统一发料、统一加工、按规定结算。

（2）进度控制　　项目经理部应及时向业主提出施工进度计划表、月份施工作业计划、月份施工统计报表等，并接受业主的检查、监督。

（3）质量控制　　项目组织应对质量严格要求，注意尊重业主的监督，对重要的隐蔽工程，如地槽及基础的质量检查，应请业主代表参加认证签字，认定合格后方可进入下道工序。对暖、卫、电、空调、电梯及设备安装等专业工程项目的质量验收，也应请业主代表参加。项目组织应及时向业主或业主代表提交材料报检单、进场设备报验单、施工放样报验单、隐蔽工程验收通知、工程质量事故报告等材料，以便业主代表对工程质量进行分析、监督和控制。

（4）合同关系　　甲乙双方是平等的合同关系，双方都应真心诚意共同履约，一旦发生合同问题，应分别情况按有关规定处理。施工期间，一般合同问题切忌诉讼，遇到非常棘手的合同问题，不妨暂时回避，等待时机，另谋良策。只有当对方严重违约而使自己的利益受到重大损失时才采用诉讼手段。

（5）签证问题　　对较大的设计变更和材料代用，应经原设计部门签证，甲乙双方再根据签证文件办理工程增减，调整施工图预算。对于不可抗拒的灾害。国家规定的材料、设备价格的调整等，可商请业主代表签证、据以结算工程款。

（6）收付进度款　　项目经理部应根据已完工程量及收费标准，计算已完工程价值，编制"工程价款结算单"和"已完工程月报表"，送交业主代表办理签证结算。业主应在合同规定的期限内办理完签证和支付手续。

3. 交工验收阶段

项目组织应按交工资料清单整理有关交工资料，验收后交业主保管。验收中项目组织应依据技术文件、承包合同、中检验收签证及验收规范，对业主提出的问题作出详细解释。对存在的问题，应采取补救措施，尽快达到设计、合同、规范要求。

（三）现场组织与建设监理的业务

监理单位与承包商都属于企业的性质，都是属于平等的主体。在工程项目建设上，他们之间没有合同。监理单位之所以对工程项目建设中的行为具有监理的身份，一是因为业主的授权，二是因为承包商在承包合同中也事先予以承认。项目经理部必须接受监理单位的监理，并为其开展工作提供方便，按照要求提供完整的原始记录、检测记录、技术及经济资料。

四、图纸会审管理

（一）图纸会审的一般程序

1. 图纸学习

了解设计意图、设计标准和规定，明确技术标准和施工工艺规程等有关技术问题。

2. 图纸审查

（1）初审　　详细核对本工种图纸的情况。

（2）会审　　各专业之间核对图纸，消除差错，协商配合。

（3）综合会审　　由业主（监理工程师）召集各施工单位、设计单位对图纸进行综合审核。

（二）图纸会审的主要内容

1. 图纸学习的主要内容

施工图纸学习的一般步骤如下。

（1）看图纸目录　了解建筑物的名称、建筑物的性质、图纸的种类、建筑物的面积、图纸张数、工程造价、建设单位、设计单位。

（2）看总说明　了解建筑物的概况、设计原则和对施工总的技术要求等。

（3）看总平面图　了解建筑物的地理位置、高程、朝向、周围环境等。

（4）学习建筑施工图　先看各层平面图，再看立面图和剖面图。

（5）学习建筑详图　了解各部位的详细尺寸、所用材料、具体做法。

（6）学习结构施工图　从基础平面图开始，逐项看结构平面图和详图。了解基础的形式，埋置深度，梁柱的位置和结构，墙和板的位置、标高和构造等。

（7）看水暖电施工图　看设备施工图，主要了解各种管线的管径、走向和标高，了解设备安装的大致情况，以便于留设各种孔洞和预埋件。

学习图纸时应掌握的主要内容包括以下几方面。

（1）基础及地下室部分　留口留洞位置及标高，并核对建筑、结构、设备图之间的关系；下水及排水的方向；防水工程与管线的关系；变形缝及人防出口的做法、接头的关系；防水体系的包圈、收头要求等。

（2）结构部分　各层砂浆、混凝土的强度要求；墙体、柱体的轴线关系；圈梁组合柱或现浇梁柱的节点做法和要求；连结筋和结构加筋的数量和关系，悬挑结构（牛腿、阳台、雨罩、挑檐等）的锚固要求；楼梯间的构造及钢筋的重点要求等。

（3）装修部分　材料、做法；土建与专业的洞口尺寸、位置等关系；结构施工应为装修提供的条件（预埋件、预埋木砖、预留洞等）；防水节点的要求等。

图纸学习还应包括设计规定选用的标准图集和标准做法的学习。

2. 图纸审查的主要内容

① 设计图纸是否符合国家建筑方针、政策。

② 是否无证设计或越级设计；图纸是否经设计单位正式签署。

③ 地质勘探资料是否齐全。

④ 设计图纸与说明是否齐全；有无矛盾，规定是否明确。

⑤ 设计是否安全合理。

⑥ 核对设计是否符合施工条件。

⑦ 核对主要轴线、尺寸、位置、标高有无错误和遗漏。

⑧ 核对土建专业图纸与设备安装等专业图纸之间，以及图与表之间的规定和数据是否一致。

⑨ 核对材料品种、规格、数量能否满足要求。

⑩ 地基处理方法是否合理，建筑与结构构造是否存在不能施工、不便施工的技术问题，或容易导致质量、安全、工程费用增加等方面问题。

⑪ 设计地震烈度是否符合当地要求。

⑫ 防火、消防、环境卫生是否满足要求。

图纸会审中提出的技术难题，应同三方研究协商，拟定解决的办法，写出会议纪要。

（三）施工图纸管理

对施工图纸要统一由公司技术主管部门负责收发、登记、保管、回收。

第三节 施工现场索赔管理

一、施工索赔概述

(一) 索赔的概念及其作用

索赔是指作为合法的所有者,根据自己的权利提出有关某一资格、财产、金钱等方面的要求。工程承包单位在履行承包合同的过程中发生了额外的费用支出,而这种支出不属于合同规定的承包人应承担的义务,即可根据合同中有关条款的规定,通过一定的程序,要求发包方给予补偿,这种活动就叫施工索赔。

① 保证合同实施。

② 它是落实和调整合同双方经济责权利关系的手段。

③ 索赔是合同和法律赋予损失者的权利。

(二) 施工索赔的分类

1. 按索赔要求分类

(1) 工期索赔 因工程量、设计改变、新增工程项目、业主迟发指示,不利的自然灾害,发包方不应有的干扰等原因,承包商要求延长期限,拖后竣工日期。

(2) 费用索赔 由于施工客观条件改变而增加了承包商的开支或承包商亏损,向业主要求补偿这些额外开支,弥补承包商的经济损失。

2. 按索赔的当事方来分类

(1) 承包商同业主之间的索赔。

(2) 总包方同分包方之间的索赔。

(3) 承包商同供应商之间的索赔。

(4) 承包商向保险公司索赔。

3. 按索赔的依据分类

(1) 合同内的索赔 索赔涉及的内容可以在合同中找到依据,或者在合同条文中明文规定的索赔项目。

(2) 合同外的索赔 索赔的内容和权利虽然难于在合同条款中找到依据,但可从合同含义和普通法律中找到索赔根据。这种合同外的索赔表现为属于违约造成的损害或可能是违反担保造成的损害,有的可以在民事侵权行为中找到依据。

(3) 额外支付(也称道义索赔) 承包商找不到合同依据和法律依据,但认为有要求索赔的道义基础,而对其损失寻求某些优惠性质的付款。业主基于某种利益的考虑而慷慨给予补偿。

(三) 常见的索赔事件

1) 业主(发包方)没有按合同规定的要求交付设计资料、设计图纸、致使承包商延误工程进度,并导致费用增加。

2) 监理工程师批准覆盖或掩埋的隐蔽工程,又要求开挖或穿孔复验,且查明工程符合合同规定,并将开挖或穿孔部分恢复原状,由此而发生的费用。

3) 由于意外风险(如战争、暴乱等)使工程遭受损坏,按监理工程师指定的范围和要求,予以修复或修理所发生的费用。

4) 由于非承包商原因,业主(监理工程师)指令中止工程施工。

5）根据监理工程师的指令或由于非承包商所能控制的原因，而不能按投标规定的期限内开工。

6）业主（发包方）未能根据合同规定，按承包商提交监理工程师的施工进度计划要求，及时提供施工场地，由此而延误工期或增加费用。

7）监理工程师的要求，向由业主雇用在现场工作的人员提供服务所发生的费用。

8）合同未明确规定提供样品并进行检验的材料，按监理工程师的要求提供材料样品并进行检验所发生的费用。

9）竣工或部分竣工的工程，必须经一定的荷载试验或检测方能确定其是否达到设计要求，但合同未作明确规定，如果监理工程师要求进行检测或试验且经检验表明已达到设计要求，因此而发生的费用。

10）合同未规定的额外附加工程量，或合同规定的非由承包商违约的其他原因而延长工期，并在上述情况发生后尽快向监理工程师申明理由，经其审查批准。

11）在工程施工和保修期内，根据监理工程师的要求对工程的缺陷进行调查和维修，而缺陷不是由于承包商未遵守合同所造成并经监理工程师确认，由此而发生的费用支出。

12）在施工过程中，根据监理工程师的要求，改变工程任何部分的标高、基线、位置和尺寸，改变合同规定的工作数量或质量要求，或增加任何额外的附加工作，由此而增加的费用支出。

13）由于设计变更、设计错误、业主（监理工程师）错误指令造成工程修改、报废、返工、窝工等。

14）发包方（业主）要求加快工程进度，指令承包商采取加速措施。这只有如下两种情况下才能提出索赔：

①已产生的工期延长责任完全由非承包商引起，业主已认可承包商的工期索赔。

②计划工期没有拖延，而发包方（业主）希望工程提前竣工，及早投入使用。

15）业主没有按合同规定的时间和数量支付工程款。

16）物价大幅度上涨，造成材料价格、人工工资大幅度上涨。

17）国家法令和计划的修改，如提高工资税，提高海关税等。

18）由于工程所在国政府或其授权的金融机构变更合同规定支付工程款所用货币的汇率或实行兑限额，而使承包商受到损失。

19）不可抗力因素，如反常的气候条件、洪水、地震、政局变化、战争、经济封锁、禁运等使工程中断或合同终止。

（四）施工索赔的主要依据

索赔依据包括两个方面，其一指索赔的法律依据，即由业主与承包商订立的工程承包合同和法律法规。其二指能证明索赔正当性和具体数额的事实。施工索赔依据必须具备及时性、真实性、全面性，并符合特定条件。

在施工过程中常见的索赔依据有：

①投标文件、合同文本及附件，其他的各种签约（备忘录、修正案等），发包方认可的原工程实施计划，各种工程图纸（包括图纸修改指令），技术规范等。

②来往信件。

③承包商与监理工程师及工程师代表的谈话资料。

④各种施工进度表。

⑤施工现场的工程文件，如施工记录、施工备忘录、施工日报、工长或检查员的工作

日记、监理工程师填定的施工记录等。

⑥ 会议记录。

⑦ 工程照片。

⑧ 各种财务记录。

⑨ 工程检查和验收报告。

⑩ 国家法律、法令、政策文件。

二、施工索赔的处理

(一) 施工索赔程序

1. 意向通知

一般索赔意向通知仅仅是表明意向，应写得简明扼要，涉及索赔内容但不涉及索赔数额，它通常包括以下几个方面的内容：事件发生的时间和情况简单描述；合同依据的条款和理由；有关后续资料的提供；对工程成本和工期产生的不利影响的严重程度，以期引起监理工程师（业主）的注意。

2. 资料准备

施工索赔的成功很大程度上取决于承包商对索赔作出的解释和具有强有力的证明材料。

3. 索赔报告的提交

索赔报告是承包商向监理工程师（业主）提交的一份要求业主给予一定经济补偿和（或）延长工期的正式报告。正式报告应在意向通知提交后 28 天内提出。通常包括以下几个方面的内容：①说明信、②索赔报告正文、③附件。编写索赔报告应注意以下几个问题：

① 实事求是。

② 责任分析应清楚、准确。

③ 索赔值的计算依据要正确，计算结果要准确。

④ 用词要婉转。

⑤文字简练，资料充足，条理清楚，逻辑性强。

4. 监理工程师审核索赔报告

5. 谈判解决

6. 争端的解决

(二) 索赔值计算

1. 工期延长的分析

工期延长的分析通常采用关键线路分析法。

2. 索赔费用的计算

(1) 总费用法　总费用法是一种最简单的估算方法。它的基本思路是把固定总价合同转化为成本加酬金合同，并按成本加酬金方法计算索赔值。

(2) 分项法　分项计算法是对每个引起损失的干扰事件和各费用项目单独分析计算，最终求和。包括：①人工费；②材料费；③施工机械费；④管理费；⑤融资成本（利息）。

(三) 施工索赔应注意的问题

① 要及早发现索赔机会。

② 对口头变更指令要得到确认。

③ 索赔报告要准确无误，条理清楚。

④ 索赔要先易后难，有礼有节。

⑤ 坚持采用"清理账目法"。

⑥ 注意同业主、监理工程师搞好关系。

⑦ 力争友好解决，防止对立情绪。

第四节　施工计划的执行

一、施工任务单

(一) 根据施工作业计划下达施工任务单

1. 施工作业计划

① 各项技术经济指标汇总。

② 施工项目、开工日期、竣工日期、工程形象进度、主要实物工程量、建筑安装工作量等。

③ 劳动力、机具、材料、预制构配件等需用数量。

④ 技术组织措施，包括提高劳动生产率、降低成本等内容。

2. 施工任务单的下达。

(二) 施工任务单的内容和作用

1. 施工任务单的内容

(1) 任务单　是班组进行施工的主要依据，内容有工程项目、工程数量、劳动定额、计划工数、开完工日期、质量及完全要求等。

(2) 小组记工单　是班组的考勤记录，也是班组分配计件工资或奖金的依据。

(3) 限额领料卡　是班组完成任务的必需的材料限额，是班组领退材料和节约材料的凭证。

2. 施工任务单的作用

① 是控制劳动力和材料消耗的手段。

② 是检查形象进度的依据。

③ 是考核和计酬的依据。

④ 是分项、分部、单位工程核算的依据。

⑤ 是班组长指挥生产的依据。

(三) 施工任务单的管理

1) 计时工必须严格控制。

2) 施工任务单的签发、结算、签证、审核、付款规范如下。

① 签发：任务单必须由专业工长签发，注明分项名称、工程量、单价、复价、人工定额、工日、质量要求、安全措施、标准化文明施工要求等，力求准确全面。

② 结算：任务单当月结算（未完项目结转下月），先由专业工长（谁签发谁结算）结算，转材料员核实耗用；质量员、安全员评定质量安全状况，月底全面完成。

③ 签证和建立台账：预算员或核算员分项工程量，定额、人工数量并建立台账，正确无误后转给项目经理审核签证，次月 2 号完成。

④ 审核：所有任务单由劳资部门审核，次月 4 号完成。

⑤ 付款：前方班组执行内部单价。

外包工的单价、付款办法等执行合同条款，但必须经分公司经理签字后方可付款。

3）施工任务单的签发、结算、签证、审核、付款的五个管理程序，采取后道程序检查前道程序，在哪道程序出差错就由哪道程序的责任人负责，累计追查责任，不扣小组。

二、安全交底

（一）施工质量安全交底

隐蔽工程交底主要内容如下表。

项　　目	交　底　内　容
基础工程	土质情况、尺寸、标高、地基处理、打桩记录、桩位、数量
钢筋工程	钢筋品种、规格、数量、形状、位置、接头和材料代用情况
防水工程	防水层数、防水材料和施工质量
水电管线	位置、标高、接头、各种专业试验（如水管试压）、防腐等

（二）施工事故预防交底

主要内容有：高处作业预防措施交底，脚手架支搭和防护措施交底，预防物体打击交底，各分部工程安全施工交底。

（三）施工用电安全交底

① 施工现场内一般不架裸导线，照明线路要按标准架设。

② 各种电器设备均要采取接零或接地保护。

③ 每台电气设备机械应分开关和熔断保险。

④ 使用电焊机要特别注意一、二次线的保护。

⑤ 凡移动式设备和手持电动工具均要在配电箱内装设漏电保护装置。

⑥ 现场和工厂中的非电气操作人员均不准乱动电气设备。

⑦ 任何单位、任何人都不准擅自指派无电工执照的人员进行电气设备的安装和维修等工作，不准强令电工从事违章冒险作业。

（四）工地防火安全交底

① 现场应划分用火作业区、易燃易爆材料区、生活区、按规定保持防水间距。

② 现场应有车辆循环通道，通道宽度不小于 3.5m，严禁占用场内通道堆放材料。

③ 现场应设专用消防用水管网，配备消火栓。

④ 现场临建设施、仓库、易燃料场和用火处要有足够的灭火工具和设备，对消防器材要有专人管理并定期检查。

⑤ 安装使用电器设备和使用明火时应注意的问题和要求。

⑥ 现场材料堆放的防火交底。

⑦ 现场中用易燃材料搭设工棚在使用时的要求交底。

⑧ 现场不同施工阶段的防火交底。

（五）现场治安工作交底

1. 安全教育方面

① 新工人入场必须进行入场教育和岗位安全教育。

② 特殊工种如起重、电气、焊接、锅炉、潜水、驾驶等工人应进行相应的安全教育和技术训练，经考核合格，方准上岗操作。

③ 采用新施工方法、新结构、新设备前必须向工人进行安全交底。

④ 做好经常性安全教育，特别坚持班前安全教育。

⑤ 做好暑季、冬季、雨季、夜间等施工时节安全教育。

2. 安全检查方面

① 针对高处作业、电气线路、机械动力等关键性作业进行检查，以防止高处坠落，机械伤人，触电等人身事故。

② 根据施工特点进行检查，如吊装、爆破、防毒、防塌等检查。

③ 季节性检查，如防寒、防湿、防毒、防洪、防台风等检查。

④ 防火及其安全生产检查。

（3）现场治安管理方面

① 落实消防管理制度。

② 加强对职工的法规、厂纪教育，减少职工违纪、违法犯罪。

③ 加强施工现场的保卫工作，建立严密的门卫制度，运出工地的材料和物品必须持出门证明，经查验后放行。

④ 落实施工现场的治安管理责任制，执行有关"单位财产被盗责任赔偿管理条例"的文件。

三、施工现场调度

（一）施工现场调度工作的原则与内容

1. 施工计划调度的原则

① 一般工程服从于重点工程和竣工工程。

② 交用期限迟的工程，服从于交用期限早的工程。

③ 小型或结构简单的工程，服从于大型或结构复杂的工程。

2. 施工现场调度工作的内容

（1）劳动力和物资供应的调度　项目经理及各工长要随时检查施工进度过否满足工期要求，是否出现劳动力、机械和材料需要量有较大的不均衡现象。

（2）现场平面管理的调度　指在施工过程中对施工场地的布置进行合理的调节。

（3）现场技术管理的调度　在施工过程中，对技术管理的各个方面所做的调整和修改。

（4）施工安全及生产中薄弱环节的调度　在施工过程中，对施工安全和生产中薄弱环节的各个方面进行特别的调整和强调，保证工程的质量，保证施工人员的人身安全。

（二）施工现场调度的手段

①书面指示；②工地会议；③口头指示；④文件运转。

四、拟定施工措施

（一）技术措施

① 需要表明的平面、剖面示意图以及工程量一览表；

② 施工方法的特殊要求和工艺流程；

③ 水下及冬、雨季施工措施；

④ 技术要求和质量安全注意事项；

⑤ 材料、构件和机具的特点、使用方法及需用量。

（二）质量措施

① 确保定位放线、标高测量等准确无误的措施；

② 确保地基基础特别是特殊复杂的基础，地下结构施工的质量措施；

③ 保证主体结构中关键部位质量的措施及复杂特殊工程的施工技术措施；

④ 确保新型装饰材料及工艺的施工质量措施；

⑤ 保证质量的组织措施（如人员培训、编制工艺卡及质量检查验收制度等）。

（三）安全措施

① 保证土石边坡稳定，对基坑支护体系进行监测，做好防坠落、防坍塌的施工措施；

② 脚手架、吊篮、安全网、挡板的设置及各类洞口防止人、物坠落的措施；

③ 夜间施工应保证现场照明，坑、洞口边缘应设置警示灯的措施；

④ 施工电梯、井架及塔吊等垂直运输机具的拉结要求和防倒塌措施；

⑤ 高空及立体交叉作业的防护和保护措施；

⑥ 安全用电和机电设备防短路、防触电的措施；

⑦ 易燃易爆有毒作业场所的防火、防爆、防毒措施；

⑧ 现场周围通行道路、沿街及居民保护隔离措施；

⑨ 预防自然灾害（防台风、防雷击、防洪水、防地震、防暑降温、防寒、防冻、防滑等措施）；

⑩ 对于采用的新工艺、新材料、新技术和新结构，制定有针对性的专门安全措施；

⑪ 保证安全施工的组织措施，如安全宣传教育及检查制度等。

（四）降低成本措施

① 合理进行施工组织以减少资源（人力、材料、机械）的消耗，以降低费用、缩短工期；

② 合理进行土石方平衡调配，以节约土方运输及人工费；

③ 综合利用吊装机械，减少吊次，以节约台班费；

④ 提高模板精度，合理装拆模板，加速模板周转，注意模板使用后的维护，选择合适的脱模剂，以提高模板周转次数，节约木材或钢材；

⑤ 合理确定外脚手架的搭设形式及支撑体系，减少脚手架及支撑用钢管及构件；

⑥ 混凝土、砂浆中掺外加剂或掺合料（如料煤灰、硼泥等），以节约水泥；

⑦ 采用先进的钢筋焊接技术以节约钢筋；

⑧ 构件及半成品采用预制拼装、整体安装的方法，以节约人工费、机械费；

⑨ 利用原有房屋及已完工的建筑，减少临时设施费。

（五）季节性施工措施

雨期施工措施要根据工程据地的雨量、雨期及施工工程的特点（如深基础，大量土方，使用的设备，施工设施，工程部位等）进行制度。要在防淋、防潮、防泡、防淹、防拖延工期等方面，分别采用疏导、堵挡、遮盖、排水、防雷、合理储存、改变施工顺序、避雨施工、加固防陷等措施。

冬期施工因为气温、降雪量不同，工程部位及施工内容不同，施工单位的条件不同，则应采取不同的冬期施工措施。以达到保温、防冻、改善操作环境、保证质量、控制工期、安全施工、减少浪费的目的。

（六）现场文明施工

① 现场的围栏及标牌设置，出入口交通安全，道路畅通，场地平整，安全与消防设施齐全；

② 临时设施的规划与搭设，办公室、更衣室、食堂、厕所的安排与环境卫生；

③ 各种材料、半成品、构件分类堆放齐整无混料，现场保管妥善；

④ 散碎材料、施工垃圾的堆放与清理及时，做好各种环境污染的防范；

⑤ 成品保护及施工机械保养。

复　习　题

1. 园林工程施工现场管理的主要内容有哪些？

2. 简述园林工程施工现场的组织和人员管理的内容。

3. 园林工程施工现场的索赔管理要注意什么？

4. 园林工程施工现场管理中的安全注意事项是什么？

思　考　题

1. 如何合理有效地进行园林工程施工现场管理？

2. 作为施工项目经理，用什么措施可以保证施工计划的如期完成？

第十章　园林工程招投标与预算

【本章导读】

本章作为园林工程施工与管理的重要组成部分，在招投标项目管理中主要介绍园林工程招投标的一些基本概念、明确园林工程招投标的目的、讲述园林工程招投标的组织、程序和过程；在概预算项目管理中主要讲述预算的种类、预算的定额、园林工程施工图预算的编制及园林工程预算的审查、竣工结算及决算的知识。

【教学目标】

通过本章的学习，了解园林工程招投标和概预算的相关概念、性质以及在园林工程施工中的作用和意义，掌握园林工程招投标和概预算的程序的方法。

【技能目标】

培养制定园林工程招标文件的能力，并能根据园林工程施工图进行工程概预算的能力，掌握园林工程施工图预算的编制方法和竣工决算的主要形式。

在园林工程招投标阶段，不仅要选择和确定承包商，而且还要选择和确定采用的合同类型以及计价方式等方面内容。不论是承包商还是合同类型和计价方式，都会对园林景观建设项目的施工阶段产生重要影响。选择使用恰当的合同类型和计价方式，可以减少合同过程中的纠纷，合理规避风险。在工程量清单报价模式下，做好招投标工作就显得尤为重要。

第一节　园林工程项目招标

一、园林工程项目招标概念和招标方式

(一) 园林工程建设项目招标概念

建设项目招标是指招标人在发包工程项目前，按照公布的招标条件，公开或者邀请投标人在接受招标要求的前提下前来投标，以便招标人从中择优选定投标人的一种交易行为。招标单位又叫做发包单位，而中标单位则叫做承包单位。

根据《中华人民共和国招标投标法》的规定，下列一些项目必须实行招标行为。

① 大型基础设施、公用事业等关系社会公共利益、公众安全的建设项目；

② 全部或部分使用国有资金或国家融资的建设项目；

③ 使用国际组织或者外国政府贷款、援助资金的项目。

(二) 园林工程建设项目招标方式选择

园林工程建设项目招标方式一般采取公开招标和邀请招标两种方式进行。

1. 公开招标

又称竞争性招标，是指招标人通过发布招标公告，吸引投标人参加施工招标的投标竞争，招标人从中择优选择中标单位的招标方式。按照竞争程度，公开招标一般分为国际竞争性招标和国内竞争性招标。

2. 邀请招标

又称为有限竞争性招标或选择性招标，是指由招标单位选择一定数目的企业，向其发出

投标邀请书，邀请他们参加招标竞争。一般都选择 3～10 个投标人参加较为适宜，要视其具体的招标项目的规模大小而定。

与公开招标相比，邀请招标可以缩短招标有效期，节约招标费用，提高投标人的中标机会，但是此招标方式可能会排除许多更有竞争力的企业，同时中标价格也可能高于公开招标的价格。

二、建设工程招标的内容

如图 10-1 所示。

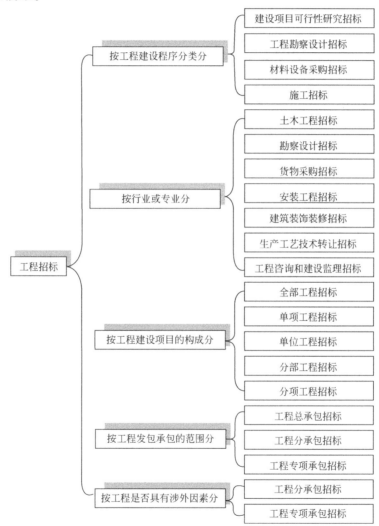

图 10-1　园林工程建设工程的招标内容

三、园林工程项目施工招标程序

施工招投标划分为业主的招标行为研究和承包商的投标行为研究。这两个方面是相辅相成、紧密联系的，招标文件的编写限制着投标行为，而投标标底又是招标行为的体现。在工程施工招标工作中，造价工程师应向业主提供针对招标文件、评价办法和招标标底的咨询意见，尽可能参与到评标工作中，协助业主签订一份合理的有利投资控制的施工承包合同。

（一）招标单位进行施工投标程序的阶段划分

如图 10-2 所示。

图 10-2　招标单位进行施工投标程序的阶段划分

（二）部分招标程序说明

1. 建设工程项目报建阶段

① 建设项目的立项批准书或年度投资计划下达后，必须向建设主管部门报建备案；

② 报建范围包括各类房屋建设、土木工程、设备安装、管道线路敷设、装饰装修等建设工程；

③ 报建内容包括工程名称、建设地点、投资规模、资金来源、当年投资额、工程规模、结构类型、发包方式、计划竣工时间、工程筹建情况等；

④ 交验的文件资料：立项批准文件或年度投资计划，固定资产投资许可证，建设工程规划许可证，资金证明等。

2. 招标申请阶段

招标单位填写"建设工程招标申请书"，凡招标单位有上级主管部门的，需经该主管部门批准同意后，连同"工程建设项目报建登记表"报招标管理机构审批。

3. 资格预审文件、招标文件的编制和送审阶段

公开招标采用资格预审时，只有资格预审合格的施工单位才可以参加招标；不采用资格预审的公开招标，应在开标后进行资格审查。

4. 刊登资质审核通告、招标通告阶段

招标通告应当载明招标人的名称和地址、招标项目的性质、数量、实施地点和时间以及获取招标文件的办法等事项。进行资格预审的，刊登资格预审通告。

5. 资格预审阶段

招标人依据有关规定，要求潜在招标人提供有关资质证明文件和业绩情况说明，并对潜在投标人进行资格审查。

6. 发售招标文件阶段

招标文件、图纸和有关技术资料发售给通过资格预审获得投标资格的投标单位，投标单位收到招标文件、图纸和有关技术资料后，应认真核对，并以书面形式予以确认。

投标单位收到招标文件后，若有疑问或不清楚的问题，应在收到招标文件后 7 日内以书面形式向招标单位提出，而招标单位应以书面形式或投标预备会形式予以解答。

7. 勘察现场阶段

勘察现场一般安排在投标预备会前的 1～2 天。投标单位在勘察现场如有疑问，应在投标预备会前以书面形式向招标单位提出，但应给招标单位留有解答时间。投标单位通过现场掌握现场施工条件，分析施工现场是否达到招标文件规定的要求。

8. 投标预备会

投标预备会在招标管理机构监督下，由招标单位组织并主持召开，在预备会对招标文件和现场情况做介绍或解释，并解答投标单位提出的疑问，包括书面提出或口头提出的询问。在投标预备会上，招标单位还应该对图纸进行交底和解释。

投标预备会结束以后，由招标单位整理会议记录和解答内容，报招标管理机构核准同意后，将以书面形式将问题和解答同时发送到所有获得招标文件的投标单位。

工程招标过程对于确立建设工程造价及风险的分担极为重要。工程招标需要专业技巧和经验，招标文件中关于变更、价格调整、索赔、支付等经济条款，是日后项目投资控制的依据与基础。通常情况下，造价工程师应根据工程的特点，提供合理的意见和建议，同时在合同签订之前，向业主告知不同"条款内容"的优、缺点及严密性，以便更好地保护业主的利益。同时，如果投标人根据某项工作的不确定性而采取不平衡报价时，造价工程师应提醒业主注意。同时，由于我国实行招标代理制度，业主可以将整个招标工作委托给招标代理机构，但是参与全过程造价咨询的工程造价咨询机构，有责任协助业主及招标代理机构做好招标工作。

四、园林工程招投标工程量清单计价方法

工程量清单相对于传统的定额计价方法是一种新的计价模式，由建筑产品的买方和卖方在建筑市场上根据供求情况、信息状况进行自由竞价，从而确定工程合同价格，签订工程合同。在工程量清单的计价过程中，工程量清单为建筑市场的交易双方提供了一个对等的平台。全过程造价管理中的招投标阶段的工作正是建立在工程量清单的基础上。

(一) 工程量清单的概念

工程量清单是表现拟建工程的分部分项工程项目、措施项目、其他项目名称和相应数量

的明细清单。是按照招标要求和施工设计图纸要求规定将拟建招标工程的全部项目和内容，依据统一的工程量计算规则、统一的工程量清单项目编制规则要求，计算拟建招标工程的分部分项工程数量的表格。

工程量清单是招标文件的组成部分。是由招标人发出的一套注有拟建工程各实物工程名称、性质、特征、单位、数量及开办项目、税费等相关表格组成的文件。编制人是招标人或其委托的工程造价咨询单位。同时，工程量清单是招标文件的组成部分，一经中标且签订合同，即成为合同的组成部分。因此无论招标人还是投标人都应该慎重对待。再次，工程量清单的描述对象是拟建工程，其内容涉及清单项目的性质、数量等，并以表格为主要表现形式。

（二）工程量清单的内容

工程量清单作为招标文件的组成部分，一个最基本的功能是作为信息的载体，以便投标人对工程有全面的了解。

工程量清单总说明主要是招标人解释拟招标工程的工程量清单的编制依据以及重要作用。清单中的工程量是招标人估算得出的，仅仅作为投标报价的基础，结算时的工程量应以招标人或由其授权委托的监理工程师核准的实际完成量作为依据，提示投标申请人重视工程量清单，以及如何使用工程量清单。

工程量清单表作为清单项目和工程数量的载体，是工程量清单的重要组成部分（表10-1）。

表 10-1　工程量清单表

（招标工程项目名称）工程　　　　　　　　　共　页　　　　　　　　　第　页

序　号	编　号	项目名称	计量单位	工程量
一		（分部工程名称）		
1		（分部工程名称）		
2		…		
二		（分部工程名称）		
1		（分部工程名称）		
2		…		

（三）工程量清单计价的操作程序

目前，工程量清单作为一种市场定价模式，主要在工程项目的招标投标过程中使用，因此工程量清单计价的操作过程可以从建设项目的招标、投标、评标三个阶段来阐述。

1. 工程项目招标阶段

招标人在工程方案、初步设计或部分施工图设计完成后，即可委托标底编制单位（或招标代理单位）按照统一的工程量计算规则，再以单位工程为对象，计算并列出各分部分项工程的工程量清单，作为招标文件的组成部分发放给各个投标人。其工程量清单的粗细程度、准确程度取决于工程的设计深度及编制人员的技术水平和经验。

2. 投标单位做标书阶段

投标单位接到招标文件后，首先要对招标文件进行透彻的分析研究，对图纸进行详细地理解。其次要对招标文件中所列的工程量清单进行审核，同时在招标单位允许的情况下，对工程量清单内所列各工程量进行调整再决定审核办法。如果允许调整工程量，就要详细审核工程量清单内所列的各工程项目的工程量，对有较大误差的，通过招标单位答疑会提出调整意见，取得招标单位同意后进行调整；如果不允许调整工程量，仍需要进行详细的审核，发现这些项目有误差甚至有较大误差时，可以利用这些项目单价的办法解决。最后进行工程量套用单价及汇总计算。根据我国现行的工程量清单计价办法，单价采用的是综合单价，即工程量清单的单价综合了人工费、材料费、管理费、利润并考虑了风险因素。

3. 评标阶段

在评标时可以对投标单位最终总报价以及分项工程的综合单价的合理性进行评分。由于采用了工程量清单计价办法，所有投标单位都站在统一起跑线上，因而竞争更为公平合理，而且一般情况下在评标时应坚持倾向于合理低价中标的原则。

五、工程施工招标文件的编制与审核

（一）工程施工招标文件编制的依据

①《中华人民共和国招标投标法》；

②《中华人民共和国建筑法》；

③《中华人民共和国合同法》；

④《工程建设项目施工招标投标办法》；

⑤《评标委员会和评标方法暂行规定》；

⑥《建设工程施工合同（示范文本）》；

⑦《房屋建筑和市政基础设施工程施工招标文件范本》；

⑧ 国家、地方的招投标管理部门的规定及招标单位的相关要求；

⑨ 工程建设标准、规范及工程实际情况等。

（二）工程施工招标文件的内容

1. 工程综合说明

主要内容包括工程名称、规模、地址、发包范围、设计单位、基础、结构、装修设备概况、场地和地基土质条件、给水排水、供电、道路、工期要求、工程验收标准及承包方式和对投标企业施工能力和技术要求等。

2. 设计图纸和技术说明书

初步设计阶段招标应提供总平面图、单体平面、立面、剖面图和主要结构图及装修、设备工程说明书。施工图招标阶段应提供全部图纸（不包括大样图）。

3. 工程量清单和单价表

（1）工程量清单　要按国家颁布的统一工程项目划分、统一计量单位和统一的工程量计量规则，根据施工图纸计算工程量，作为投标报价的基础。

（2）单价表　是采用单价合同承包方式时投标单位的报价文件和招标单位的评价依据。

4. 投标须知

包括总则、招标文件、投标文件的编制、投标文件的提交、开标、评标及合同的授予等。

5. 技术规范

技术规范一般包括：工程的全面描述、工程所用材料的技术要求、施工质量要求、工程记录计量方法和支付规定、验收标准、不可预见因素的规定。技术规范有国家强制性标准和国际、国内的公认标准。

（三）招标文件部分内容编写说明

1. 投标原则和评标办法

根据招标项目的具体内容、招标单位所确定的招标形式、评标程序和投标人必须遵守的原则、要求。

2. 投标价格

一般结构不太复杂或工期在 12 个月以内的工程，可以采用固定价格，考虑一定的风险系数。而对于机构较复杂或大型工程，工期在 12 个月以上的，应采用调整价格。

3. 投标价格计算依据

在招标文件中应明确工程计价类别；执行的定额标准及取费标准；执行的人工、材料、机械设备政策性调整文件等；材料、设备计价方法及采购、运输、保管的责任以及工程量清单。

4. 质量标准

必须达到国家施工验收规范合格标准。对于要求质量达到优良标准时，应计取补偿费用，补偿费用的计算方法应按国家或地方有关文件规定执行，并在招标文件中明确。

5. 技术标准

招标文件中规定的各项技术标准应符合国家强制性标准。招标文件中规定的各项技术标准均不得要求或标明某特定的专利、商标、名称、设计、原产地或生产供应者，不得含有倾向或者排斥潜在投标人的其他内容。

6. 工期

应参照国家或地方颁布的工期定额来确定，赶工措施费如何计取应在招标文件中明确。如果建设单位要求按合同工期提前竣工交付使用，应考虑计取提前工期奖，提前工期奖的计算、颁发应在招标文件中明确。

7. 投标准备时间

招标文件中应明确投标准备时间，即从开始发放招标文件之日起，至投标截止时间的期限。招标单位根据工程项目的具体情况，确定投标准备时间。最多不得少于 20 天。

8. 投标保证金

在招标文件中应明确投标保证金数额，投标保证金可采用现金、支票、汇票，也可以是银行出具的保函。

9. 履约担保

中标单位应按规定向招标单位提交履约担保，履约担保可采用银行保函或履约担保书。履约担保比率应符合目前有关部门的规定：银行出具的银行保函合同价格的 5%，履约担保书为合同价格的 10%。

10. 投标有效期

投标有效期的确定应视工程情况而定，应在招标文件中说明。

11. 材料或设备采购、运输、保管的责任

应在招标文件中明确，如建设单位提供材料或设备，应列明材料或设备名称、品种或型号、数量，及提供日期和交货地点等；还应在招标文件中明确招标单位提供的材料或设备计价和结算退款方法。

12. 合同协议条款的编写

招标单位在编制招标文件时，应根据《中华人民共和国经济合同法》、《建设工程施工合同管理办法》的规定和工程具体情况确定招标文件合同协议条款内容。

（四）工程施工招标文件审核

① 审核招标文件的内容是否合法、合规，是否全面、准确地表述招标项目的实际情况

以及招标人的实质性要求；

② 审核采取工程量清单报价方式招标时，其标底是否按《建设工程工程量清单计价规范》的规定填制；

③ 审核工程量清单是否满足设计图纸和招标文件的要求；

④ 审核暂定价格或甲供材料的价格是否正确；

⑤ 审核计价要求、评标方法及标准是否合理、合法；

⑥ 审核施工现场的实际情况是否符合招标文件的规定；

⑦ 审核投标保函的额度和送达时间是否符合招标文件的规定。

六、园林工程招标标底的编制

招标标底是指招标人自行或委托具有编制标底资格和能力的中介机构，根据招标项目的具体情况和国家规定的计价依据和计价方法以及其他有关规定，编制的完成招标项目所需的全部费用，是招标人或业主对建设工程的期望价格。

（一）标底价格编制的原则

在标底的编制过程中，应遵循以下原则。

① 根据国家统一工程项目划分、计量单位、工程量计算规则及设计图纸、招标文件，按照国家、行业或地方批准发布的定额和技术标准规范及要素市场价格确定工程量，标底价格反映社会平均水平；

② 标底应力求与市场的实际变化相吻合，要有利于竞争和保证工程质量；

③ 标底应由直接费、间接费、利润、税金等组成，一般应控制在批准的建设工程投资估算或总概算价格以内；

④ 标底应考虑人工、材料、设备、机械台班等价格变化因素，以及不可预见费、预算包干费、措施费、现场因素费用、保险以及采用固定价格的工程风险金等；

⑤ 一个工程只能有一个标底；

⑥ 标底编制完成后，应及时封存，在开标前严格保密，不得泄露。

（二）标底的编制依据

① 国家的有关法律法规以及国务院和省、自治区、直辖市相关主管部门制定的有关工程造价的文件和规定；

② 工程招标文件中确定的计价依据和计价办法，招标的商务条款等；

③ 工程设计文件、图纸、技术说明及招标时的设计交底，按设计图纸确定的或招标人提供的工程量清单等相关基础数据；

④ 国家、行业、地方的工程建设标准，包括建设工程施工必须执行的建设技术标准、规范和规程；

⑤ 采用的施工组织设计、施工方案、施工技术措施等；

⑥ 工程施工现场地质、水文勘探资料、现场环境和条件及反映相关情况的有关资料；

⑦ 招标时的人工材料、设备及施工机械台班等要素市场价格信息，以及国家或地区有关政策性调价的规定。

（三）标底的编制程序

当招标中的商务条款一经确定，即可进入标底的编制阶段。工程标底的编制程序如下。

① 确定标底的编制单位。

② 搜集编制资料。主要有全套施工图纸及现场地质、水文、地上情况的有关资料；招标文件；其他数据。例如：人工、材料、设备及施工机械台班等要素市场价格信息；领取标底价格计算书，报审的有关表格。

③ 参加交底会及现场勘察。

④ 编制标底。

⑤ 审核标底价格。

（四）标底的主要内容

① 标底的综合编制说明；

② 标底价格审定书、标底价格计算书、带有价格的工程量清单、现场因素分析、各种施工措施费的测算明细以及采用固定价格工程的风险系数测算明细等；

③ 主要人工、材料、机械设备用量表；

④ 标底附件包括各项交底纪要、各种材料及设备的价格来源、现场的地质、水文、地上情况的有关资料、编制标底价格所依据的施工方案或施工组织设计等；

⑤ 标底价格编制的有关表格。

（五）标底价格的编制方法

我国目前主要采用定额计价法和工程量清单计价法来编制。

1. 以定额计价法编制标底

定额计价法编制标底采用的是分部分项工程量的直接费单价（或称工料单价），仅仅包括人工、材料、机械费用。直接费单价又可以分为单位估价法和实物量法两种。

（1）单位估价法　根据施工图纸及技术说明，按照预算定额规定的分部分项工程子项目，逐项计算工程量，在套用定额单价确定直接费，然后按规定的费用定额确定其他直接费、现场经费、间接费、计划利润和税金，还要加上材料调价系数和适当的不可预见费，汇总后即为标底的基础。

采用该法编制标底的步骤一般如图 10-3 所示。

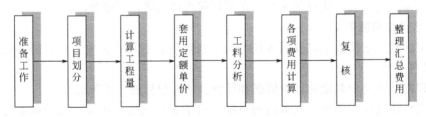

图 10-3　单位估价法编制标底

单位估价法是目前国内编制标底价格的主要办法，具有计算简单、工作量较小和编制速度较快等优点。但采用该法的价格水平容易偏离实际情况，且调价比较烦琐。

（2）定额实物量法　用实物量编制标底，主要计算出各分项工程的实物工程量，分别套用预算定额中的人工、材料、机械消耗指标，并按类相加，求出单位工程所需的各种人工、材料、施工定额台班的总消耗量，然后分别乘以当时当地的人工、材料、施工机械台班市场单价，求出人工费、材料费、施工机械使用费，再汇总求和。上述各种费用的计算根据当时当地的市场供求情况进行确定。

使用该法编制标底，要采用当时当地市场中的人工、材料、机械台班价格，从而反映实际价格水平。因此，实物量法是与市场经济体制相适应的并以预算定额为依据的标底编制方法。

2. 以工程量清单计价法编制标底

采用此种方法编制标底有以下 3 种形式。

（1）工料单价　单价仅仅包括人工费、材料费和机械使用费，又称为直接费单价；

（2）完全成本单价　除了包括直接费之外，还包括现场经费、其他直接费和间接费等全部成本。

（3）综合单价　即分部分项工程的完全单价，综合了直接工程费、间接费、有关规定的调价、利润或者包括税金以及采用固定价格的工程所测算的风险金等全部费用。

工程量清单计价方法主要采用的是综合单价。上述两种方法的主要区别在于：间接费、利润等是一个用综合管理费分摊到分项工程单价中，从而构成分项工程综合单价，某分项工程综合单价乘以工程量即为该分项工程合价，所有分项工程合价汇总后即为该工程的总价。

（六）编制标底需要考虑的因素

招标工程的标底大多是在施工图预算基础上做出的，但它不完全等同于施工图预算。编制一个标底还需要考虑以下因素。

① 标底必须适应目标工期的要求，对提前工期有所反映，并将其计算依据、过程、结果列入标底的综合说明中。

② 标底必须适应招标方的质量要求，对高于国家施工及验收规范质量因素有所反映，并应将其计算依据、过程、结果列入标底的综合说明中。标底的计算应体现优质优价的原则。

③ 标底必须适应建筑材料采购管道和市场价格变化，考虑材料差价因素，并将差价列入标底。

④ 标底必须合理考虑招标工程的自然条件和招标工程范围等因素。由于自然条件导致的施工不利因素也应考虑计入标底。

⑤ 标底价格应根据招标文件或合同条件的规定，按规定的工程承发包模式，确定相应的计价方式，考虑相应的风险费用。

（七）编制标底注意事项

编制标底除了要注意以上原则和考虑因素之外，还必须注意以下各项工作。

（1）做好标底编制前的各项准备工作　此项需要注意：在编制的过程中要注重踏勘现场，了解现场供水、供电、通路和场地状况，及时清点和熟悉施工图。

（2）计算工程量　由于工程量是标底编制中最基本和最重要的数据，漏项和错算都会直接影响标底造价的正确程度。工程量的工程分项名称，以及工程量的计算方法，应与所使用的定额的规定相一致。同时分项工程名称的描述要全面妥当。

（3）要正确使用定额和补充单价　标底中的单价以当地现行的预算定额为依据，对定额中的缺项或有特殊要求的项目应编制补充单价合同。

（4）正确计算材料价差　计算材料价差一般都遵循当地工程造价管理部门颁发的材料价差调整文件的要求，材料价差系数的颁发有一定的时点，该时点过后才相继出现编制时点、工程竣工时点。

（5）正确计算施工措施性费用　标底编制人员通过对有关方面资料的搜集、整理，特别是对一些深基础工程、超重和超大构件的吊装和运输、大规模的混凝土结构工程等情况，要慎重考虑。

（6）计算直接费、间接费和总造价　首先在准确核对各项目工程量及相应预算价的基础上，计算分项直接费并汇总，然后按地区规定的取费率计算出间接费及利润等，最后加入材料价差、施工措施性费用、代办费用等，从而得出工程总造价即招标标底。

（八）标底价格的审核

1. 审核标底时的考虑因素

在审核标底的时候应该考虑以下因素：工程的规模和类型、结构复杂程度；工期的长短以及必要的技术措施；工程质量的要求；工程所在地区的技术、经济条件等；根据不同的承包方式，考虑不同的包干系数及风险因素；现场的具体情况等。

2. 审核标底的内容

（1）标底的计价依据　包括承包范围、招标文件规定的计价方法及招标文件的其他有关条款；

（2）标底价格组成的内容　包括工程量清单及其单价组成、直接费、其他直接费、有关文件规定的调价、间接费、现场经费以及利润、税金、主要材料、设备需用数量等。

（3）标底价格相关费用　人工、材料、机械台班的市场价格，措施费、现场费用、不可预见费，对于采用固定价格的工程所测算的在施工周期内价格波动的风险系数等。

3. 标底的审核办法

类似于施工图预算的审核方法，包括全面审核法、重点审核法、分解对比审核法、标准预算审核法、筛选法等。

第二节　园林工程项目投标

一、投标的概念与程序

（一）投标的概念

建设工程投标是工程招标的对称概念，指具有合法资格和能力的投标人根据招标条件，经过初步研究和估算，在指定期限内填写标书，提出报价，并等候开标，决定能否中标的经济活动。

（二）投标的一般程序

从投标人的角度看，建设工程投标的一般程序，主要经历以下几个环节。

① 向招标人申报资格审查，提供有关文件资料；

② 购领招标文件和有关资料，缴纳投标保证金；

③ 组织投标班子，委托投标代理人；

④ 参加踏勘现场和投标预备会；

⑤ 编制、递送投标书；

⑥ 接受评标组织就投标文件中不清楚的问题进行的询问，举行澄清会谈；

⑦ 接受中标通知书，签订合同，提供履约担保，分送合同副本。

二、工程投标文件的基本内容

工程投标文件，是工程投标人单方面阐述自己响应招标文件要求，旨在向招标人提出愿意订立合同的意思表示，是投标人确定、修改和解释有关投标事项的各种书面表达形式的统称。

投标人在投标文件中必须明确向招标人表示愿以招标文件的内容订立合同的意思；必须对招标文件提出的实质性要求和条件做出响应，不得以低于成本的报价竞标；必须由有资格的投标人编制；必须按照规定的时间、地点递交给招标人。否则该投标文件将被招标人拒绝。

投标文件一般由下列内容组成：投标函；投标函附录；投标保证金；法定代表人资格证明书；授权委托书；具有标价的工程量清单与报价表；辅助资料表；资格审查表（资格预审的不采用）；对招标文件中的合同协议条款内容的确认和响应；施工组织设计；招标文件规定提交的其他资料。

投标人必须使用招标文件提供的投标文件表格格式，但表格可以按同样格式扩展。招标文件中拟定的供投标人投标时填写的一套投标文件格式，主要有投标函及其附录、工程量清单与报价表、辅助资料表等。

三、编制工程投标文件的步骤

投标人在领取招标文件以后，就要进行投标文件的编制工作。

编制投标文件的一般步骤如下。

① 熟悉招标文件、图纸、资料，对图纸、资料有不清楚、不理解的地方，可以用书面或口头方式向招标人询问、澄清；

② 参加招标人施工现场情况介绍和答疑会；

③ 调查当地材料供应和价格情况；

④ 了解交通运输条件和有关事项；

⑤ 编制施工组织设计，复查、计算图纸工程量；

⑥ 编制或套用投标单价；

⑦ 计算取费标准或确定采用取费标准；

⑧ 计算投标造价；

⑨ 核对调整投标造价；

⑩ 确定投标报价。

四、工程施工投标报价

（一）工程施工投标报价的编制标准

工程报价是投标的关键性工作，也是整个投标工作的核心。它不仅是能否中标的关键，而且对中标后的盈利多少，在很大程度上起着决定性的作用。

1. 工程投标报价的编制原则

① 必须贯彻执行国家的有关政策和方针，符合国家的法律、法规和公共利益。

② 认真贯彻等价有偿的原则。

③ 工程投标报价的编制必须建立在科学分析和合理计算的基础之上，要较准确地反映工程价格。

2. 影响投标报价计算的主要因素

（1）工程量　工程量是计算报价的重要依据。多数招标单位在招标文件中均附有工程实物量。因此，必须进行全面或者重点的复核工作，核对项目是否齐全、工程做法及用料是否与图纸相符，重点核对工程量是否正确，以求工程量数字的准确性和可靠

（2）单价　工程单价是计算标价的又一个重要依据，同时又是构成标价的第二个重要因素。单价的正确与否，直接关系到标价的高低。因此，必须十分重视工程单价的制定或套用。制定的根据：一是国家或地方规定的预算定额、单位估价表及设备价格等；二是人工、

材料、机械使用费的市场价格。

（3）其他各类费用的计算　这是构成报价的第三个主要因素。这个因素占总报价的比重是很大的，少者占20%～30%，多者占40%～50%左右。因此，应重视其计算。

工程报价计算出来以后，可用多种方法进行复核和综合分析。然后，认真详细地分析风险、利润、报价让步的最大限度，而后参照各种信息资料以及预测的竞争对手情况，最终确定实际报价。

（二）工程投标报价计算的依据

① 招标文件，包括工程范围、质量、工期要求等。

② 施工图设计图纸和说明书、工程量清单。

③ 施工组织设计。

④ 现行的国家、地方的概算指标或定额和预算定额、取费标准、税金等。

⑤ 材料预算价格、材差计算的有关规定。

⑥ 工程量计算的规则。

⑦ 施工现场条件

⑧ 各种资源的市场信息及企业消耗标准或历史数据等。

（三）工程投标报价的构成

投标报价的费用构成主要有直接费、间接费、利润、税金以及不可预见费等，具体构成如下。

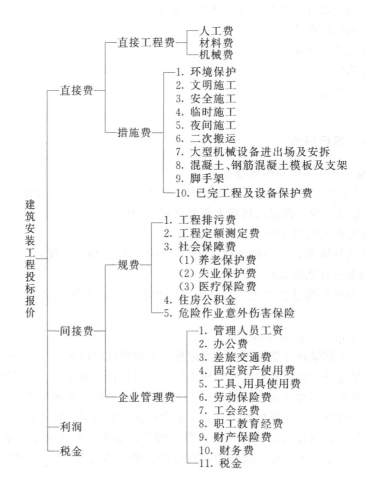

第三节　工程施工的开标、评标和定标

一、工程施工的开标

开标应当按照招标文件规定的时间、地点和程序以公开的方式进行。开标由招标人主持，邀请评标委员会成员、投标人代表和有关单位代表参加。投标人检查投标文件的密封情况，确认无误后，由有关工作人员当众拆封、验证投标资格、并宣读投标人名称、投标价格以及其他主要内容等。

开标会议宣布开始后，应首先请各投标单位代表确认其投标文件的密封完整性，并签字予以确认。当众宣读评标原则、评标办法，由招标单位依据招标文件的要求，核查投标单位提交的证件和资料，并审查投标文件的完整性、文件的签署、投标担保等，但提交合格"撤回通知"和逾期送达的投标文件不予启封。

唱标顺序应按各投标单位报送投标文件时间先后的逆顺序进行。当中宣读有效标函的投标单位名称、投标报价、工期、质量、主要材料用量、修改或撤回通知、投标保证金、优惠条件，以及招标单位认为有必要的内容。投标人可以对唱标做必要的解释，但所做的解释不得超过投标文件记载的范围或改变投标文件的实质性内容。同时开标应该做记录，存档备查。

二、工程施工评标

评标应由招标人依法组建的评标委员会负责，评标的目的是根据招标文件确定的标准和方法，对每一个投标人的标书进行评审和比较，以选出最优评标价的投标人。

招标人组建评标委员会，评标委员会有招标人的代表及在专家库中随机抽取的技术、经济、法律等方面的专家组成，总人数一般为5人以上且总人数为单数，其中受聘的专家不得少于总人数的2/3。与投标人有利害关系的人员不得进入评标委员会。评标委员会负责评标，对所有投标文件进行审查，对于招标文件规定有实质性不符的投标文件，应当决定其无效。

（一）工程施工评标方法

1. 专家评议法

由评标委员会预先确定拟评定的内容，经过对共同分项的认真分析、横向比较和调查后进行综合评议。

评标委员会应当按照投标文件的规定对投标文件进行评审和比较，并向招标人推荐1～3个中标候选人。招标人应当在投标有效期截止时限的30天前确定中标人。依法必须进行施工招标的工程，招标人应当自确定中标人之日起15天内，向工程所在地的县级以上地方人民政府建设主管部门提交施工招标投标情况的书面报告。建设行政主管部门自收到书面报告之日起5天内未通知招标人在招标投标活动中有违法行为的，招标人可以向中标人发出中标通知书，并将中标结果通知所有未中标的投标人。

2. 最低投标价法

一般选取最低评标价者作为推荐中标人。评标价需要建立在严格预审的基础上，将一些因素折算成价格，然后再计算其评标价。只要投标人通过了资格预审，就被认为是具备了可靠承包商条件，投标竞争只是一个价格的比较。评标价的其他构成要素还包括工期的提前量、标书中的优惠、技术建议导致的经济效益等，这些条件都折算成价格作为评标价的折减因素。对其他可以折算成价格的要素，按照对招标人不利或有利的原则，按规定折算后，在投标报价中减少或者增加。评标委员会根据招标文件中规定评标价格调整方法，对所有投标人的投标报价及投标文件的商务部分进行必要的价格调整。采用经评审的最低投标价法的，中标人的投标应当符合招标文件规定的技术要求和标准，但评标委员会无需对投标文件的技术部分进行价格折算。

3. 综合评分法

综合评分法是指将评审的内容进行分类后分别赋予不同权重，评标委员依据评分标准对各类内容细分的小项进行相应的打分，最后计算的累计分值反映投标人的综合水平，以得分最高的投标书为最优。这种方法由于需要评分的涉及面较宽，每一项都要经过评委打分，所以可以全面地衡量投标人实施招标工程的综合能力。

大型复杂工程的评分标准最好设置几级评分目标，以利于评委控制打分标准，减少随意性，评分的指标体系及权重应根据招标工程项目的特点待定。

对于较为简单的工程项目由于评比要素相对较少，通常采用百分制法进行评标，但应预先设定技术标和商务标的满分值；对于大型复杂工程的评审要素较多，需将评审要素划分为几大类并分别给予不同的权重，每一类再进行百分制计分。

4. 以标底作为衡量标准值计算报价得分的综合评分法

评标委员会首先用标底作为衡量标准，以预先确定的允许报价浮动范围筛选入围的有效投标，然后按照评标规则计算各项得分，最后以累计得分比较投标书的优劣。

5. 以修正标底值作为报价评分衡量标准的综合评分法

以标底作为报价评定标准时，编制的标底有可能没有反映出较为先进的施工技术水平和管理水平，导致报价分的评定不合理。可以将修正标底值作为衡量标准，以达到评分的目的。

6. 不用标底衡量的综合评分法

为了鼓励投标人的报价竞争，可以不预先制定标底，用反映投标人报价水平某一值作为衡量基准评定各投标书的报价部分得分。可以采用最低报价或者平均报价作为设置的标准值，视报价与其偏离度的大小确定分值高低。

工程量清单计价的招标中经常采用合理低价评分法评标。评审投标报价是不仅注重总价，更注重价格构成，各投标报价工程量相同，价格构成清晰可比，便于进行投标的响应性和报价是否合理的评价，同时在一定程度地消除了编标、串标、抬标等不良现象，避免了工程造价被恶意扭曲，所以，工程量清单招标中标底价近作为市场参考价或业主的拦标价。

（二）主要评审因素的设置

评审因素一般设置如下。

（1）投标报价　主要包括评审投标报价的准确定和报价的合理性等。

（2）施工组织设计　以评审施工方案或施工组织设计是否齐全完整、科学合理，具体包括：

① 施工方法是否先进合理；

② 施工进度计划及措施是否合理，能够满足招标人关于工期或竣工计划的要求；

③ 质量保证措施是否可行，安全措施是否可靠；

④ 现场平面布置及文明施工措施是否可靠；

⑤ 主要施工机具及劳动力配备是否合理；

⑥ 提供的材料设备，是否满足招标文件及设计要求；

⑦ 项目主要管理人员及工程技术人员的数量和资历等。

（3）质量　评审工程质量是否达到国家施工验收规范合格标准。是否符合招标文件要求，质量措施是否全面和可行。

（4）工期　评审工期是否满足招标文件的要求。

（5）信誉和业绩　包括：经济技术实力，近期合同履行情况，服务态度，是否承担过类似工程，是否获得过上级的表彰和奖励等。

（三）评标程序

评标委员会应当按照招标文件的规定对投标文件进行评审和比较，一般评标程序如下。

对于大型工程项目的评标因评审内容复杂、涉及面广，通常分为初步评审和详细评审两个阶段。

1. 初步评审阶段

（1）投标人的资格要求　公开招标时要核对是否为资格预审的投标人。邀请招标在此阶段应对投标人提交的资格材料进行审核。

（2）投标保证有效性　如果招标文件要求提供投标保证的，投标时是否已经提交及检查保证金额、担保期限、出具保证书的单位是否符合投标须知的规定。

（3）报送资料的完整性　投标书应符合投标须知的规定，是否有遗漏。

（4）投标书与招标文件的要求有无实质性的背离　投标文件应在实质上相应招标文件的要求，投标文件应该与招标文件的所有条款。条件和规定符合，无明显差异。

（5）报价计算的正确性　如果投标书存在计算或统计错误，由评标委员会予以改正后请投标人签字确定。投标人拒绝确认，按投标人违约对待；当错误值超过允许范围时，按废标对待。

（6）扣除暂定金额　如果工程报价单中存在暂定金额，则应该将其从投标书的总价内扣除，剩余金额作为详细评标阶段商务标评比的依据。

2. 详细评审阶段

此阶段一般分为两个步骤。首先对各投标书进行技术和商务方面的审查，评定其合理性及合同授予该投标人在履行过程中可能给招标人带来的风险。在此基础上再由评标委员对各投标书分项进行量化比较，从而评定出优劣次序。大型复杂工程的评标过程经常分为商务评审和技术评审。

（1）对投标书的审查　在评审投标人如何实施招标工作时，主要考虑以下几个方面。

1）技术评审。主要是对投标书的施工总体布置、施工进度计划、施工方法和技术措施、材料和设备、技术建议等实施方案进行评定。

2）价格分析。目的在于鉴定投标报价的合理性，并找出报价高低的原因。

① 报价构成分析。用标底与投标书中各单项合计价、各分项工作内容的单价及总价进行对比分析，找出差异，确定原因，评定报价。

② 计日工报价。分析没有名义工程量，只填单价的机械台班费和人工费报价的合理性。

③ 分析前期工程价格提供的幅度。过大地提高前期工程的支付要求，会影响到项目的资金筹措计划。

④ 分析标书中所附资金流量表的合理性。包括审查各阶段的资金需求计划是否与施工进度计划相一致，对预付款的要求是否合理，采用公式法调价时取用的基价和调价系数的合理性及估算可能的调价幅度等内容。

⑤ 分析按标书中所提出的财务或付款方面的建议和优惠条件，估计接受该建议的利弊。

3）管理和技术能力评价。对施工管理的组织机构模式、管理人员和技术人员的能力、施工机械设备、质量保证体系等方面进行评价。

4）商务法律评审。主要包括投标书对招标文件中的规定是否有重大偏差，修改合同条件某些条款建议的采用价值，替代方案的可行性，评价优惠条件等。

（2）对投标文件的澄清　为了有助于对投标文件的审查、评价和比较，对于大型复杂工程在必要时评标委员会可以分别召集投标人对投标文件中的某些内容进行澄清，招标答疑对投标人进行质询。澄清和确认的问题需经投标单位的法定代表人或授权代理人签字，作为投标文件的有效组成部分，但澄清的问题不允许更改投标价格或投标书中的实质内容。

（3）对投标书进行量化比较　在审标的基础上，评标委员会可以接受的投标书按照预先制定的规则进行量化评定，从而比较出各投标综合能力的高低。采用的方法有"经评审的最低投标价法"、"综合评分法"以及"评标价法"等。

三、工程投标文件评审及定标

（一）工程投标文件评审的要求

工程投标文件评审及定标是一项原则性很强的工作，需要招标人严格按照法规政策组建评标组织，并依法进行评标、定标。所采用的评标定标方法必须是招标文件所规定的，而且也必须经过政府主管部门的严格审定，体现公正性、平等性、科学性、合理性、择优性、可操作性。

具体做到：评标定标办法是否符合有关法律、法规和政策，体现公开、公正、平等竞争和择优的原则；评标定标组织的组成人员要符合条件和要求；评标定标方法应适当，浮标因素设置应合理，分值分配应恰当，打分标准科学合理，打分规则清楚等；评标定标的程序和日程安排应当妥当等。

（二）工程投标文件评审及定标的程序

工程投标文件评审及定标的程序一般如下。

（1）组建评标组织进行评标

（2）进行初步评审　从未被宣布为无效或作废的投标文件中筛选出若干具备评标资格的投标人，并评审下列内容：

① 对投标文件进行符合性评审。

② 技术性评审。

③ 商务性评审。

（3）进行终审　终审是指对投标文件进行综合评价与比较分析，对初审筛选出的若干具备评标资格的投标人进行进一步澄清、答辩，择优确定出中标候选人。

应当说明的是，终审并不是每一项评标都必须有的，如未采用单项评议法的，一般就可不进行终审。

（4）编制评标报告及授予合同推荐意见

（5）决标　即为确定中标单位。

第四节　园林工程预算认知

园林建设工程需要投入一定数量的人力、物力，经过工程施工创造出园林产品，如园林建筑、园林小品、园路、假山、绿化工程等。对于任何一项工程，都可以根据设计图纸在施工前确定工程所需要的人工、机械和材料的数量、规格和费用，预先计算出该项工程的全部造价。这正是园林工程概预算所要研究的内容。园林工程概预算涉及到很多方面的知识，如阅读图纸，了解施工工序和技术，熟悉预算定额和材料价格，掌握工程量计算方法和取费标准等。

一、园林工程预算的概念、意义及作用

（一）园林工程预算的概念

园林工程预算是指在工程建设过程中，根据不同的设计阶段设计文件的具体内容和有关定额、指标及取费标准，预先计算和确定建设项目的全部工程费用的技术经济文件。

（二）园林工程预算的意义

园林工程不同于一般的工业、民用建筑等工程，具有一定的艺术性，由于每项工程各具特色，风格各异，工艺要求不尽相同，且项目零星，地点分散，工程量小，工作面大，花样繁多，形式各异，且受气候条件的影响较大，因此，不可能用简单、统一的价格对园林产品进行精确的核算。它必须根据设计文件的要求、园林产品的特点，对园林工程事先从经济上加以计算，以便获得合理的工程造价，保证工程质量。

（三）园林工程预算的作用

① 是设计单位对设计方案进行技术经济分析比较的依据。园林工程预算是确定园林建设工程造价的依据。

② 是建设单位与施工单位签定施工合同，办理工程竣工结算及工程招投标的依据。

③ 是银行拨付工程款或贷款的依据。

④ 是施工企业组织生产、编制计划、统计工作量和实物量指标的依据。

⑤ 是施工企业考核工程成本的依据。

二、园林工程预算的种类与作用

园林工程预算按不同的设计阶段和所起的作用及编制依据的不同，一般可分为设计概算、施工图预算、施工预算和竣工决算等。

（一）设计概算

设计概算是初步设计文件的重要组成部分。它是由设计单位在初步设计阶段，根据初步设计图纸，按照有关工程概算定额（或概算指标）、各项费用定额（或取费标准）等有关资料，预先计算和确定工程费用的文件。其作用如下。

① 是编制建设工程计划的依据。

② 是控制工程建设投资的依据。

③ 是鉴别设计方案经济合理性、考核园林产品成本的依据。

④ 是控制工程建设拨款的依据。

⑤ 是进行建设投资包干的依据。

（二）施工图预算

施工图预算是指在施工图设计阶段，当工程设计完成后，在工程开工之前，由施工单位根据已批准的施工图纸，在既定的施工方案前提下，按照国家颁布的各类工程预算定额、单位估价表及各项费用的取费标准等有关资料，预先计算和确定工程造价的文件。其作用如下。

① 是确定园林工程造价的依据。

② 是办理工程竣工结算及工程招投标的依据。

③ 是建设单位与施工单位签订施工合同的主要依据。

④ 是建设银行拨付工程款或贷款的依据。

⑤ 是施工企业考核工程成本的依据。

⑥ 是设计单位对设计方案进行技术经济分析比较的依据。

⑦ 是施工企业组织生产、编制计划、统计工作量和实物量指标的依据。

（三）施工预算

施工预算是施工单位内部编制的一种预算，是指施工阶段在施工图预算的控制下，施工企业根据施工图计算的工程量、施工定额、单位工程施工组织设计等资料，通过工料分析，预先计算和确定工程所需的人工、材料、机械台班消耗量及其相应费用的文件。施工预算数字，不应突破施工图预算数字。其作用如下。

① 是施工企业编制施工作业计划的依据。

② 是施工企业签发施工任务单、限额领料的依据。

③ 是开展定额经济包干、实行按劳分配的依据。

④ 是劳动力、材料和机具调度管理的依据。

⑤ 是施工企业开展经济活动分析和进行施工预算与施工图预算对比的依据。

⑥ 是施工企业控制成本的依据。

（四）竣工决算

工程竣工决算分为施工单位竣工决算和建设单位的竣工决算两种。施工企业内部的单位工程竣工决算，它是以单位工程为对象，以单位工程竣工结算为依据，核算一个单位工程的预算成本，实际成本和成本降低额，所以又称为单位工程竣工成本决算。它是由施工企业的财会部门进行编制的。通过决算，施工企业内部可以进行实际成本分析，反映经营效果，总结经验教训，以利提高企业经营管理水平。建设单位竣工决算，是在新建、改建和扩建工程建设项目竣工验收移交后，由建设单位组织有关部门，以竣工结算等资料为基础编制的，一般是建设单位的财务支出情况，是整个建设项目从筹建到全部竣工的建设费用的文件，它包括建筑工程费用，安装工程费用，设备、工器具购置费用和其他费用等。竣工决算的主要作用是：用以核定新增固定资产价值，办理交付使用；考核建设成本，分析投资效果；总结经验，积累资料，促进深化改革，提高投资效果。

设计概算、施工图预算和竣工决算简称"三算"。设计概算是在初步设计阶段，由设计单位主编的。单位工程开工前，由施工单位编制施工图预算。建设项目或单项工程竣工后，由建设单位（施工单位内部也编制）编制竣工决算。它们之间的关系是：概算全额不得超过计划任务书的投资额，施工图预算和竣工决算不得超过概算全额。三者都有独立的功能，在工程建设的不同阶段发挥各自的作用。鉴于目前国内的园林定额和实际生产情况的要求，本章重点介绍园林工程施工图预算。

三、园林建设工程预算的编制依据

为了提高预算的准确性，保证预算的质量，在编制预算时，主要依据下列技术资料和有关规定。

（一）施工图纸

施工图纸是指经过会审的施工图，包括所附的设计说明书、选用的通用图集和标准图集或施工手册、设计变更文件等，它是编制预算的基本资料。

（二）施工组织设计

施工组织设计也称施工方案，是确定单位工程进度计划、施工方法、主要技术措施、施工现场平面布局和其他有关准备工作的技术文件。在编制工程预算时，某些分部工程应该套用哪些工程细目（子项）的定额，以及相应的工程量是多少，要以施工方案为依据。

（三）工程预算定额

预算定额是确定工程造价的主要依据，它是由国家或被授权单位统一组织编制和颁发的一种法令性指标，具有极大的权威性。我国目前由住房和城乡建设部统编和颁发的《全国统一仿古建筑及园林工程预算定额》共四册，其中第一册为《通用项目》，第二册为《营造法源作法项目》，第三册为《营造个例作法项目》，第四册为《园林绿化工程》。由于我国幅员辽阔，各地材料价格差异很大，因此各地均将统一定额经过换算后颁发执行。

（四）材料预算价格，人工工资标准，施工机械台班费用定额

（五）园林建设工程管理费及其他费用取费定额

工程管理费和其他费用，因地区和施工企业不同，其取费标准也不同，各省、市地区、企业都有各自的取费定额。

（六）建设单位和施工单位签订的合同或协议

合同或协议中双方约定的标准也可成为编制工程预算的依据。

（七）国家及地区颁发的有关文件

国家或地区各有关主管部门制订颁发的有关编制工程预算的各种文件和规定，如某些材料调价、新增某种取费项目的文件等，都是编制工程预算时必须遵照执行的依据。

（八）工具书及其他有关手册

四、园林工程预算的编制程序

编制园林工程预算的一般步骤和顺序，概括起来是：熟悉并掌握预算定额的使用范围、具体内容、工程量计算规则和计算方法，应取费用项目、费用标准和计算公式；熟悉施工图及其文字说明；参加技术交底，解决施工图中的疑难问题；了解施工方案中的有关内容；确定并准备有关预算定额；确定分部工程项目；列出工程细目；计算工程量；套用预算定额；编制补充单价；计算合计和小计；进行工、料分析；计算应取费用；复核、计算单位工程总造价及单方造价；填写编制说明书并装订签章。以上这些工作步骤，前几项可以看成是编制工程预算的准备工作，是编制工程预算的基础。只有准备工作做好了，有了可靠的基础，才能把工程预算编制好。否则，不是影响预算的质量，就是要拖延编制预算的时间。因此，为了准确、及时地编制出工程预算，一定要做好上述每个步骤的工作，特别是各项准备工作。

具体编制程序如下。

（一）搜集各种编制依据资料

编制预算之前，要搜集齐下列资料：施工图设计图纸、施工组织设计、预算定额、施工管理费和各项取费定额、材料预算价格表、地方预决算材料、预算调价文件和地方有关技术经济资料等。

（二）参加技术交底，解决疑难问题

熟悉施工图纸和施工说明书、设计图纸和施工说明书是编制工程预算的重要基础资料。它为选择套用定额项目，取定尺寸和计算各项工程量提供重要的依据，因此，在编制预算之前，必须对设计图纸和施工说明书进行全面细致的熟悉和审查，从而掌握及了解设计意图和工程全貌，以免在选用定额项目和工程量计算上发生错误。

（三）熟悉施工组织设计和了解现场情况

施工组织设计是由施工单位根据工程特点、施工现场的实际情况等各种有关条件编制的，它是编制预算的依据。

（四）学习并掌握好工程预算定额及其有关规定

为了提高工程预算的编制水平，正确地运用预算定额及其有关规定，必须熟悉现行预算定额的全部内容，了解和掌握定额项目的工程内容、施工方法、材料规格、质量要求、计量单位、工程量计算规则等，以便能熟练地查找和正确地应用。

（五）确定工程项目、计算工程量

工程项目的划分及工程量计算，必须根据设计图纸和施工说明书提供的工程构造，设计尺寸和做法要求，结合施工现场的施工条件，按照预算定额的项目划分，工程量的计算规则和计量单位的规定，对每个分项工程的工程量进行具体计算。它是工程预算编制工作中最繁重、细致的重要环节，工程量计算的正确与否将直接影响预算的编制质量和速度。

1. 确定工程项目

在熟悉施工图纸及施工组织设计的基础上要严格按定额的项目确定工程项目，为了防止丢项、漏项的现象发生，在编项目时应首先将工程分为若干分部工程。如：基础工程；主体工程；门窗工程；园林建筑小品工程；水景工程；绿化工程等。

2. 计算工程量

正确地计算工程量，对基本建设计划，统计施工作业计划工作，合理安排施工进度，组织劳动力和物资的供应都是不可缺少的，同时也是进行基本建设财务管理与会计核算的重要依据，所以工程量计算不单纯是技术计算工作，它对基本建设发展有重要意义。在计算工程量时应注意以下几点。

① 在根据施工图纸和预算定额确定工程项目的基础上，必须严格按照定额规定和工程量计算规则，以施工图所注位置与尺寸为依据进行计算，不能人为地加大或缩小构件尺寸。

② 计算单位必须与定额的计算单位相一致才能准确地套用预算定额中的预算单价。

③ 取定的建筑尺寸和苗木规格要准确，而且便于核对。

④ 计算底稿要整齐，数字清楚，数值要准确，切忌草率零乱，辨认不清，对数字精确度的要求，工程量要算至小数点后两位，钢材、木材及使用贵重材料的项目可算至小数点后三位，余数四舍五入。

⑤ 要按照一定的计算顺序计算，为了便于计算和审核工程量防止遗漏或重复计算，计算工程量时除了按照定额项目的顺序进行计算外，也可以采用先外后内或先横后竖等不同的计算顺序。

⑥ 利用基数、连续计算。有些"线"和"面"是计算许多分项工程的基数，在整个工程量计算中要反复多次地进行运算，在运算中找出共性因素，再根据预算定额分项工程量的有关规定找出计算过程中各分项工程量的内在联系就可以把烦琐工程进行简化，从而迅速准确地完成大量的工程量计算工作。

（六）编制工程预算书

1. 确定单位预算价值

填写预算单价时要严格按照预算定额中的项目及有关规定进行，使用单价要正确，每一分项工程的定额编号，工程项目名称、规格、计量单位、单价均应与定额要求相符，要防止错套，以免影响预算的质量。

2. 计算工程直接费

单位工程直接费是各个分部分项工程直接费的总和，是用分项工程量乘以预算定额工程预算单价而求得的。

3. 计算其他各项费用

单位工程直接费计算完毕，即可计算其他直接费、间接费、计划利润、税金等费用。

4. 计算工程预算总造价

汇总工程直接费、其他直接费、间接费、计划利润、税金等费用最后求得工程预算总造价。

5. 校核

工程预算编制完毕后，应由有关人员对预算的各项内容进行全面核对，消除差错，保证工程预算的准确性。

6. 编写预算说明

填写工程预算书的封面，装订成册。编写预算说明一般包括以下内容。

（1）工程概况　通常要写明工程编号、工程名称、建设规模等。

（2）编制依据　编制预算时所采用的图纸名称、标准图集、材料做法以及设计变更文件；采用的预算定额、材料预算价格及各种费用定额等资料。

（3）其他有关说明　是指在预算表中无法表示且需要用文字做补充说明的内容。工程预算封面通常需填写的内容有：工程编号、工程名称、建设单位名称、施工单位名称、建设规模、工程预算造价、编制单位及日期等。

（七）工料分析

工料分析是在编写预算时，根据分部分项工程项目的数量和相应定额中的项目所列的用工及用料的数量，算出各工程项目所需的人工及用料数量，然后进行统计汇总，计算出整个工程的工料所需数量。

（八）复核、签章及审批

工程预算编制出来后，由本企业的有关人员对所编制预算的主要内容及计算情况进行一次全面检查核对，以便及时发现可能出现的差错并及时纠正，提高工程预算准确性，审核无误经上级机关批准后送交建设单位和建设银行审批。

第五节　园林工程预算定额

一、预算定额的概念、作用

（一）预算定额的概念

在正常的施工条件下，完成一定计量单位合格的分项工程或结构构件所需消耗的活劳动与物化劳动（即人工、材料和机械台班）的数量标准，叫预算定额。预算定额是由国家主管机关或被授权单位组织编制并颁发的一种法令性指标，是一项重要的经济法规。定额中的各项指标，反映了国家对完成单位产品基本构造要素（即每一单位分项工程或结构构件）所规定的工料、机械台班等消耗的数量限额。编制预算定额的目的在于确定工程中每一单位分项工程的预算基价（即价格），力求用最少的人力、物力和财力，生产出符合质量标准的合格园林建设产品，取的最好的经济效益。预算定额中活劳动与物化劳动的消耗指标，应是体现社会平均水平的指标。为了提高施工企业的管理水平和生产力水平，定额中的活劳动与物化劳动消耗指标，应是平均先进的水平指标。预算定额是一种综合性定额，它不仅考虑了施工定额中未包含的多种因素（如材料在现场内的超运距、人工幅度差的用工等），而且还包括了为完成该分项工程或结构构件的全部工序之内容。

（二）预算定额的作用

预算定额是工程建设中的一项重要的技术法规，它规定了施工企业和建设单位在完成施工任务时，所允许消耗的人工、材料和机械台班的数量限额，它确定了国家、建设单位和施工企业之间的一种经济关系，它在我国建设工程中具有十分重要的地位和作用。其具体作用如下。

① 是编制地区单位估价表的依据。

② 是编制施工图预算，合理确定工程造价的依据。

③ 是施工企业编制人工、材料、机械台班需要量计划，统计完成工程量，考核工程成本，实行经济核算的依据。

④ 是建设工程招标、投标中确定标底和标价的主要依据。

⑤ 是建设单位和建设银行拨付工程价款、建设资金贷款和竣工结算的依据。

⑥ 是编制概算定额和概算指标的基础资料。

⑦ 是施工企业贯彻经济核算，进行经济活动分析的依据。

⑧ 是设计部门对设计方案进行技术分析的工具。

二、预算定额的内容

要正确地使用预算定额，首先必须了解定额手册的基本结构。预算定额手册主要由文字说明、定额项目表和附录三部分内容组成。

（一）文字说明部分

（1）总说明　在总说明中，主要阐述预算定额的用途，编制依据，适用范围，定额中已考虑的因素和未考虑的因素，使用中应注意的事项和有关问题的说明。

（2）分部工程说明　分部工程说明是定额手册的重要组成部分，主要阐述本分部工程所包括的主要项目，编制中有关问题的说明，定额应用时的具体规定和处理方法等。

（3）分节说明　分节说明是对本节所包含的工程内容及使用的有关说明。上述文字说明是预算定额正确使用的重要依据和原则，应用前必须仔细阅读，不然就会造成错套、漏套及重套定额。

（二）定额项目表

定额项目表列出每一单位分项工程中人工、材料、机械台班消耗量及相应的各项费用，是预算定额手册的核心内容。定额项目表由分项工程内容，定额计量单位，定额编号，预算单价，人工、材料消耗量及相应的费用、机械费，附注等组成。

（三）附录

附录列在定额手册的最后，其主要内容有建筑机械台班预算价格，材料名称规格表，混凝土、砂浆配合比表，门窗五金用量表及钢筋用量参考表等。这些资料供定额换算之用，是定额应用的重要补充资料。

三、预算定额的编排形式

预算定额手册根据园林结构及施工程序等按照章、节、项目、子目等顺序排列。分部工程为章，它是根据单位工程中某些性质相近、材料大致相同的施工对象归纳在一起。

第六节　园林工程预算审查、竣工结算及决算

一、园林工程预算审查

在园林工程施工过程中，园林施工图预算反映了园林工程造价，它包括了各种类型的园林建筑和安全工程在整个施工过程中所发生的全部费用的计算。必须进行严格的审查，施工图预算由建设单位和建设银行负责审查。

（一）审查的意义和依据

1. 审查的意义

施工图预算是确定园林工程投资、编制工程计划、考核工程成本，进行工程竣工结算的依据，必须提高预算的准确性。在设计概算已经审定，工程项目已经确定的基础上，正确而及时的审查园林工程施工图预算，可以达到合理控制工程造价，节约投资，提高经济效益的目的。

2. 审查的依据

（1）施工图纸和设计资料　完整的园林工程施工图预算图纸说明，以及图纸上注明采用的全部标准图集是审查园林工程预算的重要依据之一。建设单位、设计单位和施工单位对施工图会审签字后的会审记录也是审查施工图预算的依据。只有在设计资料完备的情况下才能准确地计算出园林工程中各分部分项工程的工程量。

（2）仿古建筑及园林工程预算定额　仿古建筑及园林工程预算定额一般都详细地规定了工程量计算方法，如各分项分部工程的工程量的计算单位，哪些工程应该计算，哪些工程定额中已综合考虑不应该计算，以及哪些材料允许换算，哪些材料不允许换算等，必须严格按照预算定额的规定办理。

（3）单位估价表　工程所在地区颁布的单位估价表是审查园林工程施工图预算的另一个重要依据。工程量升级后，要严格按照单位估价表的规定以分部分项单价，填入预算表，计算出该工程的直接费。如果单位估价表中缺项或当地没有现成的单位估价表，则应由建设单位、设计单位、建设银行和施工单位在当地工程建设主管部门的主持下，根据国家规定的编制原则另行编制当地的单位估价表。

（4）补充单位估价表　材料预算价格和成品、半成品的预算价格，是审查园林工程施工图预算的依据，在当地没有单位工程估价表或单位估价表所到的项目不能满足工程项目的需要时，必须另行编制补充单位估价表，补充的单位估价表必须有当地的材料、成品、半成品的预算价格。

（5）园林工程施工组织设计或施工方案　施工单位根据园林工程施工图所做的施工组织设计或施工方案也是审查施工图预算的依据。施工组织设计或施工方案必须合理，而且必须经过上级或业务主管部门的批准。

（6）施工管理费定额和其他取费标准　直接费计算完后，要根据建设工程建设主管部门颁布的施工管理费定额和其他取费标准，计算出预算总值。目前，陕西省的施工管理费是按照直接费中的人工费乘以不同的费率计算的，不同级别的施工企业应按工程类别收取施工管理费、计划利润和其他费用的收取也应遵照当地颁布的标准收取。

（7）建筑材料手册和预算手册　在计算工程量过程中，为了简化计算方法，节约计算时间，可以使用符合当地规定的建筑材料手册和预算手册，审查施工图预算。

（8）施工合同或协议书　施工图预算要根据甲乙双方签定的施工合同或施工协议进行审查。例如，材料由谁负责采购，材料差价由谁负责等。

（9）现行的有关文件

（二）审查方法

为了提高预算编制质量，使预算能够完整、准确地反映建筑产品的实际造价，必须认真审核预算文件。单位工程施工图预算由直接费、间接费、计划利润和税金组成。直接费是构成工程造价的主要因素，又是计取其他费用的基础，是预算审核的重点。其次是间接费和计划利润等，其审核的方法有以下三种。

（1）全面审查法　也可称为重算法，它同编预算一样，将图纸内容按照预算书的顺序重新计算一遍，审查每一个预算项目的尺寸、计算和和定额标准等是否有错误。这种方法全面细致，所审核过的工程预算准确性较高，但工作量大，不能做到快速。

（2）重点审查法　重点审查法是将预算中的重点项目进行审核的一种方法。这种方法可以在预算中工程量小、价格低的项目从略审核，将主要精力用于审核工程量大、造价高的项目。此方法若能掌握得好，能较准确快速地进行审核工作，但不能到达全面审查的深度和细度。

（3）分解对比审查法　分解对比审查法是将工程预算中的一些数据通过分析计算，求出一系列的经济技术数据，审查时首先以这些数据为基础，将要审查的预算与同类同期或类似的工程预算中的一些经济技术数据相比较以达到分析或寻找问题的一种方法。

（三）审核工程预算的步骤

审核工程预算的一般步骤如下。

1. 做好准备工作

审核工程预算的准备工作，与编制工程预算基本上一样。即对施工图进行清点整理，排列，装订；根据图纸说明准备有关图集和施工图册；熟悉并校对相关图纸，参加技术交底、解决疑难问题等，有关具体内容已如前述，这里不再重复。

2. 了解预算所采用的定额

审核预算人员收到工程预算后，首先应根据预算编制说明，了解编制本预算所采用的定额是否符合施工合同规定的工程性质。如果该项工程预算没有填写编制说明，则应从预算内容中了解本预算所采用的预算定额，或者与施工单位联系进行了解。确认这方面没有问题后，才能进行审核工作。

3. 了解预算包括的范围

收到工程预算后，还应该根据预算编制说明或其内容，了解本预算所包括的范围。例如某些配套工程、室外管线道路以及技术交底时三方谈好的设计变更等，是否包括在所编制的工程预算中。因为这部分工程的施工图，有时出自不同的设计单位，或者不是随同主体工程设计一起送交施工企业和建设单位，可能单独编制工程预算，同时，有的设计变更送到施工企业时，可能正好施工企业刚按原图编制出这部分工程预算，不愿再推倒重编（计划将来再做补充或调整），但在工程预算的编制说明中，又没有介绍清楚。建设单位在接到这部分设计变更图纸后，往往和原来的施工图装订在一起，因而引起双方在计算口径上（计算范围）的不一致，造成不必要的误会。因此，凡有类似情况，最好写进编制说明，或在交接预算时，互相通气，以便取得一致的计算依据。

4. 认真贯彻有关规定

审核预算人员，应认真贯彻国家和地区制订的有关预算定额，工程量计算规则，材料预算价格，以及各种应取费用项目和费用标准的规定，既注重审核重复列项或多算了工程量的部分，也应该审核漏项或少算了工程量的部分；还应注意到计量单位是否和预算定额相一致，小数点位置是否定得正确，按规定应乘系数的项目是否乘过了，应扣减或应增加的某些内容是否扣减或增加了等。总之，应该实事求是地提出应增加或应减少的意见，以提高工程预算的质量。

5. 根据情况进行审核

由于施工工程的规模大小，繁简程度不同，施工企业情况也不同，所编工程预算的繁简和质量水平也就有所不同。因此，审核预算人员应采用多种多样的审核方法，例如全面审核法、重点审核法、经验审核法、快速审核法，以及分解对比审核法等，以便多快好省地完成审核任务。

（四）审查施工图预算的内容

审查施工图预算主要是审查工程量的计算、定额的套用和换算、补充定额、其他费用及执行定额中的有关问题。

1. 工程量计算的审查

对工程量计算的审查，是在熟悉定额说明、工程内容、附注和工程量计算规则以及设计资料的基础上，再审查预算的分部分项工程，看有无重复计算、错误和漏算。

2. 定额套用的审查

审查定额套用，必须熟悉定额的说明，各分部分项工程的工作内容及适用范围，并根据工程特点，设计图纸上构件的性质，对照预算上所列的分部分项工程与定额所列的分部分项工程是否一致。

3. 定额换算的审查

定额中规定，某些分部分项工程，因为材料的不同，做法或断面厚度不同，可以进行换算，要看审查定额的换算是否按规定，换算中采用的材料价格应按定额套用的预算价格计算，需换算的要全部换算。

4. 补充定额的审查

补充定额的审查，要从编制区别出发，实事求是的进行。审查补充定额是建设银行的一项非常重要的工作，补充定额往往出入较大，应该引起重视。当现行预算定额缺项时，应尽量采用原有定额中的定额子项，或参考现行定额中相近的其他定额子项，结合实际情况加以修改使用。如果没有定额可参考时，可根据工程实测数据编制补充定额，但要注意测标数字的真实性和可靠性。要注意补充定额单位估价表是否按当地的材料预算价格确定的材料单价计算，如果材料预算价格中未计入，可据实进行计算。凡是用补充定额单价或换算单价编制预算时，都应附上补充定额和换算单价的分析资料，一次性的补充定额。应经当地主管部门同意后。方可作为该工程的预（结）算依据。

5. 材料的二次搬运费定额上已有同意规定的，应按定额规定执行

执行定额的审查对定额规定"闭口"部分，不得因工程情况特殊、做法不同或其他原因而任意修改、换算、补充。对定额规定的"活口"部分，必须严格按照定额上的规定进行换算，不能有剩就换算，不剩就不换算。

6. 材料差价的审查

二、工程竣工结算

工程竣工结算是指单项工程完成并达到验收标准，取得竣工验收合格签证后，园林施工

企业与建设单位（业主）之间办理的工程财务结算。

单项工程竣工验收后，由园林施工企业及时整理交工技术资料。主要工程应绘制竣工图和编制竣工结算以及施工合同、补充协议、设计变更洽商等材料，送建设单位审查，经承发包双方达成一致意见后办理结算。但属于中央和地方财政投资的园林建设工程的结算，需经财政主管部门委托的专业银行或中介机构审查，有的工程还需经过审计部门审计。

1. 工程竣工结算编制依据

工程竣工结算的编制是一项政策性较强，反映技术经济综合能力的工作，既要做到正确地反映工人创造的工程价值，又要正确地贯彻执行国家有关部门的各项规定。因此，编制工程竣工结算必须提供如下依据。

① 工程竣工报告及工程竣工验收单。

② 招、投标文件和施工图概（预）算以及经建设行政主管部门审查的建设工程施工合同书。

③ 设计变更通知单和施工现场工程变更洽商记录。

④ 按照有关部门规定及合同中有关条文规定持凭据进行结算的原始凭证。

⑤ 本地区现行的概（预）算定额，材料预算价格、费用定额及有关文件规定。

⑥ 其他有关技术资料。

2. 工程竣工结算方式

（1）决标或议标后的合同价加签证结算方式

① 合同价。经过建设单位、园林施工企业、招投标主管部门对标底和投标报价进行综合评定后确定的中标价，以合同的形式固定下来。

② 变更增减账等。对合同中未包括的条款或出现的一些不可预见费等，在施工过程中由于工程变更所增、减的费用，经建设单位或监理工程师签证后，与原中标合同价一起结算。

（2）施工图概（预）算加签证结算方式

① 施工图概（预）算。这种结算方式一般是小型园林建设工程，以经建设单位审定后的施工图概（预）算作为工程竣工结算的依据。

② 变更增减账等。凡施工图概（预）算未包括的，在施工过程中工程变更所增减的费用，各种材料（构配件）预算价格与实际价的差价等，经建设单位或监理工程师签证后，与审定的施工图预算一起在竣工结算中进行调整。

（3）预算包干结算方式　预算包干结算，也称施工图预算加系数包干结算。

结算工程造价＝经施工单位审定后的施工图预算造价×（1＋包干系数）

在签订合同条款时，预算外包干系数要明确包干内容及范围。包干费通常不包括下列费用。

① 在原施工图外增加的建设面积。

② 工程结构设计变更、标准提高，非施工原因的工艺流程的改变等。

③ 隐蔽性工程的基础加固处理。

④ 非人为因素所造成的损失。

（4）平方米造价包干的结算方式

它是双方根据一定的工程资料，事先协商好每平方米造价指标后，乘以建设面积。

结算工程造价＝建设面积×每平方米造价

此种方式适用于广场铺装、草坪铺设等。

3. 工程结算的编制方法

工程竣工结算的编制，因承包方式的不同而有所差异，其结算方法均应根据各省市建设工程造价（定额）管理部门、当地园林管理部门和施工合同管理部门的有关规定办理工程结算，下面介绍几种不同承包方式在办理结算中一般发生的内容（主要以北京市为例）。

（1）采用招标方式承包工程　这种工程结算原则上应以中标价（议标价）为基础进行，如遇工程有较大设计变更、材料价格的调整、合同条款规定允许调整的，或当合同条文规定不允许调整但非施工企业原因发生中标价格以外的费用时，承发包双方应签订补充合同或协议，承包方可以向发包方提出工程索赔，作为结算调整的依据。园林施工企业在编制竣工结算时，应按本地区主管部门的规定，在中标价格基础上进行调整。

采用招标（或议标）方式承包工程的结算方法是普遍的常用方法。

（2）采用概预算方式承包工程　以原施工图概（预）算为基础，对施工中发生的设计变更、原概（预）算书与实际不相符、经济政策的变化等，编制变更增减账，即在施工图概（预）算的基础上作增减调整。

编制竣工结算的具体增减内容，有以下几个方面。

1）工程量量差。

工程量量差，是指施工图概（预）算所列分项工程量与实际完成的分项工程量不相符而需要增加或减少的工程量。一般包括以下内容。

① 设计变更。

工程开工后，建设单位提出要求改变某些施工作法，如树种的变更，草种及草坪面积的变更，假山、置石外形及体量及质地的变更，增减某些具体工程项目等。

设计单位对原施工图的完善，如有些部位相互衔接而发生量的变化。

施工单位在施工过程中遇到一些原设计中不可预见的情况，如挖基础时遇到的古墓、废井等。

设计变更经设计、建设单位（或监理单位）、施工企业三方研究、签证、填写设计变更洽商记录，作为结算增减工程量的依据。

② 工程施工中发生特殊原因与正常施工不同。对特殊作法，施工企业编报施工组织设计，经建设（或监理）单位同意、签认后，作为工程结算的依据。

③ 施工图概（预）算分项工程量不准确。在编制工程竣工结算前，应结合工程竣工验收，核对实际完成的分项工程量。如发现与施工图概（预）算书所列分项工程量不符时，应进行调整。

2）各种人工、材料、机械价格的调整。

在园林建设工程结算中，人工、材料、机械费差价的调整办法及范围，应按当地主管部门的规定办理。

① 人工单价调整。在施工过程中，国家对工人工资政策性调整或劳务市场工资单价变化，一般按文件公布执行之日起的未完施工部分的定额工日数计算，有3种方法进行调整。

一是按概（预）算定额分析的人工工日乘以人工单价的差价；

二是按概（预）算定额分析的人工费乘以系数；

三是按概（预）算定额编制的直接费为基数乘以主管部门公布的季度或年度的综合系数一次调整。

② 材料价格的调整。概（预）算定额中材料的基价表示一定时限的价格（静态价），在施工过程中，价格在不断地变化，对于市场不同施工期的材料价格与定额基价的差价与其相

应的材料量进行调整。

调整的方法有 2 种：一是对于主要材料，分规格、品种以定额的分析量为准，定额量乘以材料单价差即为主要材料的差价。市场价格以当地主管部门公布的指导价或中准价为准。对于辅助（次要）材料，以概（预）算定额编制的直接费乘以当地主管部门公布的调价系数。

二是造价管理部门根据市场价格变化情况，将单位工程的工期与价格调整结合起来，测定综合系数，并以直接费为基数乘以综合系数。该系数一个单位工程只能使用一次，使用的时间为国家或地方制定的工期定额计算工程竣工期。

③机械价格的调整。

一是采用机械增减幅度系数。一般机械价格的调整是按概（预）算定额编制的直接费乘以规定的机械调整综合系数。或以概（预）算定额编制的分部工程直接乘以相应规定的机械调整系数。

二是采用综合调整系数。根据机械费增减总价，由主管部门测算，按季度或年度公布综合调整系数，一次进行调整。

3）各项费用的调整。

间接费、计划利润及税金是以直接费（或定额人工费总额）为基数计取的。随着人工费、材料费和机械费的调整，间接费、计划利润及税金也同样在变化，除了间接费的内容发生较大变化外，一般间接费的费率不做变动。

各种人工、材料、机械价格的调整后在计取间接费、计划利润和税金方面有 2 种方法：

① 各种人工、材料等差价，不计算间接费和计划计润，但允许计取税金。

② 将人工、材料、机械的差价列入工程成本计取间接费、计划利润及税金。

（3）采取施工图概（预）算加包干系数和平方米造价包干的方式　采用施工图概（预）算加包干系数和平方米造价包干方式的工程结算，一般在承包合同中已分清了承发包单位之间的义务和经济责任，不再办理施工过程中所承包范围内的经济洽商，在工程结算时不再办理增减调整。工程竣工后，仍以原概（预）算加系数或平方米造价包干进行结算。

对于上述的承包方式，必须对工程施工期内各种价格变化进行预测。获得一个综合系数，即风险系数。这种做法对承包或发包方均具有很人的风险性，一般只适用于建设面积小，施工项目单一、工期短的园林建设工程；对工期较长、施工项目复杂、材料品种多的园林建设工程不宜采用这种方式承包。

园林建设工程竣工结算书的格式，可结合各地区当地情况和需要自行设计计算表格，供结算使用。表 10-2 和表 10-3 可供参考。

表 10-2　绿化、土建工程结算费用计算程序表

序号	费　用　项　目	计　算　公　式	金　额
1	原概（预）算直接费		
2	历次增减变更直接费		
3	调价金额	[（1）＋（2）]×调价系数	
4	工程直接费	（1）＋（2）＋（3）	
5	企业经营费	（4）×相应工程类别费率	
6	利润	（4）×相应工程类别费率	
7	税金	（4）×相应工程类别费率	
8	工程造价	（4）＋（5）＋（6）＋（7）	

表 10-3　水、暖、电等工程结算费用计算程序表

序号	费　用　项　目	计　算　公　式	金　额
1	原概(预)算直接费		
2	历次增减变更直接费		
3	其中:定额人工费	(1)、(2)两项所含	
4	其中:设备费	(1)、(2)两项所含	
5	其他直接费	(3)×费率	
6	调价金额	[(1)+(2)+(5)]×调价系数	
7	工程直接费	(1)+(2)+(5)+(6)	
8	企业经营费	(3)×相应工程类别费率	
9	利润	(3)×相应工程类别费率	
10	税金	[(7)+(8)+(9)]×税率	
11	设备费价差(±)	(实际供应价-原设备费)×(1+税率)	
12	工程造价	(7)+(8)+(9)+(10)+(11)	

（4）工程索赔　所谓工程索赔是指由于建设单位的直接或间接原因，使承包者在完成工程中增加了额外的费用，承包者通过合法的途径和程序要求建设单位偿还其在施工中所遭受的损失。工程索赔的内容包括：

① 因工程变更而引起的索赔，如地质条件变化、工程施工中发现地下构筑物或文物、增加和删减工程量等；

② 材料价差的索赔；

③ 因工程质量要求的变更而引起的索赔，如工程承包合同中的技术规范与建设单位要求不符；

④ 工程款结算中建设单位不合理扣款而引起费用损失的索赔；

⑤ 拖欠工程进度款、利息的索赔；

⑥ 工程暂停、中止合同的索赔；

⑦ 因非承包者的原因造成的工期延误损失的索赔。

索赔是国际各类建设工程承包中经常发生并且随处可见的正常现象。在承包合同中都有索赔的条款。在我国索赔刚刚起步，而在园林部门更为鲜见，故还需要在实践中加以总结，使承包者能够利用工程索赔手段，来维护自身的利益。

三、工程竣工决算

1. 工程竣工决算的含义

园林建设项目的工程竣工决算是在建设项目或单项工程完工后，由建设单位财务及有关部门，以竣工结算、前期工程费用等资料为基础进行编制。竣工决算全面反映了建设项目或单项工程从筹建到竣工使用全过程中各项资金的使用情况和设计概（预）算执行的结果，它是考核建设成本的重要依据。

2. 园林建设工程竣工决算内容

见表 10-4。

3. 施工企业的竣工决算

园林施工企业的竣工决算，是企业内部对竣工的单位工程进行实际成本分析，反映其经济效果的一项决算工作。它是以单位工程的竣工结算为依据。核算其预算成本、实际成本和成本降低额，并编制单位工程竣工成本决算表，以总结经验，提高企业经营管理水平。

表 10-4　园林建设工程竣工决算内容表

表现形式	内　　容
文字说明	1. 工程概况； 2. 设计概算和建设项目计划的执行情况； 3. 各项技术经济指标完成情况及各项资金使用情况； 4. 建设工期，建设成本，投资效果等
竣工工程概况表	设计概算的主要指标与实际完成的各项主要指标进行对比，可用表格的形式表现
竣工财务决算表	表格形式反映出资金来源与资金运用情况
交付使用财产明细表	交付使用的园林项目中固定资产的详细内容，不同类型的固定资产，应相应设计不同形式的表格表示 　　例：园林建筑等可用交付使用财产、结构、工程量（包括设计、实际）概算（实际的建安投资、其他基建投资）等项来表示 　　设备安装可用交付使用财产名称、规格型号、数量、概算、实际设备投资、建安基建投资等项来表示

　　实行监理工程的监理工程师要督促承接施工单位编制工程结算书、依据有关资料审查竣工结算并代建设单位编制竣工决算。

复　习　题

　　1. 园林工程招标应该具备的条件是什么？

　　2. 比较公开招标和邀请招标的区别。

　　3. 开标的程序是什么？

　　4. 评标的程序是什么？

　　5. 投标的准备工作有哪些？

　　6. 什么叫园林工程预算定额？有哪些特征？

　　7. 园林工程施工图预算的作用有哪些？包括哪些内容？

　　8. 园林工程竣工结算和决算包括哪些内容？

思　考　题

　　1. 怎么才能编制好园林工程施工图预算？

　　2. 根据所学知识，怎么样才能编制一份合格的投标文件和投标书？

实　训　题

实训一　园林建设工程招投标实训

　　【实训目的】通过参加园林建设工程模拟招标会，熟悉邀请招标和投标的程序，掌握招投标文件的编制。

　　【实训用具】笔、纸、计算器、园林建设工程图纸等。

　　【实训内容】

　　1. 进行模拟邀请招标和投标。

　　2. 编制招标文件和投标文件。

实训二　园林工程预算实训

　　【实训目的】通过进行园林工程施工图预算的模拟，熟悉园林工程工程量的计算，掌握施工图预算编制的依据与步骤。

【实训用具】笔、纸、计算器、园林施工图纸与设计说明、园林工程预算定额与费用定额、材料信息价等。

【实训内容】

1. 园林工程量的计算。

2. 园林工程预算定额与费用定额的查找与运用。

3. 编制园林工程施工图预算文件。

第十一章　园林工程监理

【本章导读】

实施园林工程监理制度的目的是提高工程建设的投资效益和社会效益。所以本章主要讲解了园林工程施工监理的定义、内容、分类、实施程序和原则；园林工程法律规范；园林工程监理控制要点等内容，通过学习了解工程监理工作的意义，掌握工程监理的相关知识。

【教学目标】

通过本章的学习，了解园林工程施工监理的概念、性质以及在园林工程施工中的作用和意义，掌握园林工程施工监理的法律规范和各分项工程的监理要点。

【技能目标】

培养在园林工程各分项工程施工中的监理能力，保证工程项目的工程质量，使建设工程的投资效益达到最大化。

园林工程项目监理是与国外接轨并结合中国国情，在工程建设领域中进行的一项重大改革。跟国外的对业主提供工程项目管理服务是相似的。工程监理根据业主需要可以为业主提供工程项目全过程或某个分阶段，如施工阶段的监理。它能使投资、进度、质量三大目标得到有效的控制、保证，提高工程建设水平，节约建设资金、提高投资效益。

工程监理工作的依据是工程承包合同和监理合同。监理的职责就是在贯彻执行国家有关法律、法规的前提下，促使甲、乙双方签定的工程承包合同得到全面履行。建设工程监理控制工程建设的投资、建设工期、工程质量；进行安全管理、工程建设合同管理；协调有关单位之间的工作关系，即"三控、两管、一协调"。

第一节　园林工程监理认知

一、工程监理简介

（一）工程监理的定义

原建设部和原国家计委《工程建设监理规定》（建监【1995】第737号文）明确提出：建设工程监理是指具有相关资质的监理单位受建设单位（项目法人）的委托，依据国家批准的工程项目建设文件、有关工程建设的法律、法规和工程建设监理合同及其他工程建设合同，代替建设单位对承建单位的工程建设实施监控的一种专业化服务活动。

监理单位是建筑市场的主体之一，建设监理是一种高智能的有偿技术服务。监理单位与项目法人之间是委托与被委托的合同关系；与被监理单位是监理与被监理关系。从事工程建设监理活动，应当遵循守法、诚信、公正、科学的准则。

（二）工程监理的职能

一般来说，工程建设监理的主要职能是：在工程施工过程中，通过对工程的管理、协调和监督，实施对工程质量、进度、工程造价的有效控制。最终使工程承包合同得到全面的履行。监理是一种有偿的工程咨询服务；是受项目法人委托进行的；监理的主要依据是法律、法规、技术标准、相关合同及文件；监理的准则是守法、诚信、公正和科学。

二、工程监理主要内容

一般来说，监理工作应该是全过程全方位的，业主单位应该邀请监理单位参加招标的全过程，帮助业主合理划分标块，审查招标文件并在招标过程中提出咨询性意见供业主参考。监理一方面帮助业主招标，同时，也熟悉了工程项目，有利于下步的监理工作。在施工单位进场前，监理单位可以协助业主按照合同要求为施工单位提供进场条件。例如有关征地移民、地方关系、三通一平、施工图纸供应等。施工单位进场要审查和批准施工单位的施工措施计划、施工总进度计划、物流计划和资金流计划。还要审查施工单位的设备、劳动力、质量保证体系、安全生产的规定和措施。监理单位要在施工条件具备的情况下发布开工令。

在施工过程中监理始终要注意到甲、乙双方都要各自履行合同所规定的义务，为合同的顺利实施创造条件。监理要审核签发设计图纸，并组织设计交底。要监督施工单位的质量，对隐蔽工程和混凝土开仓前要进行验收签证，重要部位监理人员必须在场检查。对工程用的原材料和浇筑的混凝土要独立进行抽样检查。为保证工程质量，监理人员认为不能保证质量时有权下达停工令（一般要事先通报业主单位）。对于施工单位的结算单必须经过监理单位核实签字，对于未达到质量要求的监理人员有权拒绝在结算单上签字。

监理人员必须经常密切关注工程的质量、进度和造价。要独立进行研究、发现问题及时督促施工单位采取改进措施。监理人员要处理好设计变更和索赔，使工程能够顺利地进行。监理单位要做好单元、分项、分部工程的验收签证和质量等级评定工作。监理单位应业主的要求也可以主持单项工程验收，一般都要参加单项工程验收和工程项目的整体验收，各类验收监理人员都要写出监理报告，要在验收意见上签字。按合同规定的对施工单位的阶段性的和最终的奖励，一般都要由监理人员提出建议后由业主作出决定。

一个好的监理单位必须出色地履行自己的职责。通过自己的工作使合同规定的任务按照质量、合同工期和造价圆满完成。公平合理地维护甲、乙双方的利益，达到甲、乙双方满意。

严格来说，工程建设监理需要上岗证，专业要求以各个单位不同各有差异，到了单位之后有岗位培训，需要参加监理员资格考试，通过考试之后可以上岗，成为旁站监理员，协助监理工程师的工作；有一定工作年限后可以参加职称评定，升级为工程师之后就是正式的监理工程师。

建设工程监理首先是熟悉图纸，对图纸不足的要提出合理化建议；要做到质量控制、安全控制、进度控制、投资控制、资料管理、合同管理，即是四控制两管理。

三、工程监理分类

建设工程监理按监理阶段可分为设计监理和施工监理。设计监理是在设计阶段对设计项目所进行的监理，其主要目的是确保设计质量和时间等目标满足业主的要求；施工监理是在施工阶段对施工项目所进行的监理，其主要目的在于确保施工安全、质量、投资和工期等满足业主的要求。

四、工程监理实施程序

（一）确定项目总监理工程师，成立项目监理机构

监理单位应根据建设工程的规模、性质、业主对监理的要求，委派称职的人员担任项目总监理工程师，总监理工程师是一个建设工程监理工作的总负责人，他对内向监理单位负

责，对外向业主负责。

监理机构的人员构成是监理投标书中的重要内容，是业主在评标过程中认可的，总监理工程师在组建项目监理机构时，应根据监理大纲内容和签订的委托监理合同内容组建，并在监理规划和具体实施计划执行中进行及时的调整。

（二）编制建设工程监理规划

建设工程监理规划是开展工程监理活动的纲领性文件。

（三）制定各专业监理实施细则

（四）规范化地开展监理工作

监理工作的规范化体现以下几点。

（1）工作的时序性　这是指监理的各项工作都应按一定的逻辑顺序先后展开。

（2）职责分工的严密性　建设工程监理工作是由不同专业、不同层次的专家群体共同来完成的，他们之间严密的职责分工是协调进行监理工作的前提和实现监理目标的重要保证。

（3）工作目标的确定性　在职责分工的基础上，每一项监理工作的具体目标都应是确定的，完成的时间也应有时限规定，从而能通过报表资料对监理工作及其效果进行检查和考核。

（五）参与验收，签署建设工程监理意见

建设工程施工完成以后，监理单位应在正式验交前组织竣工预验收，在预验收中发现的问题，应及时与施工单位沟通，提出整改要求。监理单位应参加业主组织的工程竣工验收，签署监理单位意见。

（六）向业主提交建设工程监理档案资料

建设工程监理工作完成后，监理单位向业主提交的监理档案资料应在委托监理合同文件中约定。如在合同中没有作出明确规定，监理单位一般应提交设计变更、工程变更资料，监理指令性文件，各种签证资料等档案资料。

（七）监理工作总结

监理工作完成后，项目监理机构应及时从两方面进行监理工作总结。其一，是向业主提交的监理工作总结，其主要内容包括：委托监理合同履行情况概述，监理任务或监理目标完成情况的评价，由业主提供的供监理活动使用的办公用房、车辆、试验设施等的清单，表明监理工作终结的说明等。其二，是向监理单位提交的监理工作总结，其主要内容包括：①监理工作的经验，可以是采用某种监理技术、方法的经验，也可以是采用某种经济措施、组织措施的经验，以及委托监理合同执行方面的经验或如何处理好与业主、承包单位关系的经验等；②监理工作中存在的问题及改进的建议。

五、工程监理实施原则

监理单位受业主委托对建设工程实施监理时，应遵守以下基本原则。

（一）公正、独立、自主的原则

监理工程师在建设工程监理中必须尊重科学、尊重事实，组织各方协同配合，维护有关各方的合法权益。为此，必须坚持公正、独立、自主的原则。业主与承建单位虽然都是独立运行的经济主体，但他们追求的经济目标有差异，监理工程师应在按合同约定的权、责、利关系的基础上，协调双方的一致性。只有按合同的约定建成工程，业主才能实现投资的目的，承建单位也才能实现自己生产的产品的价值，取得工程款和实现盈利。

（二）权责一致的原则

监理工程师承担的职责应与业主授予的权限相一致。监理工程师的监理职权，依赖于业主的授权。这种权力的授予，除体现在业主与监理单位之间签订的委托监理合同之中，而且还应作为业主与承建单位之间建设工程合同的合同条件。因此，监理工程师在明确业主提出的监理目标和监理工作内容要求后，应与业主协商，明确相应的授权，达成共识后明确反映在委托监理合同中及建设工程合同中。据此，监理工程师才能开展监理活动。总监理工程师代表监理单位全面履行建设工程委托监理合同，承担合同中确定的监理方向业主方所承担的义务和责任。因此，在委托监理合同实施中，监理单位应给总监理工程师充分授权，体现权责一致的原则。

（三）总监理工程师负责制的原则

总监理工程师是工程监理全部工作的负责人。要建立和健全总监理工程师负责制，就要明确权、责、利关系，健全项目监理机构，具有科学的运行制度、现代化的管理手段，形成以总监理工程师为首的高效能的决策指挥体系。

总监理工程师负责制的内涵包括以下几点。

（1）总监理工程师是工程监理的责任主体　责任是总监理工程师负责制的核心，它构成了对总监理工程师的工作压力与动力，也是确定总监理工程师权力和利益的依据。所以总监理工程师应是向业主和监理单位所负责任的承担者。

（2）总监理工程师是工程监理的权力主体　根据总监理工程师承担责任的要求，总监理工程师全面领导建设工程的监理工作，包括组建项目监理机构，主持编制建设工程监理规划，组织实施监理活动，对监理工作总结、监督、评价。

（四）严格监理、热情服务的原则

严格监理，就是各级监理人员严格按照国家政策、法规、规范、标准和合同控制建设工程的目标，依照既定的程序和制度，认真履行职责，对承建单位进行严格监理。

监理工程师还应为业主提供热情的服务，"应运用合理的技能，谨慎而勤奋地工作"。由于业主一般不熟悉建设工程管理与技术业务，监理工程师应按照委托监理合同的要求多方位、多层次地为业主提供良好的服务，维护业主的正当权益。但是，不能因此而一味向各承建单位转嫁风险，从而损害承建单位的正当经济利益。

（五）综合效益的原则

建设工程监理活动既要考虑业主的经济效益，也必须考虑与社会效益和环境效益的有机统一。建设工程监理活动虽经业主的委托和授权才得以进行，但监理工程师应首先严格遵守国家的建设管理法律、法规、标准等，以高度负责的态度和责任感，既对业主负责，谋求最大的经济效益，又要对国家和社会负责，取得最佳的综合效益。只有在符合宏观经济效益、社会效益和环境效益的条件下，业主投资项目的微观经济效益才能得以实现。

第二节　工程监理法律规范

一、总则

① 为了提高建设工程监理水平，规范建设工程监理行为，编制本规范。

② 本规范适用于新建、扩建、改建建设工程施工、设备采购和制造的监理工作。

③ 实施建设工程监理前，监理单位必须与建设单位签订书面建设工程委托监理合同，

合同中应包括监理单位对建设工程质量、造价、进度进行全面控制和管理的条款。建设单位与承包单位之间与建设工程合同有关的联系活动应通过监理单位进行。

④ 建设工程监理应实行总监理工程师负责制。

⑤ 监理单位应公正、独立、自主地开展监理工作，维护建设单位和承包单位的合法权益。

⑥ 建设工程监理除应符合本规范外，还应符合国家现行的有关强制性标准、规范的规定。

二、工程监理相关术语

（1）项目监理机构　监理单位派驻工程项目负责履行委托监理合同的组织机构。

（2）监理工程师　取得国家监理工程师执业资格证书并经注册的监理人员。

（3）总监理工程师　由监理单位法定代表人书面授权，全面负责委托监理合同的履行、主持项目监理机构工作的监理工程师。

（4）总监理工程师代表　经监理单位法定代表人同意，由总监理工程师书面授权，代表总监理工程师行使其部分职责和权力的项目监理机构中的监理工程师。

（5）专业监理工程师　根据项目监理岗位职责分工和总监理工程师的指令，负责实施某一专业或某一方面的监理工作，具有相应监理文件签发权的监理工程师。

（6）监理员　经过监理业务培训，具有同类工程相关专业知识，从事具体监理工作的监理人员。

（7）监理规划　在总监理工程师的主持下编制经监理单位技术负责人批准，用来指导项目监理机构全面开展监理工作的指导性文件。

（8）监理实施细则　根据监理规划，由专业监理工程师编写，并经总监理工程师批准，针对工程项目中某一专业或某一方面监理工作的操作性文件。

（9）工地例会　由项目监理机构主持的，在工程实施过程中针对工程质量、造价、进度、合同管理等事宜定期召开的、由有关单位参加的会议。

（10）工程变更　在工程项目实施过程中，按照合同约定的程序对部分或全部工程在材料、工艺、功能、构造、尺寸、技术指标、工程数量及施工方法等方面做出的改变。

（11）工程计量　根据设计文件及承包合同中关于工程量计算的规定，项目监理机构对承包单位申报的已完成工程的工程量进行的核验。见证由监理人员现场监督某工序全过程完成情况的活动。

（12）旁站　在关键部位或关键工序施工过程中，由监理人员在现场进行的监督活动。

（13）巡视　监理人员对正在施工的部位或工序在现场进行的定期或不定期的监督活动。

（14）平行检验　项目监理机构利用一定的检查或检测手段，在承包单位自检的基础上，按照一定的比例独立进行检查或检测的活动。

（15）设备监造　监理单位依据委托监理合同和设备订货合同对设备制造过程进行的监督活动。

（16）费用索赔　根据承包合同的约定，合同一方因另一方原因造成本方经济损失，通过监理工程师向对方索取费用的活动。

（17）临时延期批准　当发生非承包单位原因造成的持续性影响工期的事件，总监理工程师所作出暂时延长合同工期的批准。

（18）延期批准　当发生非承包单位原因造成的持续性影响工期事件，总监理工程师所作出的最终延长合同工期的批准。

三、项目监理机构及其设施

(一) 项目监理机构

① 监理单位履行施工阶段的委托监理合同时，必须在施工现场建立项目监理机构。项目监理机构在完成委托监理合同约定的监理工作后可撤离施工现场。

② 项目监理机构的组织形式和规模，应根据委托监理合同规定的服务内容、服务期限、工程类别、规模、技术复杂程度、工程环境等因素确定。

③ 监理人员应包括总监理工程师、专业监理工程师和监理员，必要时可配备总监理工程师代表。

总监理工程师应由具有三年以上同类工程监理工作经验的人员担任；总监理工程师代表应由具有两年以上同类工程监理工作经验的人员担任；专业监理工程师应由具有一年以上同类工程监理工作经验的人员担任。

项目监理机构的监理人员应专业配套、数量满足工程项目监理工作的需要。

④ 监理单位应于委托监理合同签订后十天内将项目监理机构的组织形式、人员构成及对总监理工程师的任命书面通知建设单位。当总监理工程师需要调整时，监理单位应征得建设单位同意并书面通知建设单位；当专业监理工程师需要调整时，总监理工程师应书面通知建设单位和承包单位。

(二) 监理人员的职责

1) 一名总监理工程师只宜担任一项委托监理合同的项目总监理工程师工作。当需要同时担任多项委托监理合同的项目总监理工程师工作时，必须经建设单位同意，且最多不得超过三项。

2) 总监理工程师应履行以下职责。

① 确定项目监理机构人员的分工和岗位职责；

② 主持编写项目监理规划、审批项目监理实施细则，并负责管理项目监理机构的日常工作；

③ 审查分包单位的资质，并提出审查意见；

④ 检查和监督监理人员的工作，根据工程项目的进展情况可进行监理人员调配，对不称职的监理人员应调换其工作；

⑤ 主持监理工作会议，签发项目监理机构的文件和指令；

⑥ 审定承包单位提交的开工报告、施工组织设计、技术方案、进度计划；

⑦ 审核签署承包单位的申请、支付证书和竣工结算；

⑧ 审查和处理工程变更；

⑨ 主持或参与工程质量事故的调查；

⑩ 调解建设单位与承包单位的合同争议、处理索赔、审批工程延期；

⑪ 组织编写并签发监理月报、监理工作阶段报告、专题报告和项目监理工作总结；

⑫ 审核签认分部工程和单位工程的质量检验评定资料，审查承包单位的竣工申请，组织监理人员对待验收的工程项目进行质量检查，参与工程项目的竣工验收；

⑬ 主持整理工程项目的监理资料。

3) 总监理工程师代表应履行以下职责。

① 负责总监理工程师指定或交办的监理工作；

② 按总监理工程师的授权，行使总监理工程师的部分职责和权力。

4) 总监理工程师不得将下列工作委托总监理工程师代表。

① 主持编写项目监理规划、审批项目监理实施细则；

② 签发工程开工（复）工报审表、工程暂停令、工程款支付证书、工程竣工报验单；

③ 审核签认竣工结算；

④ 调解建设单位与承包单位的合同争议、处理索赔、审批工程延期；

⑤ 根据工程项目的进展情况进行监理人员的调配，调换不称职的监理人员。

5) 专业监理工程师应履行以下职责。

① 负责编制本专业的监理实施细则；

② 负责本专业监理工作的具体实施；

③ 组织、指导、检查和监督本专业监理员的工作，当人员需要调整时，向总监理工程师提出建议；

④ 审查承包单位提交的涉及本专业的计划、方案、申请、变更，并向总监理工程师提出报告；

⑤ 负责本专业分项工程验收及隐蔽工程验收；

⑥ 定期向总监理工程师提交本专业监理工作实施情况报告，对重大问题及时向总监理工程师汇报和请示；

⑦ 根据本专业监理工作实施情况做好监理日记；

⑧ 负责本专业监理资料的收集、汇总及整理，参与编写监理月报；

⑨ 核查进场材料、设备、构配件的原始凭证、检测报告等质量证明文件及其质量情况，根据实际情况认为有必要时对进场材料、设备、构配件进行平行检验，合格时予以签认；

⑩ 负责本专业的工程计量工作，审核工程计量的数据和原始凭证。

6) 监理员应履行以下职责。

① 在专业监理工程师的指导下开展现场监理工作；

② 检查承包单位投入工程项目的人力、材料、主要设备及其使用、运行状况，并做好检查记录；

③ 复核或从施工现场直接获取工程计量的有关数据并签署原始凭证；

④ 按设计图及有关标准，对承包单位的工艺过程或施工工序进行检查和记录，对加工制作及工序施工质量检查结果进行记录；

⑤ 担任旁站工作，发现问题及时指出并向专业监理工程师报告；

⑥ 做好监理日记和有关的监理记录。

（三）监理设施

① 建设单位应提供委托监理合同约定的满足监理工作需要的办公、交通、通信、生活设施。项目监理机构应妥善保管和使用建设单位提供的设施，并应在完成监理工作后移交建设单位。

② 项目监理机构应根据工程项目类别、规模、技术复杂程度、工程项目所在地的环境条件，按委托监理合同的约定，配备满足监理工作需要的常规检测设备和工具。

③ 在大中型项目的监理工作中，项目监理机构应实施监理工作的计算机辅助管理。

四、监理规划及监理实施细则

（一）监理规划

1) 监理规划的编制应针对项目的实际情况，明确项目监理机构的工作目标，确定具体的监理工作制度、程序、方法和措施，并应具有可操作性。

2）监理规划编制的程序与依据应符合下列规定。

① 监理规划应在签订委托监理合同及收到设计文件后开始编制，完成后必须经监理单位技术负责人审核批准，并应在召开第一次工地会议前报送建设单位；

② 监理规划应由总监理工程师主持、专业监理工程师参加编制；

③ 编制监理规划应依据：建设工程的相关法律、法规及项目审批文件；与建设工程项目有关的标准、设计文件、技术资料；监理大纲、委托监理合同文件以及与建设工程项目相关的合同文件。

3）监理规划应包括以下主要内容。

①工程项目概况；②监理工作范围；③监理工作内容；④监理工作目标；⑤监理工作依据；⑥项目监理机构的组织形式；⑦项目监理机构的人员配备计划；⑧项目监理机构的人员岗位职责；⑨监理工作程序；⑩监理工作方法及措施；⑪监理工作制度；⑫监理设施。

4）在监理工作实施过程中，如实际情况或条件发生重大变化而需要调整监理规划时，应由总监理工程师组织专业监理工程师研究修改，按原报审程序经过批准后报建设单位。

（二）监理实施细则

1）对中型及以上或专业性较强的工程项目，项目监理机构应编制监理实施细则。监理实施细则应符合监理规划的要求，并应结合工程项目的专业特点，做到详细具体，具有可操作性。

2）监理实施细则的编制程序与依据应符合下列规定。

① 监理实施细则应在相应工程施工开始前编制完成，并必须经总监理工程师批准；

② 监理实施细则应由专业监理工程师编制；

③ 编制监理实施细则的依据：已批准的监理规划；与专业工程相关的标准、设计文件和技术资料；施工组织设计。

3）监理实施细则应包括下列主要内容。

①专业工程的特点；②监理工作的流程；③监理工作的控制要点及目标值；④监理工作的方法及措施。

4）在监理工作实施过程中，监理实施细则应根据实际情况进行补充、修改和完善。

五、施工阶段的监理工作

（一）制定监理工作程序的一般规定

① 制定监理工作总程序应根据专业工程特点，并按工作内容分别制定具体的监理工作程序。

② 制定监理工作程序应体现事前控制和主动控制的要求。

③ 制定监理工作程序应结合工程项目的特点，注重监理工作的效果。监理工作程序中应明确工作内容、行为主体、考核标准、工作时限。

④ 当涉及到建设单位和承包单位的工作时，监理工作程序应符合委托监理合同和施工合同的规定。

⑤ 在监理工作实施过程中，应根据实际情况的变化对监理工作程序进行调整和完善。

（二）施工准备阶段的监理工作

1）在设计交底前，总监理工程师应组织监理人员熟悉设计文件，并对图纸中存在的问题通过建设单位向设计单位提出书面意见和建议。

2) 项目监理人员应参加由建设单位组织的设计技术交底会，总监理工程师应对设计技术交底会议纪要进行签认。

3) 工程项目开工前，总监理工程师应组织专业监理工程师审查承包单位报送的施工组织设计（方案）报审表，提出审查意见，并经总监理工程师审核、签认后报建设单位。

4) 工程项目开工前，总监理工程师应审查承包单位现场项目管理机构的质量管理体系、技术管理体系和质量保证体系，确能保证工程项目施工质量时予以确认。对质量管理体系、技术管理体系和质量保证体系应审核以下内容。

① 质量管理、技术管理和质量保证的组织机构；

② 质量管理、技术管理制度；

③ 专职管理人员和特种作业人员的资格证、上岗证。

5) 分包工程开工前，专业监理工程师应审查承包单位报送的分包单位资格报审表和分包单位有关资质资料，符合有关规定后，由总监理工程师予以签认。

6) 对分包单位资格应审核以下内容。

① 分包单位的营业执照、企业资质等级证书、特殊行业施工许可证、国外（境外）企业在国内承包工程许可证；

② 分包单位的业绩；

③ 拟分包工程的内容和范围；

④ 专职管理人员和特种作业人员的资格证、上岗证。

7) 专业监理工程师应按以下要求对承包单位报送的测量放线控制成果及保护措施进行检查，符合要求时，专业监理工程师对承包单位报送的施工测量成果报验申请表予以签认。

① 检查承包单位专职测量人员的岗位证书及测量设备检定证书；

② 复核控制桩的校核成果、控制桩的保护措施以及平面控制网、高程控制网和临时水准点的测量成果。

8) 专业监理工程师应审查承包单位报送的工程开工报审表及相关资料，具备以下开工条件时，由总监理工程师签发，并报建设单位。

① 施工许可证已获政府主管部门批准；

② 征地拆迁工作能满足工程进度的需要；

③ 施工组织设计已获总监理工程师批准；

④ 承包单位现场管理人员已到位，机具、施工人员已进场，主要工程材料已落实；

⑤ 进场道路及水、电、通信等已满足开工要求；

9) 工程项目开工前，监理人员应参加由建设单位主持召开的第一次工地会议。

10) 第一次工地会议应包括以下主要内容。

① 建设单位、承包单位和监理单位分别介绍各自驻现场的组织机构、人员及其分工；

② 建设单位根据委托监理合同宣布对总监理工程师的授权；

③ 建设单位介绍工程开工准备情况；

④ 承包单位介绍施工准备情况；

⑤ 建设单位和总监理工程师对施工准备情况提出意见和要求；

⑥ 总监理工程师介绍监理规划的主要内容；

⑦ 研究确定各方在施工过程中参加工地例会的主要人员，召开工地例会周期、地点及主要议题。

11) 第一次工地会议纪要应由项目监理机构负责起草，并经与会各方代表会签。

（三）工地例会

1）在施工过程中，总监理工程师应定期主持召开工地例会。会议纪要应由项目监理机构负责起草，并经与会各方代表会签。

2）工地例会应包括以下主要内容。

① 检查上次例会议定事项的落实情况，分析未完事项原因；

② 检查分析工程项目进度计划完成情况，提出下一阶段进度目标及其落实措施；

③ 检查分析工程项目质量状况，针对存在的质量问题提出改进措施；

④ 检查工程量核定及工程款支付情况；

⑤ 解决需要协调的有关事项；

⑥ 其他有关事宜。

3）总监理工程师或专业监理工程师应根据需要及时组织专题会议，解决施工过程中的各种专项问题。

（四）工程质量控制工作

1）在施工过程中，当承包单位对已批准的施工组织设计进行调整、补充或变动时，应经专业监理工程师审查，并应由总监理工程师签认。

2）专业监理工程师应要求承包单位报送重点部位、关键工序的施工工艺和确保工程质量的措施，审核同意后予以签认。

3）当承包单位采用新材料、新工艺、新技术、新设备时，专业监理工程师应要求承包单位报送相应的施工工艺措施和证明材料，组织专题论证，经审定后予以签认。

4）项目监理机构应对承包单位在施工过程中报送的施工测量放线成果进行复验和确认。

5）专业监理工程师应从以下五个方面对承包单位的试验室进行考核。

① 试验室的资质等级及其试验范围；

② 法定计量部门对试验设备出具的计量检定证明；

③ 试验室的管理制度；

④ 试验人员的资格证书；

⑤ 本工程的试验项目及其要求。

6）专业监理工程师应对承包单位报送的拟进场工程材料、构配件和设备的工程材料/构配件/设备报审表及其质量证明资料进行审核，并对进场的实物按照委托监理合同约定或有关工程质量管理文件规定的比例采用平行检验或见证取样方式进行抽检。

对未经监理人员验收或验收不合格的工程材料、构配件、设备，监理人员应拒绝签认，并应签发监理工程师通知单，书面通知承包单位限期将不合格的工程材料、构配件、设备撤出现场。

7）项目监理机构应定期检查承包单位的直接影响工程质量的计量设备的技术状况。

8）总监理工程师应安排监理人员对施工过程进行巡视和检查。对隐蔽工程的隐蔽过程、下道工序施工完成后难以检查的重点部位，专业监理工程师应安排监理员进行旁站。

9）专业监理工程师应根据承包单位报送的隐蔽工程报验申请表和自检结果进行现场检查，符合要求予以签认。

对未经监理人员验收或验收不合格的工序，监理人员应拒绝签认，并要求承包单位严禁进行下一道工序的施工。

10）专业监理工程师应对承包单位报送的分项工程质量验评资料进行审核，符合要求后予以签认；总监理工程师应组织监理人员对承包单位报送的分部工程和单位工程质量验评资料进行审核和现场检查，符合要求后予以签认。

11）对施工过程中出现的质量缺陷，专业监理工程师应及时下达监理工程师通知，要求承包单位整改，并检查整改结果。

12）监理人员发现施工存在重大质量隐患，可能造成质量事故或已经造成质量事故，应通过总监理工程师及时下达工程暂停令，要求承包单位停工整改。整改完毕并经监理人员复查，符合规定要求后，总监理工程师应及时签署工程复工报审表。总监理工程师下达工程暂停令和签署工程复工报审表，宜事先向建设单位报告。

13）对需要返工处理或加固补强的质量事故，总监理工程师应责令承包单位报送质量事故调查报告和经设计单位等相关单位认可的处理方案，项目监理机构应对质量事故的处理过程和处理结果进行跟踪检查和验收。

总监理工程师应及时向建设单位及本监理单位提交有关质量事故的书面报告，并应将完整的质量事故处理记录整理归档。

（五）工程造价控制工作

1）项目监理机构应按下列程序进行工程计量和工程款支付工作。

① 承包单位统计经专业监理工程师质量验收合格的工程量，按施工合同的约定填报工程量清单和工程款支付申请表；

② 专业监理工程师进行现场计量，按施工合同的约定审核工程量清单和工程款支付申请表，并报总监理工程师审定；

③ 总监理工程师签署工程款支付证书，并报建设单位。

2）项目监理机构应按下列程序进行竣工结算。

① 承包单位按施工合同规定填报竣工结算报表；

② 专业监理工程师审核承包单位报送的竣工结算报表；

③ 总监理工程师审定竣工结算报表，与建设单位、承包单位协商一致后，签发竣工结算文件和最终的工程款支付证书报建设单位。

3）项目监理机构应依据施工合同有关条款、施工图，对工程项目造价目标进行风险分析，并应制定防范性对策。

4）总监理工程师应从造价、项目的功能要求、质量和工期等方面审查工程变更的方案，并宜在工程变更实施前与建设单位、承包单位协商确定工程变更的价款。

5）项目监理机构应按施工合同约定的工程量计算规则和支付条款进行工程量计量和工程款支付。

6）专业监理工程师应及时建立月完成工程量和工作量统计表，对实际完成量与计划完成量进行比较、分析，制定调整措施，并应在监理月报中向建设单位报告。

7）专业监理工程师应及时收集、整理有关的施工和监理资料，为处理费用索赔提供证据。

8）项目监理机构应及时按施工合同的有关规定进行竣工结算，并应对竣工结算的价款总额与建设单位和承包单位进行协商。

9）未经监理人员质量验收合格的工程量，或不符合施工合同规定的工程量，监理人员应拒绝计量和该部分的工程款支付申请。

（六）工程进度控制工作

1）项目监理机构应按下列程序进行工程进度控制。

① 总监理工程师审批承包单位报送的施工总进度计划；

② 总监理工程师审批承包单位编制的年、季、月度施工进度计划；

③ 专业监理工程师对进度计划实施情况检查、分析；

④ 当实际进度符合计划进度时，应要求承包单位编制下一期进度计划；当实际进度滞后于计划进度时，专业监理工程师应书面通知承包单位采取纠偏措施并监督实施。

2）专业监理工程师应依据施工合同有关条款、施工图及经过批准的施工组织设计制定进度控制方案，对进度目标进行风险分析，制定防范性对策，经总监理工程师审定后报送建设单位。

3）专业监理工程师应检查进度计划的实施，并记录实际进度及其相关情况，当发现实际进度滞后于计划进度时，应签发监理工程师通知单指令承包单位采取调整措施。当实际进度严重滞后于计划进度时应及时报总监理工程师，由总监理工程师与建设单位商定采取进一步措施。

4）总监理工程师应在监理月报中向建设单位报告工程进度和所采取进度控制措施的执行情况，并提出合理预防由建设单位原因导致的工程延期及其相关费用索赔的建议。

（七）竣工验收

① 总监理工程师应组织专业监理工程师，依据有关法律、法规、工程建设强制性标准、设计文件及施工合同，对承包单位报送的竣工资料进行审查，并对工程质量进行竣工预验收。对存在的问题，应及时要求承包单位整改。整改完毕由总监理工程师签署工程竣工报验单，并应在此基础上提出工程质量评估报告。工程质量评估报告应经总监理工程师和监理单位技术负责人审核签字。

② 项目监理机构应参加由建设单位组织的竣工验收，并提供相关监理资料。对验收中提出的整改问题，项目监理机构应要求承包单位进行整改。工程质量符合要求，由总监理工程师会同参加验收的各方签署竣工验收报告。

（八）工程质量保修期的监理工作

① 监理单位应依据委托监理合同约定的工程质量保修期监理工作的时间、范围和内容开展工作。

② 承担质量保修期监理工作时，监理单位应安排监理人员对建设单位提出的工程质量缺陷进行检查和记录，对承包单位进行修复的工程质量进行验收，合格后予以签认。

③ 监理人员应对工程质量缺陷原因进行调查分析并确定责任归属，对非承包单位原因造成的工程质量缺陷，监理人员应核实修复工程的费用和签署工程款支付证书，并报建设单位。

六、设备采购监理与设备监造

（一）设备采购监理

① 监理单位应依据与建设单位签定的设备采购阶段的委托监理合同，成立由总监理工程师和专业监理工程师组成的项目监理机构。监理人员应专业配套、数量应满足监理工作的需要，并应明确监理人员的分工及岗位职责。

② 总监理工程师应组织监理人员熟悉和掌握设计文件对拟采购的设备的各项要求、技术说明和有关的标准。

③ 项目监理机构应编制设备采购方案，明确设备采购的原则、范围、内容、程序、方式和方法，并报建设单位批准。

④ 项目监理机构应根据批准的设备采购方案编制设备采购计划，并报建设单位批准。

采购计划的主要内容应包括采购设备的明细表、采购的进度安排、估价表、采购的资金使用计划等。

⑤ 项目监理机构应根据建设单位批准的设备采购计划组织或参加市场调查，并应协助建设单位选择设备供应单位。

⑥ 当采用招标方式进行设备采购时，项目监理机构应协助建设单位按照有关规定组织设备采购招标。

⑦ 当采用非招标方式进行设备采购时，项目监理机构应协助建设单位进行设备采购的技术及商务谈判。

⑧ 项目监理机构应在确定设备供应单位后参与设备采购订货合同的谈判，协助建设单位起草及签定设备采购订货合同。

⑨ 在设备采购监理工作结束后，总监理工程师应组织编写监理工作总结。

(二) 设备监造

① 监理单位应依据与建设单位签定的设备监造阶段的委托监理合同，成立由总监理工程师和专业监理工程师组成的项目监理机构。项目监理机构应进驻设备制造现场。

② 总监理工程师应组织专业监理工程师熟悉设备制造图纸及有关技术说明和标准，掌握设计意图和各项设备制造的工艺规程以及设备采购订货合同中的各项规定，并应组织或参加建设单位组织的设备制造图纸的设计交底。

③ 总监理工程师应组织专业监理工程师编制设备监造规划，经监理单位技术负责人审核批准后，在设备制造开始前十天内报送建设单位。

④ 总监理工程师应审查设备制造单位报送的设备制造生产计划和工艺方案，提出审查意见。符合要求后予以批准，并报建设单位。

⑤ 总监理工程师应审核设备制造分包单位的资质情况、实际生产能力和质量保证体系，符合要求后予以确认。

⑥ 专业监理工程师应审查设备制造的检验计划和检验要求，确认各阶段的检验时间、内容、方法、标准以及检测手段、检测设备和仪器。

⑦ 专业监理工程师必须对设备制造过程中拟采用的新技术、新材料、新工艺的鉴定书和试验报告进行审核，并签署意见。

⑧ 专业监理工程师应审查主要及关键零件的生产工艺设备、操作规程和相关生产人员的上岗资格，并对设备制造和装配场所的环境进行检查。

⑨ 专业监理工程师应审查设备制造的原材料、外购配套件、元器件、标准件以及坯料的质量证明文件及检验报告，检查设备制造单位对外购器件、外协作加工件和材料的质量验收，并由专业监理工程师审查设备制造单位提交的报验资料，符合规定要求时予以签认。

⑩ 专业监理工程师应对设备制造过程进行监督和检查，对主要及关键零部件的制造工序应进行抽检或检验。

⑪ 专业监理工程师应要求设备制造单位按批准的检验计划和检验要求进行设备制造过程的检验工作，做好检验记录，并对检验结果进行审核。专业监理工程师认为不符合质量要求时，指令设备制造单位进行整改、返修或返工。当发生质量失控或重大质量事故时，必须由总监理工程师下达暂停制造指令，提出处理意见，并及时报告建设单位。

⑫ 专业监理工程师应检查和监督设备的装配过程，符合要求后予以签认。

⑬ 在设备制造过程中如需要对设备的原设计进行变更，专业监理工程师应审核设计变更，并审查因变更引起的费用增减和制造工期的变化。

⑭ 总监理工程师应组织专业监理工程师参加设备制造过程中的调试、整机性能检测和验证，符合要求后予以签认。

⑮ 在设备运往现场前，专业监理工程师应检查设备制造单位对待运设备采取的防护和包装措施，并应检查是否符合运输、装卸、储存、安装的要求，以及相关的随机文件、装箱单和附件是否齐全。

⑯ 设备全部运到现场后，总监理工程师应组织专业监理工程师参加由设备制造单位按合同规定与安装单位的交接工作，开箱清点、检查、验收、移交。

⑰ 专业监理工程师应按设备制造合同的规定审核设备制造单位提交的进度付款单，提出审核意见，由总监理工程师签发支付证书。

⑱ 专业监理工程师应审查建设单位或设备制造单位提出的索赔文件，提出意见后报总监理工程师，由总监理工程师与建设单位、设备制造单位进行协商，并提出审核报告。

⑲ 专业监理工程师应审核设备制造单位报送的设备制造结算文件，并提出审核意见，报总监理工程师审核，由总监理工程师与建设单位、设备制造单位进行协商，并提出监理审核报告。

⑳ 在设备监造工作结束后，总监理工程师应组织编写设备监造工作总结。

（三）设备采购监理与设备监造的监理资料

1. 设备采购监理的监理资料

应包括以下内容：委托监理合同；设备采购方案计划；设计图纸和文件；市场调查、考察报告；设备采购招投标文件；设备采购订货合同；设备采购监理工作总结。

设备采购监理工作结束时，监理单位应向建设单位提交设备采购监理工作总结。

2. 设备监造工作的监理资料

应包括以下内容：设备制造合同及委托监理合同；设备监造规划；设备制造的生产计划和工艺方案；设备制造的检验计划和检验要求；分包单位资格报审表；原材料、零配件等的质量证明文件和检验报告；开工（复工）报审表、暂停令；检验记录及试验报告；报验申请表；设计变更文件；会议纪要；来往文件；监理日记；监理工程师通知单；监理工作联系单；监理月报；质量事故处理文件；设备制造索赔文件；设备验收文件；设备交接文件；支付证书和设备制造结算审核文件；设备监造工作总结。

设备监造工作结束时，监理单位应向建设单位提交设备监造工作总结。

第三节　园林工程项目监理控制要点

一、园林土方工程监理控制要点

（一）做好原始地形验收工作

这是土方造型工程的关键性验收工作，亦是土方造型工程核算的重要依据。

（二）小块、条形坑坛验收

小区绿化、道路绿化等小块绿地、条形绿地形式，应测量绿化工程开始前的地坪标高、坑坛深度、土质情况，以利于土方结算。

（三）土山堆筑

① 监督施工单位严格按工程要求及进度施工；

② 严格控制土方的质量（尤其是面层种植土厚度）；

③ 严格控制堆筑速度，及时了解沉降情况，并提出合理化建议；

④ 对土山堆筑过程，做好进度、土方量、沉降记录，绘制曲线图，以供参考；

⑤ 对有桩基、基础的项目，做好桩基验收和隐蔽工程验收；

⑥ 参加工程检测和有关的沉降、变异情况的分析会议。

（四）种植地形

① 检测种植地形标高；

② 复验地块种植土厚度；

③ 了解种植土质量：土石比例、酸碱度、颗粒尺寸及含肥情况；

④ 参加复验地形的和顺性和观赏性；

⑤ 检查施工单位的过程报告和分项评定记录表；

⑥ 签署土方地形工程报验资料。

（五）河道、湖泊

① 核查河道及湖泊是否按依据点放样；

② 核查河底的中心线是否在规定的范围之内；

③ 核查河底的开挖标高；

④ 核查水位控制的溢水口标高；

⑤ 检查河湖是否按要求处理驳岸坡度；

⑥ 检查驳岸处理是否符合工艺要求、艺术要求；

⑦ 硬质河底是否按设计和土建要求；

⑧ 防渗膜河底处理是否按规范要求，并留出沉降余量。

（六）土方施工准备阶段监理控制要点

监理在此阶段应重点注意督促、指导施工单位做好下列工作。

1. 研究和审查图纸

检查图纸和资料是否齐全，核对平面尺寸和标高，图纸相互间有无错漏和矛盾；掌握设计内容及各项技术要求，了解工程规模、特点、工程量和质量要求；熟悉土层地质、水文勘察资料；会审图纸，搞清构筑物与周围地下设施管线的关系，图纸相互间有错误和冲突；研究好开挖程序，明确各专业工序之间的配合关系、施工工期要求；向参加施工人员层层进行技术、质量交底。

2. 查勘施工现场

摸清工程场地情况，收集施工需要的各项资料，包括施工场地地形、地貌、地质水文、河流、气象、运输道路、植被、邻近建筑物、地下基础、管线、电缆坑基、防空洞、地面上施工范围内的障碍物和堆积物状况，供水、供电、通信情况，防洪排水系统等，以便为施工规划和准备提供可靠的资料和数据。

3. 编制施工方案

研究制定现场场地整平、土方开挖施工方案；绘制施工总平面布置图和土方开挖图，确定开挖路线、顺序、范围、底板标高、边坡坡度、排水沟水平位置，以及挖去的土方堆放地点；提出需用施工机具、劳力、推广新技术计划；深开挖还应提出支护、边坡保护和降水方案。

4. 平整清理场地

按设计或施工要求范围和标高平整场地，将土方弃到规定弃土区；凡在施工区域内影响工程质量的软弱土层、淤泥、腐殖土、大卵石、孤石、垃圾、树根、草皮以及不宜作填土和回填土料的稻田湿土，应分情况采取全部挖除或设排水沟疏干、抛填块石、砂砾等方法进行妥善处理。

施工现场残留有一些影响施工并经有关部门审查同意砍伐的树木，要进行伐除工作。凡土方开挖深度不大于50cm，或填方高度较小的土方施工，其施工现场及排水沟中的树木，都必须连根拔除。清理树蔸除用人工挖掘外，直径在50cm以上的大树蔸还可用推土机铲除或用爆破法清除。大树一般不允许伐除，如果现场的大树、古树很有保留价值，则要提请建设单位或设计单位对设计进行修改，以便将大树保留下来。大树的伐除必须慎之又慎，凡能保留的要尽量设法保留。

5. 施工降、排水

根据需要设置临时或永久性降、排水设施，保证能够顺利、安全地施工，并满足日后使用的需要。降、排水措施必须做到技术可行、经济合理、安全可靠，可进行多方案比较，择优选用。

（七）挖方与土方转运工程监理控制要点

1. 挖方基本要求

① 挖方边坡坡度应根据使用时间（临时或永久性）、土的种类、物理力学性质、水文情况等确定。对于永久性场地，挖方边坡坡度应按设计要求放坡，如设计无规定，应根据工程地质和边坡高度，结合当地实践经验确定。

② 对软土土坡或极易风化的软质岩石边坡，应对坡脚、坡面采取喷浆、抹面、嵌补、砌石等保护措施，并做好坡顶、坡脚排水，避免在影响边坡稳定的范围内积水。

③ 挖方上边缘至土堆坡脚的距离，应根据挖方深度、边坡高度和土的类别确定。当土质干燥密实时，不得小于3m；当土质松软时，不得小于5m。在挖方下侧弃土时，应将弃土堆表面整平低于场地标高并向处倾斜，或在弃土堆与挖方场地之间设置排水沟，防止雨水排入挖方场地。

④ 开挖土方附近不得有重物及易塌落物。

⑤ 在挖土过程中，随时注意观察土质情况，注意留出合理的坡度。若需垂直下挖，松散土不得超过0.7m，中等密度不超过1.25m，坚硬土不超过2m。超过以上数值的需加支撑板，或保留符合规定的边坡。

⑥ 挖方施工人员不得在土壁下向里挖土、以防塌方。

⑦ 施工过程必须注意保护基桩、龙门板及标高桩。

⑧ 开挖前应先进行测量定位，抄平放线，定出开挖宽度，按放线分块分层挖土。

2. 人工挖方

采用人工挖方施工，具有灵活、细致、能够适应多种复杂条件下施工的特点，但也有施工时间长、工效低、安全性低的缺点。这种方式一般多用于中小规模的土方工程施工中。土方工程施工应符合以下要求。

① 挖土施工中一般不垂直向下挖得很深，要有合理的边坡，并要根据土质的疏松或密实情况确定边坡坡度的大小。必须垂直向下挖土的，则在松软土情况下挖深不超过0.7m，中密度土质的挖深不超过1.25m，硬土情况下的挖深不超过2m。

② 对岩石地面进行挖方施工，一般要先行爆破，将地表一定厚度的岩石层炸裂为碎块，再进行挖方施工。爆破施工时，要先打好炮眼，装上炸药雷管，待清理施工现场及其周围地带，确认爆破区无人滞留之后，才点火爆破。爆破施工的最紧要处就是要确保人员安全。

③ 相邻场地、基坑开挖时，应遵循先深后浅或同时进行的施工程序。挖土应自下而下

水平分段分层进行，每层 0.3m 左右。边挖边检查坑底宽度及坡度，不够时及时修整，每 3m 左右修一次坡，至设计标高，再统一进行一次修坡清底，检查坑底宽和标高。在已有建筑物侧挖基坑（槽）应间隔分段进行，每段不超过 2m，相邻段开挖应待已挖好的槽段基础完成并回填夯实后进行。

④ 基坑开挖应尽量防止对地基土的扰动。当用人工挖土，基坑挖好后不能立即进行下道工序时，应预留 15～30cm 一层土不挖，待下道工序开始再挖至设计标高。

⑤ 在地下水位以下挖土，应在基坑（槽）四侧或两侧挖好临时排水沟和集水井，将水位降低至坑槽以下 500mm，以利挖方进行。降水工作应持续到施工完毕。

3. 机械挖方

① 在机械作业之前，技术人员应向机械操作人员进行技术交底，使其了解施工场地的情况和施工技术要求；并对施工场地中的定点放样情况进行深入了解，熟悉桩位和施工标高等，对土方施工做到心中有数。

② 施工现场布置的桩点和施工放线要明显，应适当加高桩木的高度，在桩木上作出醒目的标志或将桩木漆成显眼的颜色。在施工期间，施工技术人员应和推土机手密切配合，随时随地用测量仪器检查桩点和放线情况，以免挖错。

③ 在挖湖工程中，施工坐标桩和标高桩一定要保护好。挖湖的土方工程因湖水深度变化比较一致，而且放水后水面以下部分不会暴露，所以在湖底部分的挖土作业可以比较粗放，只要挖到设计标高处，并将湖底地面推平即可。但对湖岸线和岸坡坡度要求很准确的地方，为保证施工精度，可以用边坡放样板来控制边坡坡度的施工。

④ 挖土工程中对原地面表土要注意保护，因表土的土质疏松肥沃，适于种植园林植物。所以对地面 50cm 厚的表土层（耕作层）挖方时，要先用推土机将施工地段的这一层熟土推到施工场地外围，待地形整理停当，再把表土推回铺好。

⑤ 采用机械开挖基坑时，为避免破坏基底土，应在基底标高以上预留一层人工清理。使用铲运机、推土机或多斗挖土机时，保留上层厚度为 20cm；使用正铲、反铲或拉铲挖土时为 30cm。

4. 安全措施

① 开挖时，两人操作间距应大于 2.5m；多台机械开挖，挖土机间距应大于 10m。在挖土机工作范围内，不允许进行其他作业。挖土应由上而下，逐层进行，严禁先挖坡脚或逆坡挖土。

② 挖土方不得在危岩、孤石的下边或贴近未加固的危险建筑物的下面进行。

③ 挖应严格按要求放坡，操作时应随时注意土壁的变动情况，如发现有裂纹或部分坍塌现象，应及时进行支撑或放坡，并注意支撑的稳固和土壁的变化。当采取不放坡开挖时，应设置临时支护，各种支护应根据土质及深度经计算确定。

④ 机械多台阶同时开挖，应验算边坡的稳定，挖土机离边坡应有一定的安全距离，以防塌方，造成翻机事故。

⑤ 深基坑上下应先挖好阶梯或支撑靠梯，或开斜坡道，并采取防滑措施，禁止踩踏支撑上下。坑四周应设安全栏杆。

5. 土方转运

在土方调配中，一般情况下都应按照"就近挖方、就近填方"的原则，采取土石方就地平衡的方式。

运土车辆需要经过城市街道时，车厢不能装得太满，在驶出工地之前应当将车轮泥土全部冲洗干净，不得带泥上路或撒落泥土，以免污染环境和受到处罚。

（八）填方工程监理控制要点

1. 填方基本要求

（1）土料要求　填方土料应符合设计要求，保证填方的强度和稳定性，如设计无要求，则应符合下列规定。

① 碎石类土、砂土和爆破石渣（粒径不大于每层铺厚的 2/3，当用振动碾压时，不超过 3/4），可用于表层下的填料；

② 含水量符合压实要求的黏性土，可作各层填料；

③ 碎块草皮和有机质含量大于 8％的土，仅用于无压实要求的填方；

④ 淤泥和淤泥质土一般不能用作填料，但在软土或沼泽地区，经过处理含水量符合压实要求的，可用于填方中的次要部位；

⑤ 含盐量符合规定的盐渍土，一般可用作填料，但土中不得含有盐晶、盐块或含盐植物根茎。

（2）填土含水量

① 水量的大小，直接影响到夯实（碾压）的质量，在夯实（碾压）前应先试验，以得到符合密实度要求条件下的最优含水量和最少夯实（或碾压）遍数。各种土的最优含水量和最大密实度可通过试验确定，或根据经验确定。

② 遇到黏性土或排水不良的砂土时，其最优含水量与相应的最大干密度，应用击实试验确定。

③ 土料含水量一般以手握成团、落地开花为宜。当含水量过大，应采取翻松、晾干、风干、换土回填、掺入干土或其他吸水性材料等措施；如土料过干，则应预先洒水润湿，亦可采取增加压实遍数或使用大功能压实机械等措施。

在气候干燥时，须采取加速挖土、运土、平土和碾压措施，以减少土的水分散失。

（3）基底处理

① 场地回填应先清除基底上草皮、树根、坑穴中积水、淤泥和杂物，并应采取措施防止地表滞水流入填方区，浸泡地基，造成基土下陷。

② 当填方基底为耕植土或松土时，应将基底充分夯实或碾压密实。

③ 当填方位于水田、沟渠、池塘或含水量很大的松软地段，应根据具体情况采取排水疏干，或将淤泥全部挖出换土、抛填片石、填砂砾石、翻松掺石灰等措施进行处理。

④ 当填土场地地面陡于 1∶5 时，应先将斜坡挖成阶梯形，阶高 0.2～0.3m，阶宽大于 1m，然后分层填土，以利于接合和防止滑动。

2. 填方施工步骤与方法

（1）填方施工步骤

① 先填石方，后填土方。土、石混合填方时，或施工现场有需要处理的建筑渣土而填方区又比较深时，应先将石块、渣土或粗粒废土填在底层，并紧紧地筑实；然后再将壤土或细土在上层填实。

② 先填底土，后填表土。在挖方中挖出的原地面表土，应暂时堆在一旁，而要将挖出的底土先填到填方区底层；待底土填好后，才将肥沃表土回填到填方区作面层。

③ 先填近处，后填远处。近处的填方区应先填，待近处填好后再逐渐填向远处。但每填一处，还是要分层填实。

（2）填方施工方法　应严格按照设计要求采用分层填筑法或阶梯填筑法等填筑，确保土方填筑质量。

（3）土方压实注意事项

① 铺土厚度和压实遍数必须符合设计要求和规范规定；

② 土方的压实应先从边缘开始，逐渐向中间推进。这样碾压，可以避免边缘土被向外挤压而引起坍落现象。

③ 填方时必须分层堆填、分层碾压夯实。不要一次性填到设计土面高度后才进行碾压打夯；否则，就会造成填方地面上紧下松，沉降和塌陷严重的情况。

④ 碾压、打夯要注意均匀，要使填方区各处土壤密度一致，避免以后出现不均匀沉降。

⑤ 在夯实松土时，打夯动作应先轻后重。先轻打一遍，使土中细粉受震落下，填满下层土粒间的空隙；然后再加重打压，夯实土壤。

（九）土石方放坡处理监理控制要点

在挖方工程和填方工程中，常常需要对边坡进行处理，使之达到安全、合理的目的。土方施工所造成的土坡，都应当是稳定的，是不会发生坍塌的。而要达到这个要求，对边坡的坡度处理就显得非常必要和重要。由于不同的土质、不同疏松程度的土方在做坡度时能够达到的稳定性是不同的，故必须区别对待，严加注意。边坡放坡角度必须符合设计和有关规范的要求。

（十）驳岸与护坡工程施工监理控制要点

园林中的各种水体需要有稳定、美观的岸线，并使陆地与水面之间保持一定的比例关系，防止因水岸坍塌而影响水体，因而应在水体的边缘修筑驳岸或进行护坡处理。

1. 基本要求

① 必须严格管理，严格按工程设计要求和规范规定控制和验收。

② 岸坡施工前，一般应放空湖水，以便施工。新挖湖池应在蓄水之前进行岸坡施工。属于城市排洪河道、蓄洪湖泊的水体，可分段围堵截流，排空作业现场围堰以内的水。选择枯水期施工，如枯水位距施工现场较远，也就不必放空湖水再施工。岸坡采用灰土基础时，以干旱季节施工为宜，否则会影响灰土的凝结。浆砌块石施工中，砌筑要密实，要尽量减少缝穴，缝中灌浆务必饱满。浆砌石缝宽应控制在 2～3cm，勾缝可稍高于石面。

③ 为防止冻凝，岸坡应设伸缩缝并兼作沉降缝。伸缩缝要做好防水处理，同时也可采用结合景观的设计使岸坡曲折有度，这样既丰富岸坡的变化，又减少伸缩缝的设置，使岸坡的整体性更强。

④ 为排除地面渗水或地面水在岸墙后的滞留，应考虑设置泄水孔。泄水孔可等距离分布，平均 3～5m 处可设置一个孔。在孔后可设倒滤层，以防阻塞。

2. 驳岸工程施工

（1）砌石类驳岸　基础要求坚固，埋入湖底深度不得小于 50cm，基础宽度 B 视土壤情况而定，砂砾土的 B 值应不小于（0.35～0.4）h（h 为驳岸基底面至岸顶面的高度，下同），砂壤土不小于 0.45h，湿砂土不小于（0.5～0.6）h，饱和水壤土不小于 0.75h。

（2）桩基类驳岸　必须根据材质类型严格按设计和相关要求施工。

3. 护坡工程施工

（1）铺石护坡　护坡石料要求吸水率低（不超过 1%）、密度大（大于 $2t/m^3$）和较强的抗冻性，如灰岩、砂岩、花岗石等岩石，以块径 18～25cm、长宽比 2∶1 的长方形石料最佳。铺石护坡的坡面应根据水位和土壤状况确定，一般常水位以下部分坡面的坡度小于

1：4，常水位以上部分采用 1：1.5～1：5。

　　铺后应上人行走检查铺石是否移动，如果不移动，则铺石质量可认为符合要求，然后用碎石嵌补铺石缝隙，再将铺石夯实即成。

　　（2）灌木护坡　灌木护坡一般适用大水面平缓的坡岸。护坡灌木要具备速生、根系发达、耐水湿、株矮常绿等特点。施工时可直播、可植苗，但要求较大的种植密度。若因景观需要，强化天际线变化，可适量植草和乔木。

　　（3）草皮护坡　草皮护坡适用坡度在 1：5～1：20 之间的湖岸缓坡。护坡草皮要求耐水湿、根系发达、生长快、生存力强。护坡做法按坡面具备条件而定，如果原坡面有杂草生长，可直接利用杂草护坡，但要求美观。最为常见的是块状或带状种草护坡，铺草时沿坡面自下而上成网状铺草，用木方条分隔固定，稍加压踩。若要增加景观层次，丰富地貌，加强透视感，可在草地散置山石，配以花灌木。

二、园林道路、桥梁工程控制要点

（一）园林道路

　　园林道路按游览通行的功能划分，可分为主要园路、次要园路、游憩小路三类；按铺地材料划分，可分为混凝土铺地路、块料铺地路、碎石铺地路三类。园林道路工程监理控制要点如下。

　　1. 道路放样

　　① 核查道路是否按依据点放样；

　　② 车行道转弯处是否加宽；

　　③ 道路坡度是否符合设计要求；

　　④ 审核、签署施工放样资料等。

　　2. 路基材料及各项现场试验指标

　　① 检查土基是否按要求分层进行压实、滚压；

　　② 土基的夯实是否达到要求，压实是否有试验报告；

　　③ 路基材料是否符合设计要求；

　　④ 垫层材料是否有检验报告；

　　⑤ 各层厚度是否达到设计要求；

　　⑥ 设置的沉降缝、伸缩缝是否符合设计要求；

　　⑦ 审核、签署各层隐蔽工程报验资料等。

　　3. 道路面层

　　① 检查路面的平整度和坡度；

　　② 混凝土路面分块应合理；

　　③ 路面材料是否符合设计要求；

　　④ 不同路面的拼接应简洁、美观；

　　⑤ 沥青路面应在基层干燥之后铺设；

　　⑥ 各种路面石板铺设应符合规范和设计要求；

　　⑦ 花纹、图案应符合设计要求；

　　⑧ 检查面层与基层结合，必须牢固、无空鼓；

　　⑨ 审查、签署道路工程报验资料等。

　　4. 道路养护

① 三渣层、混凝土道路应按规定留出养护时间；

② 检查养护方法是否正确；

③ 检查养护措施是否到位等。

（二）园林阶梯和桥梁工程

① 阶梯和桥梁与道路的衔接是否和顺；

② 阶梯是否符合设计和规范要求；

③ 坡度是否符合设计要求；

④ 路面防滑措施是否符合设计要求；

⑤ 栏杆或扶手各项技术性能、质量指标是否符合设计和规范要求；

⑥ 通车桥梁必须设有限载标志；不准通车的宽阔桥梁，必须设置可靠路障等。

三、园林绿化种植工程控制要点

（一）绿化材料监理要点

1. 绿化材料单据

① 核对施工单位绿化材料清单，检查进场绿化材料是否符合清单中的名称、种类、产地；

② 开包检查（整批）绿化材料的品种、规格、数量；

③ 检查外地引入的绿化材料的检疫证件；

④ 检查一切本地的绿化材料的生产单位出圃单和产品证明。

2. 绿化材料保鲜措施

① 绿化材料的鲜活程度；

② 绿化材料的根系湿度；

③ 绿化材料的枝叶失水程度。

3. 绿化材料根系

① 绿化材料必须是根系发达，带土球苗木的土球应无松散现象，土球直径是树干直径的 6～10 倍；

② 裸根的绿化材料，须根保留程度。

4. 绿化材料体质

① 绿化材料必须生长苗壮，无检疫性病、虫、草害，并符合设计要求；

② 绿化材料的树形、树冠、顶梢，分枝数、分枝形；

③ 检查乔木类绿化材料的胸径、高度、蓬径；

④ 检查灌木类绿化材料的地径、高度、蓬径、分叉数；

⑤ 检查地被类绿化材料的主径长度、高度、蓬径、分蘖数；

⑥ 检查草坪类绿化材料的根系情况、泥片厚度、草苗高度；

⑦ 籽播草坪要进行发芽试验；

⑧ 抽样实测等。

5. 审查、签署苗木材料报验资料

① 苗木；

② 不合格的要求及时退回，不合格材料及时清退。

（二）种植前的监理工作要点

1）督促施工单位核对种植工程的设计图与现场平面及标高；不符时，应由设计单位作出变更设计。

2）设计应明确规定乔灌木的规格。乔灌木的质量要求：栽植种类、高度、树干胸径、树冠、地径、分杈数、根系数。

3）检查种植的土壤是否符合设计要求，并核查土壤检验报告。

① 土壤质地、酸碱度、混杂物等；

② 介质土成分、产品说明及合格证；

③ 肥料、产品说明及合格证。

4）绿化范围内的土地根据设计要求进行深翻平整，置换三、四类土。

5）栽植乔木、大灌木的坑槽检查。

① 树坑直径（或正方形树穴的边）比土球直径大 40cm；

② 树坑深度应与植物根系相适应或符合规范要求；

③ 坑槽内土质应符合栽植设计要求；

④ 坑槽应竖直下掘；

⑤ 合格后签署树穴报验资料（隐蔽工程）。

6）复核种植放样。

① 复核各种苗木的种植位置、范围、株行间距或自然种植位置；

② 签署放样报验资料。

（三）种植过程的监理工作要点

1）非栽植季节栽植必须按规范操作和制定好各种保活措施，并由园艺工程技术人员具体负责指导栽植工作和质量自检、把关。

2）带土球的树木是否扎腰箍，出长根和裸根的树木是否有黏泥或带毛球和根部保湿处理措施。

3）树木运到栽植地后，发现是否有损伤的树枝，树根是否及时修剪，大的修剪口是否做防腐处理。

4）栽植。

① 栽植前要根据设计要求施基肥或改良，合格后签署种植土改良报验资料（隐蔽工程）；

② 树木要按规定向选择丰满的完整面，并朝向主要视线，孤植树木冠幅要完整；

③ 带土球的树木应按规范标准操作，轻放入坑，去除包扎物，按设计要求施肥或技术处理，围堰和浇水后平整，两天内发现泥土下沉，应及时补填土、浇水整平；

④ 裸根树木应按规范标准操作，扶正、培土、夯实、围堰、浇水。

5）支撑、绑扎。

① 乔木、大灌木在栽植后应按实际情况用十字支撑、扁担支撑、三角支撑或单柱支撑，雪松等特别树种要进行"领头"等特殊处理，绑扎点要用软衬垫，不能用铁丝或草绳；

② 较近的树木，可相互支撑；

③ 检查各种支撑是否牢固，树干绑扎后保持正直；

6）修剪及其他。

① 新栽植的植物要进行修剪、疏枝，以提高成活率；

② 非种植季节栽植应按不同的树种采取相应的修剪，强修剪应保留树木原枝条的 1/3，树冠树形仍要符合设计要求，必须由中级以上绿化工操作；

③ 应摘叶的是否按要求摘叶，是否保留幼芽；

④ 夏季、冬季是否有防晒、防寒措施，喷雾、浇水是否达到保持一、三级分叉以下的

树干湿润；

⑤ 行道树第一分叉点要在 3.0～3.2m；

⑥ 草绳绕杆下部应到地面，高度应符合要求。

7）灌木、地被、草花。

① 检查小灌木色块，地被的种植密度、均匀程度，铺地苗木覆盖地面的效果；

② 检查灌木绿篱的修剪高度、形状；

③ 草花色块、花坛的色彩搭配、图案形状、艺术效果。

8）草坪。

① 检查待铺草坪的草块大小、厚度是否均匀，杂草比例，有无病虫害；

② 草坪栽植应在该草坪最适合的季节；

③ 栽植前后都要除去杂草根茎，铺植要平整，铺植后应滚压、浇水。

9）大树移植。

① 移植的大树应在年前切根，大树应有新梢、新芽，长势好，根系分布较浅，长出新根；

② 移植时间应在最适合移植该树种的期间进行；

③ 大树挖掘后应及时装吊、运输，吊运时，应有保护措施；

④ 树木的土球或根系应符合标准；

⑤ 栽植前要检查是否根据工程要求取各种特殊措施；

⑥ 常绿树应修去断枝后绑扎，土球要扎腰箍，栽植时不得破坏土球，填土略高于球面，围堰浇足水，移栽至低注处要推土填高，检查坛内有无空隙；

⑦ 裸根植物应选择良好蓬松的土壤作栽植土，定位后，填入土壤，逐层捣实，围堰浇水，检查坑内有无空隙；

⑧ 移植后宜采用牢固支撑，培土下沉要加土，注意树根不可架空。

（四）养护过程的监理要点

1. 草坪

① 要清除草坪上的石子、瓦砾、树枝等杂物，挑除杂草；

② 低注积水要排水或加土，空秃地应补填；

③ 草坪生长季节，要中耕、加土、滚压、保持土壤平整和良好的透气性；

④ 草坪与树坛衔接处要切边，树冠下草坪应经常施肥，花坛边缘要进行切边；

⑤ 草坪发芽前应施肥，生长季节要追肥，及时浇水。

2. 灌溉与排水

① 对新栽植的树木要根据不同的树种和不同的立地条件进行适期、适量的灌溉，并保持土壤中的有效肥分，还要注意不同土质的排水情况，不能有积水；

② 对已栽植成活的树木，要按环境及时灌溉，对水分和空气温度要求较高的树种，应在清早或傍晚进行灌溉，或做适当的叶面喷雾处理；

③ 灌溉前要适当松土，夏季灌溉宜在早上或傍晚进行，冬季灌溉宜在中午，灌溉要一次浇透，特别是春夏季节；

④ 暴雨后新栽树木周围积水应尽快排除。

3. 中耕除草

① 检查乔木、灌木下的野草是否铲除；

② 中耕除草应选择在天气晴好、土壤不过分潮湿的时间进行；

③ 中耕除草的深度不可影响根系生长。

4. 施肥

① 树木休眠期要适当施肥；

② 乔木、灌木应按树种、树龄、生长期以及土壤的理化性情况进行施肥；

③ 施肥要在晴天进行。

5. 修剪、整形

① 修剪整形应根据树木的生长情况，树木的通风、适光和肥水情况，来定树木的树形、树势；

② 乔木类应修去徒长枝、病虫枝、交叉枝、并生枝、扭伤枝及枯枝烂头，并督促病虫枝的及时销毁；

③ 灌木类修剪应按先上后下、先内后外、先弱后强、去老留新的原则进行；

④ 绿篱类可按一般整形修剪，也可按特殊造型修剪；

⑤ 草坪修剪高度一般在 2～4cm，也可按特殊需要高度修剪；

⑥ 修剪的方法是切口靠节，剪口在反侧呈 45° 倾斜，剪口要平整，要涂防腐剂，对粗壮的大树，如采用截枝法，要防扯裂，操作时必须安全；

⑦ 休眠期修剪以整树形为主，宜稍重剪；以调整树势为主，宜轻剪；有伤流的树种，要在夏秋两季修剪；

⑧ 大树移植后要有专职技术人员进行养护管理。

6. 防护设施

① 高大乔木在风暴来临前夕，要采取措施，如打地桩扎缚或加土、疏枝；风暴后应清除临时措施，倾倒树木要扶正；

② 树木防涝、排水应采取适当措施（筑围、开深沟、抽水）。

7. 补植

① 要选在规定的季节内补植；

② 补植树木要能与原来景观相协调。

8. 防治病虫害和草害

① 防治病虫害的方针要以"预防为主，综合治理"，维护生态平衡；

② 根据园林植物病虫害预测预报制定长期、短期的防治计划；

③ 对园林植物危害普遍而严重的"五小、二病"（蚧虫、蚜虫、粉虱、蓟马、叶螨、病毒病、线虫病）应加强防治；

④ 要合理使用防莠剂；

⑤ 采用化学、农药除莠除病虫，必须按有关安全操作规定执行。

四、园林给水排水、喷泉、喷灌工程控制要点

① 施工前应复核设计方案及施工图纸的正确性；

② 审核所有材料、构配件、设备的质保资料；

③ 复核管槽位置，签署放样报验资料；

④ 隐蔽管道深度、位置必须符合设计要求和施工规范规定；

⑤ 验收管槽，签署隐蔽工程报验资料；

⑥ 核验施工人员的上岗证；

⑦ 管道敷设、连接必须符合设计要求和规范规定；

⑧ 管道应做水压试验，其结果必须符合设计要求和规范规定；

⑨ 喷头安装之前，管道必须清洗；

⑩ 喷头的安装必须符合设计要求和产品特性；

⑪ 喷泉、喷灌安装结束后必须进行调试，各种指标要符合设计和规范要求；

⑫ 电磁阀安装、电磁阀井必须符合设计和规范要求；

⑬ 电线管敷设，要连接紧密，管口光滑，护口齐全，排列整齐，管子弯曲处无明显褶皱，油漆防腐完整，符合规范规定。

五、园林假山、叠石工程控制要点

(一) 审核试依据

① 假山叠石、溪流等工程的施工必须具备正式有效图纸，严禁无图施工。

② 假山叠石工程和溪流工程应符合设计施工图，现场需核对其平面位置及结构截面。

(二) 复核基础放样成果，审签测量放样报验资料

(三) 检查基础施工

① 检查基础范围和深度，应符合设计要求；

② 遇疏散层、暗浜或异物等，应由设计单位作变更设计后，方可继续施工；

③ 基础表面应低于近旁土面或路面；

④ 基础验收，签署隐蔽工程报验资料。

(四) 检查山体轮廓放样

① 是否在基础范围之内；

② 山势是否符合设计要求。

(五) 监督假山叠石施工

① 山体石色、纹理应有整体感，形体要自然、完整；

② 山洞洞壁凹凸面不得影响游人安全；

③ 山洞内应注意采光，不得积水；

④ 假山瀑布出水口宜自然，瀑布的形式应达到设计规定；

⑤ 溪流花驳叠石，应体现溪流的特性，汀步安置应稳固，面石要平整，间距及高差要适当；

⑥ 水池及池岸花驳、花坛边的叠石、造型应体现自然平整，山石纹理或折褶皱处理要和谐、协调，路旁以山石堆叠的花坛边其侧面及顶面应基本平整；

⑦ 孤赏石、峰石宜形态完美，应注意主观赏面的方向，必须注意重心，确保稳固；

⑧ 散置的山石根据设计意图不得随意堆置，不可简单重复，堆置要稳固；

⑨ 假山叠石施工，应有一定数量的种植穴。留有出水口。

(六) 假山叠石施工的技术处理

① 施工前要对山石的质地、纹理、石色等进行挑选、分类；

② 施工前要对施工现场的山石进行清洗，除去山石表面积土、尘埃等杂物；

③ 壁石与地面衔接处应浇捣混凝土，墙面上的壁石必须稳固，厚度不宜小于结构计算的要求；

④ 假山石的搭接应相互嵌合，各缝隙要用指定强度的砂浆或混凝土进行填塞及浇捣；

⑤ 假山叠石整体完成后，勾缝应用指定强度的砂浆，缝宽宜为 2～3cm。

（七）塑假山（属土建工程）

① 验收混凝土结构隐蔽工程；

② 核验塑假山面积；

③ 核验塑假山品种形式；

④ 塑假山勾缝材料应与假山颜色相近。

六、园林供电工程控制要点

园林供电工程主要包括电气设备安装、管线敷设、灯光造景等专业内容。监理控制要点主要如下。

① 施工前必须进行详细的技术交底和图纸会审；认真按要求编制和审批施工组织设计和专项施工方案；认真按要求编制专业工程监理实施细则；

② 必须严格按照设计和相关规范、标准、图集、方案、细则等的要求进行施工、监理和验收；

③ 导线在管内不得有接头，护线套齐全，符合规范规定；

④ 导线间和导线对地的绝缘电阻必须大于 0.5MΩ，符合规范规定，并做实测记录；

⑤ 电气器具的接地保护措施和其他安全要求，必须符合规范规定；

⑥ 配电箱安装，必须位置正确，部件齐全，箱体油漆完整；

⑦ 导线—器具连接，必须紧密，不伤芯线，压板无松动、配件齐全；

⑧ 接地体安装，必须位置正确，连接牢固，接地体埋设深度符合设计和规范要求，并做实测记录；

⑨ 水下灯及潮湿地区电器，必须使用 12V（24V 以下）电源；

⑩ 各项景观安装全部符合设计和规范要求，方可签署工程报验资料。

复　习　题

1. 园林工程监理的性质和特点是什么？

2. 工程监理的内容有哪些？应该遵循哪些原则？

3. 园林工程监理的法律规范有哪些？

4. 园林工程监理的实施程序是什么？

思　考　题

1. 园林绿化工程的监理控制要点有哪些？

2. 园林水景工程的监理控制要点有哪些？

3. 园林土方工程的监理控制要点有哪些？

实　训　题

园林工程监理实训

【实训目的】通过组织进行园林工程施工监理的模拟，熟悉园林工程监理的程序和方法，掌握园林工程各分项工程施工的监理要点。

【实训用具】小钢尺、水准仪、经纬仪、天平、环刀、电炉等的小型检测工具。园林工程图纸、园林工程预算书、材料进场记录单等。

【实训内容】

1. 水景工程施工全过程监理

2. 园林小品施工全过程施工监理

3. 主要监理要点概括为"四控两管一协调"

即：质量控制、安全控制、进度控制、费用控制；合同管理和信息管理；协调各方关系，具体的事就是审核施工单位递交的施工开工报告、方案、施工记录、材料报验等资料；在现场通过巡视、旁站和平行检验等方式对施工的质量、安全、进度、费用等方面进行控制。

第十二章 园林工程项目竣工验收及评定

【本章导读】

竣工验收是在园林工程建设的最后阶段，根据国家有关规定评定质量等级，是对建设成果和投资效果的总检验。所以本章重点讲解园林工程项目验收的概念、作用、依据和标准；竣工验收的准备工作；竣工验收的程序；园林建设工程等级评定标准；工程项目的交接；施工总结；工程回访、养护及保修等方面的内容。

【教学目标】

通过本章的学习，能够了解园林工程竣工验收与评定的依据、内容、程序，掌握竣工验收的方法、工程项目等级评定的标准、工程项目交接的方法及工程完工后的回访和养护的内容。

【技能目标】

培养掌握竣工验收的方法和步骤、施工总结的撰写方法以及工程养护和保修的技术。

当园林建设工程按设计要求完成施工并可供开放使用时，承接施工单位就要向建设单位办理移交手续；这种接交工作就称为项目的竣工验收。因此竣工验收既是对项目进行接交的必须手续，又是通过竣工验收对建设项目的成果的工程质量（含设计与施工质量）、经济效益（含工期与投资数额等）等进行全面考核和评估。

第一节 园林工程项目竣工验收概述

一、园林工程竣工验收的概念和作用

园林建设项目的竣工验收是园林建设全过程的一个阶段，它是由投资成果转入为使用、对公众开放、服务于社会、产生效益的一个标志，因此竣工验收对促进建设项目尽快投入使用、发挥投资效益、全面总结建设过程的经验都具有很重要的意义和作用。

竣工验收一般是在整个建设项目全部完成后，一次集中验收，也可以分期分批组织验收，即对一些分期建设项目、分项工程在其建成后，只要相应的辅助设施能予配套，并能够正常使用的，就可组织验收，以使其及早发挥投资效益。因此，凡是一个完整的园林建设项目，或是一个单位工程建成后达到正常作用条件的就应及时地组织竣工验收。

二、工程竣工验收的依据和标准

（一）竣工验收的依据

① 上级主管部门审批的计划任务书、设计纲要、设计文件等；

② 招投标文件和工程合同；

③ 施工图纸和说明、设备技术说明书、图纸会审记录、设计变更签证和技术核定的；

④ 国家或行业颁布的现行施工技术验收规范及工程质量检验评定标准；

⑤ 有关施工记录及工程所用的材料、构件、设备质量合格文件及检验报告单；

⑥ 承接施工单位提供的有关质量保证等文件；

⑦ 国家颁发的有关竣工验收的文件；

⑧ 引进技术或进口成套设备的项目还应按照签订的合同和国外提供的设计文件等资料进行验收。

（二）竣工验收的标准

园林建设项目涉及多种门类、多种专业，且要求的标准也各异，有些在目前尚未形成国家统一的标准，因此对工程项目或一个单位工程的竣工验收，可采用相应或相近工种的标准进行。

土建工程的验收标准是：凡园林工程、游憩、服务设施及娱乐设施应按照设计图纸、技术说明书、验收规范及建筑工程质量检验评定标准验收，并应符合合同所规定的工程内容及合格的工程质量标准。不论是游憩性建筑还是娱乐、生活设施建筑，不仅建筑物室内工程要全部完工，而且室外工程的明沟、踏步斜道、散水以及平整建筑物周围场地，应清除障碍，并达到水通、电通、道路通。

安装工程的验收标准是：按照设计要求的施工项目内容、技术质量要求及验收规范和质量验评标准的规定，完成规定的工序各道工序，且质量符合合格要求。各项设备、电气、空调、仪表、通信等工程项目全部安装完毕，经过单机、联动无负荷试车，全部符合安装技术的质量要求，基本达到设计能力。

绿化工程的验收标准是：施工项目内容、技术质量要求及验收规范和质量应达到设计要求、验评标准的规定及各工序质量的合格要求，如树木的成活率、草坪铺设的质量、花坛的品种、纹样等。

第二节　竣工验收的准备工作

竣工验收前的准备工作，是竣工验收工作顺利进行的基础，承接施工单位、建设单位、设计单位和监理工程师均应尽早做好准备工作，其中以承接施工单位和监理工程师的准备工作尤为重要。

一、承接施工单位的准备工作

（一）工程档案资料的汇总整理

工程档案是园林建设工程的永久性技术资料，是园林施工项目进行竣工验收的主要依据。因此，档案资料的准备必须符合有关规定及规范的要求，必须做到准确、齐全，能够满足园林建设工程进行维修、改造和扩建的需要。一般包括以下内容。

① 上级主管部门对该工程的有关技术决定文件；

② 竣工工程项目一览表，包括竣工工程的名称、位置、面积、特点等；

③ 地质勘察资料；

④ 工程竣工图，工程设计变更记录，施工变更洽商记录，设计图纸会审记录等；

⑤ 永久性水准点位置坐标记录，建筑物、构筑物沉降观测记录；

⑥ 新工艺、新材料、新技术、新设备的试验、验收和鉴定记录；

⑦ 工程质量事故发生情况和处理记录；

⑧ 建筑物、构筑物、设备使用注意事项文件；

⑨ 竣工验收申请报告、工程竣工验收报告、工程竣工验收证明书、工程养护与保修证书等。

（二）竣工自验

在项目经理的组织领导下，由生产、技术、质量、预算、合同和有关的工长或施工员组成预验小组。根据国家或地区主管部门规定的竣工标准、施工图和设计要求、国家或地区规定的质量标准和要求，以及合同所规定的标准和要求，对竣工项目按分段、分层、分项地逐一进行全面检查，预验小组成员按照自己所主管的内容进行自检，并做好记录，对不符合要求的部位和项目，要制定修补处理措施和标准，并限期修补好。施工单位在自检的基础上，对已查出的问题全部修补处理完毕后，项目经理应报请上级再进行复检，为正式验收做好充分准备。

园林建设工程中的竣工检查主要有以下方面的内容。

1. 对园林建设用地内进行全面检查

① 有无剩余的建筑材料。

② 有无残留渣土等。

③ 有无尚未竣工的工程。

2. 对场区内外邻接道路进行全面检查

① 道路有无损伤或被污染。

② 道路上有无剩余的建筑材料或渣土等。

3. 临时设施工程

① 和设计图纸对照，确认现场已无残存物件。

② 和设计图纸对照，确认有已无残留草皮、树根。

③ 向电力局、电话局、给排水公司等有关单位，提交解除合同的申请。

4. 整地工程

（1）挖方、填方及残土处理作业

① 对照设计图纸和工程照片等，检查地面是否达到设计要求。

② 检查残土处理量有无异常，残土堆放地点是否按照规定进行了整地作业等。

（2）种植地基土作业　对照设计图纸、工期照片、施工说明书，检查有无异常。

5. 管理设施工程

（1）雨水检查井、雨水进水口、污水检查井等设施

① 和设计图纸对照，有无异常。

② 金属构件施工有无常异。

③ 管口施工有无异常。

④ 进水口底部施工有无异常及进水口是否有垃圾积存。

（2）电器设备

① 和设计图纸对照，有无异常。

② 线路供电电压是否符合当地供电标准，通电后运行设备是否正常。

③ 灯柱、电杆安装是否符合规程，有关部门认证的金属构件有无异常。

④ 各用电开关应能正常工作。

（3）供水设备

① 和设计图纸对照有无异常。

② 通水试验有无异常。

③ 供水设备应正常工作。

（4）挡土墙作业

① 和设计图纸对照有无异常。

② 试验材料有无损伤。

③ 砌法有无异常。

④ 接缝应符合规定，纵横接缝的外观质量有无异常。

6. 服务设施工程

（1）饮水作业

① 和设计图纸对照有无异常。

② 二次制品上有无污染。

③ 金属件有无污染。

④ 下水进水口内部和管口施工的质量有无问题。

（2）服务性建筑

① 和设计图纸对照有无异常。

② 内、外装修上有无污损。

③ 油漆工程有无污损。

④ 污水进水口等的内部施工有无异常。

⑤ 供电系统、电气照明方面有无异常。

⑥ 上下水系统有无异常。

7. 园路铺装

（1）水磨石混凝土铺装

① 应按设计图纸及规范施工。

② 水磨石骨料有无剥离。

③ 接缝及边角有无损伤。

④ 伸缩缝及铺装表面有无裂缝等异常。

（2）块料铺装

① 应按施工设计图纸施工。

② 接缝及边角有无损伤。

③ 块料与基础有无剥离、伸缩缝有无异常现象。

④ 与其他构筑物的接合部位有无异常。

（3）台阶、路缘石施工

① 和设计图纸对照，有无异常。

② 二次制品上有无污损。

③ 接缝等有无异常，与基础等有无剥离异常现象。

8. 运动设施工程

① 和设计图纸对照，有无异常。

② 表面排水状况有无异常。

③ 草坪播种有无遗漏。

④ 表面施工是否良好，有无安全问题。

9. 休憩设施工程（棚架、长凳等）

① 和设计图纸对照，是否符合要求。

② 工厂预制品有无污损。

③ 油漆工程有无异常。

④ 表面研磨质量等是否符合标准。

10. 游戏设施工程

（1）沙坑

① 和设计图纸对照，有无异常。

② 沙内有无混杂异物。

（2）游戏器具

① 和设计图纸对照，有无异常。

② 游戏器具自身有无污损或异常。

③ 油漆质量状况如何。

④ 基础部分、木质部分、螺钉、螺母等有无安全问题。

11. 绿化工程（主要检查高、中树栽植作业、灌木栽植、移植工程、地被植物栽植等）

① 对照设计图纸，是否按设计要求施工。检查植株数有无出入。

② 支柱是否牢靠，外观是否美观。

③ 有无枯死的植株。

④ 栽植地周围的整地状况是否良好。

⑤ 草坪的栽植是否符合规定。

⑥ 草和其他植物或设施的接合是否美观。

（三）编制竣工图

竣工图是如实反映施工后园林建设工程情况的图纸。它是工程竣工验收的主要文件，园林施工项目在竣工前，应及时组织有关人员进行测定和绘制，以保证工程档案的完备和满足维修、管理养护、改造或扩建的需要。所以，竣工图必须做到准确、完整，并符合长期归档保存要求。

1. 竣工图编制的依据

施工中未变更的原施工图，设计变更通知书，工程联系单，施工变更洽商记录，施工放样资料，隐蔽工程记录和工程质量检查记录等原始资料。

2. 竣工图编制的内容要求

① 施工过程中未发生设计变更，按图施工的施工项目，应由施工单位负责在原施工图纸上加盖"竣工图"标志，可作为竣工图使用。

② 施工过程中有一般性的设计变更，但没有较大结构性的或重要管线等方面的设计变更，而且可以在原施工图上进行修改和补充时，可不再绘制新图纸，由施工单位在原施工图纸上注明修改和补充后的实际情况，并附以设计变更通知书、设计变更记录和施工说明。然后加盖"竣工图"标志，亦可作为竣工图使用。

③ 施工过程中凡有重大变更或全部修改的，如结构形式改变、标高改变、平面布置改变等，不宜在原施工图上修改或补充时，应重新绘制实测改变后的竣工图，施工单位负责在新图上加盖"竣工图"标志，并附上记录和说明作为竣工图。

竣工图必须做到与竣工的工程实际情况完全吻合，不论是原施工图还是新绘制的竣工图，都必须是新图纸，必须保证绘制质量，完全符合技术档案的要求，坚持竣工图的核、校、审制度，重新绘制的竣工图，一定要经过施工单位主要技术负责人的审核签字。

（四）进行工程设施与设备的试运转和试验的准备工作

一般包括：安排各种设施、设备的试运转和考核计划；各种游乐设施尤其关系到人身安全的设施，如缆车等的安全运行应是试运行和试验的重点；编制各运转系统的操作规程；对各种设备、电气、仪表和设施做全面的检查和校验；进行电气工程的全负荷试验，管网工程的试水、试压试验；喷泉工程试水等。

二、监理工程师的准备工作

园林建设项目实行监理工程的监理工程师，应做好以下竣工验收的准备工作。

（一）编制竣工验收的工作计划

监理工程师是竣工验收的重要组织者，首先应提交验收计划，计划内容分竣工验收的准备、竣工验收、交接与收尾三个阶段的工作。每个阶段都应明确其时间、内容、标准的要求。该计划应事先征得建设单位、承接施工单位及设计等单位的一致意见。

（二）整理、汇集各种经济与技术资料

总监理工程师于项目正式验收前，应指示其所属的各专业监理工程师，按照原有的分工，对各自负责管理监督的项目的技术资料进行一次认真的清理。大型的园林建设工程项目的施工期往往是1～2年或更长的时间，因此必须借助以往收集积累的资料，为监理工程师在竣工验收中提供有益的数据和情况，其中有些资料将用于对承接施工单位所编的竣工技术资料的复核、确认和办理合同责任，工程结算和工程移交。

（三）拟定竣工验收条件，验收依据和验收必备技术资料

拟定竣工验收条件，验收依据和验收必备技术资料是监理单位必须要做的又一重要准备工作。监理单位应将上述内容拟定好后分发给建设单位、承接施工单位、设计单位及现场的监理工程师。

1. 竣工验收的条件

① 合同所规定的承包范围的各项工程内容均已完成。

② 各分部分项及单位工程均已由承接施工单位进行自检自验（隐蔽的工程已通过验收），且都符合设计和国家施工验收规范及工程质量验评标准、合同条款的规定等。

③ 电力、上下水、通信等管线等均与外线接通、联通试运行，并有相应的记录。

④ 竣工图已按有关规定如实地绘制，验收的资料已备齐，竣工技术档案按档案部门的要求进行整理。

对于大型园林建设项目，为了尽快发挥园林建设成果的效益，也可分期、分批的组织验收，陆续交付使用。

2. 竣工验收的依据

列出竣工验收依据，并进行对照检查。

3. 竣工验收必备的技术资料

大中型园林建设工程进行正式验收时，往往是由验收委员会（或验收小组）来验收。而验收委员会（或验收小组）的成员经常要先审阅已进行中间验收或隐蔽工程验收等的资料，以全面了解工程的建设情况。为此，监理工程师与承接施工单位主动配合验收委员会（或验收小组）的工作，对一些问题提出的质疑，应给予解答。需向验收委员会（或验收小组）提供的技术资料主要如下。

① 竣工图。

② 分项、分部工程检验评定的技术资料（如果是对一个完整的建设项目进行竣工验收，还应有单位工程的竣工验收的技术资料）。

4. 竣工验收的组织

一般园林建设工程项目多由建设单位邀请设计单位、质量监督及上级主管部门组成验收

小组进行验收。工程质量由当地工程质量监督站核定质量等级。

第三节　竣工验收的程序

一个园林建设工程项目的竣工验收，一般按以下程序进行。

一、竣工项目的预验收

竣工项目的预验收，是在承接施工单位完成自检自验并认为符合正式验收条件，在申报工程验收之后和正式验收之前的这段时间内进行的。委托监理的园林建设工程项目，总监理工程师即应组织其所有各专业监理工程师来完成。竣工预验收要吸收建设单位、设计、质量监督人员参加，而承接施工单位也必须派人配合竣工验收工作。

由于竣工预验收的时间较长，又多是各方面派出的专业技术人员，因此对验收中发现的问题多在此时解决，为正式验收创造条件。为做好竣工验收工作，总监理工程师要提出一个预验收方案，这个方案含预验收需要达到的目的和要求；预验收的重点；预验收的组织分工；预验收的主要方法和主要检测工具等，并向参加预验收的人员进行交底。

预验收工作大致可分以下两大部分。

(一) 竣工验收资料的审查

工程资料是园林建设工程项目竣工验收的重要依据之一。认真审查好技术资料，不仅是满足正式验收的需要，也是为工程档案资料的审查打下基础。

1. 技术资料主要审查的内容

① 工程项目的开工报告；

② 工程项目的竣工报告；

③ 图纸会审及设计交底记录；

④ 设计变更通知单；

⑤ 技术变更核定单；

⑥ 工程质量事故调查和处理资料；

⑦ 水准点位置、定位测量记录；

⑧ 材料、设备、构件的质量合格证书；

⑨ 试验、检验报告；

⑩ 隐蔽工程记录；

⑪ 施工日志；

⑫ 竣工图；

⑬ 质量检验评定资料；

⑭ 工程竣工验收有关资料。

2. 技术资料审查方法

(1) 审阅　边看边查，把有不当的及遗漏或错误的地方都记录下来，然后再重点仔细审阅，作出正确判断，并与承接施工单位协商更正。

(2) 校对　监理工程师将自己日常监理过程中所收集积累的数据，资料，与承接施工单位提供的资料一一校对，凡是不一致的地方都记载下来，然后再与承接施工单位商讨，如果仍然不能确定的地方，再与当地质量监督站及设计单位来佐证资料的核定。

(3) 验证　若出现几方面资料不一致而难以确定时，可重新量测实物予以验证。

（二）工程竣工的预验收

园林建设工程的竣工预验收，在某种意义上说，它比正式验收更为重要。因为正式验收时间短促不可能详细地、全面地对工程项目一一察看，而主要依靠工程项目的预验收。因此所有参加预验收的人员均要以高度的责任感，并在可能的检查范围内，对工程的数量、质量进行全面地确认，特别对那些重要部位和易于遗忘的都应分别登记造册，作为预验收的成果资料，提供给正式验收中的验收委员参考和承接施工单位进行整改。

预验收主要进行以下几方面工作。

1. 组织与准备

参加预收的监理工程师和其他人员，应按专业或区段分组，并指定负责人。验收检查前，先组织预验收人员熟悉有关验收资料，制定检查顺序方案，并将检查项目的各子目及重点检查部位以表或图列示出来。同时工具、记录、表格均准备好，以供检查中使用。

2. 组织预验收

检查中，分成若干专业小组进行，划定各自工作范围，以免相互干扰。

园林建设工程的预验收，要全面检查各分项工程。检查方法有以下几种。

（1）直观检查　直观检查是一种定性的、客观的检查方法，直观检查由于采用手摸眼看方式，因此需要有丰富经验和掌握标准熟练的人员才能胜任此项工作。由于这种检查方法掺有检查人员的主观因素，因此有时会遇到一个工程有不同的检查结论，遇到这种情况时，可通过协商统一认识，统一检查结论。

（2）实测质量检查　对一些能予实测实量的工程部位都应通过实测实量提取数据。

（3）点数　对各种设施、器具、配件、栽植苗木都应一一点数、查清、记录，如有遗缺不足的或质量不符要求的，都应通知承接施工单位补齐或更换。

（4）操纵动作　实际操作是对功能和性能检查的好办法，对一些水电设备、游乐设施等应起动检查。

上述检查之后，各专业组长应向总监理工程师报告检查验收结果。如果检查出的问题较多较大，则应指令承接施工单位限期整改并再次进行复验，如果存在的问题仅属一般性的，除通知承接施工单位抓紧修整外，总监理工程师即应编写预验报告一式三份，一份给承接施工单位供整改用；一份给项目建设以备正式验收时转交给验收委员会；一份由监理单位自存。这份报告除文字论述外，还应附上全部预验收检查的数据。与此同时，总监理工程师应填写竣工验收申请报告报送项目建设单位。

二、正式竣工验收

正式竣工验收是由国家、地方政府、建设单位以及有关单位领导和专家参加的最终整体验收。大中型园林建设项目的正式竣工验收，一般由竣工验收委员会（或验收小组）的主任（组长）主持，具体的事务性工作可由总监理工程师来组织实施。正式竣工验收的工作程序如下。

（一）准备工作

① 向各验收委员会委员单位发出请柬，并书面通知设计、施工及质量监督等有关单位。

② 拟定竣工验收的工作议程，报验收委员会主任审定。

③ 选定会议地点。

④ 准备好一套完整的竣工和验收的报告及有关技术资料。

（二）正式竣工验收程序

① 验收委员会主任主持验收委员会会议。会议首先宣布验收委员名单，介绍验收工作议程及时间安排，简要介绍工程概况，说明此次竣工验收工作的目的、要求及做法。

② 由设计单位汇报设计实施情况及对设计的自检情况。

③ 由承接施工单位汇报施工情况以及自检自验的结果情况。

④ 由监理工程师汇报工程监理的工作情况和预验收结果。

⑤ 在实施验收中，验收人员或先后对竣工验收技术资料及工程实物进行验收检查；也可分成两组，分别对竣工验收的技术资料及工程实物进行验收检查。在检查中可吸收监理单位、设计单位、质量监督人员参加。在广泛听取意见、认真讨论的基础上，统一提出竣工验收的结论意见，如无异议意见，则予以办理竣工验收证书和工程验收鉴定书。

⑥ 验收委员会主任或副主任宣布验收委员会的验收意见，举行竣工验收证书和鉴定书的签字仪式。

⑦ 建设单位代表发言。

⑧ 验收委员会会议结束。

三、工程质量验收方法

园林建设工程质量的验收是按工程合同规定的质量等级，遵循现行的质量评定标准，采用相应的手段对工程分阶段进行质量认可与评定。

（一）隐蔽工程验收

隐蔽工程是指那些在施工过程中上一工序的工作结束，被下一工序掩盖，而无法进复查的部位。例如混凝土工程的钢筋、基础的土质、断面尺寸、种植坑、直埋电缆等管网。因此，对这些工程在下一工序施工以前，现场监理人员应按照设计要求、施工规范，采用必要的检查工具，对其进行检查验收。如果符合设计要求及施工规范规定，应及时签署隐蔽工程记录交承接施工单位归入技术资料；如不符合有关规定，应以书面形式告诉承接施工单位，令其处理，处理符合要求后再进行隐蔽工程验收与签证。

隐蔽工程验收通常是结合质量控制中技术复核、质量检查工作来进行，重要部位改变时可摄影以备查考。隐蔽工程验收项目及内容一般如表 12-1 所示。

表 12-1　隐蔽工程验收项目和内容

项　目	验　收　内　容
基础工程	地质、土质、标高、断面、桩的位置数量、地基、垫层等
混凝土工程	钢筋的品种、规格、数量、位置、形状、焊缝接头位置，预埋件数量及位置以及材料代用等
防水工程	屋面、水池、水下结构防水层数、防水处理措施等
绿化工程	土球苗木的土球规格、根系状况、种植穴规格、施基肥的数量、种植土的处理等
其他	管线工程、完工后无法进行检查的工程等

（二）分项工程验收

对于重要的分项工程，监理工程师应按照合同的质量要求，根据该项工程施工的实际情况，参照质量评定标准进行验收。

在分项工程验收中，必须按有关验收规范选择检查点数，然后计算出基本项目和允许偏差项目的合格或优良的百分比，最后确定出该分项工程的质量等级，从而确定能否验收。

（三）分部工程验收

根据分项工程质量验收结论，参照分部工程质量标准，可得出该分部工程的质量等级，以便决定可否验收。

（四）单位工程竣工验收

通过对分项、分部工程质量等级的统计推断，再结合对质保资料的核查和单位工程质量观感评分，便可系统地对整个单位工程作出全面的综合评定，从而决定是否达到合同所要求的质量等级，进而决定能否验收。

第四节　园林建设评定等级标准

按照我国现行标准，分项、单项、项目工程质量的评定等级分为"合格"与"优良"两级。因此，监理工程师在工程质量的评定验收中，只能按合同要求的质量等级进行验收。国内园林建设工程质量等级由当地工程质量监督站或上级业务主管部门核定。

一、工程质量等级标准

（一）分项工程的质量等级标准

（1）合格　保证项目必须符合相应质量评定标准的规定。基本项目抽检处（件）应符合相应质量评定的合格规定。

允许偏差项目抽检的点数中，土建工程有 70％ 及其以上，设备安装工程有 80％ 及其以上的实测值在相应质量评定标准的允许偏差范围内，其余的实测值也应基本达到相应质量评定标准的规定。而植物材料的检查有的是凭植株数，如各种乔木，有的则凭完工形状，如草、草花、竹类、沿阶草等。

（2）优良　保证项目必须符合质量检验评定标准的规定。基本项目每项抽检的处（件）应符合相应质量检验评定标准的合格规定，其中 50％ 及其以上的处（件）符合优良规定，该项为优良；优良项数占抽检项数 50％ 及其以上，该检验项目即为优良。允许偏差项目抽检的点数中，有 90％ 及其以上的实测值在相应质量标准的允许偏差范围内，其余的实测值也应基本达到相应质量评定标准的规定。

（二）单项工程质量等级标准

（1）合格　所含分项的质量全部合格。

（2）优良　所含分项的质量全部合格，其中有 50％ 及其以上优良。质保资料应符合规定。观感得分率达到 85％ 及其以上。

二、工程质量的评定

（一）分项工程质量评定标准

对于分项工程的质量评定，由于涉及单项工程、项目工程的质量评定和工程能否验收，所以监理工程师在评定过程中应做到认真细致，以确定能否验收。按现行工程质量检验评定标准，分项工程的评定主要有以下内容。

（1）保证项目　是涉及园林建设工程结构安全或重要使用性能的分项工程，它们应全部满足标准规定的要求。

（2）基本项目　它对园林建设成果的使用要求、使用功能、美观等都有较大影响，必须通过抽查来确定是否合格，是否达到优良的工程内容，它在分项工程质量评定中的重要性仅次于保证项目。

基本项目的主要内容如下。

① 允许有一定的偏差项目，但又不宜纳入允许偏差项目。因此在基本项目中用数据规定出"优良"和"合格"的标准。

② 对不能确定偏差值而又允许出现一定缺陷的项目，则以缺陷的数量来区分"合格"与"优良"。

③ 采用不同影响部位区别对待的方法来划分"优良"与"合格"。

④ 用程度来区分项目的"合格"与"优良"。当无法定量时，就用不同程度的措辞来区分"合格"与"优良"。

（3）允许偏差项目　是结合对园林建设工程使用功能、观感等的影响程度，根据一般操作水平允许有一定的偏差，但偏差值在一定范围内的工作内容。

① 有"正"、"负"要求的数值。

② 偏差值无"正"、"负"概念的数值，直接注明数字，不标符号。

③ 要求大于或小于某一数值。

④ 要求在一定范围内的数值。

⑤ 采用相对比例值确定偏差值。

（二）实例说明

现就分项工程质量检验标准中的保证项目、基本项目和允许偏差项目举例如下。

（1）保证项目

① 砖的品种、强度等级必须符合设计要求。

② 砂浆品种符合设计要求，强度必须符合下列规定：同品种、同强度等级砂浆各组成试块的平均强度不小于 M10，任意一组试块的强度不小于 M7.5。

注意：砂浆强度按单位工程为同一验收批，当单位工程中仅有一组时，其强度不应低于 M10。

③ 砌体砂浆必须饱满密实，实心砌体水平缝的砂浆饱满度不小于 80%。

④ 外墙的转角处严禁留直槎。其临时间断处留槎的做法必须符合 GBJ 203—83 的规定。

（2）基本项目

① 砖砌体上下错缝应符合以下规定。

合格：砖柱、垛无包心砌法，窗间墙及清水墙面无通缝，混水墙每间（处）5～6 皮砖的通缝不超过 3 处。

优良：砖柱、砖垛无包心砌法，窗间墙及清水墙无通缝，混水墙每间（处）无 4 皮砖的通缝。

② 砖砌体接槎应符合以下规定。

合格：接槎处灰浆密实，缝、砖平直，每处接槎部位水平灰缝厚度小于 5mm 或透亮的缺陷不超过 10 个。

优良：接槎处灰浆密实，缝、砖平直，每处缝部位水平灰缝厚度小于 5mm 或透亮的缺陷不超过 5 个。

③ 预埋拉结筋应符合以下规定。

合格：数量、长度均符合设计要求和 GBJ 203—83 的规定，留置间距偏差不超过 3 皮砖。

优良：数量、长度均符合设计要求和 GBJ 203—83 的规定，留置间距偏差不超过 1 皮砖。

④ 留置构造柱应符合以下规定。

合格：留置位置正确，大马牙槎先退后进残留砂浆清理干净。

优良：留置位置正确，大马牙槎先退后进上下顺直，残留砂浆清理干净。

⑤ 清水墙应符合以下规定。

合格：组砌正确，刮缝深度适宜，墙面整洁。

优良：组砌正确，刮缝深度适宜一致，楞角整齐，墙面清洁美观。

（3）允许偏差项目　砌体尺寸、位置的允许偏差应符合表 12-2 的规定。

表 12-2　砌砖分项工程质量检验评定表

工程名称：_____　　　　　　　　部位：_____

		项　目	质　量　情　况
保证项目	1	砖的品种、强度等级必须符合设计要求	
	2	砂浆品种必须符合设计要求,强度必须符合验评标准的规定	
	3	砂体砂浆必须密实饱满,实心砖砌体水平灰缝的砂浆饱满不小于80%	
	4	外墙的转角处严禁留直槎,其他临时间断处,留槎的做法必须符合施工规范的规定	

		项　目	质量情况										等　级
基本项目	1	错缝	1	2	3	4	5	6	7	8	9	10	
	2	接槎											
	3	拉结筋											
	4	构造柱											
	5	清水墙面											

		项　目		允许偏差/mm	实测值/mm									
					1	2	3	4	5	6	7	8	9	10
允许偏差项目	1	轴线位移		10										
	2	基础和墙砌体顶面标高		+15										
	3	垂直度	每层	5										
			全高　≤10m	10										
			>10m	20										
	4	表面平整度	清水墙、柱	5										
			混水墙、柱	8										
	5	水平灰缝平直度	清水墙	7										
			混水墙	10										
	6	水平灰缝厚度(10皮砖累计)±8												
	7	清水墙面游丁走缝		20										
	8	门窗洞口(后塞口)	宽度	+5										
			门口高度	±5										
	9	预留构造柱横截面	宽度、(深度)	±10										
	10	外墙上下窗口偏移		20										

检查结果	保证项目				
	基本项目	检查　　　项,其中优良　　　项,优良率　　　%			
	允许偏差项目	实测　　　点,其中合格　　　点,合格率　　　%			
评定等级	工程负责人： 工长： 班组长：	核定等级	质量检查员：		

注：每层垂直度偏差大于 15mm 时,应进行处理。

第五节　工程项目的交接

竣工验收及质量评定工作结束后，标志着园林建设工程项目的投资建设业已完成，并将投入使用。此时建设单位即应努力完善各项准备条件，争取建成的园林建设成果早日发挥其社会、经济效益；而承接施工单位应抓紧处理工程遗留的问题，尽快地将工程交付给建设单位，为建设单位的经营使用准备提供方便；作为建设单位代表的监理工程师，则应督促双方尽快地完成收尾和移交工作。

一、工程移交

一个园林建设工程项目虽然通过了竣工验收，并且有的工程还获得验收委员会的高度评价，但实际中往往是或多或少地存在一些漏项以及工程质量方面的问题。因此监理工程师要与承接施工单位协商一个有关工程收尾的工作计划，以便确定工程正式办理移交。由于工程移交不能占用很长的时间，因而要求承接施工单位在办理移交工作中力求使建设单位的接管工作简便。当移交清点工作结束之后，监理工程师签发工程竣工移交接证书（表12-3）。签发的工程交接书一式三份，建设单位、承接施工单位、监理单位各一份。工程交接结束后，承接施工单位即应按照合同规定的时间内抓紧对临建设施的拆除和施工人员及机械的撤离工作，并做到工完场地清。

二、技术资料的移交

园林建设工程的主要技术资料是工程档案的重要部分。因此在正式验收时就应该提供完整的工程技术档案，由于工程技术档案有严格的要求，内容又很多，往往又不仅是承接施工单位一家的工作，所以常常只要求承接施工单位提供工程技术档案的核心部分，而整个工程档案的归整、装订则留在竣工验收结束后，由建设单位、承接施工单位和监理工程师共同完成。在整理工程技术档案时，通常是建设单位与监理工程师将保存的资料交给承接施工单位来完成，最后交给监理工程师校对审阅，确认符合要求后，再由承接施工单位档案部门按要求装订成册，统一验收保存。此外，在整理档案时一定要注意份数备足。具体内容见表12-4。

三、其他移交工作

为确保工程在生产或使用中保持正常的运行，实行监理的园林建设工程的监理工程师还应督促做好以下各项的移交工作。

（一）使用保养提示书

由于承接施工单位和监理工程师已经经历了建设过程各个阶段的工作，对园林施工中某些新设备、新设施和新的工程材料等的使用和性能已积累了不少经验和教训，承接施工单位和监理工程师应把这方面的知识，编写成"使用保养提示书"，以便使用部门能予掌握，正确操作。

（二）各类使用说明书

各类使用说明书及有关配图纸是管理者必备的技术资料。因此承接施工单位应在竣工验收后，及时收集列表汇编，并于交工时移交给建设单位，移交中也应办理交接手续。

表 12-3 竣工移交证书

工程名称：   合同号：   监理单位

致建设单位＿＿＿＿＿＿＿＿＿＿：

　　兹证明＿＿＿＿＿＿＿＿＿＿＿＿＿＿号竣工报验单所报＿＿＿＿＿＿＿＿＿＿工程已按合同和监理工程师的指示完成,从＿＿＿＿＿＿＿＿＿＿＿＿开始,该工程进入保修阶段。

附注:(工程缺陷和未完工程)

监理工程师：　　　　　日期：

总监理工程师的意见

签名：　　　　　日期：

注:本表一式三份,建设单位、承接施工单位、监理单位各一份。

表 12-4 移交技术材料内容一览表

工 程 阶 段	移交档案资料内容
项目准备及施工准备	1. 申请报告,批准文件; 2. 有关建设项目的决议、批示及会议记录; 3. 可行性研究,方案论证资料; 4. 征用土地、拆迁、补偿等文件; 5. 工程地质(含水文、气象)勘察报告; 6. 概预算; 7. 承包合同、协议书、招投标文件; 8. 企业执照及规划、园林、消防、环保、劳动等部门审核文件
项目施工	1. 开工报告; 2. 工程测量定位记录; 3. 图纸会审、技术交底; 4. 施工组织设计等; 5. 基础处理、基础工程施工文件;隐蔽工程验收记录; 6. 施工成本管理的有关资料; 7. 工程变更通知单,技术核定单及材料代用单; 8. 建筑材料、构件、设备质量保证单及进场试验记录; 9. 栽植的植物材料名录、栽植地点及数量清单; 10. 各类植物材料的已采取的养护措施及方法; 11. 假山等非标工程的养护措施及方法; 12. 古树名木的栽植地点、数量、已采取的保护措施等; 13. 水、电、暖、气等管线及设备安装施工记录和检验记录; 14. 工程质量事故的调查报告及所采处理措施的记录; 15. 分项、单项工程质量评定记录; 16. 项目工程质量检验评定及当地工程质量监督站核定的记录; 17. 其他(如施工日志)等; 18. 竣工验收申请报告
竣工验收	1. 竣工项目的验收报告; 2. 竣工决算及审核文件; 3. 竣工验收的会议文件、会议决定; 4. 竣工验收质量评价; 5. 工程建设的总结报告; 6. 工程建设中的照片、录像以及领导、名人的题词等; 7. 竣工图(含土建、设备、水、电、暖、绿化种植等)

（三）交接附属工具零配件及备用材料

当前不少厂商都为其生产的设备提供一些专门的维修工具和附属零件，并对易损件及材料提供一定数量的备品、备件，例如喷泉、喷灌设备等。这些对今后维持正常的运行和使用都是十分重要的。监理工程师应于竣工时协同承建单位将零配件及备用材料全部交还给建设单位。如有遗失损坏，应按合同中的规定给予赔偿。

（四）厂商及总、分包承接施工单位明细表

园林建设工程项目在其使用中，管理者对许多技术问题不太清楚时，需要向总、分包承接施工单位及生产厂家进行咨询或购买专用的零配件。为此，在移交工作中，监理工程师应与承接施工单位一起将工程使用的材料、设备的供应、生产厂家及分包单位列出一明细表，以便解决今后在长期使用中出现的具体问题。

（五）抄表

工程交接中，监理工程师还应协助建设单位与承接施工单位做好水表、电表及机电设备内存油料等数据进行交接，以便双方财务往来结算。

第六节　施工总结

一项园林建设工程全部竣工后，施工企业应该认真进行总结，目的在于积累经验和吸取教训，以提高经营管理水平。总结的中心内容是工期、质量和成本三个方面。

一、工期

主要根据工程合同和施工总进度计划，从以下几方面总结分析。

① 对工程项目建设总工期、单位工程工期、分部工程工期和分期工程工期，以计划工期同实际完成工期进行分析对比，并对各主要施工阶段工期控制进行工期。

② 检查施工方案是否先进、合理、经济，并能有效地保证工期。

③ 分析检查工程项目的均衡施工情况、各分项工程的协作及各主要工种工序的搭接情况。

④ 劳动组织、工种结构和各种施工机械的配置是否合理，是否达到定额水平。

⑤ 各项技术措施和安全措施的实际情况，是否能满足施工的需要。

⑥ 各种原料、预制构件、设备设施、各类管线和加工订货的实际供应情况。

⑦ 关于新工艺、新技术、新结构、新材料和新设备的应用情况及效果评价。

二、质量

主要根据设计要求和国家规定的质量检验标准，从以下几方面进行总结分析。

① 按国家规定的标准，评定工程质量达到的等级。

② 对各分项工程进行质量评定分析。

③ 对重大质量事故进行总结分析。

④ 各项质量保证措施的实际情况，及质量责任制的执行情况。

三、成本

主要根据承包合同、国家和企业有关成本核算及管理办法，从以下几方面进行对比分析。

① 总收入和总支出的对比分析。

② 计划成本和实际成本的对比分析。

③ 人工成本和劳动生产率；材料、物质耗用量和定额预算的对比分析。

④ 施工机械利用率及其他各类费用的收支情况。

第七节　工程的回访、养护及保修

园林建设工程项目交付使用后，在一定期限内施工单位应到建设单位进行工程回访，对该项园林建设工程的相关内容实行养护管理和维修。对由于施工责任造成的使用问题，应由施工单位负责修理，直至达到能正常使用为止。

回访、养护及保修，体现了承包者对工程项目负责的态度和优质服务的作风，并在回访、养护及保修的同时，进一步发现施工中的薄弱环节，以便总结施工经验、提高施工技术和质量管理水平。

一、回访的组织与安排

在项目经理领导下，由生产、技术、质量及有关方面人员组成回访小组，必要时，邀请科研人员参加，回访时，由建设单位组织座谈会或意见听取会，听取各方面的使用意见，认真记录存在问题，并查看现场，落实情况，写出回访记录或回访纪要。通常采用下面三种方式进行回访。

（1）季节性回访　一般是雨季回访屋面、墙面的防水情况，自然地理、铺装地面的排水组织情况，植物的生长情况；冬季回访植物材料的防寒措施搭建效果，池壁驳岸工程有无冻裂现象等。

（2）技术性回访　主要了解园林施工中所采用的新材料、新技术、新工艺、新设备的技术性能和使用后的效果；新引进的植物材料的生长情况等。

（3）保修期满前的回访　主要是保修期将结束，提醒建设单位注意各设施的维护、使用和管理，并对遗留问题进行处理。

绿化工程的日常管理养护。保修期内对植物材料的浇水、修剪、施肥、打药、除虫、搭建风障、间苗、补植等日常养护工作，应按施工规范，经常性地进行。

在保修期内，不论是回访中发现的问题，还是建设单位反映的问题，凡属于因施工质量而影响园林建设成果使用和正常发挥其功能的，施工单位必须尽快派人前往检查，并会同建设单位共同做出鉴定，提出修理方案，采取有效措施，及时加以解决。修理完毕后，要在保修证书的"保修记录"栏内做好记录，并经建设单位验收签字，表示修理工作完结。

二、保修的范围和时间

（一）保修范围

一般来讲，凡是园林施工单位的责任或者由于施工质量不良而造成的问题，都应该实行保修。

（二）养护、保修时间

自竣工验收完毕次日算起，绿化工程一般为一年，由于竣工当时不一定能看出栽植的植物材料的成活，需要经过一个完整的生长期的考验，因而一年是最短的期限。土建工程和水、电、卫生和通风等工程，一般保修期为一年，采暖工程为一个采暖期。保修期长短也可依据承包合同为准。

三、经济责任

园林建设工程一般比较复杂，修理项目往往由多种原因造成，所以，经济责任必须根据修理项目的性质、内容和修理原因诸因素，由建设单位、施工单位和监理工程师共同协商处理。一般分为以下几种。

① 养护、修理项目确定由于施工单位施工责任或施工质量不良遗留的隐患，应由施工单位承担全部检修费用。

② 养护、保修项目是由建设单位和施工单位双方的责任造成的，双方应实事求是地共同商定各自承担的修理费用。

③ 养护、修理项目是由于建设单位的设备、材料、成品、半成品等的不良等原因造成的，应由建设单位承担全部修理费用。

④ 养护、修理项目是由于用户管理使用不当，造成建筑物、构筑物等功能不良或苗木损伤死亡时，应由建设单位承担全部修理费用。

四、养护、保修阶段的监理

实行监理工程的监理工程师在养护、保修期内的监理内容，主要检查工程状况、鉴定质量责任、督促和监督养护、保修工作。

养护、保修期内监理工作的依据是有关建设法规、有关合同条款（工程承包合同及承接施工单位提供的养护、保修证书）。如有些非标施工项目，则可以合同方法与承建单位协商解决。

（一）保修期内的监理方法

1. 工程状况的检查

（1）定期检查　当园林建设项目投入使用后，开始时每旬每月检查1次，如3个月后未发现异常情况，则可每3个月检查1次。如有异常情况出现时则缩短检查的间隔时间。当经受暴雨、台风、地震、严寒后，监理工程师应及时赶赴现场进行观察和检查。

（2）检查的方法　检查的方法有访问调查法、目测观察法、仪器测量法3种，每次检查不论使用什么方法都要详细记录。

（3）检查的重点　园林建设工程状况的检查重点应是主要建筑物、构筑物的结构质量，水池、假山等工程是否有不安全因素出现。在检查中要对结构的一些重要部位、构件重点观察检查，对已进行加固补强的部位更要进行重点观察检查。

2. 督促和监督养护、保修工作

养护、保修工作主要内容是对质量缺陷的处理，以保证新建的园林项目能以最佳状态面向社会发挥其社会、环保及经济效益。监理工程师的责任是督促完成养护、保修的项目，确认养护、保修质量。各类质量缺陷的处理方案，一般由责任方提出，监理工程师审定执行。如责任方为建设单位时，则由监理工程师代拟，征求实施的单位同意后执行。

（二）养护、保修工作的结束

监理单位的养护、保修责任期为1年，在结束养护保修期时，监理单位应做好以下工作。

① 将养护、保修期内发生的质量缺陷的所有技术资料归类整理。

② 将所有满期的合同书及养护、保修书归整之后交还给建设单位。

③ 协助建设单位办理养护、维修费用的结算工作。

④ 召集建设单位、设计单位、承接施工单位联席会议，宣布养护、保修期结束。

复　习　题

1. 园林工程竣工验收的依据和标准是什么？
2. 园林工程竣工验收时整理工程档案应汇总哪些材料？
3. 园林工程竣工验收应检查哪些内容？
4. 竣工验收的程序是什么？
5. 如何进行工程项目的交接？

思　考　题

1. 如何进行工程的回访工作？
2. 如何做好园林工程的施工总结？

实　训　题

园林工程结算与竣工实训

【实训目的】通过组织进行园林工程结算的模拟，熟悉园林工程预付款和进度款的计算，掌握工程竣工结算编制的依据与方法。

【实训用具】笔、纸、计算器、园林工程图纸、园林工程预算书、设计变更通知单和施工现场工程变更洽商记录等。

【实训内容】

1. 工程预付款与进度款的计算。
2. 编制园林工程竣工结算文件。

参 考 文 献

［1］韩玉林．园林工程．重庆：重庆大学出版社，2006．
［2］雷统德．建筑施工组织与管理．北京：高等教育出版社，1994．
［3］李广述．园林法规．北京：中国林业出版社，2003．
［4］梁伊任，王沛永．园林工程．北京：气象出版社，2003．
［5］梁伊任．园林建设工程．北京：中国城市出版社，2000．
［6］刘祖绳，唐祥忠．建筑施工手册．北京：中国林业出版社，1997．
［7］毛鹤琴．土木工程施工．武汉：武汉工业大学出版社，2000．
［8］孟兆帧．园林工程．北京：中国林业出版社，2002．
［9］蒲亚锋．园林工程建设施工组织与管理．北京：化学工业出版社，2005．
［10］钱昆润，葛萼圃．建筑施工组织与设计．南京：东南大学出版社，1989．
［11］来若·G·汉尼鲍姆．园林景观设计实践方法．沈阳：辽宁科学技术出版社，2003．
［12］石振武．建设项目管理．北京：科学出版社，2004．
［13］唐来春．园林工程与施工．北京：中国建筑工业出版社，1999．
［14］汪琳芳，赵志绍．新编建设工程项目经理工作手册．上海：同济大学出版社，2003．
［15］张长友．建筑装饰施工与管理．北京：中国建筑工业出版社，2002．
［16］张京．园林施工工程师手册．北京：北京中科多媒体电子出版社，1996．
［17］周初梅．园林建筑设计与施工．北京：中国农业出版社，2002．
［18］《园林工程》编写组．园林工程．北京：中国林业出版社，1999．
［19］曹露春．建筑施工组织与管理．南京：海河大学出版社，1999．
［20］陈科东．园林工程施工与管理．北京：高等教育出版社，2002．
［21］董三孝．园林工程施工与管理．北京：中国林业出版社，2003．
［22］杜训，陆惠民．建筑企业施工现场管理．北京：中国建筑工业出版社，1997．
［23］金井格．道路和广场的地面铺装．北京：中国建筑工业出版社，2002．
［24］金波．园林花木病虫害识别与防治．北京：化学工业出版社，2004．
［25］梁盛任．园林建设工程．北京：中国林业出版社，2000．
［26］唐来春．园林工程与施工．北京：中国建筑工业出版社，1999．
［27］丁文锋．城市绿地喷灌．北京：中国林业出版社，2001．
［28］吴根宝．建筑施工组织．北京：中国建筑工业出版社，1995．
［29］陈祺．园林工程建设现场施工技术．北京：化学工业出版社，2004．
［30］陈有民．园林树木学．北京：中国林业出版社，1994．
［31］吴志华．园林工程施工与管理．北京：中国农业出版社，2001．
［32］马月吉．怎样编制与审核工程预算．北京：中国建筑工业出版社，1984．
［33］卢谦．建筑工程招投标工作手册．北京：中国建筑工业出版社，1987．
［34］赵香贵．建筑施工组织与进度控制．北京：金盾出版社，2003．
［35］赵兵．园林工程．南京：东南大学出版社，2004．
［36］毛培林．中国园林假山．北京：建筑工业出版社，2004．
［37］赵世伟．园林工程景观设计大全．北京：中国农业科学技术出版社，2000．
［38］张健林．园林工程．北京：中国农业出版社，2002．
［39］田永复．中国园林建筑施工技术．北京：中国建筑工业出版社，2002．
［40］付军．园林工程施工组织管理．北京：化学工业出版社，2010．
［41］王良桂．园林工程施工与管理．南京：东南大学出版社，2009．
［42］田建林．园林假山与水体景观小品施工细节．北京：机械工业出版社，2009．
［43］闫宝兴．水景工程．北京：中国建筑工业出版社，2005．
［44］石振武．建设项目管理．北京：科学出版社，1999．
［45］陈飞等．城市道路工程．北京：中国建筑工业出版社，2004．
［46］毛培林．喷泉设计．北京：中国建筑工业出版社，2004．
［47］朱志红．假山工程．北京：中国建筑工业出版社，2010．
［48］张吉祥．园林植物种植设计．北京：中国建筑工业出版社，2004．
［49］易新军，陈盛彬．园林工程施工．北京：化学工业出版社，2009．